教育部高等学校电子信息类专业教学指导委员会规划教材
普通高等教育电子信息类专业系列教材

数字电路与逻辑设计

基于Verilog HDL和Quartus Prime

（新形态版）

何晶　杨霏◎编著

清華大學出版社
北京

内容简介

本书遵循“新工科”建设的要求，按照现代数字设计需要的基础知识和基本技能组织内容，介绍数字逻辑基础、数字电路基本模块、数字电路与系统设计方法、手段和工具等。全书共 13 章，包括数制和码制，逻辑代数，CMOS 门电路，组合逻辑电路，锁存器、触发器和寄存器，同步时序电路，半导体存储器和可编程逻辑器件，可编程逻辑器件开发工具 Quartus Prime，硬件描述语言 Verilog 基础，用 Verilog HDL 描述数字电路模块，寄存器传输级设计，一个简单的可编程处理器，模数和数模转换。

为便于读者高效学习，快速掌握数字设计的基本理论与实践，本书作者精心制作了完整的教学课件、完整的源代码与配套视频教程(728 分钟)。

本书可作为高等院校数字电路与数字系统类课程的教材，也可作为相关工程技术人员的参考用书。

图书在版编目(CIP)数据

数字电路与逻辑设计：基于 Verilog HDL 和 Quartus Prime：新形态版 / 何晶，杨霏编著. 北京：清华大学出版社，2025.2. --(普通高等教育电子信息类专业系列教材). -- ISBN 978-7-302-68437-4

Ⅰ. TN79

中国国家版本馆 CIP 数据核字第 20257GD269 号

策划编辑：刘　星
责任编辑：李　锦
封面设计：李召霞
责任校对：郝美丽
责任印制：宋　林

出版发行：清华大学出版社
网　　址：https://www.tup.com.cn，https://www.wqxuetang.com
地　　址：北京清华大学学研大厦 A 座　　**邮　　编**：100084
社 总 机：010-83470000　　**邮　　购**：010-62786544
投稿与读者服务：010-62776969，c-service@tup.tsinghua.edu.cn
质量反馈：010-62772015，zhiliang@tup.tsinghua.edu.cn
课件下载：https://www.tup.com.cn，010-83470236
印 装 者：三河市铭诚印务有限公司
经　　销：全国新华书店
开　　本：185mm×260mm　　**印　　张**：21.5　　**字　　数**：522 千字
版　　次：2025 年 4 月第 1 版　　**印　　次**：2025 年 4 月第 1 次印刷
印　　数：1～1500
定　　价：69.00 元

产品编号：107868-01

前言
PREFACE

“数字电路与逻辑设计”是电子信息类、计算机类、自动化类等专业的重要基础课。近几十年来，数字技术和集成电路飞速发展，数字电路和系统的设计方法、设计手段和设计工具都发生巨大的变化，数字系统的复杂度和规模也在不断增大，这些都对这门课程的教学提出了很大的挑战。

本书的主要目的是帮助读者实现从数字逻辑电路零基础到掌握复杂数字电路模块和系统设计的跨越。因此，本书内容涵盖了数字设计必需的基础知识、基本技能、设计工具和基本方法等，希望帮助读者奠定现代数字设计基础。

本书第1～6章主要介绍了数字逻辑电路基础，是传统数字电路课程的主要内容，主要采用手工方法和基本门电路与基本存储单元进行设计。虽然现代数字系统更多地采用EDA工具和硬件描述语言进行设计，但掌握数字逻辑电路基本的设计和优化方法、掌握数字电路基本模块的设计和电路结构对读者更进一步学习数字系统设计依然非常重要，可以使读者在后续学习复杂系统设计时对基本模块的使用更加顺畅，在使用EDA工具进行设计时能够更准确地描述电路模块。本书第7～12章介绍了现代数字设计必需的设计载体、设计工具、设计手段和设计方法等先进的内容。各章的主要内容如下。

第1章的主要内容是数制和码制，介绍了数字信号的表示方法。

第2章的主要内容是逻辑代数，是数字逻辑电路的数学基础，介绍了数字逻辑电路的基础知识、如何用逻辑函数表示和优化数字逻辑电路。

第3章介绍了CMOS门电路的基础知识，是数字逻辑的电路基础。

第4章的主要内容是组合逻辑电路，介绍了组合逻辑电路的基本分析和设计方法、组合逻辑电路基本模块的设计和电路结构。

第5章的主要内容是数字电路中的存储单元，介绍了锁存器、触发器和寄存器的电路结构、工作特性和基本应用。

第6章的主要内容是同步时序电路，介绍了同步时序电路的基本分析和设计方法，讨论了规则时序电路模块的设计和电路结构；介绍了随机时序电路(状态机)在行为级的设计方法；讨论了同步时序电路的时序参数和影响时序电路性能的因素。

第7章介绍了半导体存储器的基本概念、结构和特点以及可编程逻辑器件的结构和特点。

第8章介绍了可编程逻辑器件开发工具Quartus Prime的设计流程，展示了如何使用EDA工具完成设计输入、综合、仿真和在FPGA上实现的过程。

第9章的主要内容是硬件描述语言Verilog的基本元素和基本语法，本章把用于综合和用于仿真的语言结构分开来介绍，先介绍了Verilog可综合的语言结构，后介绍了用于仿真的语言结构和如何写测试平台。本书没有介绍Verilog HDL的全部内容，只是介绍了最常用的可综合的和用于仿真的语言结构,目的是使读者能够快速掌握使用 Verilog HDL 来描述电路和进行仿真的方法。

第 10 章介绍了如何用 Verilog HDL 准确描述各种组合逻辑电路和时序逻辑电路模块。

第 11 章的主要内容是如何在寄存器传输级设计数字系统,包括寄存器传输级设计的电路结构、数据通路和控制通路的构建以及寄存器传输级设计的步骤。通过一个较复杂的数字系统设计例子,展示了从算法到电路结构的设计和优化过程,并给出了完整的 Verilog HDL 代码。

第 12 章的主要内容是一个简单 RISC 处理器核的设计,介绍了 RISC 处理器的主要特点和工作原理,展示了如何利用寄存器传输级设计方法实现一个简单的固定周期的 RISC 处理器的设计,并讨论了处理器进一步扩展的方法。

第 13 章的主要内容是模数和数模转换,介绍了模数和数模转换的基本原理以及常见的 ADC 和 DAC 的结构。

对于不涉及硬件描述语言的数字电路类课程,可使用本书第 1～7、13 章,30～36 学时即可完成这部分内容的学习；也可以使用全部内容,48～56 学时即可以完成学习。

本书每章后都提供了习题,供读者进行练习；本书的配套资源中包含约 100 个 Verilog HDL 代码,习题答案和代码。

配套资源

- **程序代码等资源**：扫描目录上方的“配套资源”二维码下载。
- **教学课件、教学大纲、习题答案等资源**：扫描封底的“书圈”二维码在公众号下载,或者到清华大学出版社官方网站本书页面下载。
- **微课视频(728 分钟,86 集)**：扫描书中相应章节中的二维码在线学习。

注：请先扫描封底刮刮卡中的文泉云盘防盗码进行绑定后再获取配套资源。

本书第 1～7、9～13 章由何晶撰写,第 8 章由杨霏撰写；第 1、3、5、6、11～13 章的教学视频由何晶制作,第 2、4、7～10 章的教学视频由杨霏制作。

由于编者水平有限,加上时间仓促,书中错误和疏漏之处在所难免,敬请读者批评指正。

编　者

2025 年 1 月

微课视频清单

VIDEO CONTENTS

序号	视 频 名 称	时长/分钟	书 中 位 置
1	1.1 几种常用的数制	9	1.1 节节首
2	1.2 数制间的转换	14	1.2 节节首
3	1.3 有符号数的表示	17	1.3 节节首
4	1.4 溢出	9	1.4 节节首
5	1.5 常见的编码	8	1.5 节节首
6	2.1.1-3 基本逻辑门	7	2.1.1 节节首
7	2.1.4-5 复合逻辑运算	3	2.1.4 节节首
8	2.2 逻辑代数基本定理	5	2.2 节节首
9	2.3 逻辑代数三定理	2	2.3 节节首
10	2.5 逻辑函数的表示方法	4	2.5 节节首
11	2.6 逻辑函数的表达形式	1	2.6 节节首
12	2.6.1 最小项	7	2.6.1 节节首
13	2.6.2 最大项	6	2.6.2 节节首
14	2.6.3 最小项和最大项	3	2.6.3 节节首
15	2.8.1 卡诺图	4	2.8.1 节节首
16	2.8.2 卡诺图化简	10	2.8.2 节节首
17	3.1 MOS 管结构和工作原理	10	3.1 节节首
18	3.3 NMOS 门电路	8	3.3 节节首
19	3.4 CMOS 逻辑门电路	13	3.4 节节首
20	3.5 传输门和三态缓冲器	10	3.5 节节首
21	3.6 CMOS 门电路的速度和功耗	8	3.6 节节首
22	4.2 组合逻辑分析和设计方法	8	4.2 节节首
23	4.3.1 多路选择器	12	4.3.1 节节首
24	4.3.3 多路选择器实现逻辑函数	10	4.3.3 节节首
25	4.4.1 普通二进制编码器	7	4.4.1 节节首
26	4.4.2 优先编码器	7	4.4.2 节节首
27	4.5.1 2 线-4 线译码器	7	4.5.1 节节首
28	4.5.2 译码器扩展	6	4.5.2 节节首
29	4.5.3 译码器实现逻辑函数	4	4.5.3 节节首
30	4.6 比较器	11	4.6 节节首
31	4.7 加法器	6	4.7 节节首
32	5.1 SR 锁存器	17	5.1 节节首
33	5.2 门控的 SR 锁存器和 D 锁存器	9	5.2 节节首
34	5.4 主从边沿触发的 D 触发器	16	5.4 节节首

续表

序号	视频名称	时长/分钟	书中位置
35	5.5 通用寄存器	6	5.5 节节首
36	5.6.1 移位寄存器	9	5.6.1 节节首
37	5.6.2 带控制的移位寄存器	9	5.6.2 节节首
38	6.1 同步时序电路结构	4	6.1 节节首
39	6.2 同步时序电路分析	17	6.2 节节首
40	6.3.1 同步时序电路设计方法(1)	12	6.3.1 节节首
41	6.3.3 同步时序电路设计方法(2)	9	6.3.3 节节首
42	6.4.1 同步模 2^n 计数器	12	6.4.1 节节首
43	6.4.1(5) 带同步控制的模 2^n 计数器	8	6.4.1-(5)处
44	6.4.2 模 2^n 双向计数器	7	6.4.2 节节首
45	6.4.3 BCD 计数器	4	6.4.3 节节首
46	6.5.1 环形计数器	7	6.5.1 节节首
47	6.5.2 扭环计数器	4	6.5.2 节节首
48	6.6.1 分频器	8	6.6.1 节节首
49	6.6.2 序列信号发生器	12	6.6.2 节节首
50	6.7.1 状态机图	12	6.7.1 节节首
51	6.7.2 序列检测器	13	6.7.2 节节首
52	6.7.3 边沿检测器	11	6.7.3 节节首
53	6.8 同步时序电路的时序分析	10	6.8 节节首
54	8.2.1 Quartus 基本操作	9	8.2.1 节节首
55	8.2.6 Quartus 波形仿真	4	8.2.6 节节首
56	8.3 Questa 仿真	3	8.3 节节首
57	9.2 Verilog 程序基本结构	9	9.2 节节首
58	9.3.1 标识符逻辑值和字面常量	5	9.3.1 节节首
59	9.3.4 数据类型	5	9.3.4 节节首
60	9.3.5 参数、矢量和数组	9	9.3.5 节节首
61	9.3.7 运算符和表达式	17	9.3.7 节节首
62	9.4 数据流描述	4	9.4 节节首
63	9.5.1 always 过程块	12	9.5.1 节节首
64	9.5.3 过程赋值语句	8	9.5.3 节节首
65	9.5.5 if 语句	11	9.5.5 节节首
66	9.5.6 case 语句	8	9.5.6 节节首
67	9.5.7 循环语句	3	9.5.7 节节首
68	9.6.1 模块实例化语句	11	9.6.1 节节首
69	9.6.2 generate 语句	6	9.6.2 节节首
70	10.1.1 多路选择器描述	6	10.1.1 节节首
71	10.1.2 译码器描述	8	10.1.2 节节首
72	10.1.3 移位器描述	4	10.1.3 节节首
73	10.2.1 锁存器、触发器和寄存器描述	9	10.2.1 节节首
74	10.2.2 移位寄存器	10	10.2.2 节节首
75	10.2.3 计数器描述	13	10.2.3 节节首
76	10.2.4 分频器描述	8	10.2.4 节节首

续表

序号	视 频 名 称	时长/分钟	书 中 位 置
77	10.2.5 序列信号发生器描述	4	10.2.5 节节首
78	10.3.1 状态机描述	8	10.3.1 节节首
79	10.3.2 序列检测器描述	14	10.3.2 节节首
80	11.1 RTL 设计结构的特点	10	11.1 节节首
81	11.2 寄存器传输级设计方法	14	11.2 节节首
82	11.3.1 重复累加型乘法器	13	11.3.1 节节首
83	11.3.2 改进的重复累加型乘法器	5	11.3.2 节节首
84	12.1 处理器概述	6	12.1 节节首
85	12.2 RISC 处理器结构	10	12.2 节节首
86	12.3 简单 RISC 处理器设计	10	12.3 节节首

目录
CONTENTS

配套资源

第1章 数制和码制

CHAPTER 1

在日常生活中，人们习惯使用十进制数，但是在数字系统中，二进制和十六进制数使用起来更方便。在计算机系统中，所有的信息都是由0和1组成的数字来表示，包括各种符号和数字。

本章主要介绍数字系统中信息的表示方法，即数制和码制，主要包括下列知识点。

1）几种常用的数制

理解数制的概念，掌握二进制、八进制和十六进制数的表示。

2）数制之间的转换

掌握各种进制数和十进制数之间，以及二进制、八进制和十六进制数之间的转换方法。

3）有符号的二进制数

理解二进制数中符号的表示方法，掌握有符号补码的表示方法和加减法运算。

4）溢出

理解一定宽度的二进制数只能表示一定范围内的数，掌握无符号数和有符号数运算发生溢出的判断方法。

5）几种常见的二进制编码

理解各种信息在数字系统中需要编码为二进制码，理解几种常见的二进制编码：BCD码、ASCII码和格雷码。

1.1 几种常用的数制

视频讲解

1.1.1 r 进制

在某数制中，数字的数量称为基 r（radix 或 base），数字的范围为 $0 \sim r-1$，共 r 个数字，逢 r 向高位进1。对十进制来说，基 $r=10$，数字的范围是 $0 \sim 9$，有10个数字，十进制数就是用这些数字来表示的，逢10向高位进1。

当用某数制来表示一个数时，每个位置上的数字所代表的权值不同，每个位置的权值是基的幂次。在小数点左侧，基的幂次从0开始，每向左一位幂次增加1；在小数点右侧，每向右一位，基的幂次减1。例如十进制数123.45各位置的权值如图1-1所示。

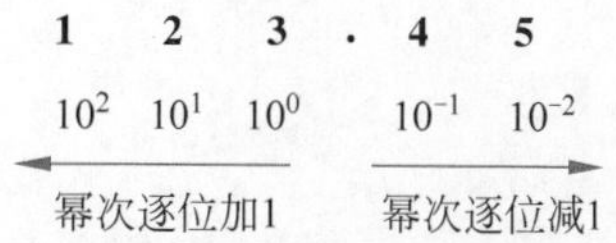

1 2 3 . 4 5

10^2 10^1 10^0 10^{-1} 10^{-2}

幂次逐位加1 幂次逐位减1

图1-1 十进制数123.45各位置的权值

因此该数也可以用多项式表示为

$$123.45 = 1\times 10^2 + 2\times 10^1 + 3\times 10^0 + 4\times 10^{-1} + 5\times 10^{-2}$$

数 N 可以表示为任意数制形式,如式(1-1)所示。

$$N = (a_{n-1}a_{n-2}\cdots a_2a_1a_0.a_{-1}a_{-2}\cdots a_{-m})_r \tag{1-1}$$

其中 r 为数制的基;a_0、a_1、a_2、a_{-1} 等是数制的数字,$0\leqslant a_i\leqslant r-1$;$a_{n-1}$ 称为最高有效数字,a_{-m} 称为最低有效数字。

r 进制数可以用式(1-2)转换为十进制数。

$$N = \sum_{i=-m}^{i=n-1} a_i \times r^i \tag{1-2}$$

1.1.2 二进制

基 $r=2$ 的数制称为二进制,二进制只有两个数字 0 和 1,逢 2 进 1,一个二进制数字称为 1 位。同样,用二进制表示一个数时,每个位置上的数字所代表的权值不同。例如二进制数 $N=(10110.0110)_2$,其各位置的权值如图 1-2 所示。

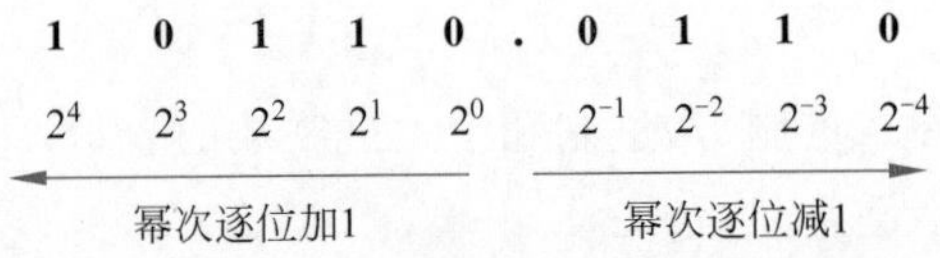

1 0 1 1 0 . 0 1 1 0

2^4 2^3 2^2 2^1 2^0 2^{-1} 2^{-2} 2^{-3} 2^{-4}

幂次逐位加1 ← → 幂次逐位减1

图 1-2 二进制数 10110.0110 各位置的权值

该二进制数可以用多项式表示为十进制数:

$$\begin{aligned} N &= (10110.0110)_2 \\ &= 1\times 2^4 + 0\times 2^3 + 1\times 2^2 + 1\times 2^1 + 0\times 2^0 + 0\times 2^{-1} + 1\times 2^{-2} + 1\times 2^{-3} + 0\times 2^{-4} \\ &= 16 + 0 + 4 + 2 + 0 + 0 + \frac{1}{4} + \frac{1}{8} + 0 = \left(22\frac{3}{8}\right)_{10} \end{aligned}$$

二进制数最左边的位称为最高有效位(most significant bit,MSB),最右边的位称为最低有效位(least significant bit,LSB)。对于二进制数,每一位的取值只能是 0 或者 1,因此对于 1 位二进制数只有两种值。对于 2 位二进制数,则可以产生出 4 种组合,分别是 00、01、10 和 11,对应于十进制数 0、1、2 和 3。

$$\begin{aligned} 00 &= 0 + 0 = 0 \\ 01 &= 0 + 1 = 1 \\ 10 &= 2 + 0 = 2 \\ 11 &= 2 + 1 = 3 \end{aligned}$$

类似地,3 位二进制数可以产生 2^3 种组合,分别是 000、001、010、011、100、101、110、111,对应于十进制数的 0、1、2、3、4、5、6、7。

$$\begin{aligned} 000 &= 0 + 0 + 0 = 0 \\ 001 &= 0 + 0 + 1 = 1 \\ 010 &= 0 + 2 + 0 = 2 \\ 011 &= 0 + 2 + 1 = 3 \\ 100 &= 4 + 0 + 0 = 4 \\ 101 &= 4 + 0 + 1 = 5 \end{aligned}$$

$$110 = 4 + 2 + 0 = 6$$

$$111 = 4 + 2 + 1 = 7$$

当有 n 位二进制数时，可以产生 2^n 种组合，n 位二进制数对应于 $0 \sim 2^n - 1$ 的十进制数。表 1-1 给出了 2 位、3 位和 4 位二进制数及其对应的十进制数。

表 1-1 2 位、3 位和 4 位二进制数及其对应的十进制数

十进制数	2 位二进制数	3 位二进制数	4 位二进制数
0	00	000	0000
1	01	001	0001
2	10	010	0010
3	11	011	0011
4		100	0100
5		101	0101
6		110	0110
7		111	0111
8			1000
9			1001
10			1010
11			1011
12			1100
13			1101
14			1110
15			1111

1.1.3 八进制

八进制的基为 8，可用的数字是 0、1、2、3、4、5、6、7，逢 8 进 1。类似地，八进制数 $N = (123.45)_8$ 各位置的权值如图 1-3 所示。

该八进制数可以用多项式表示为十进制数

$$\begin{aligned} N &= (123.45)_8 \\ &= 1 \times 8^2 + 2 \times 8^1 + 3 \times 8^0 + 4 \times 8^{-1} + 5 \times 8^{-2} \\ &= 1 \times 64 + 2 \times 8 + 3 \times 1 + 4 \times \frac{1}{8} + 5 \times \frac{1}{64} \\ &= \left(83 \frac{37}{64}\right)_{10} \end{aligned}$$

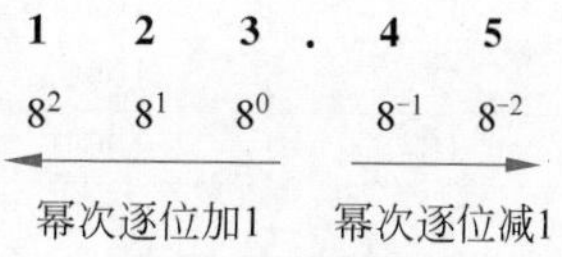

1 2 3 . 4 5

8^2 8^1 8^0 8^{-1} 8^{-2}

幂次逐位加1 幂次逐位减1

图 1-3 八进制数 123.45 各位置的权值

1.1.4 十六进制

十六进制的基为 16，可用的数字是 0、1、2、3、4、5、6、7、8、9、A、B、C、D、E、F，其中 A、B、C、D、E、F 对应于十进制数 10、11、12、13、14、15，逢 16 进 1。类似地，十六进制数 $N = (123.45)_{16}$ 各位置的权值如图 1-4 所示。

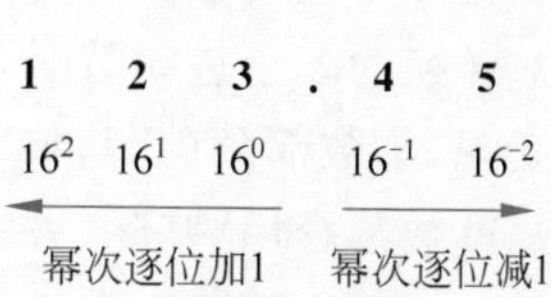

1 2 3 . 4 5

16^2 16^1 16^0 16^{-1} 16^{-2}

幂次逐位加1 幂次逐位减1

图 1-4 十六进制数 123.45 各位置的权值

该十六进制数可以用多项式表示为十进制数

$$
\begin{aligned}
N &= (123.45)_{16} \\
&= 1\times16^{2}+2\times16^{1}+3\times16^{0}+4\times16^{-1}+5\times16^{-2} \\
&= 1\times256+2\times16+3\times1+4\times\frac{1}{16}+5\times\frac{1}{256} \\
&= \left(291\,\frac{69}{256}\right)_{10}
\end{aligned}
$$

生活中用十进制表示数，在数字系统中通常用二进制、八进制和十六进制来表示数。表 1-2 给出了用不同进制表示的十进制数 0～20。

表 1-2 用不同进制表示的十进制数 0～20

十进制	二进制	三进制	四进制	八进制	十六进制
0	0	0	0	0	0
1	1	1	1	1	1
2	10	2	2	2	2
3	11	10	3	3	3
4	100	11	10	4	4
5	101	12	11	5	5
6	110	20	12	6	6
7	111	21	13	7	7
8	1000	22	20	10	8
9	1001	100	21	11	9
10	1010	101	22	12	A
11	1011	102	23	13	B
12	1100	110	30	14	C
13	1101	111	31	15	D
14	1110	112	32	16	E
15	1111	120	33	17	F
16	10000	121	100	20	10
17	10001	122	101	21	11
18	10010	200	102	22	12
19	10011	201	103	23	13
20	10100	202	110	24	14

视频讲解

1.2 数制之间的转换

把非十进制数转换为十进制数时，只需要用式(1-2)所示的多项式进行转换。当把十进制数转换为非十进制数时，整数部分和小数部分需要分开处理。整数部分用“基除”的方法来实现，小数部分用“基乘”的方法来实现。

整数部分用“基除”方法。

(1) 将整数部分除以基数 r，所得的商作为被除数继续除以基数 r，反复进行这个过程，直到商为 0；

(2) 保留每一步的余数，从最后一个余数读到第一个余数，最后一个余数为最高有效位，第一个余数为最低有效位，所得到的就是要转换的非十进制的整数。

小数部分采用“基乘”方法。

（3）对给定的小数乘以基数 r，所得乘积保留整数部分，小数部分再乘以基数 r，反复进行这个过程，直到乘积的小数部分为 0，或者认为达到了要求的精度时停止；

（4）保留每一步的整数，从第一个整数读到最后一个整数，从左到右排列，所得到的就是转换的非十进制的小数。

如果“基乘”法不能使小数部分收敛为 0，即这个小数无法用非十进制数来准确表达，其精度由数字位的长度来决定。

1.2.1　十进制转换为二进制

把十进制数转换为二进制数时，对于整数，可以连续除以基数 2 直到商为 0。

图 1-5 所示是把十进制数 235 转换为二进制数的过程。首先 235 除以 2，得到商为 117，余数为 1；然后把 117 作为被除数继续除以 2，得到商为 58，余数为 1；再把 58 作为被除数除以 2，得到商为 29，余数为 0；再把 29 作为被除数除以 2，得到商为 14，余数为 1；再把 14 作为被除数除以 2，得到商为 7，余数为 0；再把 7 作为被除数除以 2，得到商为 3，余数为 1；再把 3 作为被除数除以 2，得到商为 1，余数为 1；再把 1 作为被除数除以 2，得到商为 0，余数为 1，到商为 0 时这个过程结束。从最后一个余数开始排列到第一个余数，得到 11101011，就是 235 转换的二进制数。

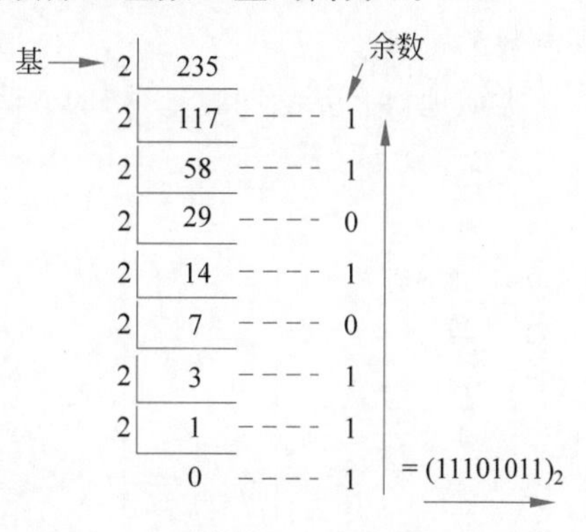

图 1-5　十进制数 235 转换为二进制数

可以通过一个 4 位二进制整数 A 的转换来说明“基除”方法的有效性。一个 4 位二进制整数 $A=(a_3a_2a_1a_0)_2$，可以采用多项式的方法把它转换为十进制数：

$$A=\sum_{i=0}^{i=3} a_i \times 2^i \tag{1-3}$$

式(1-3)也可以写为

$$A=(2(2(2(a_3)+a_2)+a_1)+a_0) \tag{1-4}$$

式(1-4)可以把二进制数的各位看作每次除 2 之后的余数。

这种方法也可以用于十进制数和其他进制数的转换。图 1-6 所示是把十进制数 235 转换为八进制数的过程。类似地，也可以把十进制数 235 转换为十六进制数，如图 1-7 所示。

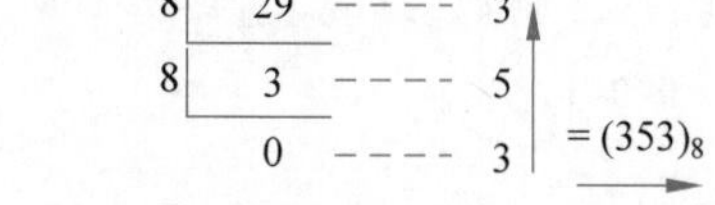

基→8 | 235　余数
8 | 29 ---- 3
8 | 3 ---- 5
0 ---- 3　$=(353)_8$

图 1-6　十进制数 235 转换为八进制数

基→16 | 235　余数
16 | 14 ---- B
0 ---- E　$=(EB)_{16}$

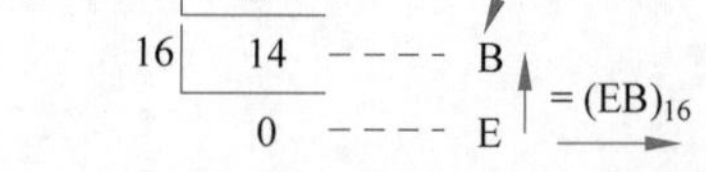

图 1-7　十进制数 235 转换为十六进制数

把十进制数转换为二进制数时，对于小数，可以连续乘以基数 2 直到乘积的小数部分为 0。

图 1-8 所示是十进制小数 0.375 转换为二进制数的过程。首先对 0.375 乘以 2，得到乘

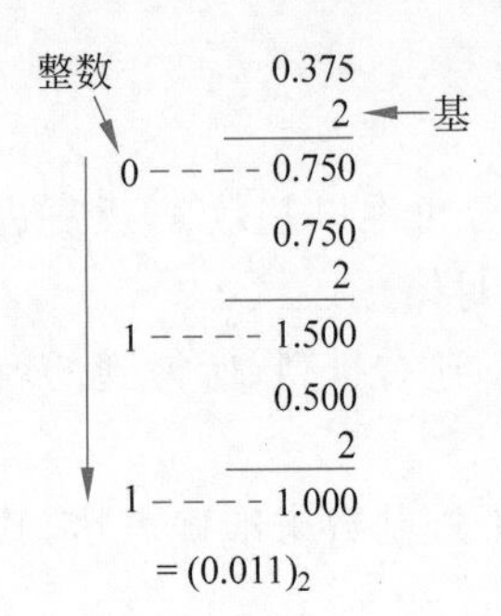

图 1-8 十进制数 0.375 转换为二进制数

积 0.75,整数部分为 0,小数部分为 0.75；再对小数部分 0.75 乘以 2,得到乘积 1.50,整数部分为 1,小数部分为 0.50；再对小数部分 0.50 乘以 2,得到乘积 1.00,整数部分为 1,小数部分为 0,整个过程结束,从第一个整数读到最后一个整数,从左到右排列,加上整数 0 和小数点,就得到十进制数 0.375 对应的二进制数$(0.011)_2$。

有些十进制数小数基乘 2 后永远无法使得小数部分为 0,那么按照对精度的要求,基乘达到所要求的位数即可以停止,这时得到的非十进制小数表示并不是精确的表示。

对既有整数部分又有小数部分的十进制数,可以对整数部分用"基除"方法,对小数部分用"基乘"方法。图 1-9 所示是把十进制数 235.375 转换为二进制数的过程。

类似地,用"基除"和"基乘"的方法也可以把十进制数转换为八进制,如图 1-10 所示。

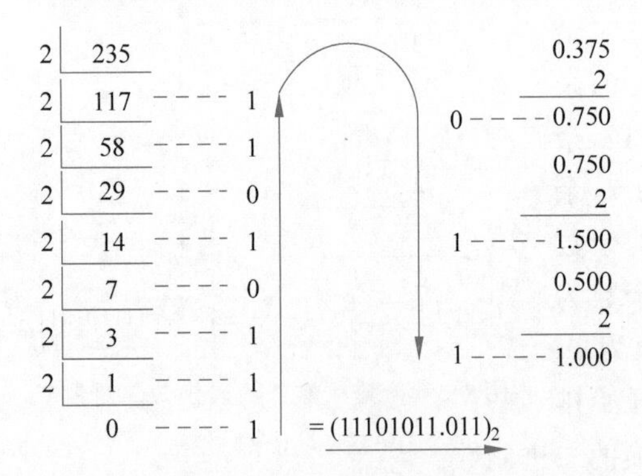

图 1-9 十进制数 235.375 转换为二进制数

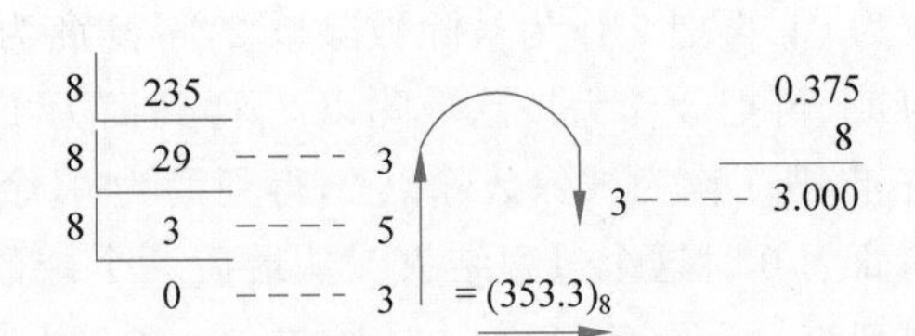

图 1-10 十进制数 235.375 转换为八进制数

1.2.2 2^K 进制之间的转换

八进制的每个数字都可以用 3 位二进制数表示,十六进制的每个数字都可以用 4 位二进制数表示。对于 2^K 进制数,每位都可转换为 K 位的二进制数。二进制数也可以转换为 2^K 进制数,每 K 位组成一组,转换为对应的 2^K 进制的一个数字。如果转换的两个数制的基都是 2 的幂次,可以先转换为二进制,然后再进行转换。

图 1-11 是把二进制数$(11010011.1001)_2$ 转换为八进制的过程。以小数点为界,整数部分自小数点向左,每 3 位一组,如果高位不够 3 位则高位补 0；小数部分自小数点向右,每 3 位一组,如果低位不够 3 位则低位补 0；然后把每个 3 位转换为八进制的数字,就得到转换的八进制数。二进制数$(11010011.1001)_2$ 转换的八进制数为$(323.44)_8$。

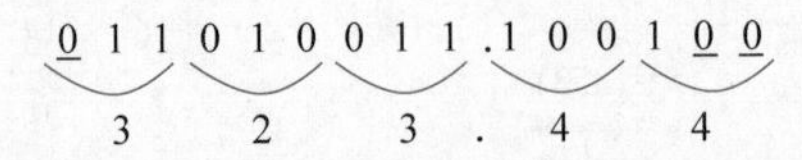

图 1-11 二进制数 11010011.1001 转换为八进制数

类似地,当把二进制数转换为十六进制数时,也是以小数点为界,整数部分自小数点向左,每 4 位一组,如果高位不够 4 位则高位补 0；小数部分自小数点向右,每 4 位一组,如果低位不够 4 位则低位补 0；然后把每个 4 位转换为十六进制的数字，就得到转换的十六进制数。图 1-12 所示是把二进制数$(111010011.10011)_2$转换为十六进制数$(1D3.98)_{16}$的过程。

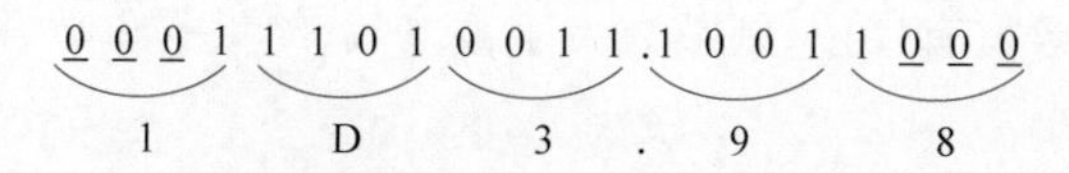

图 1-12　二进制数 111010011.10011 转换为十六进制数

反过来，把 2^K 进制数转换为二进制数，只需要把每个数字转换为 K 位二进制数即可。如八进制数$(157.346)_8$转换为二进制数时，只需要把每个数字转换为 3 位二进制数，如 1 转换为 001，5 转换为 101，7 转换为 111，3 转换为 011，4 转换为 100，6 转换为 110，则可以得到二进制数$(001101111.011100110)_2$。

1.2.3　基本二进制算术运算

非十进制数的算术运算和十进制数的算术运算遵循同样的规则。

二进制算术运算只涉及 0 和 1 两个数字，相对比较简单，0+0=0，0+1=1，1+0=1，1+1=10，两个 1 相加的结果是和为 0，进位为 1。当两个 n 位二进制数相加时，从最低有效位开始逐位相加，低位向高位产生进位，高位加法包括来自低位的进位。图 1-13 所示是两个 4 位二进制数相加的过程。

```
  0 0 1 0    进位
    1 0 1 1  被加数
+   0 0 1 0  加数
-----------
    1 1 0 1
```

图 1-13　两个 4 位二进制数相加的过程

二进制减法也和十进制减法类似，0−0=0，1−0=1，0−1=1，1−1=0。0 减去 1 时不够减，和十进制类似，从高位借 1，等同于 2，2 减去 1 得 1。

1.3　有符号的二进制数

视频讲解

在数字系统中通常会需要处理负数，上文讲述的二进制数都是无符号数，最左边的位是最高有效位。为了能够表示二进制数的正负，需要给正负符号一个标记。通常附加 1 位来表示正负，也就是用$(n+1)$位来表示 n 位的二进制数，最左边的位是符号位，0 表示正，1 表示负。这种有符号的二进制数有两种表示方法，一种是符号位-数值，另一种是有符号的补码。

1.3.1　符号位-数值

符号位-数值形式的有符号数的最高位是符号位，后面是数值。图 1-14 所示是用 5 位表示的两个有符号二进制数。

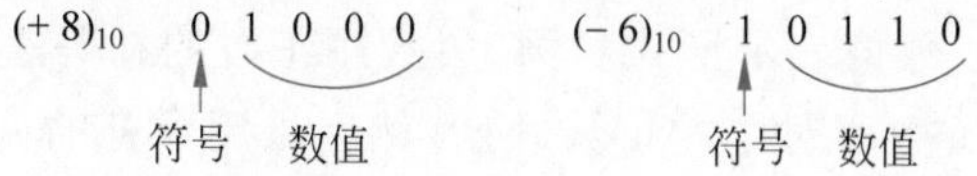

$(+8)_{10}$　0 1 0 0 0　　$(-6)_{10}$　1 0 1 1 0

符号　数值　　符号　数值

图 1-14　两个 5 位符号位-数值形式的有符号数

这种形式的有符号二进制数在进行算术运算时符号位和数值需要分别进行处理。和十进制算术运算一样，先对数值进行处理，然后加上正确的符号。

在做加减法时，首先通过两个数的符号和需要做的运算判断实际做加法还是减法。如果做加法,就将数值部分相加,然后加上正确的符号。如果做减法,需要先比较两个数的大小,再用较大的数减去较小的数。这种做法需要做运算符判断和比较操作,硬件开销大。做减法的另一种方法是从被减数中减去减数,如果最高有效位没有借位,则计算结果是正数,是正确的;如果最高有效位有借位,则减数大于被减数,结果是负数,需要修正结果,同时修正最终的符号位。

对这种符号位-数值形式的数进行算术运算时,做加法需要加法器,做减法需要减法器,同时需要运算判断电路以及最终结果和符号的修正电路,电路比较复杂。因此,在现代计算机系统中并不采用这种表示形式,更常用的方法是有符号的补码。

1.3.2 有符号的补码

1) 补码

每个 r 进制系统都有两种补码,即基数 r 的补码和 $r-1$ 的补码,$r-1$ 的补码又称为 r 的反码。对于二进制系统,有 2 的补码和 1 的补码,1 的补码即 2 的反码;对于十进制系统,有 10 的补码和 9 的补码。

对于一个给定的 n 位十进制数 N,其 10 的补码定义为 10^n-N,反码定义为 $(10^n-1)-N$。例如,十进制数 4567 的 10 的补码为 $10^4-4567=5433$;反码为 $(10^4-1)-4567=9999-4567=5432$。可以看出,反码的每一位都可以用 9 减去当前位得到,补码可以通过反码加 1 得到。

对于一个给定的 n 位二进制数 N,其 2 的补码定义为 2^n-N,反码定义为 $(2^n-1)-N$。例如,6 位二进制数 001101 的补码为 $2^6-001101=1000000-001101=110011$;反码为 $(2^6-1)-001101=111111-001101=110010$。可以看出,反码的每一位可以用 1 减去当前位来得到,也就是把二进制数中的 1 变为 0,0 变为 1,这可以通过对每位取反实现,补码等于反码加 1。因此在求二进制数补码时,可以很方便地先对二进制数求反,然后加 1,就得到了补码。例如:

1011001 的反码是 0100110,补码是 0100111。

1111000 的反码是 0000111,补码是 0001000。

2) 有符号的补码

有符号的补码的最高位也是符号位,0 表示正数,1 表示负数,负数用正数的补码表示。符号位-数值表示方法的符号仅表示数的正负,而有符号的补码的符号有权重。

对于一个有符号的补码表示的二进制数 $N=a_na_{n-1}a_{n-2}\cdots a_1a_0$,左边第一位 a_n 是符号位,它所对应的十进制数是:

$$N=-2^n\times a_n+2^{n-1}\times a_{n-1}+2^{n-2}\times a_{n-2}+\cdots+2\times a_1+a_0 \tag{1-5}$$

正数的表示和符号位-数值表示形式相同,负数用正数的补码表示。为了得到负数的有符号补码表示,可以从该负数所对应的正数开始,然后采用求补的方法得到负数的有符号补码表示。例如求用 5 位二进制数表示的 -3,首先用 5 位二进制数表示 $+3$,得到 00011,最高位是符号位,然后对该二进制数求反得到 11100,再加 1 得到补码 11101。

可以用式(1-5)所示的有符号补码的多项式计算出对应的十进制数

$$\begin{aligned}(11101)_2&=-2^4\times1+2^3\times1+2^2\times1+2^1\times0+2^0\times1\\&=-16+8+4+0+1=-3\end{aligned}$$

可以看出,有符号的补码可以表示相应的负数。因此在计算机中,有符号数都是以有符号的补码形式保存的。

对有符号补码表示的负数求补,就得到相应的正数。即

$$N=[[N]_{补}]_{补}$$

表1-3列出了用两种形式表示的4位有符号的二进制数位。可以看出,这两种表示方法中正数的表示相同,最高位的0是符号位,表示是正数。负数的表示不同,但最高位都是1,表示是负数。另外,在符号位-数值表示方法中,0会有正0和负0,这在实际运算中是不会出现的。

表1-3 4位有符号的二进制数

十 进 制	有符号的补码	符号位-数值
+7	0111	0111
+6	0110	0110
+5	0101	0101
+4	0100	0100
+3	0011	0011
+2	0010	0010
+1	0001	0001
+0	0000	0000
−0	—	1000
−1	1111	1001
−2	1110	1010
−3	1101	1011
−4	1100	1100
−5	1011	1101
−6	1010	1110
−7	1001	1111
−8	1000	—

n位有符号补码可以表示的数的范围是$-2^{n-1}\sim(2^{n-1}-1)$。例如8位有符号补码可以表示的范围是$-128\sim+127$。符号位-数值可以表示的范围是$-(2^{n-1}-1)\sim(2^{n-1}-1)$和有符号的0。

1.3.3 有符号补码的加减法

由于有符号补码的符号位是有权值的,在进行加减运算时符号位看作数值的一部分参加运算。对有符号的补码做加法运算时不需要再进行运算符判断和数值比较,仅需要相加,符号位处产生的进位被丢弃,运算结果也是有符号的补码。

【例1-1】 用有符号的补码表示−6和+13,并计算−6+13。

$$+6:00110\xrightarrow{取反}11001\xrightarrow{+1}11010(-6)\quad +13:01101$$

$$\begin{array}{r} -\ 6 \\ +\ 13 \\ \hline 7 \end{array}\qquad \begin{array}{r} 1\ 1\ 0\ 1\ 0 \\ +\ 0\ 1\ 1\ 0\ 1 \\ \hline 0\ 0\ 1\ 1\ 1 \end{array}$$

在例 1-1 中，求负数 −6 的补码可以先写出正数 +6 对应的二进制数，然后对该二进制数求补码，即取反再加 1，即得到 −6 的有符号的补码表示。将有符号的补码直接相加，就是基本的二进制数加法，符号位产生了进位 1，丢弃这个进位，得到 00111。这个结果也是有符号补码，符号位为 0，即正数，为 +7。

对一个有符号补码表示的二进制正数求补即可得到相应的负数，对一个有符号的补码表示的二进制负数求补也可以得到相应的正数，即求 $-N$ 就是对 N 求补。因此，对用有符号的补码表示的二进制数做减法运算很简单，A 减去 B 等同于 A 加上 $-B$，也就等于 A 加上 B 的补码(B 取反加 1)。

$$A-B=A+(-B)=A+\bar{B}+1$$

这样，对有符号补码表示的二进制数减法可以用加法实现，因此在计算机中，加法和减法使用同一电路实现。

【例 1-2】 用有符号的补码表示 −6 和 −13，并计算(−6)−(−13)。

用有符号的补码计算(−6)−(−13)，可以通过计算 $(-6)+\overline{(-13)}+1$ 来实现。−6 的有符号补码表示为 11010，−13 的有符号补码表示为 10011，对 −13 求反得到 01100，和 −6 相加再加 1，丢弃最高位产生的进位，得到 00111，即 +7。

$$+6:00110\xrightarrow{\text{取反}}11001\xrightarrow{+1}11010(-6)$$

$$+13:01101\xrightarrow{\text{取反}}10010\xrightarrow{+1}10011(-13)$$

$$\begin{array}{r} -\ \ 6 \\ -\ -13 \\ \hline 7 \end{array} \qquad \begin{array}{r} 11010 \\ -\ 10011 \\ \hline \end{array} \qquad \begin{array}{r} 11010 \\ 01100 \\ +\ \ \ \ \ 1 \\ \hline 00111 \end{array}$$

【例 1-3】 计算用有符号补码表示的 6−13。

$$\begin{array}{r} 6 \\ -\ 13 \\ \hline -\ \ 7 \end{array} \qquad \begin{array}{r} 00110 \\ -\ 01101 \\ \hline \end{array} \qquad \begin{array}{r} 00110 \\ 10010 \\ +\ \ \ \ \ 1 \\ \hline 11001 \end{array}$$

需要注意的是，对有符号补码进行加减运算时，每位的加减运算和无符号数加减时的运算规则相同。

视频讲解

1.4 溢出

一定字长的二进制数仅能表示一定范围的数，例如 5 位有符号补码表示的范围是 −16～15，8 位有符号补码表示的范围是 −128～127；5 位无符号数表示的范围是 0～31，8 位无符号数表示的范围是 0～255。

当两个一定字长的二进制数进行算术运算时，产生的结果可能超出这一字长所能表示的范围，称为溢出(overflow)。例如两个 8 位无符号数相加，和的范围是 0～510，需要 9 位才能表示；两个 8 位有符号补码相加，和的范围是 −256～+254，也需要 9 位才能表示。

对硬件电路来说，内部算术运算单元的数据宽度是一定的，数据存储单元(寄存器)的宽度也是一定的，发生溢出则意味着运算结果错误。

【例 1-4】 计算(－6)－13，被加数和加数都用 5 位有符号的补码表示。

可以看到，丢弃最高位的进位，结果为＋13。而正确的结果是－19，原因就在于－19 已超出了 5 位的表示范围。因此，在计算机中通常会检测运算结果是否溢出，用一个标识位来标识是否发生溢出，然后做出相应的处理。

```
                                    1 1 0 1 0
  － 6          1 1 0 1 0           1 0 0 1 0
  － 13       － 0 1 1 0 1        ＋         1
  ------      -----------        ------------
  － 19                           (1) 0 1 1 0 1  ＝13
```

无符号数进行加法运算时，如果最高位产生了进位输出，则意味着结果超出了能够表示的范围，会发生溢出。

对于有符号数，加法和减法运算都有可能发生溢出。有符号补码加减运算的溢出可以通过检测最高位和次高位的进位输出来判定，如果这两个进位输出相同，则不发生溢出；如果这两个进位输出不同，则发生溢出。

【例 1-5】 用 8 位有符号的补码表示有符号数＋70 和＋80，计算 70＋80 和 70－80。

＋70 和＋80 做加法的结果是＋150，而 8 位有符号补码的表示范围是－128～127，150 超出了 8 位的表示范围；＋70 和＋80 做减法的结果是－10，没有超出 8 位的表示范围。

```
           进位：0 1
     70          0 1 0 0 0 1 1 0
  ＋ 80       ＋ 0 1 0 1 0 0 0 0
  ------      -----------------
  ＋ 150         1 0 0 1 0 1 1 0   ＝－106
           进位：0 0
     70          0 1 0 0 0 1 1 0
  － 80       ＋ 1 0 1 1 0 0 0 0
  ------      -----------------
  － 10          1 1 1 1 0 1 1 0   ＝－10
```

可以看出，＋70 和＋80 相加时，最高位的进位输出是 0，次高位的进位输出是 1，两个进位输出不同，因此有溢出，得到的 8 位运算结果是错误的。＋70 和＋80 相减时，最高位的进位输出是 0，次高位的进位输出也是 0，两个进位输出相同，因此没有溢出，得到的 8 位运算结果是正确的。

1.5 几种常见的二进制编码

视频讲解

1.5.1 BCD 码

数字系统中所有的信息都以二进制形式存在，但在实际生活中人们更习惯用十进制数。一种方法是把十进制数都转换为二进制数，但 n 位二进制数只能表示 2^n 个可能的值，有些十进制数无法用二进制数精确表示。另一种方法是用二进制的形式来表示十进制数，这就是所谓的 BCD 码(binary coded decimal,二进制编码的十进制数)。

BCD 码是把十进制数中的每一个数字都用二进制编码表示。十进制有 10 个数字 0～9,对每个数字进行编码,至少需要 4 位。4 位二进制数有 16 种状态,用来表示十进制的 10 个数字,因此可以有多种编码方式。不同编码方式中 4 位编码每个位置的权值不同,如 8421BCD 码、2421BCD 码等。8421BCD 码即 4 位二进制码从高位到低位的权值分别是 2^3、2^2、2^1 和 2^0,是最常用的 BCD 码。十进制数字 0～9 的不同二进制编码如表 1-4 所示。

表 1-4　十进制数字 0～9 的二进制编码

十进制数字	8421BCD 码	2421BCD 码
0	0000	0000
1	0001	0001
2	0010	0010
3	0011	0011
4	0100	0100
5	0101	1011
6	0110	1100
7	0111	1101
8	1000	1110
9	1001	1111

如果十进制数有 n 位,它的 BCD 编码就有 $4n$ 位。把十进制数用 BCD 码表示就是把十进制数中的每一个数字用相应的二进制编码代替。以下是十进制数 185 的二进制形式和 8421BCD 编码。

$$(185)_{10}=(10111001)_2=(0001\ 1000\ 0101)_{BCD}$$

用二进制表示 185 只需要 8 位,用 BCD 码表示 185 需要 12 位。很明显,表示同一个数,BCD 码比二进制表示需要更多位。但是计算机的输入输出数据经常需要用十进制形式,因此 BCD 码是一种重要的十进制表示形式。

需要注意的是,BCD 码是十进制数,而不是二进制数。它和传统的十进制数不同的仅仅是用二进制编码 0000、0001、0010、…、1000、1001 来表示十进制的 10 个数字,而传统的十进制是用 0、1、2、…、8、9 来表示 10 个数字。

1.5.2　ASCII 码

计算机不仅需要处理数字,还需要处理字符信息。在计算机中,信息都是以二进制的形式保存和处理的,因此需要用二进制编码来表示数字、字母和一些特殊字符。任何一种英语的数字、字母和特殊的字符集都包含 10 个十进制数字、26 个字母和一些特殊字符。如果包含数字和大小写字母,则至少需要 7 位二进制编码。

目前国际上采用的数字、字母和特殊字符的标准二进制编码称为 ASCII 码(American Standard Code for International Interchange,美国信息交换标准码)。ASCII 码采用 7 位二进制编码,可以表示 128 个字符。ASCII 码的编码如表 1-5 所示,7 位二进制编码 $B_7B_6B_5B_4B_3B_2B_1$ 中的高 3 位构成表中的列,低 4 位构成表中的行。例如,字母 A 对应的列为 100,对应的行为 0001,则字母 A 的 ASCII 码就是 1000001。ASCII 码共包含 94 个可打印字符和 34 个不可打印的控制字符。

表 1-5　ASCII 码的编码

$B_4B_3B_2B_1$	$B_7B_6B_5$							
	000	**001**	**010**	**011**	**100**	**101**	**110**	**111**
0000	NULL	DLE	SP	0	@	P	`	p
0001	SOH	DC1	!	1	A	Q	a	q
0010	STX	DC2	“	2	B	R	b	r
0011	ETX	DC3	#	3	C	S	c	s
0100	EOT	DC4	$	4	D	T	d	t
0101	ENQ	NAK	%	5	E	U	e	u
0110	ACK	SYN	&	6	F	V	f	v
0111	BEL	ETB	‘	7	G	W	g	w
1000	BS	CAN	(	8	H	X	h	x
1001	HT	EM	)	9	I	Y	i	y
1010	LF	SUB	*	:	J	Z	j	z
1011	VT	ESC	+	;	K	[	k	{
1100	FF	FS	,	<	L	\	l	|
1101	CR	GS	—	=	M	]	m	}
1110	SO	RS	.	>	N	^	n	~
1111	SI	US	/	?	O	_	o	DEL

ASCII 码中有 34 个控制字符，用于控制数据的传送和为要打印的文本定义格式。表 1-5 中的控制字符用缩写表示，缩写与全名对应列表如表 1-6 所示。控制字符按功能分为格式控制符（format effector）、信息分割符（information separator）和通信控制字符（communication control character）。

表 1-6　控制字符缩写和全名对应表

缩　写	全　名	缩　写	全　名
NULL	空字符	DLE	数据链路转义
SOH	标题开始	DC1	设备控制 1
STX	文本起始	DC2	设备控制 2
ETX	文本终止	DC3	设备控制 3
EOT	传输结束	DC4	设备控制 4
ENQ	询问	NAK	否认
ACK	确认	SYN	同步
BEL	蜂鸣	ETB	传输块结束
BS	退格	CAN	取消
HT	水平制表符	EM	介质末端
LF	换行	SUB	替换
VT	垂直制表符	ESC	跳出
FF	换页	FS	文件分割符
CR	回车	GS	组分割符
SO	移出	RS	记录分割符
SI	移入	US	单元分割符
SP	空格	DEL	删除

格式控制符用于控制打印的格式和布局，如退格 BS（backspace）、水平制表符 HT

(horizontal tabulation)和回车 CR(carriage return)。信息分割符用于把数据分成不同的部分(段落或页),如记录分割符 RS(record separator)和文件分割符 FS(file separator)。通信控制符用于控制文本的传送,如文本起始符 STX(start of text)和文本终止符 ETX(end of text),它们可以在文本传送过程中控制文本的开始和结束。

1.5.3 格雷码

8421BCD 码的每位都有固定的权值,而格雷码(Gray code)是一种无权值编码。格雷码的特点是任何两个相邻的码只有一位不同,而且首尾两个编码也是如此。当采用格雷码进行向上或向下计数时,每次计数值变化时只有一个二进制位翻转,而采用自然二进制编码则可能会有多个二进制位翻转。表 1-7 所示是模 8 的 3 位反射格雷码和自然二进制码。可以看出,自然二进制编码从 000 到 111 计数时,每次有 1～3 位需要翻转,而格雷码则每次只有一位需要翻转。而且除最左边的位以外,右边的两位以最左边的 0 和 1 分界,呈镜像对称,因此这种编码称为反射格雷码。

表 1-7 模 8 的 3 位反射格雷码和自然二进制码

自然二进制编码	自然二进制编码翻转次数	格　雷　码	格雷码翻转次数
000	—	000	—
001	1	001	1
010	2	011	1
011	1	010	1
100	3	110	1
101	1	111	1
110	2	101	1
111	1	100	1
000	3	000	1

在某些应用中,计数时如果多个位同时发生变化就会产生错误。在这种情况下就不宜使用自然二进制编码,而使用格雷码则可以减少这种变化所产生的错误。格雷码是一种高可靠性码,同时由于计数时每次变化只有一位翻转,相比采用自然二进制码的计数电路,采用格雷码计数的电路功耗更小。

习题

1-1　写出 0～31 对应的二进制、八进制和十六进制数。

1-2　将下列十进制数转换为二进制数。

(1) 193　　(2) 75.625　　(3) 2007.375

1-3　将下列二进制数转换为十进制数。

(1) 1001101　　(2) 1010011.101　　(3) 110010.1101

1-4　将表 1-8 中的数转换为另外 3 种进制。

表 1-8　数制转换

十　进　制	二　进　制	八　进　制	十六进制
369.3125			
	1011101.101		
		456.5	
			F3C2.A

1-5　将下列十进制数写成 BCD 码形式。

(1) 382　　(2) 7645　　(3) 129

1-6　将下列 BCD 码写成十进制数形式。

(1) $(1001\ 0011\ 1000)_{BCD}$　　(2) $(0111\ 0010\ 0101)_{BCD}$

1-7　写出下列二进制数的反码和补码。

(1) 11100　　(2) 0110011　　(3) 1110100

1-8　写出下列十进制数的有符号二进制补码。

(1) −17　　(2) 34　　(3) −64

1-9　写出下列有符号补码数的十进制形式。

(1) 100011　　(2) 001100　　(3) 111011

1-10　将下列算式中的数用有符号的补码表示并计算。

(1) (+36)+(−24)　　(2) (−35)−(−24)

1-11　下面算式中的数均为有符号的补码,计算算式并判断是否有溢出。

(1) 100111+111001　　(2) 110001−010010

1-12　写出自己名字拼音的 ASCII 码。

第2章 逻辑代数

CHAPTER 2

逻辑代数(logic algebra)是由英国数学家布尔(Boole)首先提出的,因此也称为布尔代数(Boolean algebra)。逻辑代数是数字逻辑设计的数学基础,它建立了用数学方式表示各种数字逻辑关系的方法。

逻辑函数和普通代数中的函数相似,因变量随自变量的变化而变化。逻辑函数 $F=f(A,B,C,D,\cdots)$ 表示逻辑变量 A、B、C、D、…经过有限的逻辑运算产生输出 F,F 随逻辑变量 A、B、C、D、…的变化而变化。逻辑函数描述了输出和输入之间的关系,一旦逻辑变量的值确定,输出 F 的值也就确定了,可以是0或1。

本章主要介绍逻辑代数中的基本逻辑运算、逻辑代数的基本定理和规则、逻辑函数的表示方法和化简方法,主要包括下列知识点。

1) 基本逻辑运算和逻辑门

掌握几种基本逻辑运算的概念和运算规则,以及实现这些基本逻辑运算的逻辑门。

2) 逻辑代数的基本定理

掌握逻辑代数公理和基本定理,能够运用公理和基本定理进行逻辑等式的证明。

3) 逻辑代数的基本规则

掌握带入规则、反演规则和对偶规则,能够利用规则对基本定理进行进一步推广。

4) 常用的逻辑代数公式

掌握常用的逻辑代数公式,能够熟练运用这些公式进行逻辑等式证明和逻辑函数式化简。

5) 逻辑函数的表示方法和逻辑化简

理解逻辑函数可以用真值表、逻辑函数式、逻辑电路图、波形图来表示,一个逻辑函数可以有不同的逻辑函数式表示,不同的逻辑函数式意味着不同的电路结构,简单的逻辑函数式对应于简单的电路结构。

6) 逻辑函数的两种标准表达形式

掌握最小项和最大项的概念,掌握最小项和最大项的特点,理解任何逻辑函数都可以表示为最小项的和或最大项的积,能够把真值表和逻辑函数的标准表达形式联系起来。

7) 逻辑函数不同表达方式间的转换

掌握真值表、逻辑函数式、逻辑电路图、波形图之间的转换方法,能够熟练地从真值表得到逻辑函数式。

8) 卡诺图化简

理解卡诺图是真值表的另一种表示方法,理解在卡诺图中几何相邻即是逻辑相邻,掌握利用卡诺图进行逻辑化简的方法。

2.1　基本逻辑运算和逻辑门

逻辑代数中基本的逻辑运算有“与”(AND)、“或”(OR)、“非”(NOT)3种。此外还有一些复合逻辑运算,如“与非”(NAND)、“或非”(NOR)、“异或”(XOR)、“同或”(XNOR)等,这些复合逻辑运算都可以用基本逻辑运算实现。这些基本逻辑运算都可以用逻辑门实现。

2.1.1　“与”运算

视频讲解

“与”运算在数学上定义为两个布尔值的“乘”,表示决定某一事件的全部条件同时具备时,该事件才会发生。例如两个逻辑变量 A 和 B 做“与”运算,只有 A 和 B 同时为1时,运算结果才是1,否则结果为0。

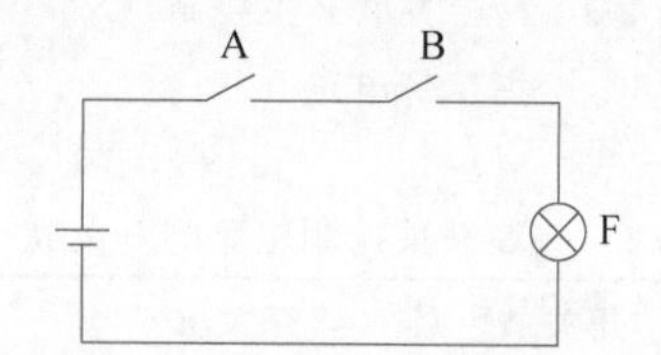

图 2-1　两个串联开关控制指示灯电路

以图2-1所示的两个串联开关控制指示灯电路为例,只有当开关A和开关B同时闭合时,指示灯才会亮,任何一个开关打开,指示灯都不会亮。可以列出A、B开关状态和指示灯状态之间的关系,如表2-1所示。

如果把开关闭合记为1,开关打开记为0,指示灯亮记为1,指示灯灭记为0,则可以列出表2-2。这种把输入的所有可能组合和对应的输出都列出的表称为真值表。由于每个输入只有两种可能的值,N 个输入就有 2^N 种组合。

表 2-1　串联开关控制电路的开关状态和指示灯状态

开关 A	开关 B	指示灯 F
断	断	灭
断	合	灭
合	断	灭
合	合	亮

表 2-2　“与”运算真值表

A	*B*	*F*
0	0	0
0	1	0
1	0	0
1	1	1

在逻辑代数中,“与”运算用“·”表示,A 和 B 做“与”运算可以表示为

$$F = A \cdot B \tag{2-1}$$

在不会发生混淆的情况下,“·”也可以省略,直接写为 $F=AB$。

式(2-1)中 A 和 B 是逻辑变量,F 是逻辑变量 A 和 B 的逻辑函数,从真值表可以得出

$$0\cdot 0=0 \quad 0\cdot 1=0 \quad 1\cdot 0=0 \quad 1\cdot 1=1$$

进一步可以推出

$$0\cdot A=0 \quad A\cdot 1=A \quad A\cdot A=A$$

在实际应用中,可以有多个逻辑变量进行“与”运算,如 $F=A\cdot B\cdot C$。当任一逻辑变量为0时,输出 F 即为0;只有当所有的逻辑变量为1时,输出 F 才为1。

在数字电路中,把实现逻辑“与”运算的单元电路称为与门。根据与门的输入端数,有二输入与门、三输入与门、四输入与门等。与门的逻辑符号如图2-2所示。

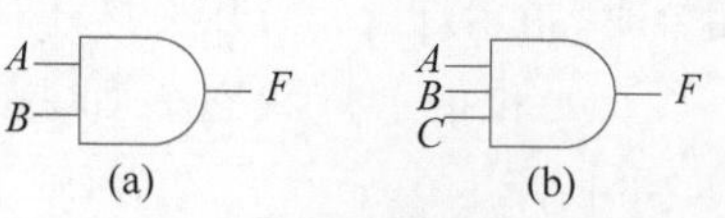

图 2-2　与门的逻辑符号

2.1.2 “或”运算

“或”运算在数学上定义为两个布尔值的“加”，表示决定某一事件的全部条件都不具备时，该事件才不会发生；如果其中任何一个条件具备，该事件就会发生。例如两个逻辑变量A和B做“或”运算，只有A和B同时为0时，运算结果才是0，否则结果为1。

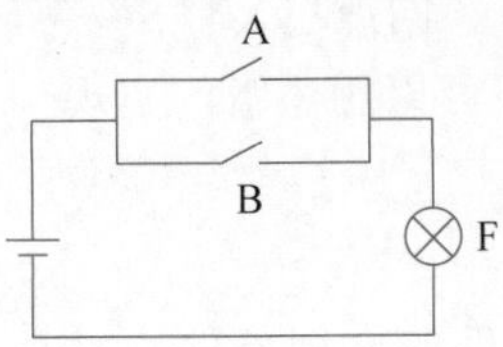

图 2-3 两个并联开关控制指示灯电路

类似地，以图2-3所示的两个并联开关控制指示灯电路为例，只有当开关A和开关B同时打开时，指示灯才灭；否则，任何一个开关闭合，指示灯就会亮。

开关和指示灯的状态表如表2-3所示，“或”运算真值表如表2-4所示。

表 2-3 并联开关控制电路的开关状态和指示灯状态

开关 A	开关 B	指示灯 F
断	断	灭
断	合	亮
合	断	亮
合	合	亮

表 2-4 “或”运算真值表

A	B	F
0	0	0
0	1	1
1	0	1
1	1	1

在逻辑代数中，“或”运算用“+”表示，A和B做“或”运算可以表示为

$$F=A+B \tag{2-2}$$

从真值表可以得出

$$0+0=0 \quad 0+1=1 \quad 1+0=1 \quad 1+1=1$$

进一步可以推出

$$0+A=A \quad A+1=1 \quad A+A=A$$

在实际应用中，可以有多个逻辑变量进行“或”运算，如$F=A+B+C$。当任一逻辑变量为1时，输出F即为1；只有当所有的逻辑变量为0时，输出F才为0。

在数字电路中，把实现逻辑“或”运算的单元电路称为或门。根据或门的输入端数，有二输入或门、三输入或门、四输入或门等。或门的逻辑符号如图2-4所示。

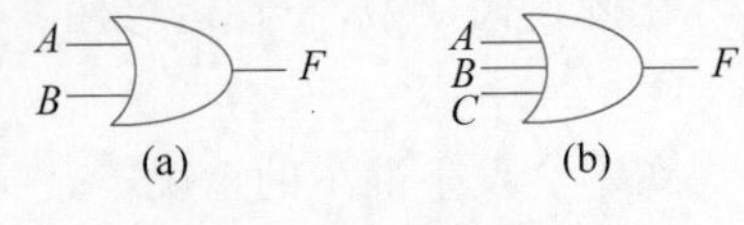

图 2-4 或门的逻辑符号

2.1.3 “非”运算

“非”运算返回输入的否定值。如果输入为0，则结果为1；输入为1，则结果为0。

类似地，以图2-5所示的开关控制指示灯电路为例，当开关闭合时，指示灯灭；当开关打开时，指示灯亮。

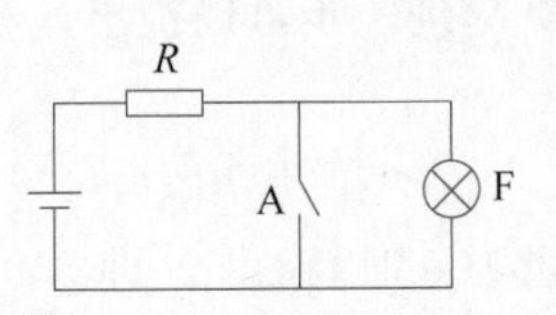

图 2-5 开关控制指示灯电路

开关和指示灯状态表如表2-5所示，“非”运算真值表如表2-6所示。

表 2-5 开关控制电路的开关状态和指示灯状态

开关 A	指示灯 F
断	亮
合	灭

表 2-6 "非"运算真值表

A	F
0	1
1	0

在逻辑代数中,"非"运算用"¯"或"′"表示,A 做"非"运算可以表示为

$$F=\overline{A} \quad 或 \quad F=A'$$

从真值表可以得出

$$0'=1 \quad 1'=0$$

在数字电路中,把实现逻辑"非"运算的单元电路称为非门。非门的逻辑符号如图 2-6 所示。

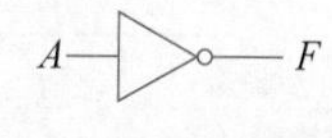

图 2-6 非门的逻辑符号

2.1.4 "与非"和"或非"运算

视频讲解

"与非"运算是"与"运算和"非"运算的复合运算。它先把输入变量进行"与"运算,然后再把"与"的结果做"非"运算,与非的逻辑函数式为

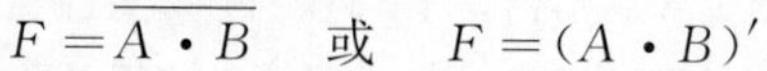

$$F=\overline{A \cdot B} \quad 或 \quad F=(A \cdot B)'$$

"或非"运算是"或"运算和"非"运算的复合运算。它先把输入变量进行"或"运算,然后再把"或"的结果做"非"运算,或非的逻辑函数式为

$$F=\overline{A+B} \quad 或 \quad F=(A+B)'$$

"与非"和"或非"运算的真值表如表 2-7 所示。从真值表可以看出,对于"与非"运算,只有输入变量都为 1 时,输出才为 0;对于"或非"运算,只有输入变量都为 0 时,输出才为 1。

表 2-7 "与非"和"或非"运算真值表

A	B	(A · B)′	(A+B)′
0	0	1	1
0	1	1	0
1	0	1	0
1	1	0	0

在数字电路中,把实现"与非"运算和"或非"运算的单元电路称为与非门和或非门。两输入与非门和或非门的逻辑符号如图 2-7 所示。

(a) 两输入与非门逻辑符号 (b) 两输入或非门逻辑符号

图 2-7 两输入与非门和或非门的逻辑符号

和非门符号输出端上的小圆圈相似,在后续的逻辑符号中输出端带小圆圈都表示逻辑取反。

2.1.5 "异或"和"同或"运算

异或和同或都是两变量的逻辑运算。异或的逻辑关系是:当两个输入变量不同时输出为 1,相同时输出为 0。同或的逻辑关系是:当两个输入变量相同时输出为 1,不同时输出为 0。异或的运算符号为"⊕",同或的运算符号为"⊙"。

异或的逻辑函数式为

$$F = A \oplus B = AB' + A'B$$

同或的逻辑函数式为

$$F = A \odot B = AB + A'B'$$

“异或”和“同或”运算的真值表如表 2-8 所示。

表 2-8 “异或”和“同或”运算的真值表

A	**B**	**A⊕B**	**A⊙B**
0	0	0	1
0	1	1	0
1	0	1	0
1	1	0	1

对于异或运算，由真值表可以得出

$$0 \oplus 0 = 0 \quad 0 \oplus 1 = 1 \quad 1 \oplus 0 = 1 \quad 1 \oplus 1 = 0$$

可以推出

$$A \oplus A = 0 \quad A \oplus A' = 1 \quad A \oplus 0 = A \quad A \oplus 1 = A'$$

进一步可以推出：偶数个逻辑变量 A 进行异或，结果为 0；奇数个逻辑变量 A 进行异或，结果仍然为 A。当多个 0、1 相异或时，起作用的是 1，如果其中有奇数个 1，则结果为 1；如果有偶数个 1，则结果为 0。

对于“同或”运算，由真值表可以得出

$$0 \odot 0 = 1 \quad 0 \odot 1 = 0 \quad 1 \odot 0 = 0 \quad 1 \odot 1 = 1$$

可以推出

$$A \odot A = 1 \quad A \odot A' = 0 \quad A \odot 0 = A' \quad A \odot 1 = A$$

进一步可以推出：偶数个逻辑变量 A 进行同或，结果为 1；奇数个逻辑变量 A 进行同或，结果仍然为 A。当多个 0、1 相同或时，起作用的是 0，如果其中有偶数个 0，则结果为 1；如果有奇数个 0，则结果为 0。

比较“异或”运算和“同或”运算，可以看出异或和同或互为相反：

$$A \oplus B = (A \odot B)' \quad A \odot B = (A \oplus B)'$$

在数字电路中，把实现逻辑“异或”运算和“同或”运算的单元电路称为异或门和同或门，异或门和同或门的逻辑符号如图 2-8 所示。

(a) 异或门逻辑符号　　(b) 同或门逻辑符号

图 2-8 异或门和同或门的逻辑符号

视频讲解

2.2 逻辑代数的基本定理

逻辑常量和常量的运算规则是逻辑代数的公理，逻辑常量和变量、逻辑变量和变量的运算规则是逻辑代数的基本定理，逻辑代数的公理和基本定理汇总如表 2-9 所示。

表 2-9 逻辑代数的公理和基本定理

1a	$0'=1$	1b	$1'=0$	公理 1
2a	$0\cdot 0=0$	2b	$1+1=1$	公理 2
3a	$0\cdot 1=1\cdot 0=0$	3b	$1+0=0+1=1$	公理 3
4a	$1\cdot 1=1$	4b	$0+0=0$	公理 4
5a	$A\cdot B=B\cdot A$	5b	$A+B=B+A$	交换律
6a	$A\cdot(B\cdot C)=(A\cdot B)\cdot C$	6b	$A+(B+C)=(A+B)+C$	结合律
7a	$A\cdot(B+C)=A\cdot B+A\cdot C$	7b	$A+B\cdot C=(A+B)\cdot(A+C)$	分配律
8a	$A\cdot 0=0$	8b	$A+1=1$	控制律
9a	$A\cdot 1=A$	9b	$A+0=A$	自等律
10a	$A\cdot A=A$	10b	$A+A=A$	重叠律
11a	$A\cdot(A+B)=A$	11b	$A+A\cdot B=A$	吸收律
12a	$A\cdot A'=0$	12b	$A+A'=1$	互补律
13a	$(A\cdot B)'=A'+B'$	13b	$(A+B)'=A'\cdot B'$	反演律
14	$(A')'=A$			还原律

表 2-9 中的公理和基本定理分为两列，a 列和 b 列的定理是对偶的。所谓对偶，是指把与变为或、或变为与、0 变为 1、1 变为 0。对任一定理等号两边的表达式同时取对偶，则可以得到对应的另一列中的定理。

表中的定理可以采用穷举法证明，即分别列出等式两边逻辑函数式的真值表，如果两个真值表完全相同，则等式成立。

上述定理也可以用公理或已经证明的定理来证明。

定理 $A+AB=A$ 的证明如下：

$$\begin{aligned}&A+AB\\=&A(1+B)\\=&A\cdot 1=A\end{aligned}$$

定理 $A+BC=(A+B)(A+C)$的证明如下：

$$\begin{aligned}&(A+B)(A+C)\\=&A+AC+AB+BC\\=&A(1+C+B)+BC\\=&A\cdot 1+BC=A+BC\end{aligned}$$

定理$(A\cdot B)'=A'+B'$的代数证明比较长，这里用表 2-10 所示的真值表来证明。列出等式两边逻辑函数式的真值表，可以看到，等式左右两边逻辑函数式的运算结果相同，证明了等式的正确性。

表 2-10 定理$(A\cdot B)'=A'+B'$等式两边逻辑函数式真值表

A	B	$(A\cdot B)'$	$A'+B'$
0	0	1	1
0	1	1	1
1	0	1	1
1	1	0	0

逻辑函数式中的运算有优先级，优先级从高到低依次为括号、非、与、或。即括号内的表达式必须在其他运算前计算，然后计算非，再计算与，最后做或运算。运算的优先级和普通

算术运算相似,只是"乘"和"加"被"与"和"或"所代替。

视频讲解

2.3 逻辑代数的基本规则

逻辑代数有 3 个基本规则:代入规则、反演规则和对偶规则。

2.3.1 代入规则

对于逻辑等式中的任何一个变量,如果把所有出现该变量的地方都用逻辑函数式 G 代替,则等式仍然成立。这个规则称为代入规则。

合理利用代入规则,可以扩大逻辑代数基本定理的应用范围。

【例 2-1】 在等式$(A+B)'=A'\cdot B'$中把变量 B 用 $B+C$ 替换,就得到等式

$$(A+(B+C))'=A'\cdot(B+C)'$$

可以得到

$$(A+B+C)'=A'\cdot B'\cdot C'$$

类似地,也可以得到

$$(ABCD)'=A'+B'+C'+D'$$

【例 2-2】 在等式 $A+B\cdot C=(A+B)\cdot(A+C)$中把变量 C 用 CD 替换,就得到等式

$$A+B\cdot CD=(A+B)\cdot(A+CD)$$

可以得到

$$A+BCD=(A+B)(A+C)(A+D)$$

2.3.2 反演规则

反演就是求一个逻辑函数 F 的反函数 F',反演规则就是求反规则。

已知逻辑函数 F,如果把逻辑函数式中所有的 0 换为 1、1 换为 0、"+"换为"·"、"·"换为"+"、原变量换为反变量、反变量换为原变量,得到的新逻辑函数式就是逻辑函数 F 的反函数 F'。

反演规则是反演律的推广,应用反演规则可以很方便地求出逻辑函数的反函数。

【例 2-3】 已知逻辑函数 $F=(AB)'+CD$,求反函数 F'。

应用反演规则,可以得到

$$F'=(A'+B')'(C'+D')$$

【例 2-4】 已知逻辑函数 $F=(AB'+C)D$,求反函数 F'。

应用反演规则,可以得到

$$F'=(A'+B)C'+D'$$

应用反演规则时需注意:

(1) 变换应对所有的逻辑常量、逻辑变量和运算符实行,不能遗漏;

(2) 必须保持原逻辑函数中变量之间的运算顺序不变,必要时加括号;

(3) 原变量和反变量之间的互换只对单个逻辑变量有效,如例 2-3 中 $F=(AB)'+CD$ 中的$(AB)'$是非运算,不是反变量,因此在反演变换中非号必须保留。

2.3.3 对偶规则

在表 2-9 中汇总的逻辑代数基本定理中，左列和右列的公式都是对偶的，只要把左列公式中的 1 和 0、“+”和“·”互换，就可以得到右列的公式；对右列的公式做这样的操作同样也会得到左列的公式。

对任一逻辑函数 F，把逻辑函数式中所有的逻辑常量 1 和 0 互换，把逻辑运算符“+”和“·”互换，而变量不变，就得到这个逻辑函数的对偶式 F^D。

例如，逻辑函数

$$F=A(B'+C)$$

则它的对偶式为

$$F^D=A+B'C$$

如果两个逻辑函数相等，则它们的对偶式也相等。做对偶变换时应对全部逻辑常量和逻辑运算符实行，不能遗漏。

对一个逻辑函数的对偶再求对偶，就得到原函数

$$F=(F^D)^D$$

需要注意的是，原函数和它的对偶式是两个相互独立的函数。对偶式不是原函数的反，它们之间只是形式上对偶。

2.4 常用的逻辑代数公式

运用上述基本定理和规则，可以推导出一些常用的公式。应用这些公式可以方便地进行逻辑函数式的化简。

公式 1：$\boldsymbol{AB+A'B=B}$

证明：$AB+A'B$

$=B(A+A')$

$=B\cdot 1=B$

公式 2：$\boldsymbol{A+A'B=A+B}$

证明：$A+A'B$

$=(A+A')(A+B)$

$=1\cdot(A+B)=A+B$

在逻辑函数式中，如果某与项的一个因子恰好与另一个与项互补，则这个因子是冗余的，可以消去。

公式 3：$\boldsymbol{AB+A'C+BC=AB+A'C}$

证明：$AB+A'C+BC$

$=AB+A'C+BC(A+A')$

$=AB+ABC+A'C+A'BC$

$=AB(1+C)+A'C(1+B)$

$=AB+A'C$

在逻辑函数式中，如果某两个与项中有一个变量互为相反，而这两个与项中的其他变量

都是组成第 3 个与项的因子，则第 3 个与项是冗余的，可以消去。这个公式还可以推广为

$$AB+A'C+BCDE\cdots=AB+A'C$$

公式 4：$AB+A'C=(A+C)(A'+B)$

证明：$(A+C)(A'+B)$

$=AA'+AB+A'C+BC$

$=AB+A'C+BC$

$=AB+A'C$

视频讲解

2.5 逻辑函数的表示方法和逻辑化简

逻辑函数表示函数值和逻辑变量之间的关系。逻辑函数有多种表示方法。

逻辑函数可以用由逻辑变量、逻辑常量(0 和 1)和逻辑运算符组成的逻辑函数式来表示，例如逻辑函数

$$F=A+B'C \tag{2-3}$$

逻辑函数也可以用真值表来表示。真值表是把逻辑变量的各种取值组合以及相应的函数值列出的表。如果有 n 个逻辑变量，则真值表的行数为 2^n，n 位组合从二进制数 0 排列到 2^n-1。表 2-11 是式(2-3)所示逻辑函数 F 的真值表。

表 2-11 逻辑函数 F 的真值表

A	**B**	**C**	**F**
0	0	0	0
0	0	1	1
0	1	0	0
0	1	1	0
1	0	0	1
1	0	1	1
1	1	0	1
1	1	1	1

逻辑函数还可以用由逻辑门构成的逻辑电路图来表示。逻辑函数式可以转换为逻辑电路图，逻辑函数式中的逻辑变量作为输入，逻辑函数 F 作为输出，把逻辑函数式中各逻辑变量之间的逻辑运算用逻辑门表示，再把这些变量和逻辑门连接起来，就得到了实现逻辑函数的逻辑电路图。图 2-9 所示是实现式(2-3)所示逻辑函数 F 的逻辑电路图。非门对输入 B 求反，与门对 B' 和输入 C 做与运算，或门再对输入 A 和 $B'C$ 做或运算，产生输出 F。

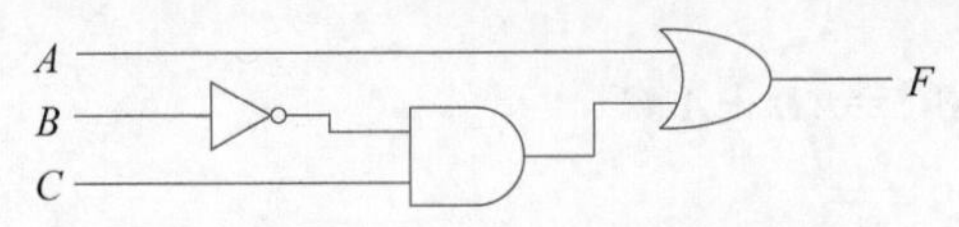

图 2-9 实现逻辑函数 F 的逻辑电路图

逻辑函数的真值表只有一种表示形式，但如果用逻辑函数式来表示逻辑函数，就会有多种不同的表达形式。不同的表达形式对应不同的逻辑电路，复杂的逻辑函数式意味着更多的逻辑门数和更多的逻辑门输入数，即更复杂的电路；简洁的逻辑函数式则意味着更少的

逻辑门数和逻辑门输入数，即更简单的电路。例如逻辑函数

$$F_1 = A'B'C + A'BC + AB' \tag{2-4}$$

实现 F_1 的逻辑电路如图 2-10 所示。可以看出，实现这个逻辑函数需要两个非门、两个三输入与门、一个二输入与门和一个三输入或门。

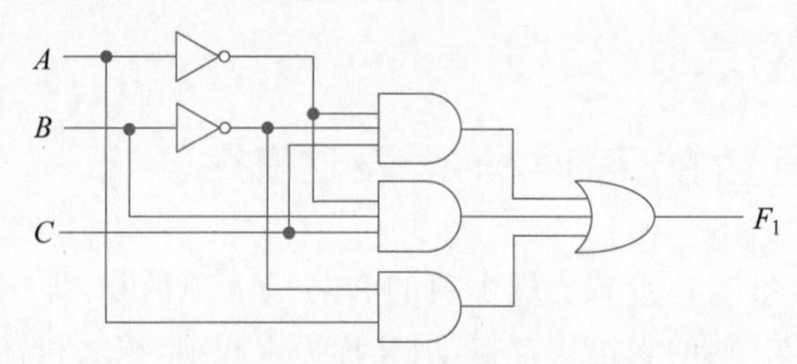

图 2-10　实现 F_1 的逻辑电路图

利用逻辑代数基本定理，逻辑函数 F_1 可以得到不同形式的逻辑函数式

$$\begin{aligned} F_1 &= A'B'C + A'BC + AB' \\ &= A'C(B' + B) + AB' \\ &= A'C + AB' \end{aligned}$$

逻辑函数式被简化为两项，只需要两个非门、两个二输入与门和一个二输入或门就可以实现，逻辑电路如图 2-11 所示。两个逻辑函数式的真值表如表 2-12 所示。用真值表可以验证这两个函数式的真值表是相同的，也就是说这两个函数式是相等的。在实现相同功能的逻辑函数时，逻辑门数和门的输入数应尽可能少，这样可以简化电路，降低电路开销，提高电路性能。

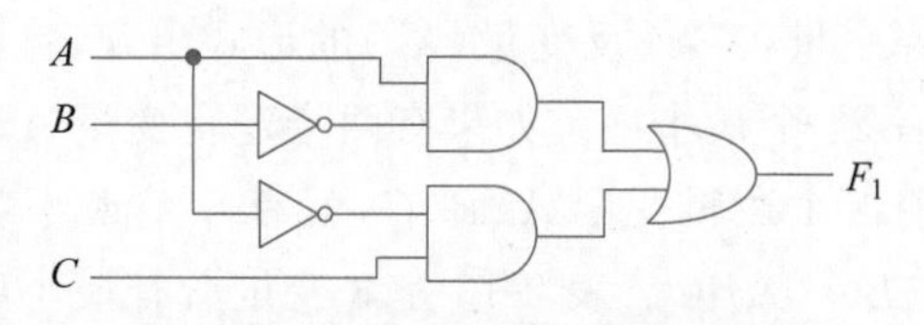

图 2-11　F_1 简化后的逻辑电路图

表 2-12　F_1 两个逻辑函数式真值表

A	**B**	**C**	$A'B'C+A'BC+AB'$	$A'C+AB'$
0	0	0	0	0
0	0	1	1	1
0	1	0	0	0
0	1	1	1	1
1	0	0	1	1
1	0	1	1	1
1	1	0	0	0
1	1	1	0	0

利用逻辑代数基本定理和常用公式可以简化逻辑函数，减少逻辑函数式中的项数和每项中的变量数。

【例 2-5】　化简下列逻辑函数。

(1) $F = ABC + A'B'C + ABC' + AB'C$

$= AB(C + C') + B'C(A' + A)$

$= AB + B'C$

(2) $F = A(B+C)+B'C'$

$= A(B+C)+(B+C)'$

$= ((B+C)'+A)((B+C)'+(B+C))$

$= A+(B+C)'$

$= A+B'C'$

视频讲解

2.6 逻辑函数的两种标准表达形式

逻辑函数有两种标准表达形式：最小项的和与最大项的积，即“积之和”和“和之积”。积之和就是包含多个“与”项的表达式，“与”项又称为乘积项，积之和就是这些“与”项做“或”运算。和之积就是包含多个“或”项的表达式，“或”项又称为和项，和之积就是这些“或”项做“与”运算。

视频讲解

2.6.1 最小项和最小项的和

如果逻辑函数中有 n 个逻辑变量，n 个变量组成“与”项（乘积项），每个逻辑变量可以以原变量（X）或反变量（X'）的形式出现，且仅出现一次，这个乘积项称为最小项。n 个变量就有 2^n 个最小项。如果有两个逻辑变量 A、B，就有 4 个最小项 $A'B'$、$A'B$、AB' 和 AB。如果有 3 个逻辑变量 A、B、C，就有 8 个最小项 $A'B'C'$、$A'B'C$、$A'BC'$、$A'BC$、$AB'C'$、$AB'C$、ABC'、ABC。表 2-13 是 3 变量所有最小项的真值表。

表 2-13　3 变量所有最小项的真值表

ABC	**$A'B'C'$** m_0	**$A'B'C$** m_1	**$A'BC'$** m_2	**$A'BC$** m_3	**$AB'C'$** m_4	**$AB'C$** m_5	**ABC'** m_6	**ABC** m_7
000	1	0	0	0	0	0	0	0
001	0	1	0	0	0	0	0	0
010	0	0	1	0	0	0	0	0
011	0	0	0	1	0	0	0	0
100	0	0	0	0	1	0	0	0
101	0	0	0	0	0	1	0	0
110	0	0	0	0	0	0	1	0
111	0	0	0	0	0	0	0	1

从表 2-13 中可以看出，对任一最小项，只有一种变量取值使其值为 1，变量为其他取值时，其值均为 0。例如对于最小项 $A'B'C'$，仅当 ABC 为 000 时 $A'B'C'=1$，为其他取值时 $A'B'C'=0$；对于最小项 $A'B'C$，仅当 ABC 为 001 时 $A'B'C=1$，为其他取值时 $A'B'C=0$。因此，如果真值表中二进制数的相应位为 1，则对应变量取原变量，如果相应的位为 0，则取反变量，由此可以得到相应的最小项。最小项也可以用符号 m_j 表示，下标 j 是该最小项对应的二进制数等值的十进制数。3 变量的最小项为

$$A'B'C'=m_0 \quad A'B'C=m_1 \quad A'BC'=m_2 \quad A'BC=m_3$$

$$AB'C'=m_4 \quad AB'C=m_5 \quad ABC'=m_6 \quad ABC=m_7$$

最小项的性质如下：

(1) 任一最小项，只有一种变量取值使其值为 1，变量为其他取值时，其值均为 0；

(2) 任意两个不同最小项的乘积(与)为 0，即 $m_i \cdot m_j=0, i\neq j$；

(3) n 个变量的所有最小项的和(或)为 1，即 $\sum_{i=0}^{2^n-1} m_i=1$。

任何一个逻辑函数都可以表示为最小项的和。当逻辑函数不是这种形式时，可以先把逻辑函数式转换为积的和，然后看每项是否包含所有的变量，如果不是，再进行扩展。

【例 2-6】 用最小项的和表示逻辑函数 $F=A+BC$。

$$\begin{aligned}F&=A(B+B')(C+C')+BC(A+A')\\&=ABC+AB'C+ABC'+AB'C'+ABC+A'BC\\&=ABC+AB'C+ABC'+AB'C'+A'BC\\&=m_7+m_5+m_6+m_4+m_3\\&=\sum(m_3,m_4,m_5,m_6,m_7)\end{aligned}$$

另一种方法是直接从逻辑函数式列出真值表，然后从真值表得到这些最小项。表 2-14 是逻辑函数 $F=A+BC$ 的真值表。

表 2-14 $F=A+BC$ 的真值表

A	B	C	F
0	0	0	0
0	0	1	0
0	1	0	0
0	1	1	1
1	0	0	1
1	0	1	1
1	1	0	1
1	1	1	1

从真值表中可以看出，值为 1 的最小项的序号是 3、4、5、6、7。用最小项的和表示逻辑函数，也可以简洁表示为

$$F=\sum m(3,4,5,6,7)$$

2.6.2 最大项和最大项的积

视频讲解

如果逻辑函数中有 n 个逻辑变量，n 个变量组成“或”项(和项)，每个逻辑变量可以以原变量(X)或反变量(X')的形式出现，且仅出现一次，这个和项称为最大项。n 个变量就有 2^n 个最大项。如果有两个逻辑变量 A 和 B，就有 4 个最大项 $A+B$、$A+B'$、$A'+B$ 和 $A'+B'$。如果有 3 个逻辑变量 A、B、C，就有 8 个最大项 $A+B+C$、$A+B+C'$、$A+B'+C$、$A+B'+C'$、$A'+B+C$、$A'+B+C'$、$A'+B'+C$、$A'+B'+C'$。表 2-15 是 3 变量所有最大项的真值表。

表 2-15 3 变量所有最大项的真值表

ABC	$A+B+C$ M_0	$A+B+C'$ M_1	$A+B'+C$ M_2	$A+B'+C'$ M_3	$A'+B+C$ M_4	$A'+B+C'$ M_5	$A'+B'+C$ M_6	$A'+B'+C'$ M_7
000	0	1	1	1	1	1	1	1
001	1	0	1	1	1	1	1	1
010	1	1	0	1	1	1	1	1
011	1	1	1	0	1	1	1	1
100	1	1	1	1	0	1	1	1
101	1	1	1	1	1	0	1	1
110	1	1	1	1	1	1	0	1
111	1	1	1	1	1	1	1	0

由表 2-15 可以看出,对任一最大项,只有一种变量取值使其值为 0,变量为其他取值时,其值均为 1。例如对于最大项 $A+B+C$,仅当 ABC 为 000 时 $A+B+C=0$,为其他取值时 $A+B+C=1$;对于最大项 $A+B+C'$,仅当 ABC 为 001 时 $A+B+C'=0$,为其他取值时 $A+B+C'=1$。因此,如果真值表中二进制数的相应位为 1,则对应变量取反变量,如果相应的位为 0,则取原变量,由此可以得到相应的最大项。最大项也可以用符号 M_j 表示,下标 j 是该最大项对应的二进制数等值的十进制数。3 变量的最大项为

$$
\begin{aligned}
A+B+C&=M_0 \quad & A+B+C'&=M_1\\
A+B'+C&=M_2 \quad & A+B'+C'&=M_3\\
A'+B+C&=M_4 \quad & A'+B+C'&=M_5\\
A'+B'+C&=M_6 \quad & A'+B'+C'&=M_7
\end{aligned}
$$

最大项的性质如下:

(1) 任一最大项,只有一种变量取值使其值为 0,变量为其他取值时,其值均为 1;

(2) 任意两个不同最大项的和(或)为 1,即 $M_i+M_j=1, i\neq j$;

(3) n 个变量的所有最大项的积(与)为 0,即 $\prod\limits_{i=0}^{2^n-1} M_i=0$。

任何一个逻辑函数都可以表示为最大项的积。当逻辑函数不是这种形式时,可以先把逻辑函数式转换为和的积,然后看每项是否包含所有的变量,如果不是,再进行扩展。

【例 2-7】 用最大项的积表示逻辑函数 $F=AB+A'C$。

$$
\begin{aligned}
F&=AB+A'C\\
&=(AB+A')(AB+C)\\
&=(A'+A)(A'+B)(A+C)(B+C)\\
&=(A'+B+CC')(A+C+BB')(B+C+AA')\\
&=(A'+B+C)(A'+B+C')(A+C+B)(A+C+B')(B+C+A)(B+C+A')\\
&=(A'+B+C)(A'+B+C')(A+B+C)(A+B'+C)\\
&=M_4\cdot M_5\cdot M_0\cdot M_2\\
&=\prod(M_0,M_2,M_4,M_5)
\end{aligned}
$$

另一种方法是直接由逻辑函数式列出真值表,然后从真值表得到这些最大项。表 2-16 是逻辑函数 $F=AB+A'C$ 的真值表。

表 2-16 $F=AB+A'C$ 的真值表

A	B	C	F
0	0	0	0
0	0	1	1
0	1	0	0
0	1	1	1
1	0	0	0
1	0	1	0
1	1	0	1
1	1	1	1

由真值表可以看出，值为 0 的最大项的序号是 0、2、4、5。用最大项的积表示逻辑函数，也可以简洁表示为

$$F=\prod M(0,2,4,5)$$

2.6.3 最小项表达式和最大项表达式之间的关系

视频讲解

同一个逻辑函数可以用最小项的和表示，也可以用最大项的积表示，是同一逻辑函数的不同表示方式，因此二者在本质上是相等的。

观察例 2-7 中逻辑函数 $F=AB+A'C$ 的真值表，可以得出

$$\begin{aligned} F &= AB+A'C \\ &= \sum m(1,3,6,7) \\ &= \prod M(0,2,4,5) \end{aligned}$$

可以看出，两种标准式中最小项和最大项的序号间存在互补关系，在最小项表达式中没有出现的序号一定会出现在最大项表达式中，反之亦然。利用这一特性，可以很方便地根据最小项表达式写出最大项表达式，或根据最大项表达式写出最小项表达式。

如果原函数是用真值表中函数值为 1 的最小项的和来表示的，当对原函数求反时，就会使原来为 1 的最小项值变为 0，原来为 0 的最小项值变为 1，因此其反函数就等于原函数中没出现的最小项的和。类似地，用最大项的积表示的逻辑函数，其反函数就等于原函数中没有出现的最大项的积。

【例 2-8】 逻辑函数 $F=AB+A'C$，写出反演式 F' 的最小项表达式。

逻辑函数 $F=AB+A'C$ 和反演式 F' 的真值表如表 2-17 所示。

表 2-17 $F=AB+A'C$ 和反演式 F' 的真值表

A	B	C	F	F′
0	0	0	0	1
0	0	1	1	0
0	1	0	0	1
0	1	1	1	0
1	0	0	0	1
1	0	1	0	1
1	1	0	1	0
1	1	1	1	0

$$F' = \sum m(0,2,4,5)$$
$$= \prod M(1,3,6,7)$$

可以看出,反演式的最小项表达式中最小项的序号和 F 的最大项表达式中最大项的序号一致; F'的最大项表达式中最大项的序号和 F 的最小项表达式中最小项的序号一致。

2.7 逻辑函数不同表示方式间的转换

2.7.1 真值表与逻辑函数式间的转换

在解决实际逻辑问题时,通常先把问题抽象为真值表,通过真值表,建立输入和输出之间的关系。从2.6节可知,"最小项的和"和"最大项的积"这两种标准表达形式就是直接从真值表中得到的逻辑函数的基本形式。因此,可以通过真值表把表示输出和输入之间关系的函数式写为"最小项的和"或"最大项的积"。

【例 2-9】 有 A、B、C 3个输入信号,当3个信号中有两个或两个以上为高电平时,输出 F 为高,否则 F 为低。试写出输出 F 的逻辑函数式。

设高电平为1,低电平为0,输入为 A、B、C,输出为 F。根据问题的描述,可以得到如表2-18所示的真值表。

表 2-18 例 2-9 真值表

A	B	C	F
0	0	0	0
0	0	1	0
0	1	0	0
0	1	1	1
1	0	0	0
1	0	1	1
1	1	0	1
1	1	1	1

根据真值表,可以把逻辑函数写为最小项的和。在真值表中,找出所有使 $F=1$ 的输入组合,用原变量表示变量取值1,用反变量表示变量取值0,各变量相与;然后把这些与项相或,就得到逻辑函数 F 的与或式。

从表2-18可以看出,输入 ABC 为011、101、110和111时,输出 $F=1$。对应的与项分别是 $A'BC$、$AB'C$、ABC'、ABC,把这些与项相或,就得到最小项之和

$$F = A'BC + AB'C + ABC' + ABC$$

根据真值表,也可以把逻辑函数写为最大项的积。在真值表中,找出所有使 $F=0$ 的输入组合,用原变量表示变量取值0,用反变量表示变量取值1,各变量相或;然后把这些或项相与,就得到逻辑函数 F 的或与式。

从表2-18可以看出,输入 ABC 为000、001、010和100时,输出 $F=0$。对应的或项分别是 $A+B+C$、$A+B+C'$、$A+B'+C$、$A'+B+C$,把这些或项相与,就得到最大项之积

$$F = (A+B+C)(A+B+C')(A+B'+C)(A'+B+C)$$

这两种逻辑函数式是对同一真值表的两种不同表示方法，二者是相等的。

如果已知逻辑函数求真值表，只需将输入变量取值的所有组合代入逻辑函数式，求出其逻辑值，列出表，即可得到逻辑函数的真值表。

2.7.2 逻辑函数式和逻辑电路图之间的转换

把逻辑函数式转换为逻辑电路图，只需要把逻辑函数式中各变量间的与、或、非等运算用逻辑符号表示出来，再把这些符号和对应的逻辑变量连接起来即可。

如果逻辑电路图已知，要转换为逻辑函数式，只需要从逻辑电路图的输入端开始，逐级写出每个逻辑符号的输出逻辑表达式，在输出端就可以得到逻辑函数式。

【例 2-10】 已知逻辑电路图如图 2-12 所示，写出输出的逻辑函数式。

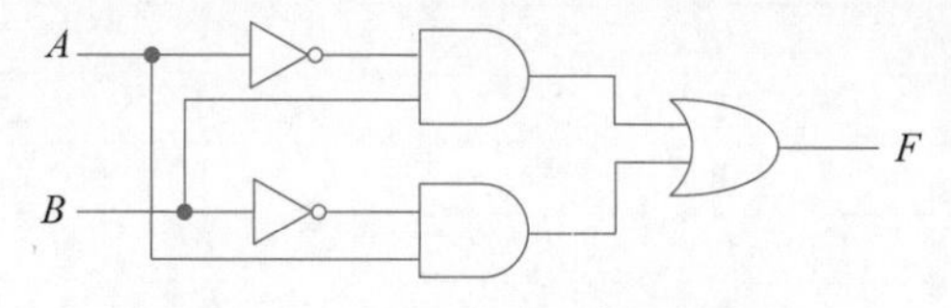

图 2-12 例 2-10 的逻辑电路图

从输入端 A、B 开始，逐级写出每个逻辑符号输出端的逻辑表达式，在输出端就得到逻辑函数式

$$F = A'B + AB' = A \oplus B$$

输出 F 和输入 A、B 是异或关系，这个逻辑电路实现的是异或功能。

2.7.3 真值表到波形图

把逻辑函数输入变量的每一种可能取值和对应的输出按时间顺序排列起来，就是该逻辑函数的波形图。波形图的横轴是时间，纵轴是变量取值。由于变量取值只可能取 0 和 1，因此通常并不画出纵轴。

【例 2-11】 将表 2-18 所示的真值表转换为波形图。

表 2-18 所示真值表的波形图如图 2-13 所示。

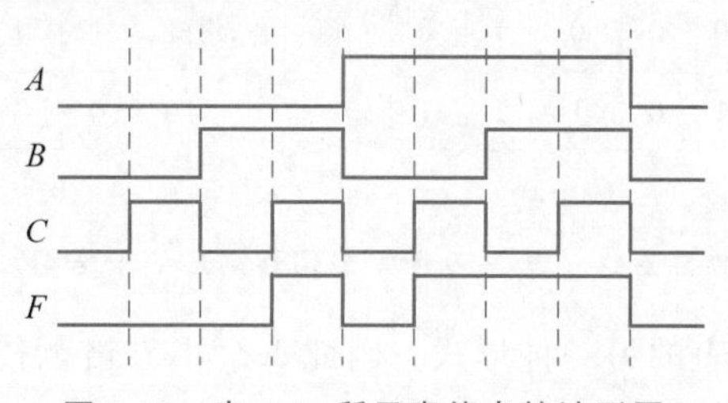

图 2-13 表 2-18 所示真值表的波形图

2.8 卡诺图化简

实现某一逻辑功能的逻辑函数可以有多种表达形式。逻辑函数式复杂，就意味着实现这一逻辑函数的电路复杂；逻辑函数式简单，就意味着电路简单，有利于电路性能的提高和成本的降低。

逻辑函数的化简有代数化简法和卡诺图化简法。代数化简法利用逻辑代数基本定理和常用公式对逻辑函数式进行变换，得到简化的表达式。卡诺图化简是把逻辑函数用卡诺图表示，在卡诺图上进行函数化简。这种方法简便，适合于输入变量数较小的逻辑函数化简。

2.8.1 卡诺图

任何一个逻辑函数都可以用一个真值表唯一地表示出来。真值表是按一维方式排列的，一边列自变量的取值组合，另一边列对应的函数值，表决判定的真值表如表 2-19 所示。

表 2-19 表决判定的真值表

A	B	C	F
0	0	0	0
0	0	1	0
0	1	0	0
0	1	1	1
1	0	0	0
1	0	1	1
1	1	0	1
1	1	1	1

如果把真值表中的自变量分成两组(A)和(BC)或(AB)和(C)，分别作为行和列，就形成了一个二维的图表。

每一组变量的取值按格雷码排列，例如图 2-14(a)中 BC 的排列和图 2-14(b)中 AB 的排列是 00、01、11、10。单个变量的排列是 0、1。每个小方格就代表真值表的一行，真值表有多少行，就有多少个小方格，函数的值按坐标位置逐个填入。这样真值表就转换为卡诺图，如图 2-14 所示。

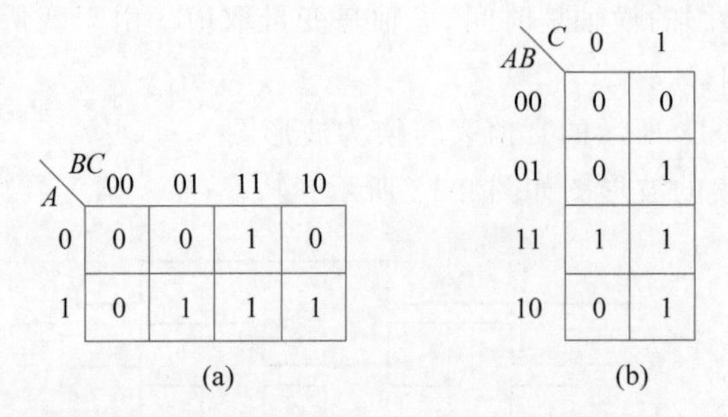

图 2-14 表 2-19 所示真值表对应的卡诺图

卡诺图实际上是真值表的另一种形式。因此每个小方格也代表最小项或最大项，可以在小方格内直接标注最小项或最大项的标号。卡诺图的一般形式如图 2-15 所示。

行变量和列变量的取值都按格雷码排列，即相邻的变量取值只有一个变量不同。两个相邻的小方格之间只有一个变量发生变化，也就是两个相邻的最小项只有一个变量互为反变量，其余的变量都相同，称为两个最小项在逻辑上是相邻的。最大项类似。

例如图 2-15(b)所示的四变量卡诺图中，$A'BC'D(m_5)$有 4 个相邻的小方格：$A'BC'D'(m_4)$、$A'B'C'D(m_1)$、$A'BCD(m_7)$、$ABC'D(m_{13})$，如果 $m_5=1, m_4=1$，则

$$A'BC'D+A'BC'D'=A'BC'(D+D')=A'BC'$$

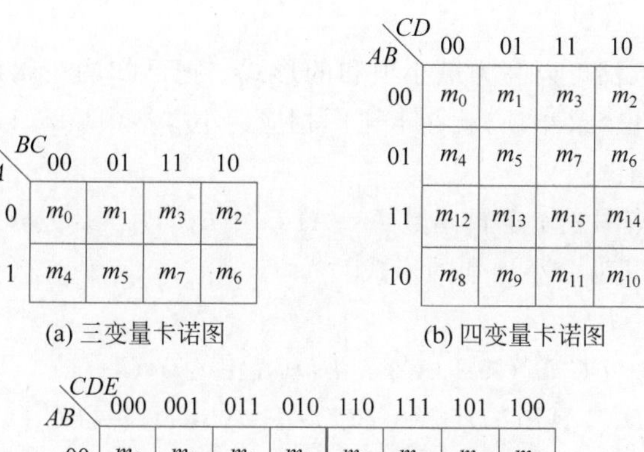

A \ BC	00	01	11	10
0	m_0	m_1	m_3	m_2
1	m_4	m_5	m_7	m_6

(a) 三变量卡诺图

AB \ CD	00	01	11	10
00	m_0	m_1	m_3	m_2
01	m_4	m_5	m_7	m_6
11	m_{12}	m_{13}	m_{15}	m_{14}
10	m_8	m_9	m_{11}	m_{10}

(b) 四变量卡诺图

AB \ CDE	000	001	011	010	110	111	101	100
00	m_0	m_1	m_3	m_2	m_6	m_7	m_5	m_4
01	m_8	m_9	m_{11}	m_{10}	m_{14}	m_{15}	m_{13}	m_{12}
11	m_{24}	m_{25}	m_{27}	m_{26}	m_{30}	m_{31}	m_{29}	m_{28}
10	m_{16}	m_{17}	m_{19}	m_{18}	m_{22}	m_{23}	m_{21}	m_{20}

(c) 五变量卡诺图

图 2-15 卡诺图的一般形式

消去变量 D。

类似地，如果 $m_5=1, m_1=1$，则

$$A'BC'D+A'B'C'D=A'C'D(B+B')=A'C'D$$

消去变量 B。

类似地，如果 $m_5=1, m_7=1$，则

$$A'BC'D+A'BCD=A'BD(C'+C)=A'BD$$

消去变量 C。

类似地，如果 $m_5=1, m_{13}=1$，则

$$A'BC'D+ABC'D=BC'D(A'+A)=BC'D$$

消去变量 A。

从上面的分析可知，在卡诺图中几何相邻的最小(大)项也是逻辑相邻的最小(大)项，两个相邻的最小(大)项叠加可以消去一个变量；在卡诺图上就是找出相邻小方格对应的变量取值中相同的取值。所以卡诺图化简实质上就是相邻的最小项或最大项的合并。

从图 2-15 所示的卡诺图可以看出，除几何位置相邻的小方格逻辑相邻，左右两边、上下两边、四个角也是逻辑相邻的。对于五变量卡诺图，除上面提到的逻辑相邻项外，以图中粗线为轴，左右两边对称的小方格也是逻辑相邻的。

2.8.2 由逻辑函数画出卡诺图

视频讲解

对于一个逻辑函数，可以用以下 3 种方法画出卡诺图：真值表法、标准型法和观察法。

1）真值表法

写出已知逻辑函数的真值表，然后把真值表中的每个函数值填入卡诺图中相应的小方格内，即可画出逻辑函数的卡诺图。

2）标准型法

任意一个逻辑函数都可以写为最小项和的形式。把已知的逻辑函数写为最小项的和，逻辑函数式中包含哪几个最小项，就在卡诺图相应的小方格中填入1，其余的填入0，即可得到已知逻辑函数的卡诺图。

【例 2-12】 用卡诺图表示逻辑函数 $F=ABC'+BC'D'+BD$。

将逻辑函数 F 展开为最小项和的形式

$$
\begin{aligned}
F &= ABC' + BC'D' + BD \\
&= ABC'(D+D') + BC'D'(A+A') + BD(A+A')(C+C') \\
&= ABC'D + ABC'D' + ABC'D' + A'BC'D' + ABCD + ABC'D + A'BCD + A'BC'D \\
&= ABC'D + ABC'D' + A'BC'D' + ABCD + A'BCD + A'BC'D \\
&= \sum(m_{13}, m_{12}, m_4, m_{15}, m_7, m_5)
\end{aligned}
$$

AB \ CD	00	01	11	10
00	0	0	0	0
01	1	1	1	0
11	1	1	1	0
10	0	0	0	0

图 2-16 $F=ABC'+BC'D'+BD$ 的卡诺图

将式中最小项 m_4、m_5、m_7、m_{12}、m_{13}、m_{15} 对应的小方格填上1，其余的小方格填0，即可得到如图2-16所示的卡诺图。

3）观察法

观察法就是直接观察逻辑函数式中的每个与项，确定每个与项应该在哪些对应的小方格中填1，然后在剩下的小方格中填0，就可以得到逻辑函数的卡诺图。

用观察法来画例2-12中逻辑函数 $F=ABC'+BC'D'+BD$ 的卡诺图。与项 ABC' 应在 m_{12} 和 m_{13} 对应的小方格填1，与项 $BC'D'$ 应在 m_4 和 m_{12} 对应的小方格填1，与项 BD 应在 m_5、m_7、m_{13}、m_{15} 对应的小方格填1，其余的小方格填0，也可得到如图2-16所示的卡诺图。

2.8.3 用卡诺图化简逻辑函数

1）化简为与或式

由2.8.1节的分析可知，几何相邻的小方格也是逻辑相邻的。合并两个相邻的填1小方格可以消去一个变量。

例如在图2-17(a)中，m_5 和 m_7 合并为一项，把两个填1的小方格圈在一起，找它们共有的取值没有变化的变量因子，得到简化的逻辑函数 $F=AC$。在图2-17(b)中，m_3 和 m_7 合并为一项，把两个填1的小方格圈在一起，找它们共有的取值没有变化的变量因子，得到简化的逻辑函数 $F=BC$。

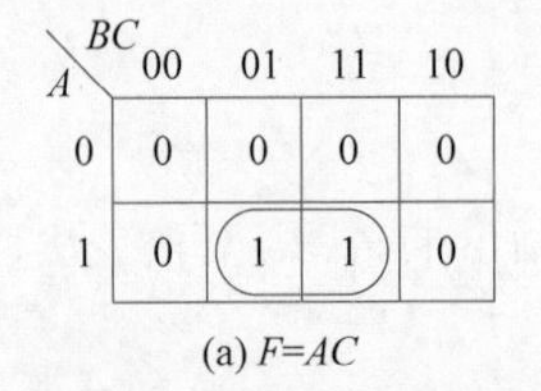

(a) $F=AC$

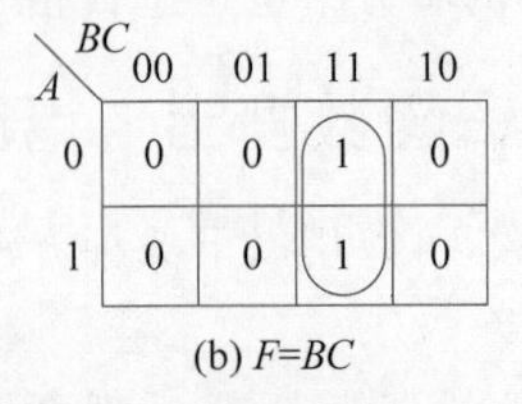

(b) $F=BC$

图 2-17 两个几何相邻小方格的合并

相邻单元的概念可以推广到4个、8个小方格。圈内填1的小方格数必须是2的幂，2^i

个相邻的填 1 小方格合并可以消去 i 个变量。

例如在图 2-18(a)中，m_5、m_7、m_{13} 和 m_{15} 合并为一项，4 个填 1 的小方格圈在一起，得到简化的逻辑函数 $F=BD$。在图 2-18(b)中，m_0、m_4、m_8 和 m_{12} 合并为一项，4 个填 1 的小方格圈在一起，得到简化的逻辑函数 $F=C'D'$。在图 2-18(c)中，m_8、m_9、m_{10}、m_{11}、m_{12}、m_{13}、m_{14} 和 m_{15} 合并为一项，8 个填 1 的小方格圈在一起，得到简化的逻辑函数 $F=A$。

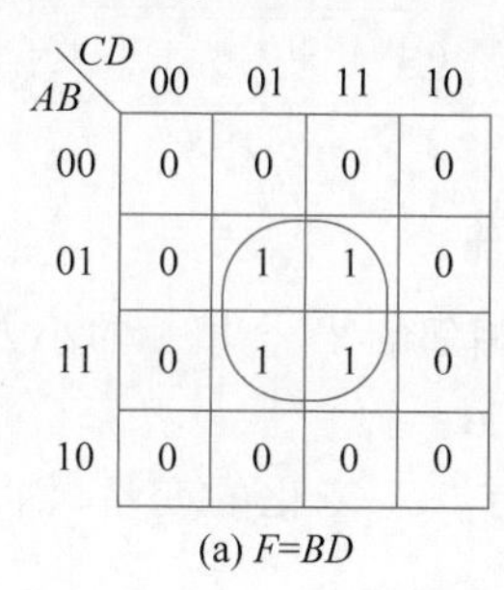

(a) $F=BD$

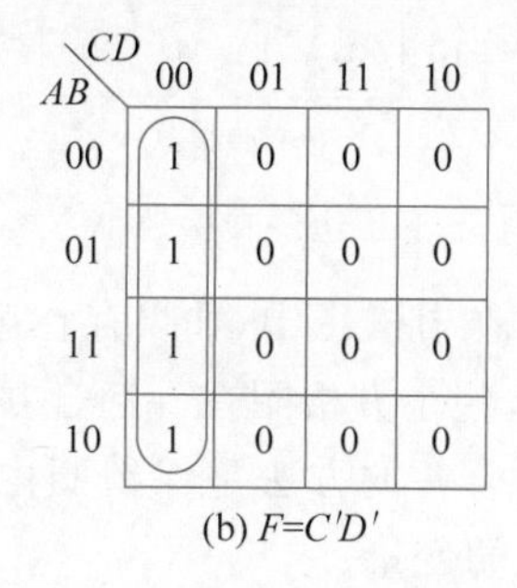

(b) $F=C'D'$

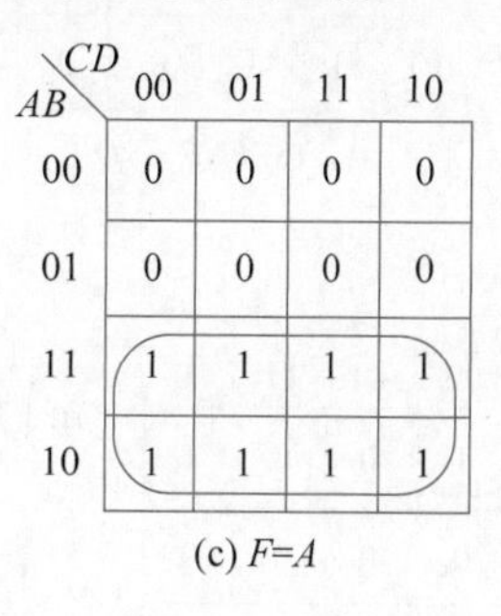

(c) $F=A$

图 2-18　2^i 个几何相邻小方格的合并

除几何位置相邻的 2^i 个小方格逻辑相邻以外，左右两边、上下两边、4 个角也是逻辑相邻的，这些填 1 的小方格也可以合并消去变量。

例如在图 2-19(a)中，左边的 m_4 和右边的 m_6 是逻辑相邻的，可以把它们合并为一项，把这两个填 1 的小方格圈在一起，得到简化的逻辑函数 $F=A'BD'$。在图 2-19(b)中，左边的 m_0、m_4 和右边的 m_2、m_6 也是逻辑相邻的，可以把它们合并为一项，把这 4 个填 1 的小方格圈在一起，得到简化的逻辑函数 $F=A'D'$。在图 2-19(c)中，左边的 m_0、m_4、m_8、m_{12} 和右边的 m_2、m_6、m_{10}、m_{14} 也是逻辑相邻的，可以把它们合并为一项，把这 8 个填 1 的小方格圈在一起，得到简化的逻辑函数 $F=D'$。

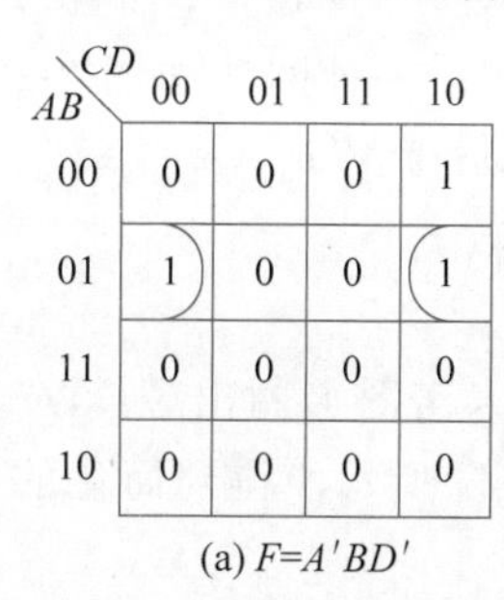

(a) $F=A'BD'$

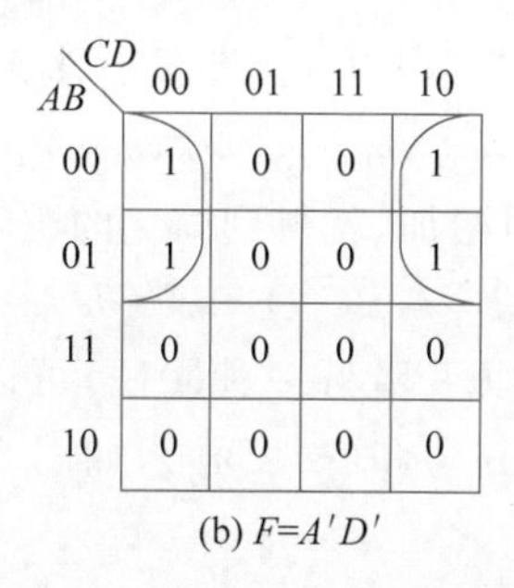

(b) $F=A'D'$

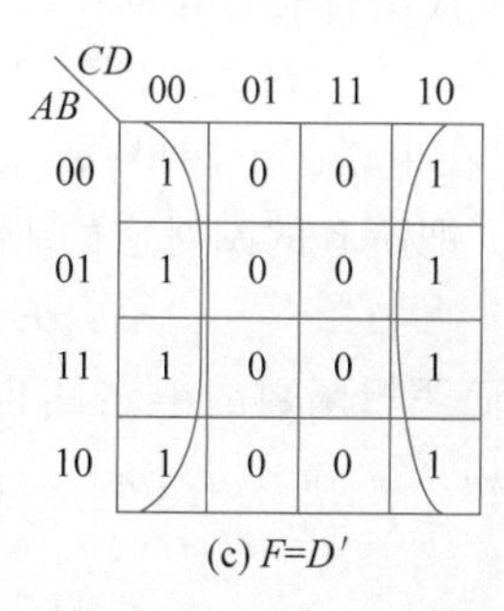

(c) $F=D'$

图 2-19　左右两边逻辑相邻小方格的合并

在图 2-20(a)中，上边的 m_0 和下边的 m_8 是逻辑相邻的，可以把它们合并为一项，把这两个填 1 的小方格圈在一起，得到简化的逻辑函数 $F=B'C'D'$。在图 2-20(b)中，上边的 m_1、m_3 和下边的 m_9、m_{11} 也是逻辑相邻的，可以把它们合并为一项，把这 4 个填 1 的小方格圈在一起，得到简化的逻辑函数 $F=B'D$。在图 2-20(c)中，上边的 m_0、m_1、m_2、m_3 和下边的 m_8、m_9、m_{10}、m_{11} 也是逻辑相邻的，可以把它们合并为一项，把这 8 个填 1 的小方格圈在一起，得到简化的逻辑函数 $F=B'$。

在图 2-21 中，4 个角的 m_0、m_2、m_8 和 m_{10} 是逻辑相邻的，可以把它们合并为一项，把这 4 个填 1 的小方格圈在一起，得到简化的逻辑函数 $F=B'D'$。

总结上述各种情况，可以得到用卡诺图合并最小项的规律：

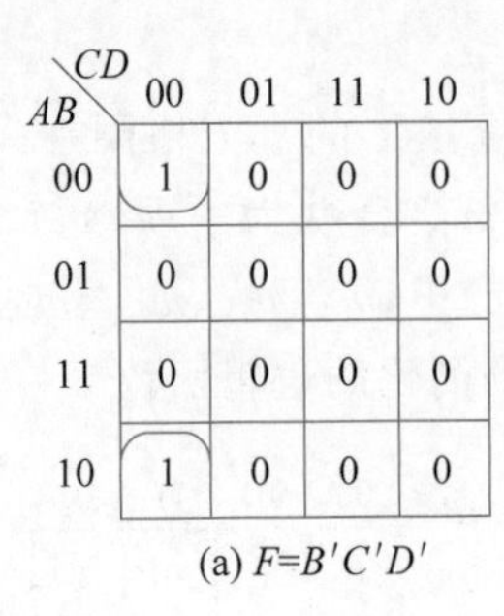

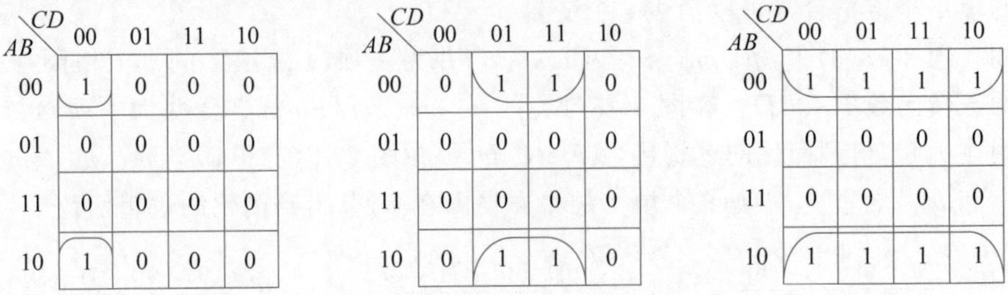

CD
AB
00 01 11 10
00 1 0 0 0
01 0 0 0 0
11 0 0 0 0
10 1 0 0 0
CD
AB
00 01 11 10
00 0 1 1 0
01 0 0 0 0
11 0 0 0 0
10 0 1 1 0
CD
AB
00 01 11 10
00 1 1 1 1
01 0 0 0 0
11 0 0 0 0
10 1 1 1 1

(a) $F=B'C'D'$ (b) $F=B'D$ (c) $F=B'$

图 2-20 上下两边逻辑相邻小方格的合并

CD
AB
00 01 11 10
00 1 0 0 1
01 0 0 0 0
11 0 0 0 0
10 1 0 0 1

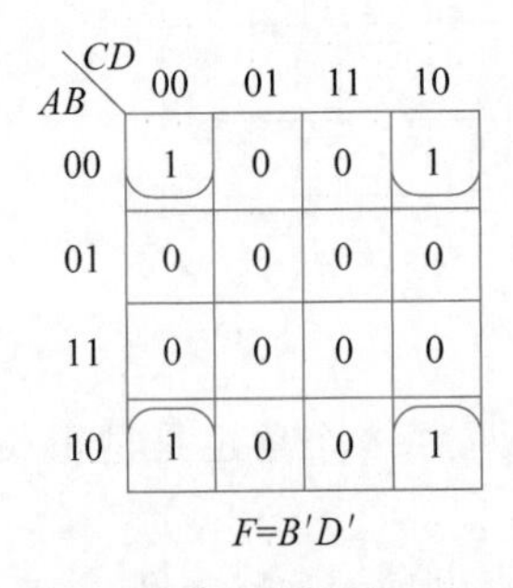

$F=B'D'$

图 2-21 4个角逻辑相邻小方格的合并

(1) 在卡诺图中，如果存在逻辑相邻的 2^i 个填1的小方格，则可以把这些小方格圈在一起合并它们；

(2) 合并的方法是保留圈内没有0、1变化的变量，消去出现0、1变化的变量；

(3) 如果卡诺图的所有小方格都是1，则逻辑函数 $F=1$；如果所有的小方格都是0，则逻辑函数 $F=0$。

卡诺图中的每个圈1的圈都代表一个与项，圈越少，意味着与项越少；圈越大，对应的与项中的变量数就越少，意味着与门的输入数越少。因此在圈卡诺图时应尽可能少地圈圈，应圈大圈。为了使逻辑函数化简得到最佳结果，合并圈之间允许部分重叠。

【例 2-13】 用卡诺图化简逻辑函数 $F=\sum m(3,5,6,7,8,9,10,11,13)$。

(1) 首先画出逻辑函数的卡诺图，如图 2-22(a)所示。

(2) 找出可能合并的小方格，使所有填1的小方格都至少被一个圈覆盖；而且每个圈中都至少有一个没被其他圈覆盖的填1小方格，即没有多余的圈。一种圈法如图 2-22(a)所示，可以在卡诺图上圈出(m_8,m_9,m_{10},m_{11})、(m_5,m_{13})、(m_3,m_7)和(m_7,m_6)。

(3) 把所有的圈对应的乘积项相加，就得到简化的逻辑函数

$$F=AB'+BC'D+A'CD+A'BC$$

上面逻辑函数的卡诺图也可以采用另一种圈法，可以在卡诺图上圈出(m_8,m_9,m_{10},m_{11})、(m_9,m_{13})、(m_5,m_7)、(m_3,m_7)和(m_7,m_6)，如图 2-22(b)所示。得到简化的逻辑函数式

$$F=AB'+AC'D+A'BD+A'CD+A'BC$$

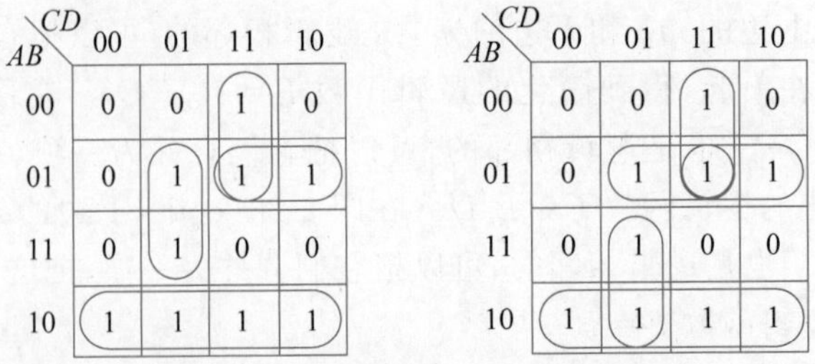

CD
AB
00 01 11 10
00 0 0 1 0
01 0 1 1 1
11 0 1 0 0
10 1 1 1 1
CD
AB
00 01 11 10
00 0 0 1 0
01 0 1 1 1
11 0 1 0 0
10 1 1 1 1

(a) (b)

图 2-22 例 2-13 逻辑函数的卡诺图

这种圈法每个圈中都有独立未重叠圈的填 1 小方格，没有多余的圈。但相比图 2-22(a)的圈法多了一个圈，反映在最终的逻辑函数式中就是多了一个乘积项，因而不是最简的。

【例 2-14】　用卡诺图化简逻辑函数 $F=\sum m(0,2,5,7,8,9,10,11,13)$。

逻辑函数的卡诺图如图 2-23(a)所示。可以在卡诺图上圈出(m_8,m_9,m_{10},m_{11})、(m_0,m_2,m_8,m_{10})、(m_9,m_{13})、(m_5,m_7)，得到简化的逻辑函数

$$F=B'D'+AB'+AC'D+A'BD$$

这个卡诺图也可以采用另一种圈法。可以在卡诺图上圈出(m_8,m_9,m_{10},m_{11})、(m_0,m_2,m_8,m_{10})、(m_5,m_{13})、(m_5,m_7)，如图 2-23(b)所示，得到简化的逻辑函数

$$F=B'D'+AB'+BC'D+A'BD$$

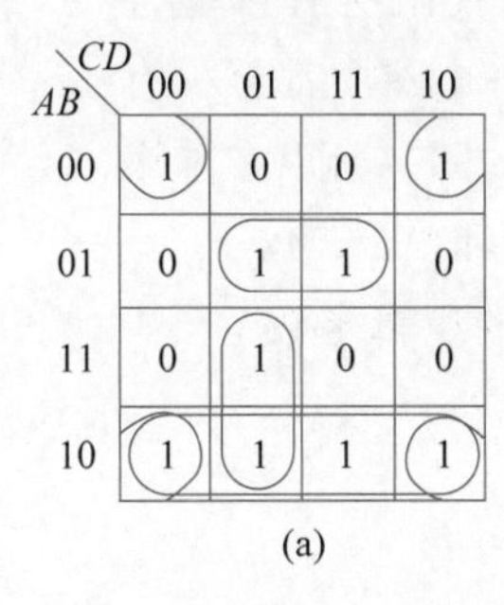

CD
AB
00 01 11 10
00 1 0 0 1
01 0 1 1 0
11 0 1 0 0
10 1 1 1 1
(a)
CD
AB
00 01 11 10
00 1 0 0 1
01 0 1 1 0
11 0 1 0 0
10 1 1 1 1
(b)

图 2-23　例 2-14 逻辑函数的卡诺图

这两种圈法都是圈最少，尽可能圈大圈，圈的数量也相同，得到了不同的简化逻辑函数式，这两种逻辑函数式都是 F 的最简与或式。可见，卡诺图的圈法不是唯一的，最简与或式也不是唯一的。

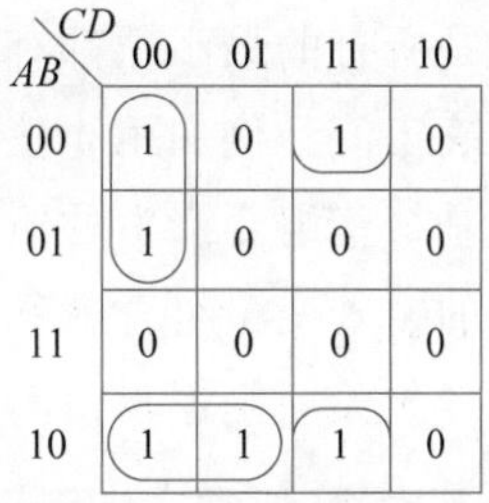

CD
AB
00 01 11 10
00 1 0 1 0
01 1 0 0 0
11 0 0 0 0
10 1 1 1 0

图 2-24　例 2-15 逻辑函数的卡诺图

【例 2-15】　用卡诺图化简逻辑函数 $F=A'C'D'+B'C'D'+AB'D+B'CD$。

逻辑函数的卡诺图如图 2-24 所示，可以在卡诺图上圈出(m_0,m_4)、(m_8,m_9)和(m_3,m_{11})。简化的逻辑函数为

$$F=A'C'D'+AB'C'+B'CD$$

2）化简为或与式

任何逻辑函数也可以表示为最大项的积。由 2.7 节的分析可知，由真值表求标准或与式时要找出真值表中函数值为 0 的行，根据每行的变量取值得到对应的最大项，即取值为 1 的变量取反变量，取值为 0 的变量取原变量，然后相加，最后将这些最大项相与。

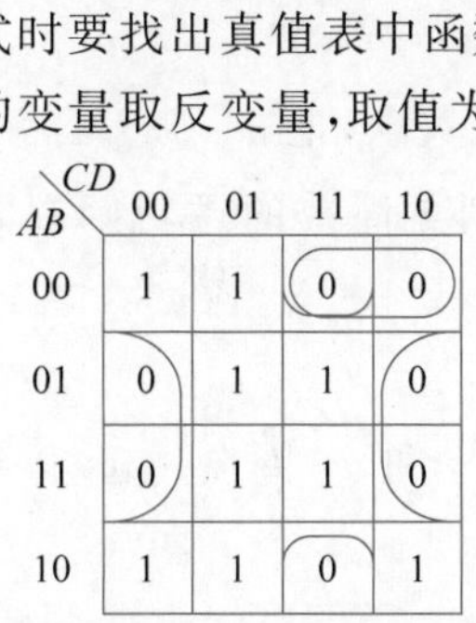

CD
AB
00 01 11 10
00 1 1 0 0
01 0 1 1 0
11 0 1 1 0
10 1 1 0 1

图 2-25　例 2-16 逻辑函数的卡诺图

相应地，卡诺图的每个小方格也对应着一个最大项。同一小方格对应的最小项和最大项的编号是相同的。在填写卡诺图时，逻辑函数式中所包含的最大项对应的小方格都填写 0，其余填写 1。在用卡诺图化简逻辑函数为或与式时，应圈逻辑相邻的填 0 小方格，圈卡诺图的规则和简化与化简为与或式时相同。

【例 2-16】　用卡诺图化简逻辑函数 $F=\prod M(2,3,4,6,11,12,14)$ 为或与式。

(1) 首先画出逻辑函数的卡诺图，如图 2-25 所示。

(2) 找出可能合并的填0小方格,使其至少被一个圈覆盖;而且每个圈中都至少有一个没被其他圈覆盖的填0小方格,即没有多余的圈。可以在卡诺图上圈出(M_4,M_{12},M_6,M_{14})、(M_2,M_3)和(M_3,M_{11})。

(3) 把所有圈对应的和项相与,就得到简化的逻辑函数

$$F=(B'+D)(A+B+C')(B+C'+D')$$

【例 2-17】 用卡诺图化简逻辑函数 $F=\sum m(2,3,4,6,11,12,14)$ 为或与式。

(1) 逻辑函数的卡诺图如图 2-26 所示,逻辑函数表示为最小项的和,因此在相应的小方格内填入1,其余填入0。

(2) 由于要把逻辑函数化简为或与式,因此找出所有可能合并的填0小方格,使其至少被一个圈覆盖;而且每个圈中都至少有一个没被其他圈覆盖的填0小方格,即没有多余的圈。可以在卡诺图上圈出(M_5,M_7,M_{13},M_{15})、(M_0,M_1,M_8,M_9)和(M_8,M_{10})。

(3) 把所有圈对应的和项相与,就得到简化的逻辑函数

$$F=(B'+D')(B+C)(A'+B+D)$$

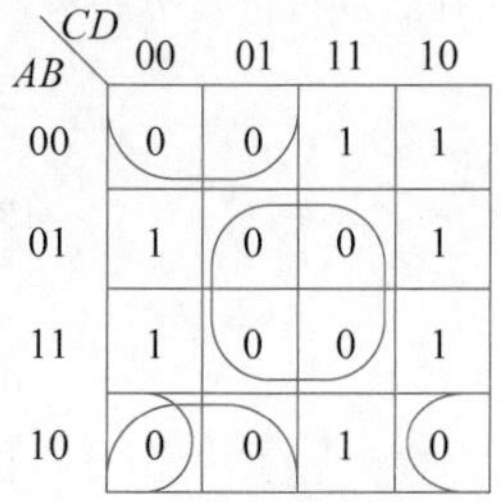

AB \ CD	00	01	11	10
00	0	0	1	1
01	1	0	0	1
11	1	0	0	1
10	0	0	1	0

图 2-26 例 2-17 逻辑函数的卡诺图

2.8.4 有无关项逻辑函数的化简

逻辑函数可以表示为最小项的和,有 n 个变量,就有 2^n 个最小项。在实际应用中,并不是所有的最小项都有确定的函数值(0或1),而是其中一部分有确定值,另一部分可能没有确定值。例如用4位二进制编码表示十进制数时,就有6个编码是没用的。另外一种情况是某些组合产生的输出不影响整个系统的功能。这种不会出现或不会对系统功能产生影响的输入变量组合就称为无关项。

无关项是逻辑值不确定的变量组合,因此不能在卡诺图中填入1或0。为了能区别出这些无关项,通常在卡诺图中填入 d。在逻辑函数式中用 $\sum d(\cdots)$ 表示无关项,例如 $F(A,B,C,D)=\sum m(1,2,4,6)+\sum d(10,12,13)$。

在用卡诺图进行化简时,可以根据实际情况将无关项视为0或1,以得到最简逻辑函数式。

【例 2-18】 化简逻辑函数 $F=\sum m(1,3,7,11,15)+\sum d(0,2,5)$。

逻辑函数的卡诺图如图 2-27 所示。无关项可圈可不圈,不圈无关项,把 m_1、m_3 合并,可以得到 $A'B'D$。如果把无关项 d_0、d_2 看作1圈入,则可以得到更简单的逻辑函数式 $A'B'$,如图 2-27(a)所示。化简后的逻辑函数为

$$F=A'B'+CD$$

这个卡诺图也可以采用另一种圈法,把 d_5 看作1,把 m_1、m_3、m_7 和 d_5 圈在一起,得到逻辑函数式 $A'D$,如图 2-27(b)所示。化简后的逻辑函数为

$$F=A'D+CD$$

这两种简化的逻辑函数式都满足本例题给出的条件。

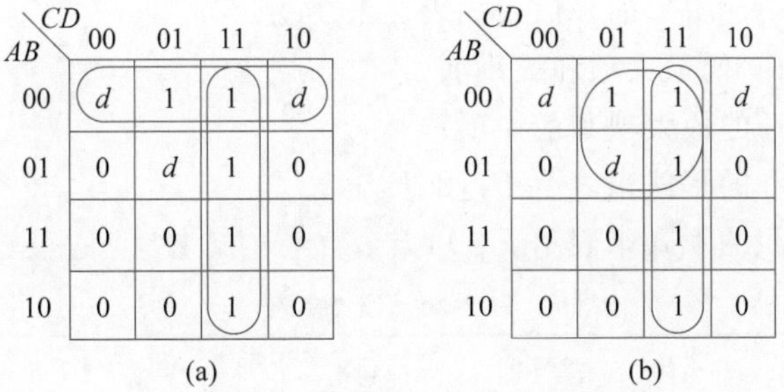

AB\CD	00	01	11	10
00	d	1	1	d
01	0	d	1	0
11	0	0	1	0
10	0	0	1	0

(a)

AB\CD	00	01	11	10
00	d	1	1	d
01	0	d	1	0
11	0	0	1	0
10	0	0	1	0

(b)

图 2-27 例 2-18 逻辑函数的卡诺图

习题

2-1 用真值表证明下列定理的正确性。

(1) $(ABC)'=A'+B'+C'$

(2) $A+BC=(A+B)(A+C)$

(3) $A'B+B'C+C'A=AB'+BC'+CA'$

2-2 用代数方法证明下列布尔等式。

(1) $A'B'+A'B+AB=A'+B$

(2) $A'B+B'C'+AB+B'C=1$

(3) $Y+X'Z+XY'=X+Y+Z$

2-3 证明下列布尔等式。

(1) $A\oplus B'=A'\oplus B=(A\oplus B)'$

(2) $A'B'C+AB'C'+A'BC'+ABC=A\oplus B\oplus C$

(3) $AB+BC+AC=(A+B)(B+C)(A+C)$

2-4 写出下列逻辑函数的反演式和对偶式。

(1) $F=A'B+AB'$

(2) $F=[A(B'+C)+BD']E$

(3) $F=(A+B'+C)(A'B'+C)(A+B'C')$

2-5 用代数方法化简下列逻辑表达式。

(1) $A'C'+A'BC+B'C$

(2) $(A+B+C)'(ABC)'$

(3) $ABC'+AC$

(4) $A'B'D+A'C'D+BD$

(5) $(A+B)(A+C)(AB'C)$

2-6 列出下列逻辑函数的真值表,并用最小项的和和最大项的积的形式表示逻辑函数。

(1) $F=(XY+Z)(Y+XZ)$

(2) $F=(X'+Y)(Y'+Z)$

(3) $F=AB'D+AC'D+ACD+BC'$

2-7　逻辑函数 F_1 和 F_2 的真值表如表 2-20 所示。

(1) 列出 F_1 和 F_2 的最大项和最小项；

(2) 列出 F_1' 和 F_2' 的最大项和最小项；

(3) 用最小项的和的形式来表示 F_1 和 F_2；

(4) 用最大项的积的形式来表示 F_1 和 F_2。

表 2-20　题 2-7 表

A	B	C	F_1	F_2
0	0	0	0	1
0	0	1	1	0
0	1	0	1	1
0	1	1	0	0
1	0	0	1	1
1	0	1	0	0
1	1	0	1	0
1	1	1	0	1

2-8　把下列逻辑表达式转换为积之和的形式与和之积的形式。

(1) $(AB+C)(B+C'D)$

(2) $A'+A(A+B')(B+C')$

(3) $(A+BC'+CD)(B'+EF)$

2-9　画出下列逻辑函数的逻辑电路图，要求逻辑电路图与逻辑函数式完全对应。

(1) $F=A'B'C'+AB+AC$

(2) $F=AC(B'+D)+BC(A'+D')$

2-10　画出下列逻辑函数的卡诺图。

(1) $F=XY+XZ+X'YZ$

(2) $F=A'BC+ABD+B'D'$

2-11　用卡诺图把下列逻辑函数化简为最简与或式。

(1) $F(A,B,C,D)=\sum m(1,5,6,7,11,12,13,15)$

(2) $F(A,B,C,D)=\sum m(0,2,4,5,8,10,11,15)$

(3) $F(A,B,C,D)=\sum m(0,2,4,7,8,10,12,13)$

(4) $F(A,B,C,D)=\prod M(5,7,13,15)$

(5) $F(A,B,C,D)=\prod M(1,2,3,6,7,9,11)$

(6) $F=A'B'+AC+B'C$

(7) $F=ABC+ABD+AB'C+AC'D+A'CD'+C'D'$

2-12　用卡诺图把下列逻辑函数化简为最简或与式。

(1) $F(A,B,C,D)=\prod M(1,3,9,10,11)$

(2) $F(A,B,C,D)=\prod M(1,2,3,6,7,9,11)$

(3) $F(A,B,C,D)=\sum m(0,1,2,8,10,12,14,15)$

(4) $F(A,B,C,D)=\sum m(0,1,3,6,7)$

2-13　用卡诺图把下列逻辑函数化简为最简与或式。

(1) $F(A,B,C)=\sum m(2,4,7)+\sum d(0,1,5,6)$

(2) $F(A,B,C,D)=\sum m(0,2,4,5,8)+\sum d(7,10,13)$

2-14　化简下列逻辑函数,并用两级"与非"门来实现。

(1) $F=A'B'C+AC'+ACD+ACD'+A'B'D'$

(2) $F=AB+A'BC+A'B'C'D$

2-15　用"与非"门实现逻辑函数 $F=\sum m(0,1,2,3,4,8,9,12)$ 的取反。

第3章 CMOS 门电路

CHAPTER 3

数字逻辑都是由晶体管门电路实现的。晶体管有双极型晶体管（bipolar junction transistor，BJT）和金属-氧化物-半导体场效应晶体管（metal-oxide-semiconductor field effect transistor，MOSFET），MOSFET 可缩写为 MOS。现在 MOS 管广泛地应用于构造数字系统，其中 CMOS（complementary MOS）工艺已成为数字集成电路制造的主要方法。

本章主要介绍 CMOS 门电路的电路结构和工作原理，主要包括下列知识点。

1）逻辑值的表示

理解逻辑电平和二进制数字之间的关系。

2）MOS 管结构和工作原理

理解 MOS 管结构和工作原理。

3）NMOS 门电路

理解 NMOS 门电路的结构和工作原理，理解 PMOS 门电路和 NMOS 门电路是对偶的。

4）CMOS 门电路

掌握 CMOS 门电路的结构和工作原理，理解反相器的传输特性。

5）传输门和三态缓冲器

理解传输门的工作原理和高阻态的概念，理解使用三态缓冲器实现总线复用的方法。

6）CMOS 门电路的传播延时和功耗

理解传播延时的概念和影响 CMOS 门传播延时的因素，理解影响 CMOS 门电路功耗的因素。

视频讲解

3.1 逻辑值的表示

实现与、或、非逻辑关系的门电路分别称为与门、或门、非门，这些门电路都是由晶体管电路实现的。

在门电路中，0 和 1 可以用电压也可以用电流表示，最简单也最常见的是用电压电平表示。常见的方式是定义一个电压阈值，大于该阈值的电压表示为一个逻辑值，小于该阈值的电压表示为另一个逻辑值。通常，低电平表示为逻辑 0，高电平表示为逻辑 1，这就是所谓的正逻辑；如果低电平表示为逻辑 1，高电平表示为逻辑 0，这就是所谓的负逻辑。本书主要使用正逻辑。

在正逻辑系统中，逻辑 0 和逻辑 1 可以简单地称为“低”和“高”，对“低”和“高”的定义如图 3-1 所示。

V_{SS} 通常认为是负电源电压或 0V，0V 也就是电路的“地”(GND)；最高电压为 V_{DD}，是电路的电源电压。从图中可以看出，电压在 V_{SS} 和 $V_{0,max}$ 之间表示逻辑 0，被电路认作“低”；电压在 $V_{1,min}$ 和 V_{DD} 之间表示逻辑 1，被电路认作“高”。$V_{0,max}$ 和 $V_{1,min}$ 的值依工艺不同而不同。处于 $V_{0,max}$ 和 $V_{1,min}$ 之间的电压未定义。

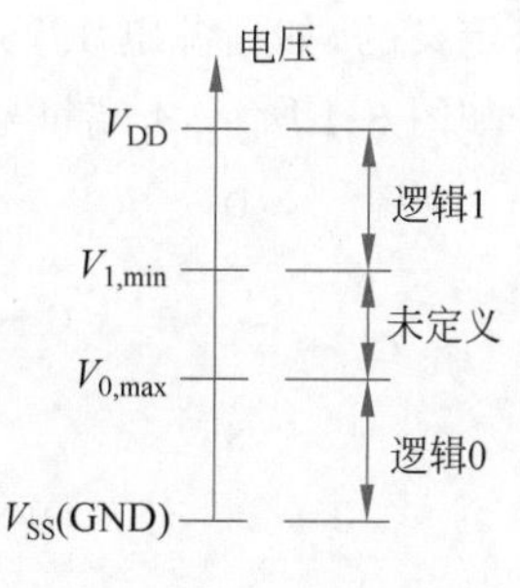

图 3-1 逻辑值对应的电平

3.2 MOS 管结构和工作原理

逻辑门电路都是由晶体管实现的，在大信号下可以认为晶体管工作在开关状态。例如开关受逻辑信号 X 控制，当 X 为高时开关闭合，X 为低时开关打开，如图 3-2 所示。

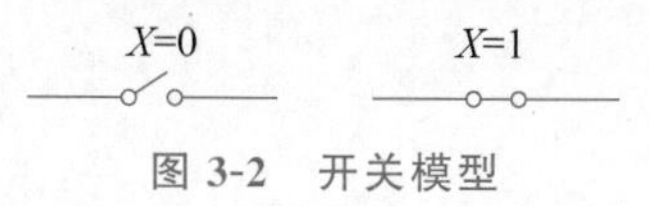

图 3-2 开关模型

MOS 管是大规模集成电路(VLSI)中应用最广泛的开关器件，是数字集成电路的基本构成单元。和双极型管(BJT)相比，MOS 管占用硅面积比较小，制造步骤也比较少。

MOS 管有两种类型，即 N 沟道 MOS 管(NMOS 管)和 P 沟道 MOS 管(PMOS 管)。NMOS 管的基本结构如图 3-3 所示。衬底是芯片的基本材料，对衬底进行 P 掺杂，在 P 衬底上做出两个 N^+ 扩散区的 N 阱，称为源(source)和漏(drain)。在源和漏之间的衬底表面覆盖薄的二氧化硅绝缘层，上面铺设导电的多晶硅或金属，引出引线，称为栅极 G；从两个 N 阱源和漏分别引出两根引线，称为源极 S 和漏极 D。可以看出，源极和漏极是完全对称的，它们的作用只有在连接外加电压后才能确定。

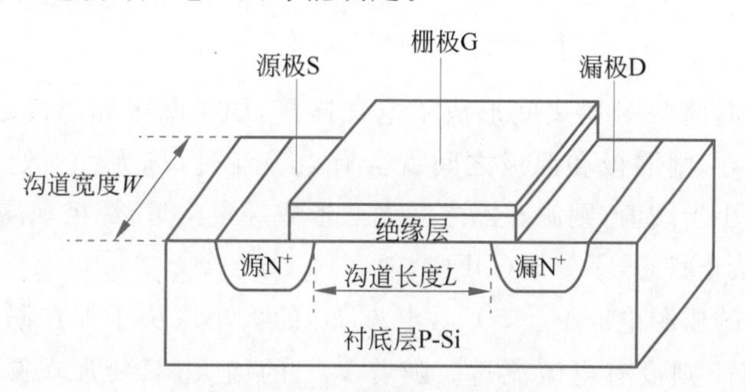

图 3-3 NMOS 管的基本结构

在栅极上施加正电压时，就会在栅极下形成导电沟道。源和漏之间的距离称为沟道长度 L，沟道的横向长度称为沟道宽度 W。沟道的长和宽是控制管子电特性的重要参数，覆盖沟道的二氧化硅绝缘层的厚度 t_{ox} 也是一个重要的参数。栅极没有加电压就没有导电沟道的 MOS 管称为增强型，栅极零偏压时导电沟道存在的 MOS 管称为耗尽型。

PMOS 管的结构和 NMOS 管的结构类似，不同的是 PMOS 管的衬底是 N 掺杂的，源和漏是 P 阱，当在栅极上加负电压时会形成 P 型导电沟道。

MOS 管有 4 个端子：栅极 G、源极 S、漏极 D 和衬底 B。在 NMOS 管中，定义两个 N 阱中电势比较低的一端为源极，另一端为漏极。习惯上所有端的电压都是相对于源的电势来定义的,如栅源电压 V_{GS}、漏源电压 V_{DS} 和衬底-源电压 V_{BS}。NMOS 管和 PMOS 管的符号如图 3-4 所示,4 端符号表示管子所有的外部连线,简化的 3 端符号应用也很广泛。

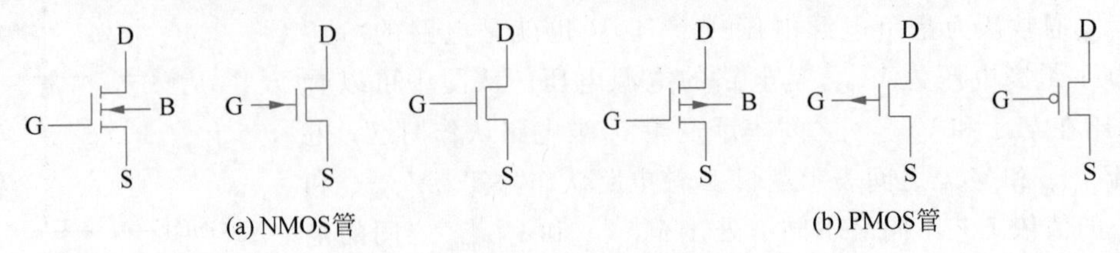

图 3-4　NMOS 管和 PMOS 管的符号

在 NMOS 管的栅源间和漏源间分别加电压 V_{GS} 和 V_{DS},如图 3-5 所示。在栅极上加正电压,则会吸引衬底中的电子向上运动,当栅极上的电压(相对于源极)大于某一阈值 V_T 时,就会在栅极下面的源和漏之间形成导电沟道,因为形成的沟道是 N 型的,所以这种晶体管称为 N 沟道 MOS 管。

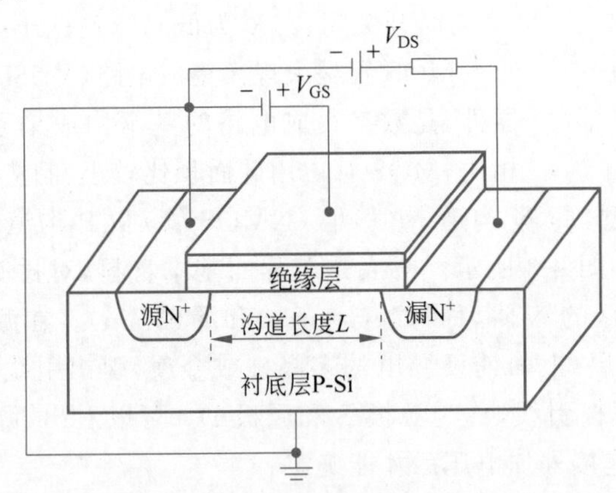

图 3-5　NMOS 管的基本工作原理

N 沟道在源和漏两个 N 阱之间形成了电气连接,如果漏极和源极之间有电位差,该沟道就会允许电流传导,则漏极和源极之间就会有电流流过,称为管子处于导通状态(ON)。如果栅极上的电压小于阈值,则源和漏之间无法形成导电沟道,源极和漏极之间也就无法导通,称为管子处于截止状态,不导通(OFF)。

对某一个固定的栅源电压 $V_{GS}>V_T$,电流 I_D 的大小取决于加在漏极和源极上的电压 V_{DS}。如果 $V_{DS}=0V$,则没有电流流过。随着 V_{DS} 的增大,只要加在漏极的电压 V_D 足够小,能保证在漏端也能大于阈值电压 V_T,即 $V_{GD}>V_T$,电流 I_D 随 V_{DS} 的增大近似线性增大。在这个电压范围内,即 $0<V_{DS}<(V_{GS}-V_T)$,称管子工作在线性区,电流和电压的关系近似为

$$I_D=k_n'\frac{W}{L}\left[(V_{GS}-V_T)V_{DS}-\frac{1}{2}V_{DS}^2\right]$$

其中,k_n' 是常数,和制造工艺有关。

当 $V_{DS}=V_{GS}-V_T$ 时,电流 I_D 达到最大值。V_{DS} 继续增大,NMOS 管不再工作在线性区,电流也饱和,这种情况称 NMOS 管工作在饱和区,这时漏极电流 I_D 和 V_{DS} 的变化近似无关:

$$I_D = k'_n \frac{W}{L}(V_{GS} - V_T)^2$$

NMOS管在某一固定栅源电压 $V_{GS} > V_T$ 时漏源电压和漏极电流的关系如图3-6所示。

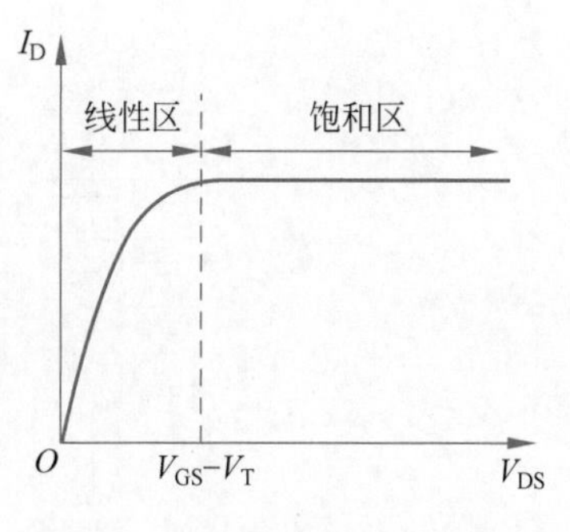

图 3-6 NMOS管电压电流关系

栅极上的电压可以控制MOS管的通和断，因此MOS管可以看作栅电压控制的开关。下面就用电压控制的开关模型来分析电路的逻辑行为，把高电压映射为逻辑1，低电压映射为逻辑0。MOS管在逻辑电路中的典型应用如图3-7所示，源极和漏极之间是否能导通由栅极电压控制。

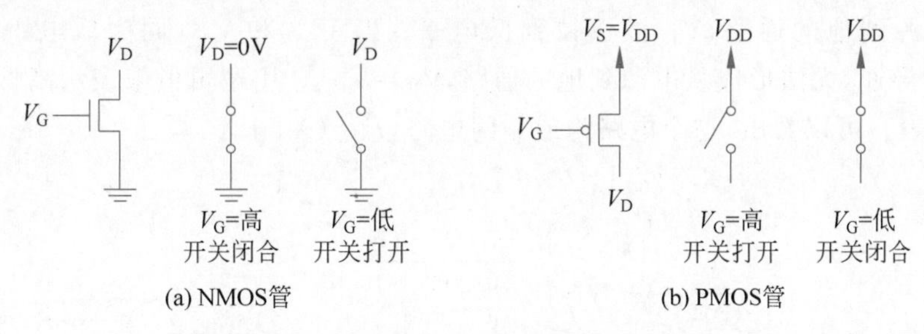

图 3-7 MOS管在逻辑电路中的典型应用

对NMOS管来说，当栅极上的电压 V_G 为低电平(逻辑0)时，源极和漏极之间无法形成导电沟道，相当于开关打开；当栅极上的电压 V_G 为高电平(逻辑1)时，源极和漏极之间可以形成导电沟道，可以导通，相当于开关闭合。PMOS管的行为和NMOS正好相反，当栅极上的电压 V_G 为高电平(逻辑1)时，源极和漏极之间无法形成导电沟道，不能导通，开关打开；当栅极上的电压 V_G 为低电平(逻辑0)时，源极和漏极之间可以形成导电沟道，可以导通，相当于开关闭合。

3.3 NMOS门电路

图3-8所示是用NMOS管实现的非门。当 V_X 为低电平时，NMOS管不导通，电阻 R 上没有电流，因此 $V_F = V_{DD}$。当 V_X 为高电平时，NMOS管导通，把 V_F 下拉到低电平。V_F 的大小取决于流经电阻 R 和NMOS管的电流大小。如果从输入 V_X 和输出 V_F 的关系看，可以认为这个电路为非门电路，也称为反相器，$F = X'$。

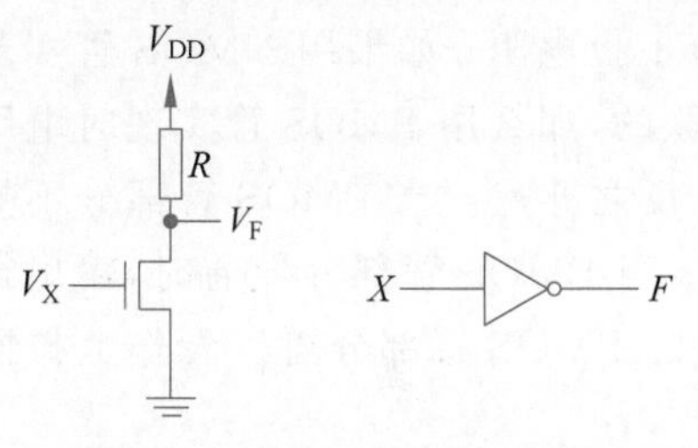

图 3-8 NMOS管实现的非门

图3-9所示的电路中两个NMOS管串联，当 V_{X1} 和 V_{X2} 同为高电平时，两个NMOS管都导通，V_F 被下拉到低电平；当 V_{X1} 和 V_{X2} 中任意一个为低电平时，就无法形成从电源到地的通路，$V_F = V_{DD}$。用逻辑值来表示高低电平，就可以得到真值表。可以看出，这个电路为与非门电路，$F = (X_1 \cdot X_2)'$。

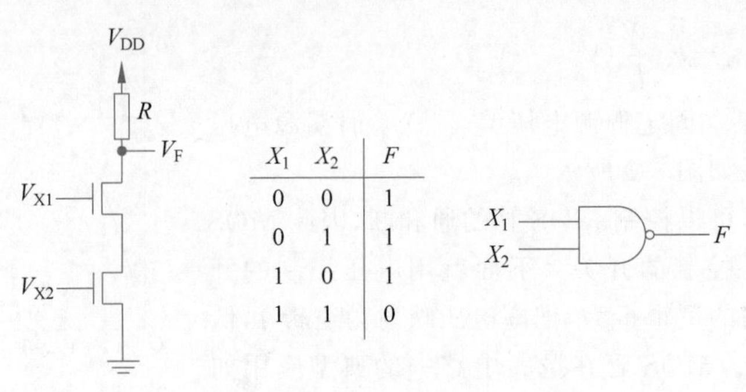

图 3-9　NMOS 管实现的与非门

图 3-10 所示的电路中两个 NMOS 管并联，当 V_{X1} 和 V_{X2} 中任意一个为高电平时，就可以形成从电源到地的通路，V_F 被下拉到低电平；当 V_{X1} 和 V_{X2} 同为低电平时，两个管 NMOS 都不导通，无法形成从电源到地的通路，$V_F = V_{DD}$。用逻辑值来表示高低电平，就可以得到真值表。可以看出，这个电路为或非门电路，$F=(X_1+X_2)'$。

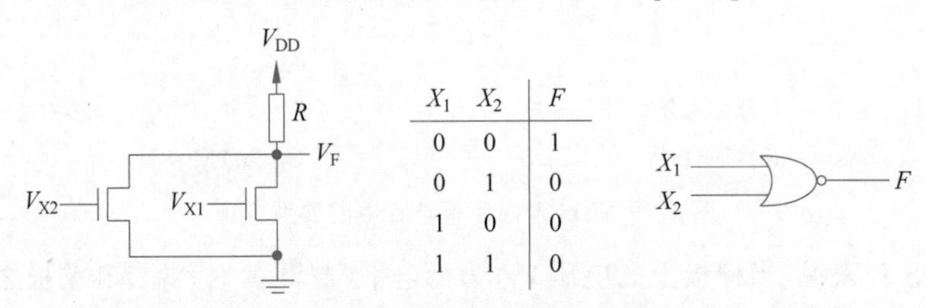

图 3-10　NMOS 管实现的或非门

视频讲解

3.4　CMOS 门电路

用 NMOS 管实现逻辑电路时都需要有一个上拉电阻，当 NMOS 管不导通时，输出被上拉到高电平；当 NMOS 管导通时，输出被下拉到低电平，因此电路中 NMOS 管部分也可以看作下拉网络。图 3-8～图 3-10 中 NMOS 门电路的结构都可以用图 3-11 所示的结构来表示。

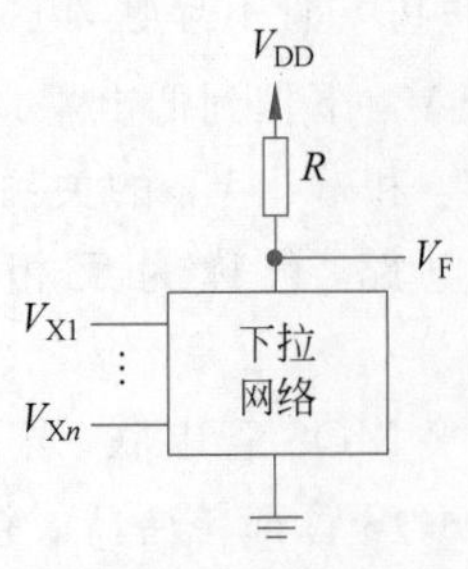

图 3-11　NMOS 门电路结构

用 NMOS 管实现的门电路，用 PMOS 管也可以实现。实现相同功能的逻辑门时，PMOS 电路和 NMOS 电路是对偶的。用 NMOS 管实现逻辑门时需要有一个上拉电阻，用 PMOS 管实现逻辑门时则需要有一个下拉电阻；如果用 NMOS 管实现时电路中的 NMOS 管是串联的，那么用 PMOS 管实现时电路中的 PMOS 管就是并联的，反之亦然。当 PMOS 管部分不导通时，输出被下拉到低电平；当 PMOS 管部分导通时，输出被上拉到高电平，因此电路中的 PMOS 管部分可以看作上拉网络。PMOS 门电路的结构如图 3-12 所示。

如果把 NMOS 门电路和 PMOS 门电路结合在一起，它们分别做下拉网络和上拉网络，就构成互补型 MOS 门电路——CMOS 门电路。

CMOS 门电路的结构如图 3-13 所示，上拉网络由 PMOS 管构成，下拉网络由 NMOS

管构成,上拉网络和下拉网络中的 MOS 管数量相同。上拉网络中 PMOS 管的连接方式和下拉网络中 NMOS 管的连接方式是对偶的,也就是说,如果下拉网络中 NMOS 管是串联连接,那么上拉网络中 PMOS 管就是并联连接,反之亦然。

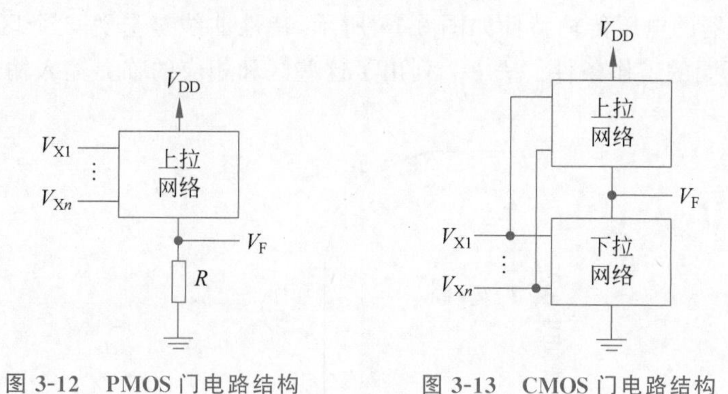

图 3-12 PMOS 门电路结构　　图 3-13 CMOS 门电路结构

3.4.1 CMOS 反相器

最简单的 CMOS 门电路是非门,也称为 CMOS 反相器,电路如图 3-14 所示。当 V_X 为低电平时,T_2 管截止,T_1 管导通,输出 V_F 被上拉到高电平。当 V_X 为高电平时,T_2 管导通,T_1 管截止,输出 V_F 被下拉到低电平。

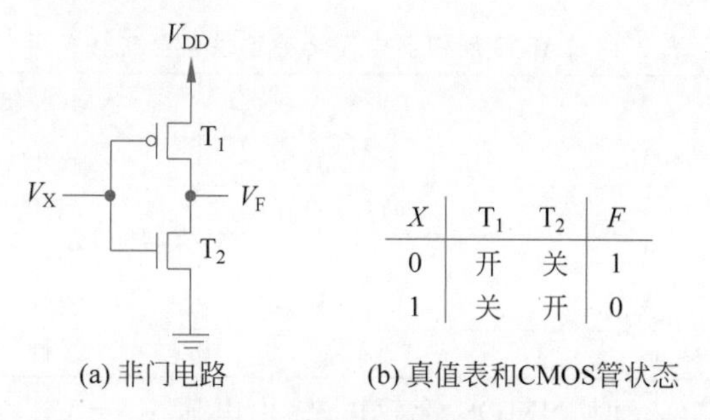

X	T_1	T_2	F
0	开	关	1
1	关	开	0

(a) 非门电路　　(b) 真值表和CMOS管状态

图 3-14 CMOS 非门电路

CMOS 反相器的一个重要特点是无论输入是高还是低,稳态时都没有直流电流通路。实际上所有 CMOS 电路都有这个特点,稳态时没有直流电流流过也就没有静态功耗。CMOS 电路的另一个优点是它的电压传输特性,输出电压完全在 $0\sim V_{DD}$ 变动,噪声容限相对较宽,而且电压传输特性的过渡区十分陡峭,CMOS 反相器的电压传输特性接近理想反相器。

在图 3-14 中,输入电压被同时加到 NMOS 管和 PMOS 管的栅极,这样两个 MOS 管都直接由 V_X 驱动。当输入电压比 NMOS 管的阈值小,即 $V_X<V_{Th,N}$ 时,NMOS 管截止;同时 PMOS 管导通,工作在线性区。不计两个 MOS 管的漏极泄漏电流,两个 MOS 管的漏极电流都近似为 0,即 $I_{D,N}=I_{D,P}=0$,PMOS 管漏源间的电压也为 0,这时输出电压 $V_F=V_{OH}=V_{DD}$。

当输入电压 $V_X>V_{DD}+V_{Th,P}$ 时,PMOS 管截止。这时 NMOS 管导通,工作在线性区,它的漏源电压为 0,输出电压 $V_F=V_{OL}=0$。

当输入电压大于 NMOS 管的阈值,$V_X>V_{Th,N}$,且满足 $V_{DS,N}\geqslant V_{GS,N}-V_{Th,N}$ 时,

NMOS 管处于饱和状态，$V_F \geqslant V_X - V_{Th,N}$。

当输入电压 $V_X < V_{DD} + V_{Th,P}$，且满足 $V_{DS,P} \leqslant V_{GS,P} - V_{Th,P}$ 时，PMOS 管处于饱和状态，$V_F \leqslant V_X - V_{Th,P}$。

CMOS 反相器的电压传输特性如图 3-15 所示，特性曲线被分为 5 个区，记为 A、B、C、D、E，分别对应不同的工作条件。表 3-1 列出了这些区和相应的临界输入输出电平。

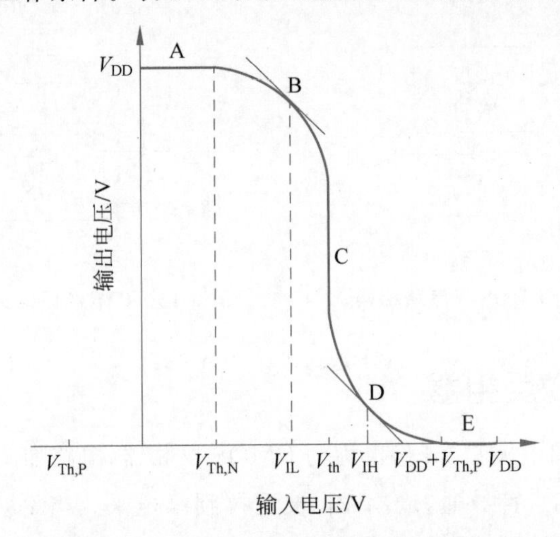

图 3-15 CMOS 反相器电压传输特性

表 3-1 CMOS 反相器电压传输特性各区工作条件

区	V_X	V_F	NMOS 管	PMOS 管
A	$<V_{Th,N}$	V_{OH}	截止	线性
B	V_{IL}	高，$\approx V_{OH}$	饱和	线性
C	V_{th}	V_{th}	饱和	饱和
D	V_{IH}	低，$\approx V_{OL}$	线性	饱和
E	$>V_{DD}+V_{Th,P}$	V_{OL}	线性	截止

在 A 区，当 $V_X < V_{Th,N}$ 时，NMOS 管截止，输出电压 $V_F = V_{OH} = V_{DD}$。当输入电压超过 $V_{Th,N}$ 时进入 B 区，NMOS 管开始进入饱和状态，输出电压也开始下降，与 $\left(\frac{dV_F}{dV_X}\right) = -1$ 对应的临界电压 V_{IL} 位于 B 区。从图中可以看出，反相器的门限电压 $V_{th} = V_F = V_X$ 位于 C 区。随着输出电压进一步下降，PMOS 管在 C 区边界进入饱和状态。当输出电压 V_F 下降到低于 $V_X - V_{Th,N}$ 时，进入 D 区，NMOS 管开始工作在线性区，与 $\left(\frac{dV_F}{dV_X}\right) = -1$ 对应的临界电压 V_{IH} 位于 D 区。当输入电压 $V_X > V_{DD} + V_{Th,P}$ 时，进入 E 区，PMOS 管截止，输出电压 $V_F = V_{OL} = 0$。

在定性分析中，NMOS 管和 PMOS 管都可以看作由输入电压控制的连接输出节点和地或电源电压的理想开关。这个电路最重要的特征就是在 A 区和 E 区稳态时，电源提供的直流电流都近似为 0。在 B、C 和 D 区，两个 MOS 管都导通，存在直流导通电流，当 $V_X = V_{th}$ 时，直流导通电流达到峰值。

3.4.2　CMOS 逻辑门

图 3-16 所示是 CMOS 与非门的电路和 CMOS 管的状态，此电路和 NMOS 与非门相似，不同的是上拉电阻由两个并联的 PMOS 管取代，下半部分是两个串联的 NMOS 管。

当两个输入电压 V_{X1} 和 V_{X2} 中任意一个为低电平时，两个串联的 NMOS 管中相应的 NMOS 管就不能导通，下拉网络不导通；而两个并联的 PMOS 管中相应的 PMOS 管导通，上拉网络导通，输出电压 V_F 被上拉到高电平。只有两个输入电压 V_{X1} 和 V_{X1} 同时为高电平时，两个串联的 NMOS 管同时导通，下拉网络导通；而并联的两个 PMOS 管都不导通，上拉网络不导通，输出 V_F 被下拉到低电平。分析电路中各 MOS 管的通断情况以及对应的真值表，可以看出该电路为与非门电路，$F=(X_1 \cdot X_2)'$。

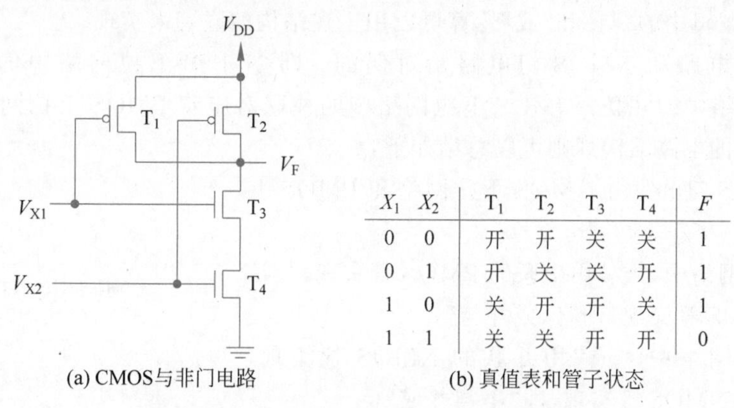

X_1	X_2	T_1	T_2	T_3	T_4	F
0	0	开	开	关	关	1
0	1	开	关	关	开	1
1	0	关	开	开	关	1
1	1	关	关	开	开	0

(a) CMOS与非门电路　　(b) 真值表和管子状态

图 3-16　CMOS 与非门电路和 CMOS 管的状态

图 3-17 所示是 CMOS 或非门的电路和 CMOS 管的状态。它的上拉网络是两个串联的 PMOS 管，下拉网络是两个并联的 NMOS 管。当两个输入 V_{X1} 和 V_{X2} 中任意一个为高电平时，两个串联的 PMOS 管中相应的 PMOS 管就不能导通，导致上拉网络不导通；而并联的 NMOS 管中相应的 NMOS 管就会导通，从而使得下拉网络导通，输出 V_F 被下拉到低电平。只有当两个输入同时为低电平时，上拉网络中的两个 PMOS 管同时导通，使得上拉网络导通；而下拉网络中的两个 NMOS 管同时不导通，使得下拉网络不导通，输出 V_F 被上拉到高电平。分析电路中各管子的通断情况以及对应的真值表，可以看出这个电路为或非门电路，$F=(X_1+X_2)'$。

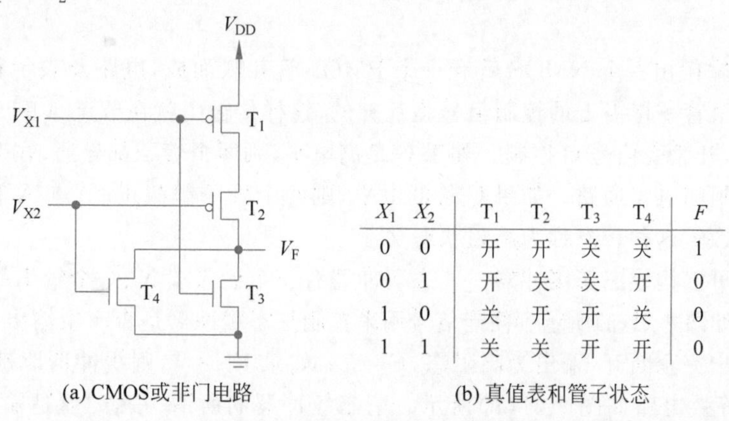

X_1	X_2	T_1	T_2	T_3	T_4	F
0	0	开	开	关	关	1
0	1	开	关	关	开	0
1	0	关	开	开	关	0
1	1	关	关	开	开	0

(a) CMOS或非门电路　　(b) 真值表和管子状态

图 3-17　CMOS 或非门电路和 CMOS 管的状态

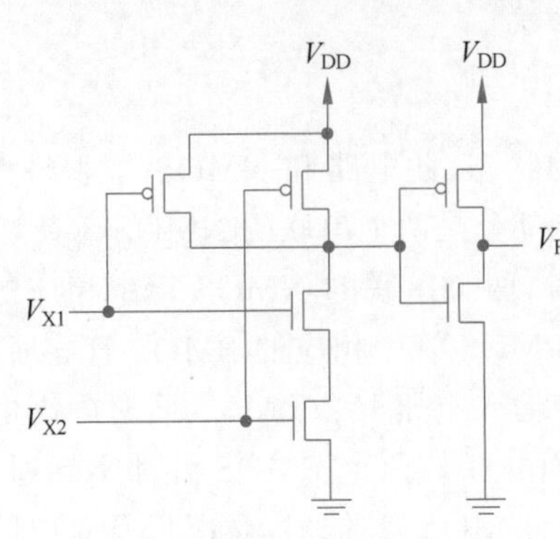

图 3-18 CMOS 与门电路

实现与门需要用一个与非门和一个非门连接起来,CMOS 与门电路如图 3-18 所示。同样,实现或门也需要一个或非门和一个非门连接起来。

与非门和或非门的电路结构可以很容易地扩展到复合逻辑电路,通过管子的串并联就可以实现复合逻辑功能。

NMOS 门电路的电路结构规则可以总结如下:

(1)“与”用 NMOS 管串联实现;

(2)“或”用 NMOS 管并联实现;

(3)电路实现“非”逻辑;

(4)复合逻辑中的“与”和“或”运算可以用上述结构的嵌套来实现。

PMOS 门电路和 NMOS 门电路是对偶的。即 NMOS 下拉网络中的串联对应着 PMOS 上拉网络中的并联;NMOS 下拉网络中的并联对应着 PMOS 上拉网络中的串联。CMOS 门电路的电路结构规则可以总结如下:

(1)CMOS 门电路由 NMOS 下拉网络和 PMOS 上拉网络构成;

(2)上拉网络中,“或”用串联的 PMOS 管实现,“与”用并联的 PMOS 管实现,即“串或并与”;

(3)下拉网络中,“或”用并联的 NMOS 管实现,“与”用串联的 NMOS 管实现,即“串与并或”;

(4)电路自上拉网络和下拉网络的连接处输出;

(5)电路实现逻辑“非”功能。

例如逻辑函数 $F=[X1(X2+X3)]'$,根据 CMOS 门电路的电路结构规则,上拉网络是 $X1$ 控制的 PMOS 管和 $X2$、$X3$ 控制的两个串联的 PMOS 管并联,下拉网络是 $X1$ 控制的 NMOS 管和 $X2$、$X3$ 控制的两个并联的 NMOS 管串联,得到如图 3-19 所示的电路。

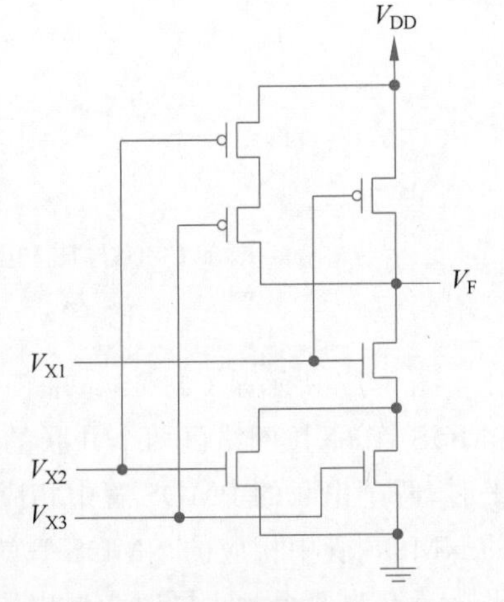

图 3-19 实现逻辑函数 $F=[X1(X2+X3)]'$ 的 CMOS 电路

视频讲解

3.5 传输门和三态缓冲器

CMOS 传输门由一个 NMOS 管和一个 PMOS 管并联而成,电路及表示符号如图 3-20 所示。加在两个管子栅极上的控制信号是互补的,这样传输门就在节点 A 和 B 之间形成了一个双向开关,开关受信号 C 控制。如果 C 是高电平,则两个管子都导通,在节点 A 和 B 之间形成一个低阻的电流通路。如果 C 是低电平,则两个管子都截止,节点 A 和 B 之间是断开的,呈开路状态,这种状态称为高阻状态 Z。

用传输门可以构成三态缓冲器。三态缓冲器有一个输入端 X、一个输出端 F 和一个使能端 EN,符号如图 3-21(a)所示。使能信号用来控制三态缓冲器是否产生输出,如果 EN=0,则缓冲器和输出完全断开,输出为高阻态,$F=Z$;如果 EN=1,则缓冲器驱动输入 X 到输出 F,$F=X$,等效电路如图 3-21(b)所示。三态缓冲器的所谓“三态”就是输出有逻辑 0、1

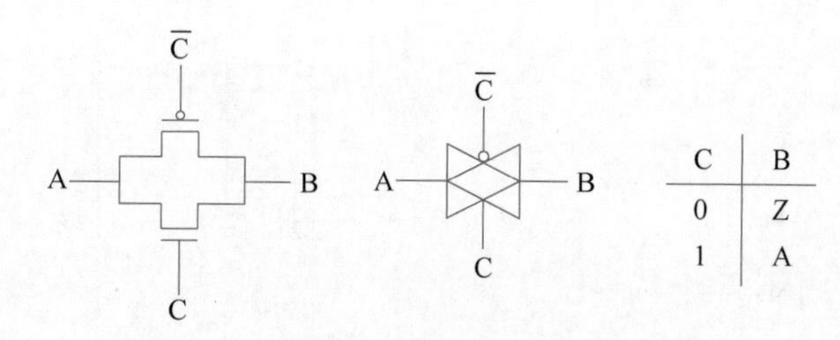

图 3-20　CMOS 传输门电路及表示符号

和高阻 3 种状态。图 3-21(c)和图 3-21(d)所示是三态缓冲器的一种实现和真值表。

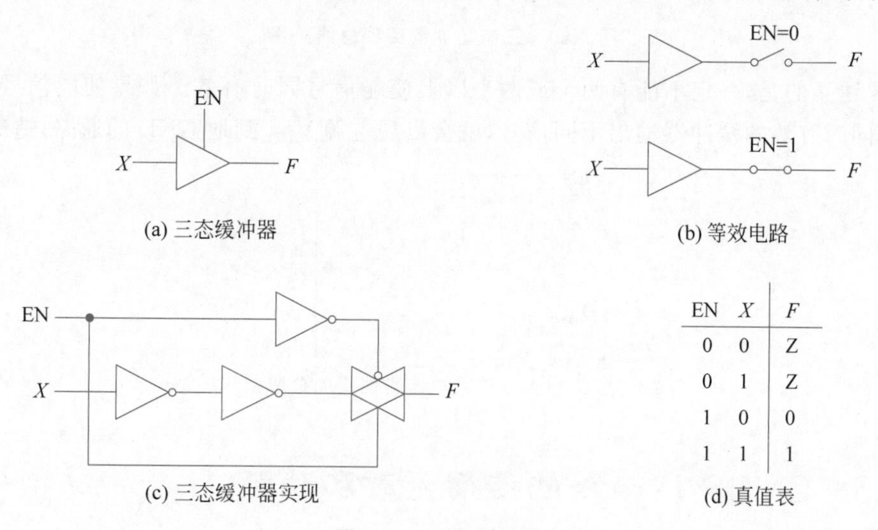

图 3-21　三态缓冲器

图 3-22 所示是常见的 4 种类型三态缓冲器。图 3-22(b)中的三态缓冲器和图 3-22(a)所示的类似,不同的只是当 EN=1 时,输出 $F=X'$。图 3-22(c)和图 3-22(d)中三态缓冲器的使能信号相同,都是低有效,当 EN=1 时,$F=Z$;图 3-22(c)中的三态缓冲器当 EN=0 时,$F=X$,图 3-22(d)中的三态缓冲器当 EN=0 时,$F=X'$。

EN　EN　EN　EN
X　F　X　F　X　F　X　F
(a)　(b)　(c)　(d)

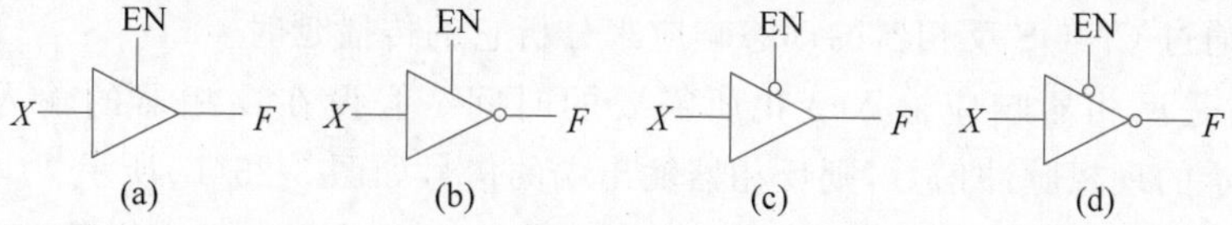

图 3-22　4 种类型三态缓冲器

三态缓冲器可以实现总线复用。图 3-23(a)是两个信号复用总线的例子,两个三态缓冲器的输出并接在输出总线上,两个三态缓冲器的控制信号不同,任何时候都只有一个三态缓冲器的控制信号有效,这样就保证了总有一个三态缓冲器的输出处于高阻状态,即和总线是断开的,因此可以实现输出信号的选择。类似地,用三态缓冲器也可以实现多个信号复用总线,如图 3-23(b)所示。多个信号通过三态缓冲器连接在总线上,条件是任何时候只有一个三态缓冲器的使能信号有效,这样在任何时候都只有一个三态缓冲器的输出有效,其他三态缓冲器的输出处于高阻状态,即只有一路信号连接在总线上,其他信号和总线是断开的。

同样地,用三态缓冲器也可以实现双向总线,如图 3-24 所示。

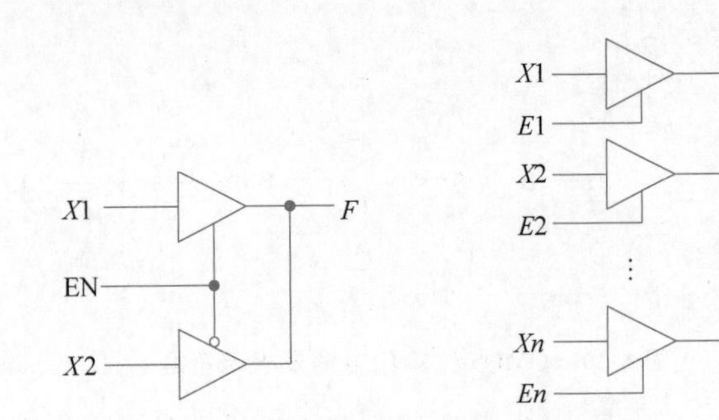

图 3-23 三态缓冲器实现总线复用

需要注意的是,一定不能有两个或两个以上使能信号同时有效。如果使能信号同时有效,并且同时有效的缓冲器输出不同信号,就会出现电源 V_{DD} 到地 GND 的通路,造成短路。

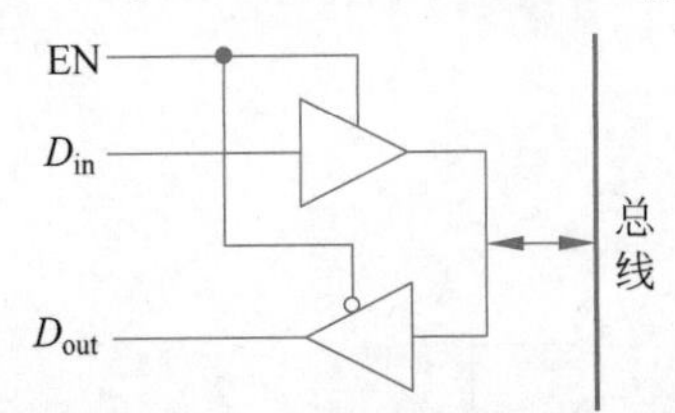

图 3-24 三态缓冲器实现双向总线

3.6 CMOS 门电路的传播延时和功耗

3.6.1 传播延时

数字系统的速度主要由构成系统的逻辑门的传播延时决定。反相器是数字电路设计的核心,复杂数字电路的电气特性几乎可以由反相器中得到的结果推断出来,反相器的分析结果也可以用来解释其他比较复杂的门的特性。门的性能主要是由它的动态(瞬态)响应决定的,因此下文通过 CMOS 反相器的动态响应来分析它的传播延时。

传播延时是反相器响应输入变化所需要的时间。假设在反相器的输入端加一个如图 3-25(a)所示的理想脉冲信号,则反相器输出端的信号如图 3-25(b)所示。

可以看出,输出信号不再是理想的脉冲信号,输出电压从高电平变为低电平或从低电平变为高电平都需要一段时间。把输出电压达到$\frac{V_{DD}}{2}$的点定义为转换点,定义输入电压的边沿到输出电压转换点的时间为传播延时。传播延时有两种,一种是输出电压从高电平变为低电平的传播延时 t_{PHL},另一种是输出电压从低电平变为高电平的传播延时 t_{PLH},这两种延时可能不相等。反相器的传播延时就定义为这两种延时的平均

$$t_P = \frac{t_{PHL} + t_{PLH}}{2}$$

反相器的这一动态响应主要是由门的输出电容 C_L 决定的。输出电容 C_L 包括 NMOS 管和 PMOS 管的漏扩散电容、连线电容以及所驱动的门的输入电容。假设 MOS 管的开关

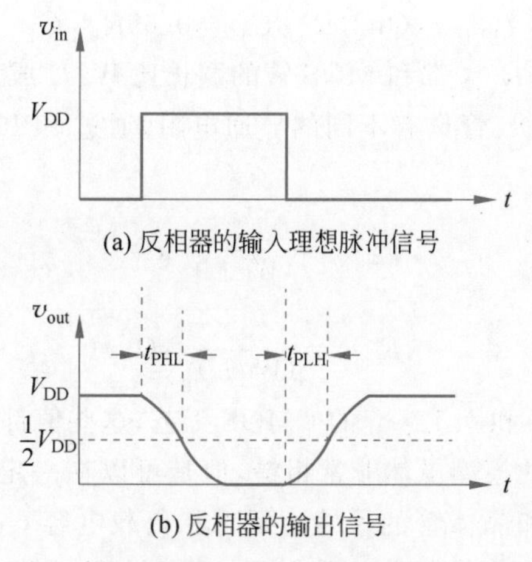

(a) 反相器的输入理想脉冲信号

(b) 反相器的输出信号

图 3-25 输入为理想脉冲的反相器的输出和传播延时

是瞬间发生的，当输入为 0 时，NMOS 管截止，PMOS 管导通，电源通过 PMOS 管对电容 C_L 充电，门的响应时间是通过 PMOS 管的导通电阻 R_P 向 C_L 充电所需要的时间，如图 3-26(a)所示。当输入电压为高电平时，NMOS 管导通，PMOS 管截止，电容通过 NMOS 管放电，门的响应时间是通过 NMOS 管的导通电阻 R_N 放电所需要的时间，如图 3-26(b)所示。

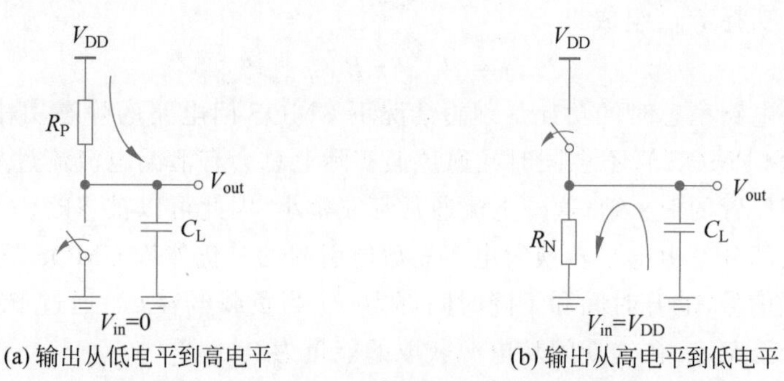

(a) 输出从低电平到高电平

(b) 输出从高电平到低电平

图 3-26 CMOS 反相器动态特性的开关模型

估计延时有几种不同的模型，其中一种是 τ 模型。该模型将门的延时简化为时间常数 $\tau=RC$。当输入电压为阶跃信号时，对于输出从高电平变为低电平的情况，下拉电阻为 R_N，输出响应为

$$V_{out}(t)=V_{DD}e^{-t/R_N C_L}$$

对于输出从低电平变为高电平的情况，上拉电阻为 R_P，输出响应为

$$V_{out}(t)=V_{DD}(1-e^{-t/R_P C_L})$$

τ 模型的关键是假设晶体管可以模型化为一个电阻，但实际上 NMOS 管和 PMOS 管的导通电阻并不是常数，而是 MOS 管两端电压的非线性函数。为了简化模型，用 MOS 管的平均导通电阻 R_{eqN} 和 R_{eqP} 分别代替 R_N 和 R_P。求从高电平变为低电平的延时 t_{PHL} 和从低电平变为高电平的延时 t_{PLH}，可分别测量 $V_{DD}\sim\frac{1}{2}V_{DD}$ 和 $0\sim\frac{1}{2}V_{DD}$ 的时间，可以得到

$$t_{PHL}=(\ln 2)R_{eqN}C_L=0.69R_{eqN}C_L$$

$$t_{PLH}=(\ln 2)R_{eqP}C_L=0.69R_{eqP}C_L$$

平均导通电阻 R_{eqN} 和 R_{eqP} 都和 MOS 管的宽长比 W/L 成反比，W/L 值增大时，电阻值减小。NMOS 管和 PMOS 管具有不同的导通电阻，通过 SPICE 仿真发现有一个导通电阻的经验公式

$$R_{eqN}=\frac{12.5}{(W/L)_n}\text{k}\Omega$$

$$R_{eqP}=\frac{30}{(W/L)_p}\text{k}\Omega$$

对于 0.25μm、0.18μm 和 0.13μm 的 CMOS 工艺，这些值都是正确的。

上面估计反相器延时的模型虽然非常粗糙，但是可以在一定程度上揭示电路的性能如何依赖于总体的负载电容和晶体管的尺寸。延时和负载电容 C_L 成正比，因此降低负载电容可以缩短门的传播延时。负载电容主要由门本身的内部扩散电容、连线电容和扇出电容组成，好的版图设计有助于减小扩散电容和连线电容。增大 MOS 管的宽长比 W/L 可以缩短门的传播延时，但增加管子的尺寸同时也增大了扩散电容，从而使 C_L 增大。

3.6.2 功耗

CMOS 门电路的功耗主要由静态功耗 P_{stat}、电容充放电引起的动态功耗 P_{dyn} 和直通电流引起的动态功耗 P_{dp} 组成：

$$P_{total}=P_{stat}+P_{dyn}+P_{dp}$$

静态功耗是电路稳态时的功耗。理想情况下 CMOS 门电路的静态功耗为 0，因为在稳态下 NMOS 管和 PMOS 管不会同时导通。但实际上总会有泄漏电流流过晶体管源（或漏）与衬底之间反相偏置的 PN 结，这一电流通常都非常小，因此可以被忽略。

动态功耗大部分是由电平转换时电容充放电引起的。仍然以 CMOS 反相器为例，假设输入信号是阶跃信号，上升时间和下降时间都为 0。当负载电容 C_L 通过 PMOS 管充电时，它的电压从 0 升至 V_{DD}，在这期间从电源获取的能量为

$$E_{V_{DD}}=\int_0^{\infty} i_{V_{DD}}(t)V_{DD}\mathrm{d}t=V_{DD}\int_0^{\infty} C_L\frac{\mathrm{d}v_{out}}{\mathrm{d}t}\mathrm{d}t=V_{DD}C_L\int_0^{V_{DD}}\mathrm{d}v_{out}=C_LV_{DD}^2$$

电平翻转结束时在电容 C_L 上存储的能量为

$$E_{C_L}=\int_0^{\infty} i_{V_{DD}}(t)v_{out}\mathrm{d}t=\int_0^{\infty} C_L\frac{\mathrm{d}v_{out}}{\mathrm{d}t}v_{out}\mathrm{d}t=C_L\int_0^{V_{DD}} v_{out}\mathrm{d}v_{out}=\frac{C_LV_{DD}^2}{2}$$

可以看出，在从低电平翻转至高电平期间，电容 C_L 上被充电的电荷量为 C_LV_{DD}，电源提供的能量为 $C_LV_{DD}^2$，其中一半能量 $\frac{C_LV_{DD}^2}{2}$ 存放在电容上，另一半能量消耗在 PMOS 管上。在从高电平翻转至低电平期间，电容通过 NMOS 管放电，它的能量消耗在 NMOS 管上。因此每个开关周期（从高电平变为低电平和从低电平变为高电平）都需要消耗一定的能量，即 $C_LV_{DD}^2$。如果反相器每秒通断 f 次（即开关的频率为 f），则功耗为

$$P_{dyn}=C_LV_{DD}^2f$$

动态功耗中除电容充放电引起的功耗外，还存在着直通电流引起的功耗 P_{dp}。在实际情况中，输入信号的上升时间和下降时间并不为 0，因此会存在 NMOS 管和 PMOS 管同时

导通的时候，电源 V_{DD} 和地之间会在很短的时间内出现一条直通的通路，形成一个电流脉冲。这个电流脉冲的峰值出现在 $V_M=\frac{1}{2}V_{DD}$ 处，这时 NMOS 管和 PMOS 管都工作在饱和区。这个电流脉冲的宽度取决于输入电压的变化速度，输入波形的边沿变化越慢，电流脉冲就越宽，P_{dp} 就越大。但通常这部分功耗远小于 P_{dyn}。

因此，静态 CMOS 门电路的功耗主要是对电容进行充放电引起的动态功耗。可以看出，电路的工作频率越高，功耗越大；电源电压越高，功耗越大。

习题

3-1 图 3-27 中只画出了 CMOS 电路的一半，试画出另一半电路。

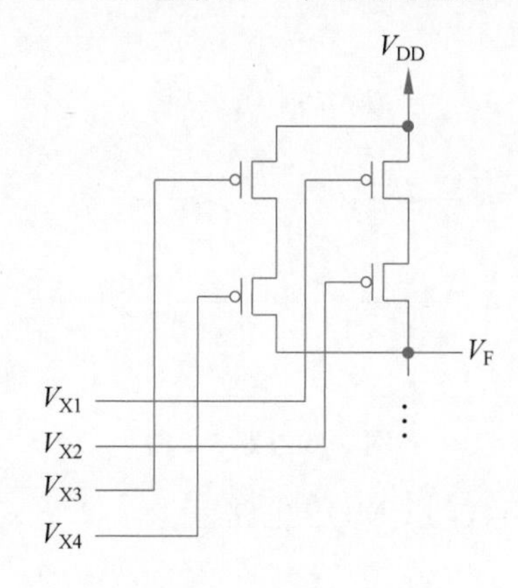

图 3-27 题 3-1 图

3-2 写出图 3-28 所示电路实现的逻辑函数。

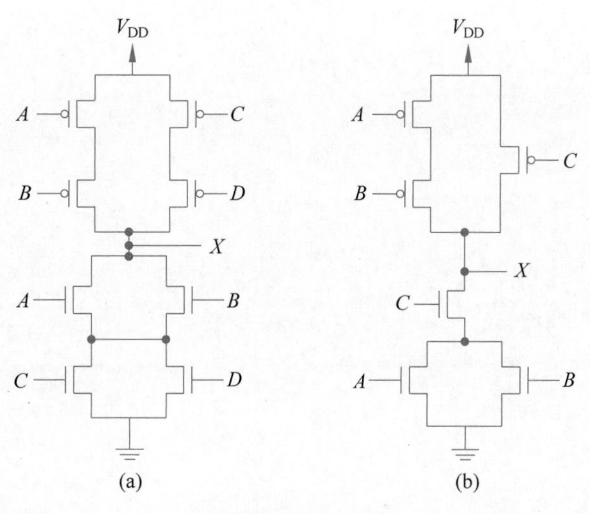

图 3-28 题 3-2 图

3-3 电路如图 3-29(a)所示，试填写图 3-29(b)中的输出信号 Y 的波形。

3-4 三态门内部电路如图 3-30 所示，试写出三态门的功能表，画出该三态门的逻辑符号。

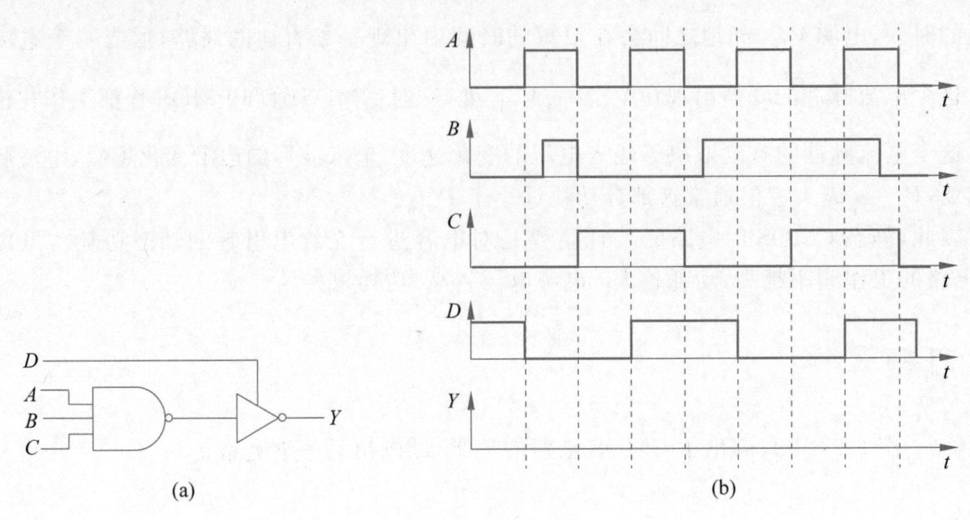

图 3-29 题 3-3 图

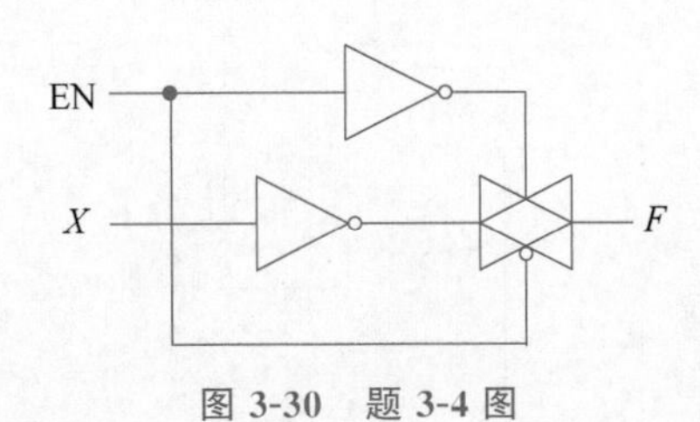

图 3-30 题 3-4 图

3-5 画出实现下列逻辑函数的 CMOS 电路。

(1) $F=(A \cdot B \cdot C)'$

(2) $F=(A+B+C+D)'$

第4章 组合逻辑电路

CHAPTER 4

本章主要介绍组合逻辑电路的分析和设计方法,组合逻辑电路基本模块的功能、设计和电路结构,主要包括下列知识点。

1) 组合逻辑电路的概述

理解组合逻辑电路的特点。

2) 组合逻辑电路的分析和设计方法

掌握组合逻辑电路的基本分析方法,掌握组合逻辑电路的基本设计方法。

3) 多路选择器

掌握多路选择器的功能、设计方法和电路结构,掌握用小多路选择器构成大多路选择器的方法,掌握使用多路选择器实现逻辑函数的方法。

4) 编码器

掌握普通编码器的功能、设计和电路结构,掌握优先编码器的功能、设计和电路结构。

5) 译码器

掌握二进制译码器的功能、设计和电路结构,掌握用小译码器构成大译码器的方法,掌握用二进制译码器实现逻辑函数的方法,掌握显示译码器的设计方法。

6) 比较器

掌握无符号数比较器的设计和电路结构。

7) 加法器

理解自顶向下的设计和自底向上的实现方法,掌握进位传播加法器的设计和电路结构,理解提前进位加法器的算法优化方法和电路结构,掌握加减法器的设计和电路结构。

8) 组合逻辑电路的时序

理解组合逻辑电路的时序特征,理解关键路径的概念,理解竞争和冒险产生的原因。

4.1 组合逻辑电路的概述

任何一个数字系统都是由组合逻辑电路和时序逻辑电路构成的,组合逻辑电路具有以下特点。

(1) 任何时刻输出仅和当前时刻的输入有关,而与以前各时刻的输入无关;从电路结构上看,组合逻辑电路通常由逻辑门构成,没有存储元件,信号是单向流动的,没有从输出到输入的反馈通路,输出和输入之间有一定的延时。

(2) 组合逻辑电路可以是多输入、多输出的，如图 4-1 所示，输出和输入之间的关系可以用一组逻辑函数表示

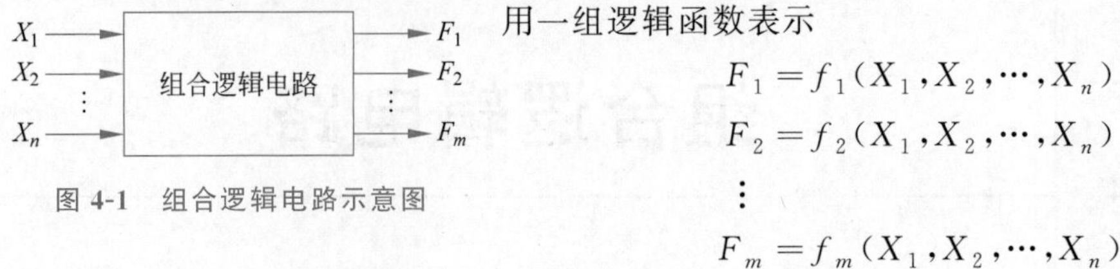

图 4-1 组合逻辑电路示意图

$$F_1 = f_1(X_1, X_2, \cdots, X_n)$$
$$F_2 = f_2(X_1, X_2, \cdots, X_n)$$
$$\vdots$$
$$F_m = f_m(X_1, X_2, \cdots, X_n)$$

数字系统中常用的组合逻辑电路有多路选择器、编码器、译码器、比较器、加减法器等，这些组合逻辑电路是构成数字系统的基本模块。

视频讲解

4.2 组合逻辑电路的分析和设计方法

4.2.1 组合逻辑电路的分析方法

组合逻辑电路的分析就是根据给定的逻辑电路图，分析输入和输出之间的关系，从而判断电路实现的逻辑功能。组合逻辑电路的分析步骤如图 4-2 所示，具体步骤如下：

(1) 根据给定的逻辑电路图，写出输出的逻辑函数式；

(2) 简化逻辑函数式；

(3) 列出真值表，由真值表概括出电路的逻辑功能。

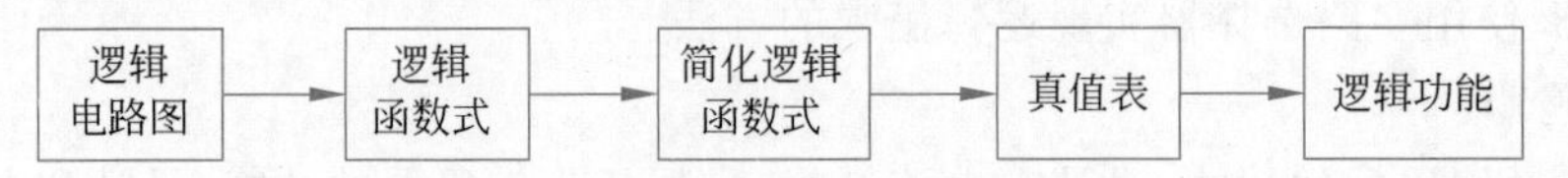

图 4-2 组合逻辑电路的分析步骤

【例 4-1】 试分析图 4-3 所示逻辑电路图的逻辑功能。

从输入开始，逐级写出各逻辑门的输出，得到输出的逻辑函数式为

$$S = A \oplus B \oplus C_i$$

$$C_o = AB + AC_i + BC_i$$

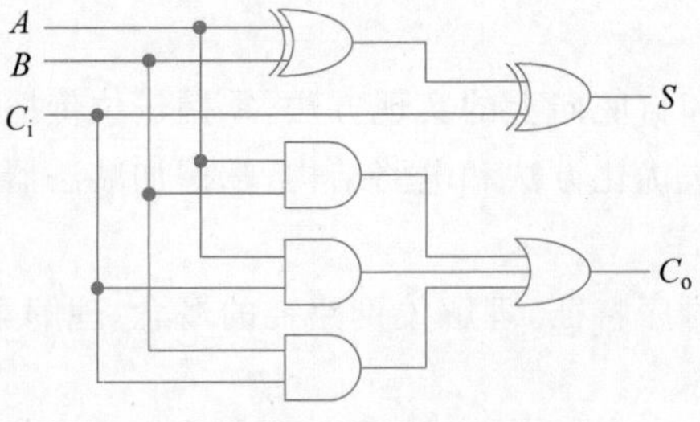

图 4-3 例 4-1 逻辑电路图

由逻辑函数式，可以列出真值表，如表 4-1 所示。

表 4-1 例 4-1 真值表

A	B	C_i	S	C_o
0	0	0	0	0
0	0	1	1	0

续表

A	B	C_i	S	C_o
0	1	0	1	0
0	1	1	0	1
1	0	0	1	0
1	0	1	0	1
1	1	0	0	1
1	1	1	1	1

由表 4-1 可以看出，当输入中有奇数个 1 时，输出 S 为 1，而当输入中有两个或超过两个 1 时，输出 C_o 为 1。如果把两个输入 A、B 看作加数和被加数，C_i 看作进位输入，这个电路可以实现两个 1 位二进制数相加的功能，输出 S 可以看作 A、B 和 C_i 的和，C_o 可以看作三者相加向高位的进位输出。

C_o 还可以看作实现多数表决功能，S 也可以看作实现判奇功能。

4.2.2　组合逻辑电路的设计方法

根据实际的逻辑问题，得出实现这一逻辑功能的逻辑电路，就是组合逻辑电路的设计。组合逻辑电路的设计步骤如图 4-4 所示，具体步骤如下：

(1) 分析逻辑问题，确定输入和输出，把输入和输出的状态用 0 和 1 表示；

(2) 根据逻辑问题的因果关系，列出逻辑真值表；

(3) 根据真值表，写出输出的逻辑函数式，对逻辑函数式进行变换和化简；

(4) 由逻辑函数式画出逻辑电路图。

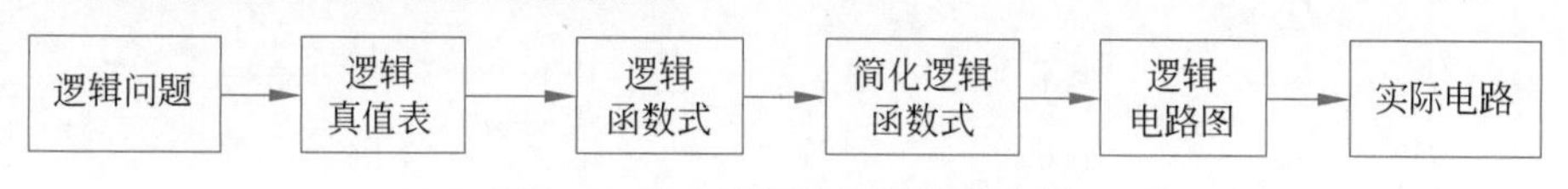

图 4-4　组合逻辑电路的设计步骤

【例 4-2】　用基本逻辑门设计一个交通灯错误报警电路。每一组交通灯由红绿黄 3 个灯组成，正常情况下，任意时刻只有一种颜色的灯亮，如果有两个或 3 个灯同时亮，或 3 个灯都不亮，就是电路发生了故障，需要给出故障信号，提示需要修理。

首先进行逻辑抽象。把红绿黄 3 色灯的状态定义为输入 R、G、Y，灯亮用 1 表示，灯不亮用 0 表示，故障提示定义为输出 F，有故障时输出为 1，无故障时输出为 0。根据问题，列出如表 4-2 所示的真值表。

表 4-2　例 4-2 的真值表

R	G	Y	F
0	0	0	1
0	0	1	0
0	1	0	0
0	1	1	1
1	0	0	0
1	0	1	1
1	1	0	1
1	1	1	1

根据真值表,可以画出如图 4-5 所示的卡诺图。

由卡诺图可以得到输出的逻辑函数式

$$F = RG + RY + GY + R'G'Y'$$

由逻辑函数式,可以画出逻辑电路图如图 4-6 所示。

R \ GY	00	01	11	10
0	1	0	1	0
1	0	1	1	1

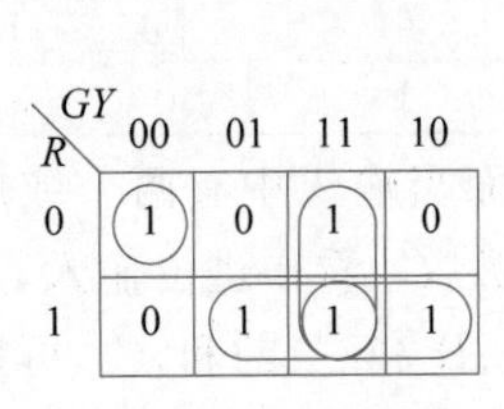

图 4-5 例 4-2 的卡诺图

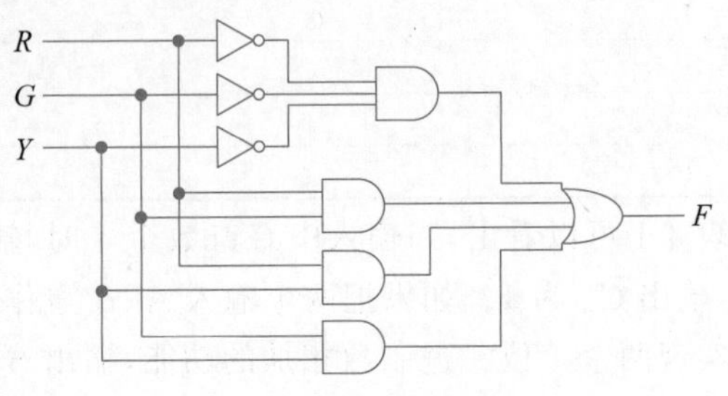

图 4-6 例 4-2 的逻辑电路图

4.2.3 常用的基本逻辑功能

定值和使能是最常用的基本逻辑功能,其中定值不做任何逻辑运算,使能涉及"与"或者"或"运算。

定值就是把一个或多个变量固定为 0 或 1,通常通过直接连接 0 或 1 实现。对正逻辑,低电平为 0,高电平为 1,另一种方法是接地表示 0,接电源电压表示 1,如图 4-7 所示。

使能是允许信号从输入传递到输出,通常会附加一个使能信号 EN,用它来决定输出是否被使能。使能可以用与门或者或门实现,如图 4-8 所示。

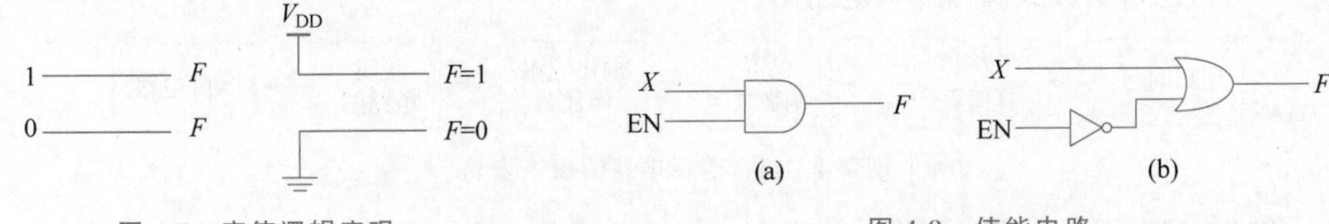

图 4-7 定值逻辑实现

图 4-8 使能电路

在图 4-8(a)所示的电路中,当 EN=1 时,输出 $F=X$,即输出被使能;当 EN=0 时,无论 X 为何值,输出都为 0,即输出被屏蔽为 0。输出也可以被屏蔽为 1,如图 4-8(b)所示,当 EN=1 时,输出 $F=X$,即输出被使能;当 EN=0 时,无论 X 为何值,输出都为 1。

4.3 多路选择器

多路选择器是一种常用的组合逻辑电路基本模块,它就像切换开关一样,可以用来选择不同通路的信号进行输出。多路选择器的符号及功能如图 4-9 所示,图 4-9(a)所示是 2-1(2 选 1)选择器,图 4-9(b)所示是 4-1(4 选 1)选择器。在电路结构图中,多路选择器通常用 MUX 标识。

视频讲解

4.3.1 多路选择器设计

1) MUX2-1 选择器

MUX2-1 选择器有两个输入 A 和 B、一个选择输入 SEL、一个输出 Y。如果 SEL=0,

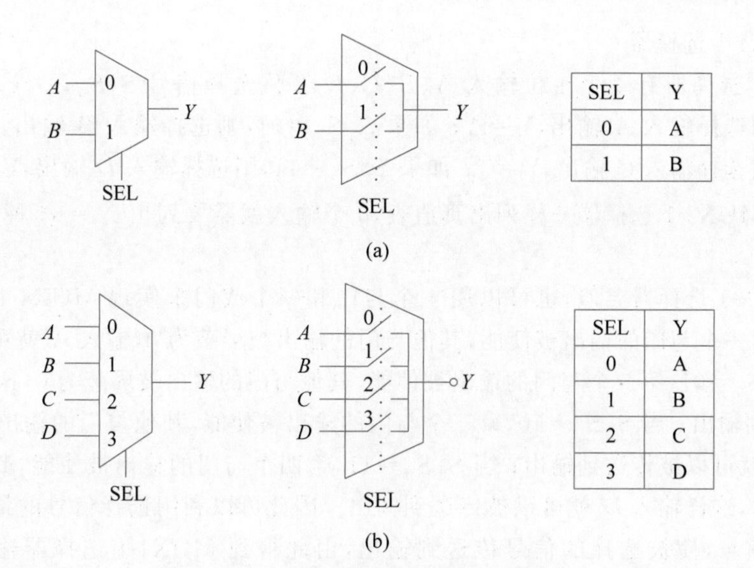

图 4-9 多路选择器的符号及功能

选择输入 A 输出，$Y=A$；如果 SEL=1，则选择输入 B 输出，$Y=B$。

由图 4-9(a)所示的 MUX2-1 选择器功能表可以列出真值表，如表 4-3 所示。

表 4-3 MUX2-1 选择器真值表

SEL	***A***	***B***	***Y***
0	0	0	0
0	0	1	0
0	1	0	1
0	1	1	1
1	0	0	0
1	0	1	1
1	1	0	0
1	1	1	1

由表 4-3，可以画出如图 4-10 所示的卡诺图。

由卡诺图可以得到输出的逻辑函数式

$$Y=\mathrm{SEL}'\cdot A+\mathrm{SEL}\cdot B$$

MUX2-1 选择器的逻辑电路图如图 4-11 所示。

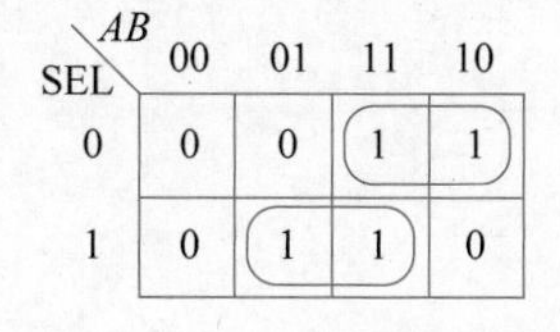

图 4-10 MUX2-1 选择器的卡诺图

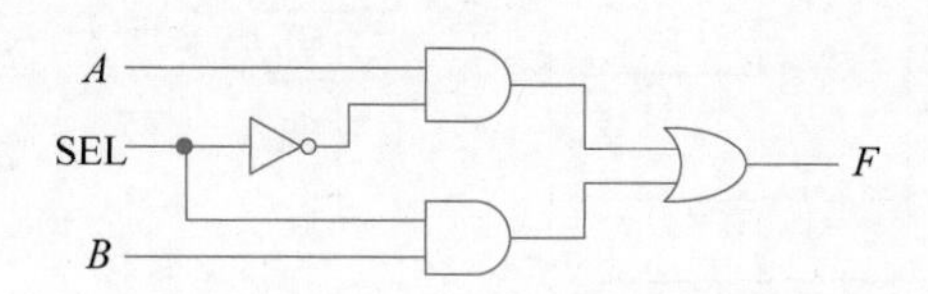

图 4-11 MUX2-1 选择器的逻辑电路图

从图 4-11 可以看出，当 SEL=0 时，上面的与门输出被使能，下面的与门输出被屏蔽为 0，这时 A 就可以被传送到输出；当 SEL=1 时，下面的与门输出被使能，上面的与门输出被屏蔽为 0，这时 B 就可以被传送到输出。

2）MUX4-1 选择器

MUX4-1 选择器有 4 个 1 位输入 A、B、C、D，2 位选择信号 S_1S_0，一个输出 Y，如果 $S_1S_0=00$，则选择输入 A 输出，$Y=A$；如果 $S_1S_0=01$，则选择输入 B 输出，$Y=B$；如果 $S_1S_0=10$，则选择输入 C 输出，$Y=C$；如果 $S_1S_0=11$，则选择输入 D 输出，$Y=D$。

如果像 MUX2-1 选择器一样列出真值表，6 个输入就需要列出 $2^6=64$ 种组合，这是比较困难的。

与 MUX2-1 选择器类似，也可以用 4 个与门和一个或门来实现 MUX4-1 选择器。当 $S_1S_0=00$，第一个与门的输出被使能，其他与门的输出被屏蔽为 0，输入 A 就可以被传送到输出；当 $S_1S_0=01$，第二个与门的输出被使能，其他与门的输出被屏蔽为 0，这样输入 B 就可以被传送到输出；当 $S_1S_0=10$，第三个与门的输出被使能，其他与门的输出被屏蔽为 0，这样输入 C 就可以被传送到输出；当 $S_1S_0=11$，第四个与门的输出被使能，其他与门的输出被屏蔽为 0，这样输入 D 就可以被传送到输出。因此可以利用选择信号的最小项来产生与门的使能信号，使被选择的信号传送到输出，由此得到 MUX4-1 选择器输出的逻辑函数式

$$Y=S'_1S'_0A+S'_1S_0B+S_1S'_0C+S_1S_0D$$

MUX4-1 选择器的逻辑电路图如图 4-12 所示。

类似地，可以用同样的电路结构来实现 MUX2^n-1 选择器。选择信号为 n 位，当其中一个与门的输出被使能时，其他与门的输出被屏蔽为 0，只有连接到被使能与门的输入可以被传送到输出。

多路选择器也可以设计实现多位数据的选择。例如，图 4-13 所示的 MUX2-1 选择器，输入 A 和 B 都是 4 位数据，输出 Y 也是 4 位数据。当 $S=0$ 时，$Y_3Y_2Y_1Y_0=A_3A_2A_1A_0$；当 $S=1$ 时，$Y_3Y_2Y_1Y_0=B_3B_2B_1B_0$。$A$ 中每一位的选择控制都相同，B 中每一位的选择控制也都相同。

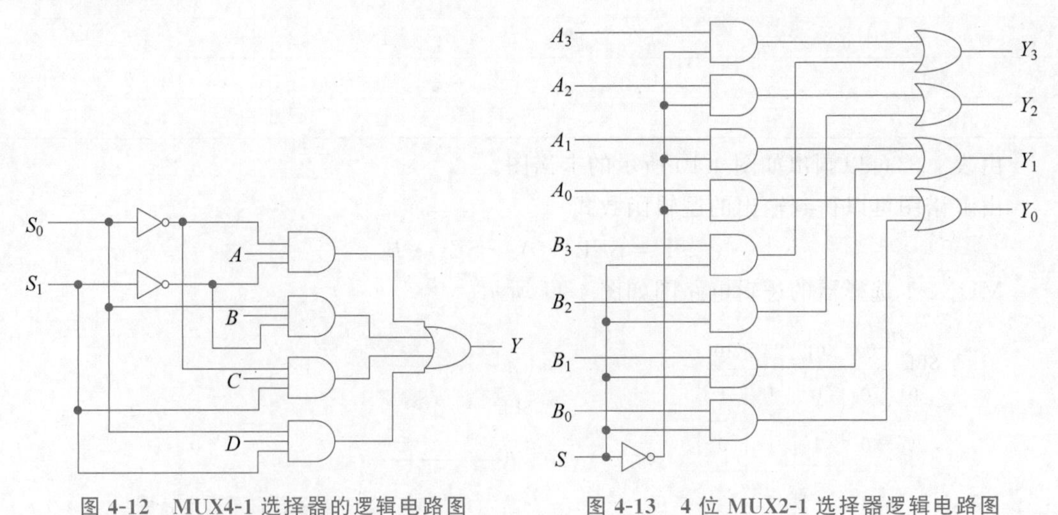

图 4-12　MUX4-1 选择器的逻辑电路图　　图 4-13　4 位 MUX2-1 选择器逻辑电路图

4.3.2　多路选择器的级联

大多路选择器可以用小多路选择器级联来实现。例如，MUX4-1 选择器可以用 3 个

MUX2-1 选择器实现，如图 4-14 所示；MUX16-1 选择器可以用 5 个 MUX4-1 选择器实现，如图 4-15 所示。MUX16-1 选择器也可以用 2 个 MUX8-1 选择器和 1 个 MUX2-1 选择器实现。

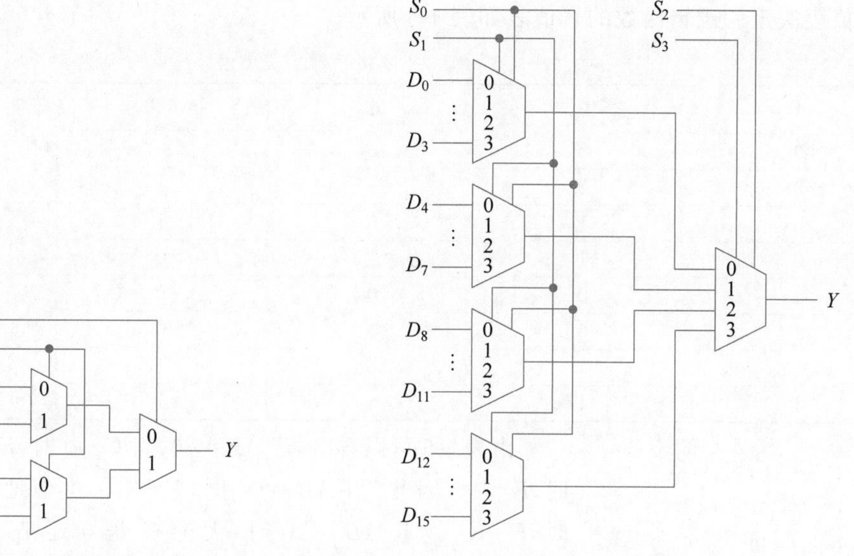

图 4-14 用 MUX2-1 选择器实现 MUX4-1 选择器　图 4-15 用 MUX4-1 选择器实现 MUX16-1 选择器

4.3.3 用多路选择器实现逻辑函数

视频讲解

对于有 n 个输入变量的逻辑函数，输入有 2^n 种可能取值，当输入为不同的值时，逻辑函数产生相应的输出。如果把不同输入对应的输出值作为可以选择的输入，把输入变量作为选择信号，就可以用多路选择器来实现逻辑函数。

【例 4-3】 用 MUX4-1 选择器实现逻辑函数 $F=AB'+A'B$。

逻辑函数的真值表如表 4-4 所示。

表 4-4 例 4-3 逻辑函数的真值表

A	B	F
0	0	0
0	1	1
1	0	1
1	1	0

如果把输入 A 和 B 看作选择信号，把输出值 0、1、1、0 作为可以选择的数据输入，这个逻辑函数也可以写为

$$F=A'B'\cdot 0+A'B\cdot 1+AB'\cdot 1+AB\cdot 0$$

这样，这个逻辑函数就可以用 MUX4-1 选择器来实现，如图 4-16 所示。

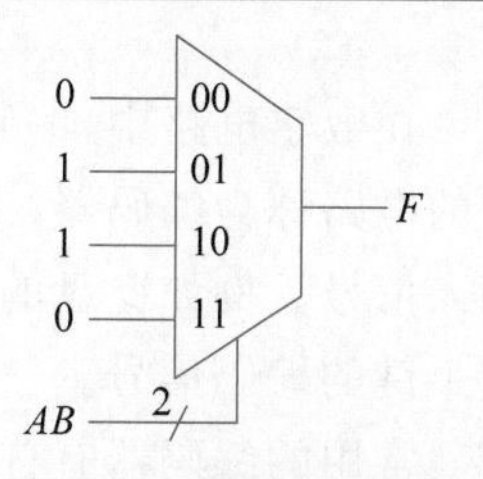

图 4-16 用 MUX4-1 选择器实现例 4-3 逻辑函数

对于有 n 个输入变量的逻辑函数，也可以用 $n-1$ 个输入变量作为选择信号，另外一个输入变量作为数据输入，用多路

选择器来实现。

【例 4-4】 用 MUX4-1 选择器实现逻辑函数 $F(A,B,C)=\sum m(1,2,6,7)$。

逻辑函数包含 3 个逻辑变量，用其中的两个逻辑变量 A 和 B 作为选择信号，数据输入由真值表决定。逻辑函数的真值表如表 4-5 所示。

表 4-5 例 4-4 逻辑函数的真值表

A	B	C	F	
0	0	0	0	$F=C$
0	0	1	1	
0	1	0	1	$F=C'$
0	1	1	0	
1	0	0	0	0
1	0	1	0	
1	1	0	1	1
1	1	1	1	

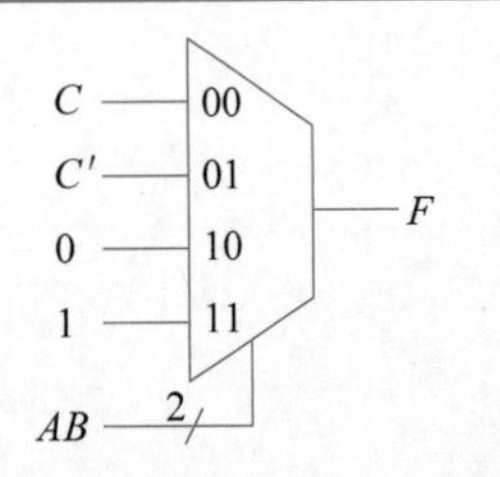

图 4-17 用 MUX4-1 选择器实现例 4-4 逻辑函数

由表 4-5 可以看出，若 $AB=00$，当 $C=0$ 时，$F=0$，当 $C=1$ 时，$F=1$。因此，当 $AB=00$ 时，$F=C$。类似地，当 $AB=01$ 时，$F=C'$。当 $AB=10$ 时，无论 C 是 0 还是 1，$F=0$。当 $AB=11$ 时，$F=1$。图 4-17 所示是用 MUX4-1 选择器实现这一逻辑函数。

也可以把逻辑函数写为最小项和的形式，选择一部分逻辑变量作为选择信号，把逻辑函数式表示为多路选择器逻辑函数式的形式，由此确定各输入数据信号的形式。例如，例 4-4 中的逻辑函数可以表示为

$$
\begin{aligned}
F(A,B,C) &= \sum m(1,2,6,7) \\
&= A'B'C + A'BC' + ABC' + ABC \\
&= A'B'C + A'BC' + AB(C + C') \\
&= A'B' \cdot C + A'B \cdot C' + AB' \cdot 0 + AB \cdot 1
\end{aligned}
$$

同样可以得到：当 $AB=00$ 时，$F=C$；当 $AB=01$ 时，$F=C'$；当 $AB=10$ 时，$F=0$；当 $AB=11$ 时，$F=1$。

4.4 编码器

在数字电路中，编码就是用一定规则的二进制代码来表示特定信息的过程，实现这一过程的电路称为编码器。编码器把输入信号转换为特定的编码，用输出的编码来表示相应的输入信号。例如键盘的接口就是一个编码器，当一个键被按下时，编码器就会输出一个表示这个键的编码信号。

常用的编码器有普通二进制编码器和二进制优先编码器。通常编码器有 N 个输入端，有 n 个输出端，应满足 $N \leqslant 2^n$。

4.4.1 普通二进制编码器

视频讲解

8-3 编码器是常见的普通二进制编码器，它有 8 个输入 D_7、D_6、…、D_0，3 个输出 Y_2、Y_1、Y_0（代表对输入的编码），任意时刻只有一个输入有效（1 有效）。8-3 编码器的真值表如表 4-6 所示。

表 4-6　8-3 编码器的真值表

D_7	D_6	D_5	D_4	D_3	D_2	D_1	D_0	Y_2	Y_1	Y_0
0	0	0	0	0	0	0	1	0	0	0
0	0	0	0	0	0	1	0	0	0	1
0	0	0	0	0	1	0	0	0	1	0
0	0	0	0	1	0	0	0	0	1	1
0	0	0	1	0	0	0	0	1	0	0
0	0	1	0	0	0	0	0	1	0	1
0	1	0	0	0	0	0	0	1	1	0
1	0	0	0	0	0	0	0	1	1	1

编码器的逻辑函数式可以直接从真值表得出。当 D_1、D_3、D_5 和 D_7 有效时，$Y_0=1$；当 D_2、D_3、D_6 和 D_7 有效时，$Y_1=1$；当 D_4、D_5、D_6 和 D_7 有效时，$Y_2=1$，由此可以写出编码器输出的逻辑函数式

$$Y_0=D_1+D_3+D_5+D_7$$
$$Y_1=D_2+D_3+D_6+D_7$$
$$Y_2=D_4+D_5+D_6+D_7$$

可以用 3 个或门来实现普通二进制 8-3 编码器，如图 4-18 所示。

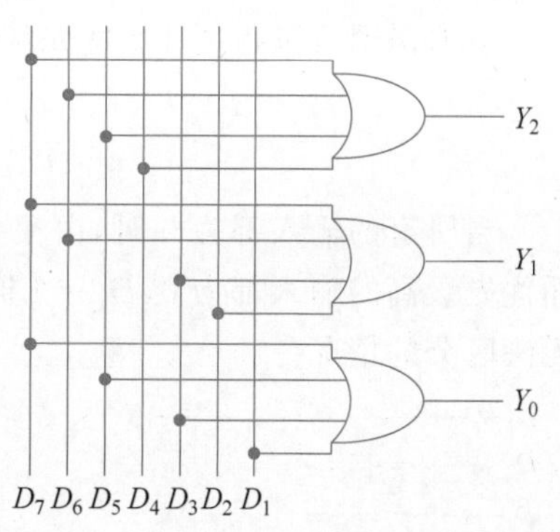

图 4-18　普通二进制 8-3 编码器逻辑电路图

普通二进制编码器存在编码结果模糊、无法区分的情况。如果 8-3 编码器的输入都无效，这时的输出为 000，而 000 也是 D_0 的编码，因此普通二进制编码器无法区分 D_0 的编码和无有效输入的情况。

另外，普通二进制编码器有一个限制：任意时刻只能有一个输入有效，如果有两个输入同时有效，就可能产生错误的输出。例如普通 8-3 编码器，如果 D_3 和 D_6 同时有效，则编码输出为 111，而 111 既不是 D_3 的编码，也不是 D_6 的编码，它是输入 D_7 的编码。

4.4.2 优先编码器

视频讲解

优先编码器带有优先级功能，当两个输入同时有效时，输出是优先级高的那个输入的编码。例如 8-3 编码器，如果设定 D_6 的优先级高于 D_3，那么当 D_3 和 D_6 同时有效时，就会输出 D_6 的编码 110。4-2 优先编码器的真值表如表 4-7 所示。

表 4-7 4-2 优先编码器的真值表

D_3	D_2	D_1	D_0	Y_1	Y_0	V
0	0	0	0	d	d	0
0	0	0	1	0	0	1
0	0	1	X	0	1	1
0	1	X	X	1	0	1
1	X	X	X	1	1	1

表 4-7 输出栏中的 d 表示无关项，输入栏中的 X 表示可以是 0，也可以是 1。例如，001X 实际表示两种可能的输入：0010 和 0011。

从真值表可以看出，D_3 的优先级最高。只要 $D_3=1$，不管其他输入是否有效，编码器都输出 D_3 的编码 11。D_2 的优先级次高，只有 D_3 为 0 时，$D_2=1$，不管其他两个输入是否有效，编码器输出 D_2 的编码 10。D_1、D_0 的优先级依次降低，只有前面高优先级的输入都为 0 时，才有可能产生低优先级输入的编码。

由表 4-7 可以画出如图 4-19 所示的卡诺图。

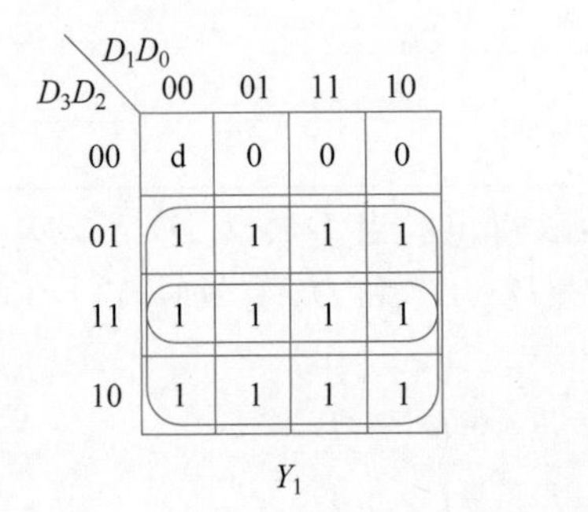

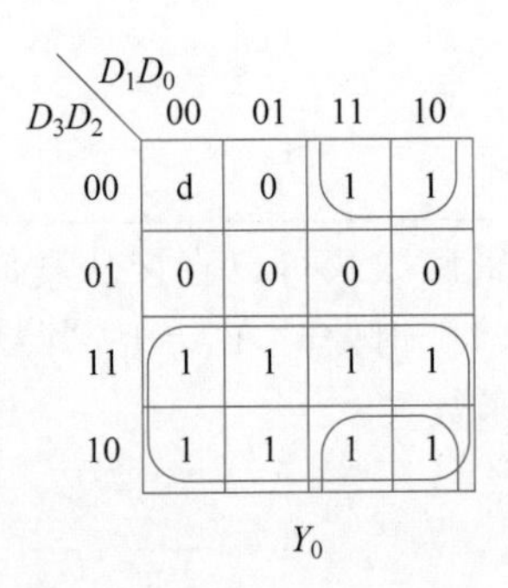

图 4-19 4-2 优先编码器的卡诺图

由卡诺图可以得到 4-2 优先编码器输出的逻辑函数式

$$Y_0=D_3+D'_2D_1$$

$$Y_1=D_3+D_2$$

当所有的输入都为 0 时，由上面的逻辑函数可以得出，编码输出 $Y_1Y_0=00$，而这是当前面优先级高的输入都为 0，$D_0=1$ 时的编码输出。因此优先级编码器也存在编码结果模糊、无法区分的情况。

解决这个问题的一种方法是在电路上再增加一个输出 V，用来指示编码结果是否有效。当有一个或多个输入为 1 时，编码输出有效，$V=1$；如果所有的输入都为 0，编码输出无效，$V=0$。由真值表可以得到 V 的逻辑函数式

$$V=D_3+D_2+D_1+D_0$$

4-2 优先编码器的逻辑电路图如图 4-20 所示。

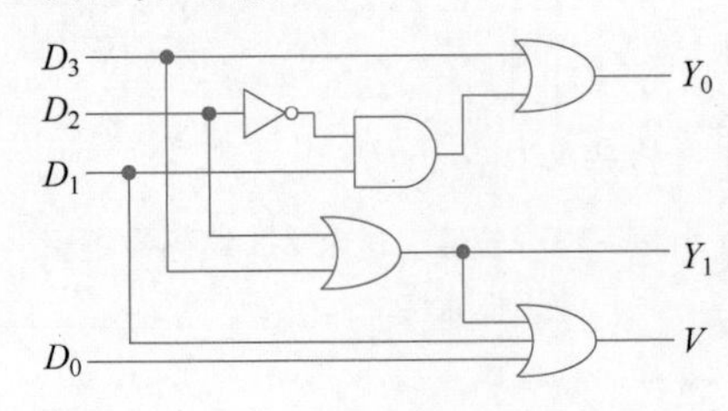

图 4-20 4-2 优先编码器的逻辑电路图

4.5 译码器

在数字系统中，有些信息以二进制编码的形式表示，n 位的二进制编码可以表示 2^n 种

信息。译码是编码的逆过程，二进制译码器通常有 n 个输入，m 个输出，译码器输出的个数 $m \leqslant 2^n$，在任意时刻只有一个输出有效，这种译码器称为 $n-m$ 译码器，例如 3-8 译码器。

有些编码之间的转换电路也称为译码器，如常用的把 BCD 码转换为 7 段数码管显示信号的 4-7 译码器。

4.5.1　二进制译码器

1）2-4 译码器

2-4 译码器有两个输入 A_1、A_0，有 4 个输出 D_3、D_2、D_1、D_0，电路符号如图 4-21 所示。输入代表 2 位的编码，对于每个编码，有唯一的输出有效（以高有效为例），而其他输出无效。例如当输入 A_1A_0 为 00 时，输出 D_0 为 1，而 D_1、D_2、D_3 为 0。

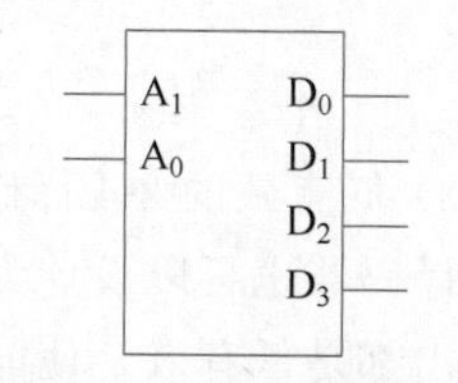

图 4-21　2-4 译码器电路符号

2-4 译码器的真值表如表 4-8 所示。

表 4-8　2-4 译码器的真值表

A_1	A_0	D_3	D_2	D_1	D_0
0	0	0	0	0	1
0	1	0	0	1	0
1	0	0	1	0	0
1	1	1	0	0	0

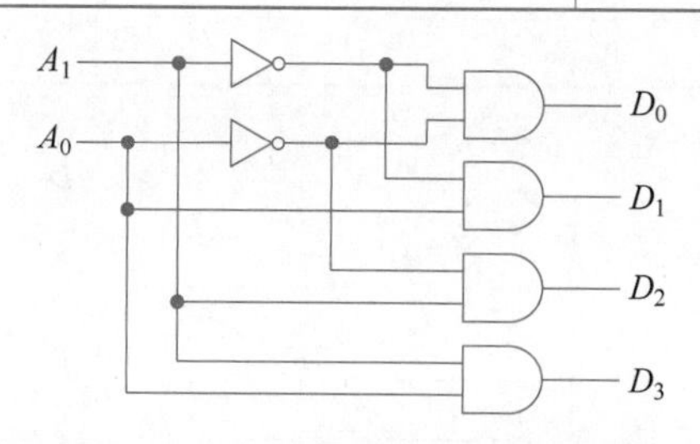

图 4-22　2-4 译码器的逻辑电路图

由真值表可以看出，译码器的每个输出对应于一个输入变量的最小项，输出的逻辑函数式为

$$D_3 = A_1A_0 \quad D_2 = A_1A_0'$$

$$D_1 = A_1'A_0 \quad D_0 = A_1'A_0'$$

2-4 译码器的逻辑电路图如图 4-22 所示。

2）带使能的 2-4 译码器

2-4 译码器还可以加使能控制信号 EN，当 EN 有效时，译码输出正常工作；当 EN 无效时，所有译码输出无效。带使能控制的 2-4 译码器真值表如表 4-9 所示。

表 4-9　带使能控制的 2-4 译码器真值表

EN	A_1	A_0	D_3	D_2	D_1	D_0
0	X	X	0	0	0	0
1	0	0	0	0	0	1
1	0	1	0	0	1	0
1	1	0	0	1	0	0
1	1	1	1	0	0	0

由真值表可以得到带使能的 2-4 译码器输出的逻辑函数式

$$D_3 = \mathrm{EN} \cdot A_1A_0 \quad D_2 = \mathrm{EN} \cdot A_1A_0'$$

$$D_1 = \mathrm{EN} \cdot A_1'A_0 \quad D_0 = \mathrm{EN} \cdot A_1'A_0'$$

带使能 2-4 译码器的逻辑电路图如图 4-23 所示。

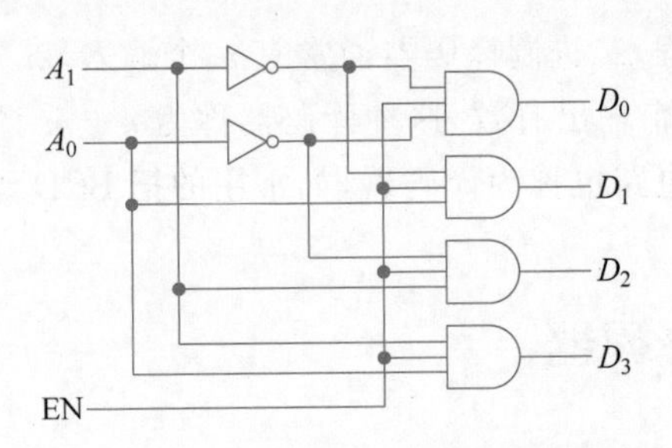

图 4-23 带使能 2-4 译码器的逻辑电路图

3）低有效的 2-4 译码器

译码器也可以设计为输出低有效。表 4-10 是低有效 2-4 译码器真值表，使能信号 EN 和输出都是低有效。使能 EN=0 时译码器正常工作，输出中只有一个输出有效为 0，其余的输出为 1；使能 EN=1 时，不管输入是什么，所有的输出都无效为 1。

表 4-10 低有效 2-4 译码器的真值表

EN	A_1	A_0	D_3	D_2	D_1	D_0
1	X	X	1	1	1	1
0	0	0	1	1	1	0
0	0	1	1	1	0	1
0	1	0	1	0	1	1
0	1	1	0	1	1	1

可以看出，低有效 2-4 译码器的每个输出的真值表都和高有效 2-4 译码器的真值表互为相反，因此其输出的逻辑函数式为

$D_3=(\text{EN}'\cdot A_1A_0)'$　$D_2=(\text{EN}'\cdot A_1A_0')'$

$D_1=(\text{EN}'\cdot A_1'A_0)'$　$D_0=(\text{EN}'\cdot A_1'A_0')'$

这个 2-4 译码器可以用与非门来实现，逻辑电路图如图 4-24 所示。

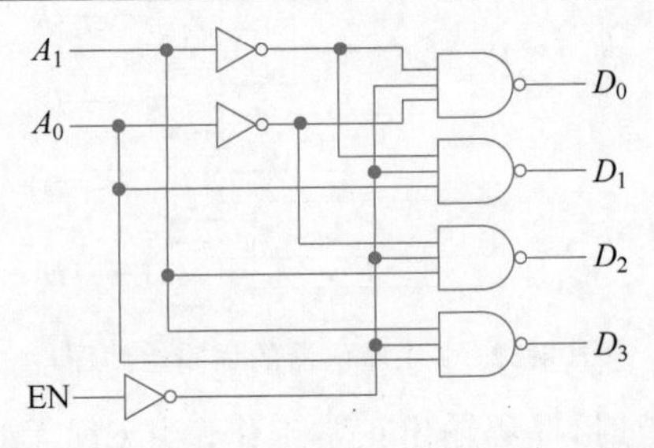

图 4-24 低有效 2-4 译码器的逻辑电路图

视频讲解

4.5.2 用小译码器实现大译码器

大译码器可以直接设计，也可以用小译码器构成，如可以用两个 2-4 译码器构成一个 3-8 译码器。3-8 译码器有 3 个输入 $A_2A_1A_0$，有 8 个输出 $D_7D_6D_5D_4D_3D_2D_1D_0$，3-8 译码器的真值表如表 4-11 所示。

表 4-11 3-8 译码器的真值表

EN	A_2	A_1	A_0	D_7	D_6	D_5	D_4	D_3	D_2	D_1	D_0
0	X	X	X	0	0	0	0	0	0	0	0
1	0	0	0	0	0	0	0	0	0	0	1
1	0	0	1	0	0	0	0	0	0	1	0
1	0	1	0	0	0	0	0	0	1	0	0
1	0	1	1	0	0	0	0	1	0	0	0

续表

EN	A_2	A_1	A_0	D_7	D_6	D_5	D_4	D_3	D_2	D_1	D_0
1	1	0	0	0	0	0	1	0	0	0	0
1	1	0	1	0	0	1	0	0	0	0	0
1	1	1	0	0	1	0	0	0	0	0	0
1	1	1	1	1	0	0	0	0	0	0	0

从真值表可以看出，当 $A_2=0$ 时，译码输出为 D_3、D_2、D_1 或 D_0；当 $A_2=1$ 时，译码输出为 D_7、D_6、D_5 或 D_4。因此可以用两个 2-4 译码器来构成一个 3-8 译码器，电路结构如图 4-25 所示。

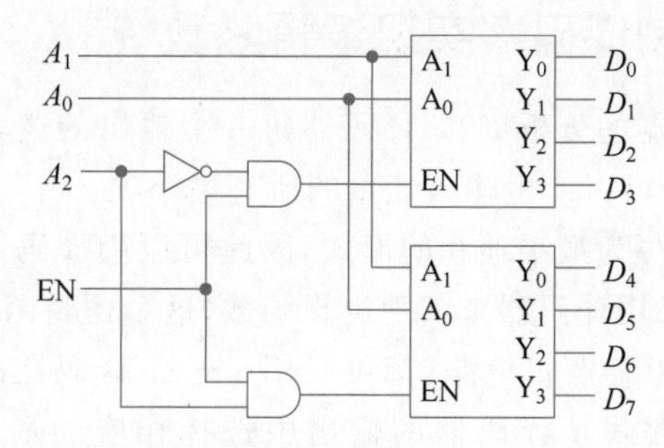

图 4-25　用两个 2-4 译码器构成一个 3-8 译码器

用 A_2 和使能 EN 来产生两个 2-4 译码器的使能信号。当 $A_2=0$ 时，下面的 2-4 译码器的输出无效，$D_4 \sim D_7$ 全部为 0，上面的 2-4 译码器被使能，输出 $D_0 \sim D_3$ 中的一个有效，其余无效；当 $A_2=1$ 时，上面的 2-4 译码器的输出无效，$D_0 \sim D_3$ 全部为 0，下面的 2-4 译码器被使能，输出 $D_4 \sim D_7$ 中的一个有效，其余无效。

类似地，用这种方法可以构成更大的译码器。例如，用 5 个 2-4 译码器构成一个 4-16 译码器，如图 4-26 所示；或用两个 3-8 译码器构成一个 4-16 译码器，如图 4-27 所示。

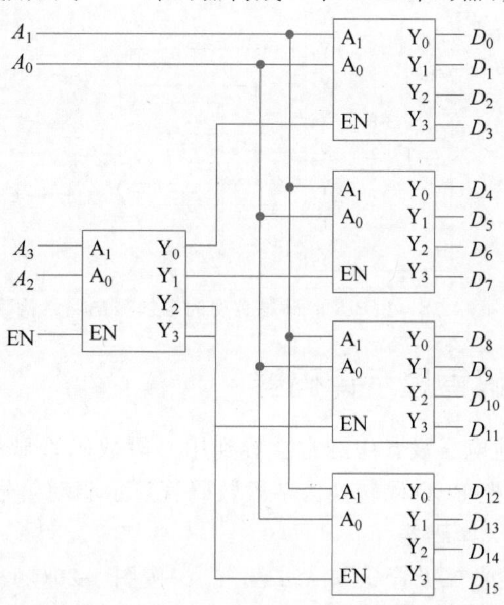

图 4-26　用 5 个 2-4 译码器构成一个 4-16 译码器

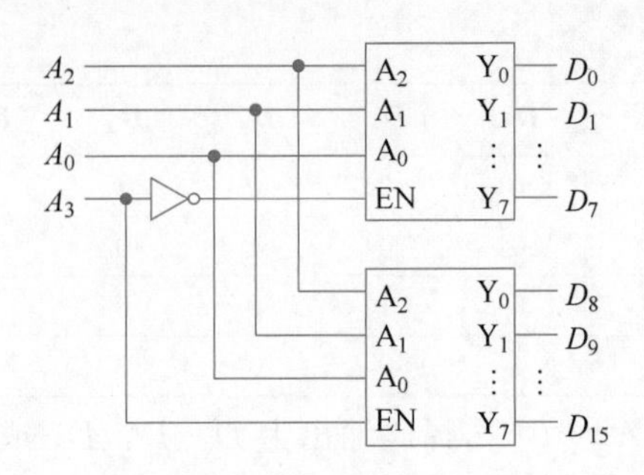

图 4-27 用两个 3-8 译码器构成一个 4-16 译码器

视频讲解

4.5.3 用二进制译码器实现逻辑函数

由上文对二进制译码器的分析可知，译码器每一个输出的逻辑函数式都是输入变量的一个最小项，$n-2^n$ 译码器可以产生输入变量的所有最小项。

任何逻辑函数都可以写为最小项和的形式，因此可以用译码器和一个或门来实现任意逻辑函数。也就是说，如果用译码器来实现逻辑函数，这个逻辑函数必须写为最小项和的形式。对 n 输入、m 输出的组合逻辑电路，都可以用 $n-2^n$ 译码器产生 n 个输入变量的所有最小项，然后根据逻辑函数式从译码器的输出中选择相应的最小项做或运算得到 m 个输出。

由表 4-1 可知，例 4-1 中的全加器电路输出的逻辑函数式可以表示为

$$S(A,B,C_i)=\sum(1,2,4,7)$$

$$C_o(A,B,C_i)=\sum(3,5,6,7)$$

由于全加器中有 3 个输入，因此要产生 3 个变量的全部最小项需要 3-8 译码器，然后选择逻辑函数式中的最小项做或运算。用 3-8 译码器实现的全加器电路结构如图 4-28 所示。

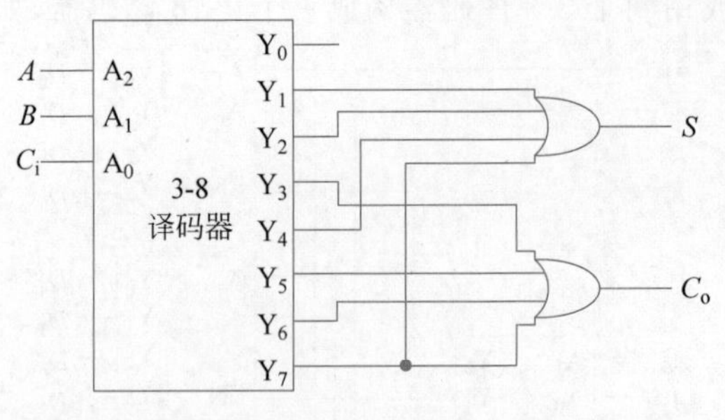

图 4-28 用 3-8 译码器实现的全加器电路结构

4.5.4 7 段数码管显示译码器

在电子计时器或其他电子设备中经常会看到用 7 段数码管显示数字，这些数字在电路中通常是 BCD 编码的。把 BCD 码转换为 7 段数码管显示驱动信号的电路就称为 7 段数码管显示译码器，也称为 4-7 译码器。

7 段数码管由 7 个发光二极管 a、b、c、d、e、f、g 按图 4-29(a)所示的排列方式组成，不同段的亮或暗组合就显示出不同的数字，如图 4-29(b)所示。

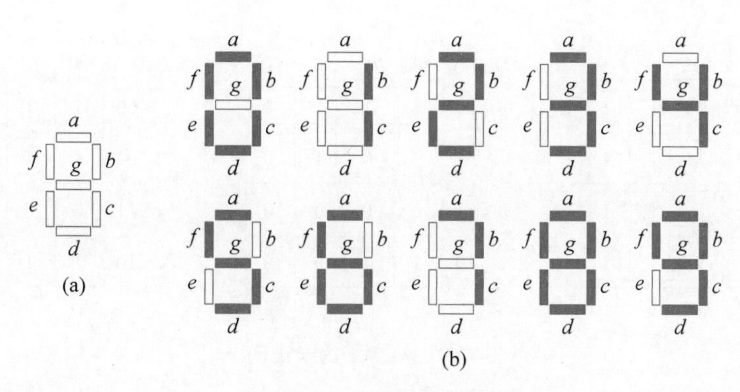

图 4-29　7 段数码管显示

为了减少控制信号，7 段数码管中的数码管有共阴和共阳两种连接方式。共阴连接是把 7 个发光二极管的阴极连在一起接地，驱动信号加在数码管的阳极，如图 4-30(a)所示，如果要点亮某一段数码管，就需要使驱动信号为高。共阳连接是把 7 个发光二极管的阳极连在一起接电源，驱动信号加在数码管的阴极，如图 4-30(b)所示，如果要点亮某一段数码管，就需要使驱动信号为低。

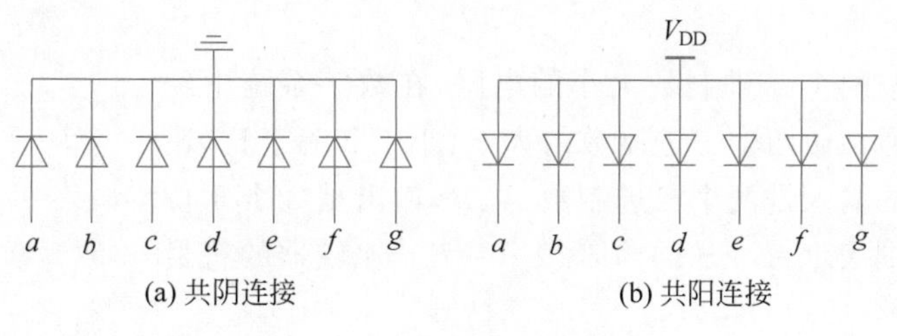

图 4-30　7 段数码管连接方式

这里以共阴连接的 7 段数码管为例设计 4-7 译码器，即输出信号为高有效。4-7 译码器的输入为 4 位的 BCD 码 $D_3D_2D_1D_0$，输出为驱动各段数码管的信号 a、b、c、d、e、f、g。根据显示数字的数码管的不同组合，可以得到 4-7 译码器的真值表，如表 4-12 所示。

表 4-12　4-7 译码器真值表

D_3	D_2	D_1	D_0	a	b	c	d	e	f	g
0	0	0	0	1	1	1	1	1	1	0
0	0	0	1	0	1	1	0	0	0	0
0	0	1	0	1	1	0	1	1	0	1
0	0	1	1	1	1	1	1	0	0	1
0	1	0	0	0	1	1	0	0	1	1
0	1	0	1	1	0	1	1	0	1	1
0	1	1	0	1	0	1	1	1	1	1
0	1	1	1	1	1	1	0	0	0	0
1	0	0	0	1	1	1	1	1	1	1
1	0	0	1	1	1	1	1	0	1	1
其他				1	0	0	1	1	1	1

由表 4-12 可以画出各输出的卡诺图，得到各段驱动信号的逻辑函数式。例如，图 4-31 所示是输出 a、b、c 的卡诺图。

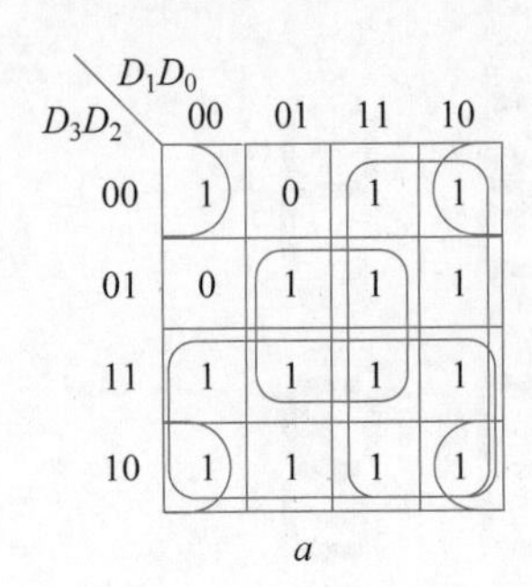

b

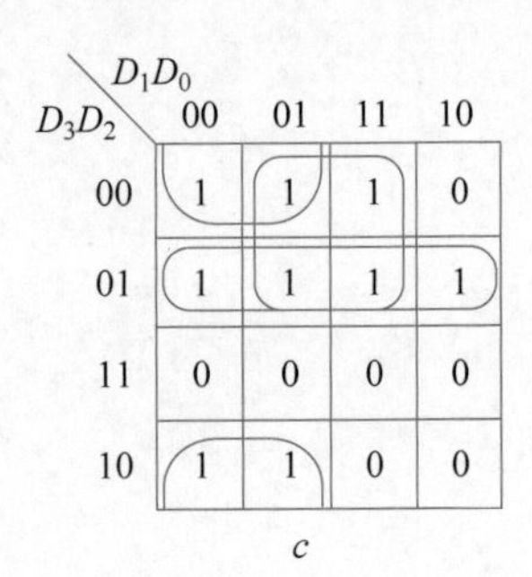

图 4-31　a、b、c 的卡诺图

由卡诺图可以得到输出 a、b、c 的逻辑函数式：

$$a = D'_2D'_0 + D_3 + D_1 + D_2D_0$$

$$b = D'_3D'_2 + D'_2D'_1 + D'_3D'_1D'_0 + D'_3D_1D_0$$

$$c = D'_3D_2 + D'_2D'_1 + D'_3D_0$$

视频讲解

4.6　比较器

比较器是比较两个二进制数大小的电路，在数字系统中经常使用。比较器通常做两个二进制数的大于、小于和等于比较。无符号数比较器的输入是两个二进制数 A、B，输出是 3 个 1 位信号 G、L、E，分别表示 $A>B$、$A<B$ 或 $A=B$。比较器的符号如图 4-32 所示。

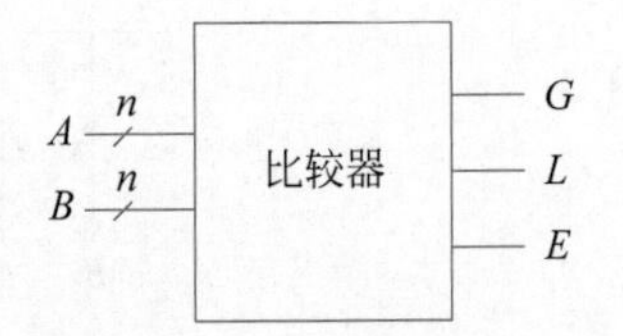

图 4-32　比较器的符号

2 位比较器的真值表如表 4-13 所示。

表 4-13　2 位比较器的真值表

A_1	A_0	B_1	B_0	G	L	E
0	0	0	0	0	0	1
0	0	0	1	0	1	0
0	0	1	0	0	1	0
0	0	1	1	0	1	0
0	1	0	0	1	0	0
0	1	0	1	0	0	1
0	1	1	0	0	1	0
0	1	1	1	0	1	0
1	0	0	0	1	0	0
1	0	0	1	1	0	0
1	0	1	0	0	0	1
1	0	1	1	0	1	0
1	1	0	0	1	0	0
1	1	0	1	1	0	0
1	1	1	0	1	0	0
1	1	1	1	0	0	1

输出 G、L 和 E 的卡诺图如图 4-33 所示。

A_1A_0 \ B_1B_0	00	01	11	10
00	0	0	0	0
01	1	0	0	0
11	1	1	0	1
10	1	1	0	0

G

A_1A_0 \ B_1B_0	00	01	11	10
00	0	1	1	1
01	0	0	1	1
11	0	0	0	0
10	0	0	1	0

L

A_1A_0 \ B_1B_0	00	01	11	10
00	1	0	0	0
01	0	1	0	0
11	0	0	1	0
10	0	0	1	0

E

图 4-33　2 位比较器的卡诺图

由卡诺图可以得到 3 个输出的逻辑函数式：

$$G=A_1B'_1+A_0B'_1B'_0+A_1A_0B'_0$$

$$L=A'_1B_1+A'_1A'_0B_0+A'_0B_1B_0$$

$$E=A'_1A'_0B'_1B'_0+A'_1A_0B'_1B_0+A_1A'_0B_1B'_0+A_1A_0B_1B_0$$

2 位无符号数比较器的逻辑电路图如图 4-34 所示。

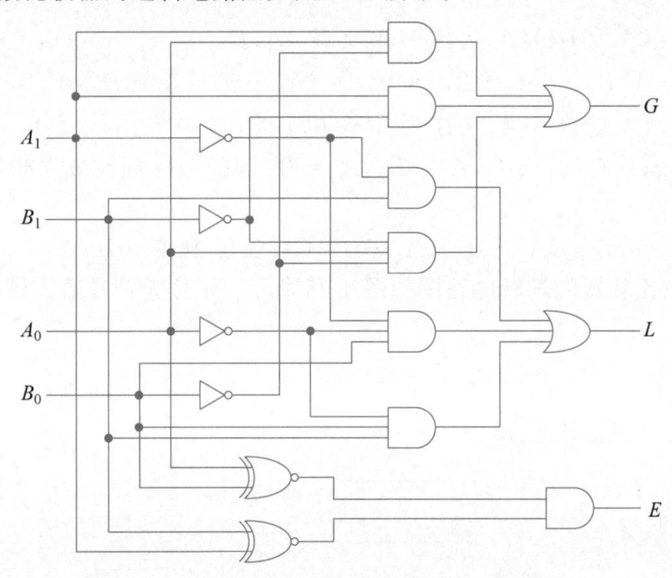

图 4-34　2 位无符号数比较器的逻辑电路图

理论上来说，4 位比较器的设计和 2 位比较器相似，列出真值表，就可以求出 3 个输出的逻辑函数式，得到逻辑电路图。但是，4 位比较器意味着输入为 8 位，真值表很大，计算输出的逻辑函数式比较困难。

对于无符号数比较，另一种方法是对输入 A 和 B 逐位考虑，从 A 和 B 的最高有效位到最低有效位逐位比较

如果 $A_3=0,B_3=1$，则 $A<B$，

如果 $A_3=1,B_3=0$，则 $A>B$；

如果 $A_3=B_3$，就看下一位 A_2 和 B_2：

如果 $A_2=0,B_2=1$，则 $A<B$，

如果 $A_2=1,B_2=0$，则 $A>B$；

如果 $A_2=B_2$，就看下一位 A_1 和 B_1：

……

4 位比较器的真值表如表 4-14 所示。

表 4-14　4 位比较器的真值表

<table>
<tr><th>A_3B_3</th><th>A_2B_2</th><th>A_1B_1</th><th>A_0B_0</th><th>G</th><th>L</th><th>E</th></tr>
<tr><td>10</td><td>XX</td><td>XX</td><td>XX</td><td>1</td><td>0</td><td>0</td></tr>
<tr><td>01</td><td>XX</td><td>XX</td><td>XX</td><td>0</td><td>1</td><td>0</td></tr>
<tr><td rowspan="7">$A_3=B_3$</td><td>10</td><td>XX</td><td>XX</td><td>1</td><td>0</td><td>0</td></tr>
<tr><td>01</td><td>XX</td><td>XX</td><td>0</td><td>1</td><td>0</td></tr>
<tr><td rowspan="5">$A_2=B_2$</td><td>10</td><td>XX</td><td>1</td><td>0</td><td>0</td></tr>
<tr><td>01</td><td>XX</td><td>0</td><td>1</td><td>0</td></tr>
<tr><td rowspan="3">$A_1=B_1$</td><td>10</td><td>1</td><td>0</td><td>0</td></tr>
<tr><td>01</td><td>0</td><td>1</td><td>0</td></tr>
<tr><td>$A_0=B_0$</td><td>0</td><td>0</td><td>1</td></tr>
</table>

由此可以得到 G 和 L 的逻辑函数式为

$$G=A_3B'_3+(A_3\odot B_3)A_2B'_2+(A_3\odot B_3)(A_2\odot B_2)A_1B'_1+(A_3\odot B_3)(A_2\odot B_2)(A_1\odot B_1)A_0B'_0$$

$$L=A'_3B_3+(A_3\odot B_3)A'_2B_2+(A_3\odot B_3)(A_2\odot B_2)A'_1B_1+(A_3\odot B_3)(A_2\odot B_2)(A_1\odot B_1)A'_0B_0$$

对于相等比较，只有 $A_3=B_3$，$A_2=B_2$，$A_1=B_1$，$A_0=B_0$ 同时成立时，$A=B$。因此 E 的逻辑函数式为

$$E=(A_3\odot B_3)(A_2\odot B_2)(A_1\odot B_1)(A_0\odot B_0)$$

4 位无符号数比较器的逻辑电路图如图 4-35 所示。n 位无符号数比较器都可以采用这种方法设计。

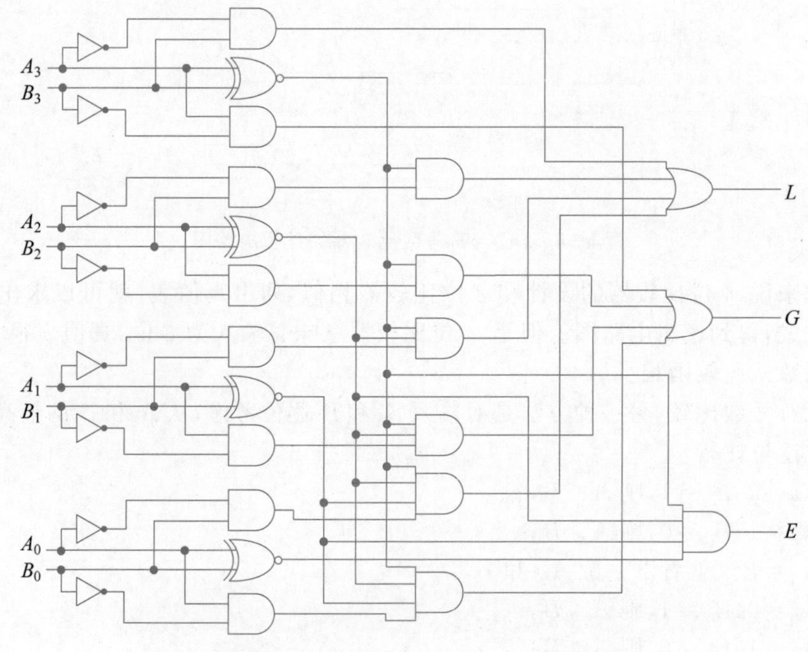

图 4-35　4 位无符号数比较器的逻辑电路图

4.7　加法器

加法器是数字系统中最常用的算术运算模块，也是处理器算术逻辑运算单元中最基本的运算单元。加法器对两个 n 位二进制数相加，产生 n 位的和和 1 位的进位输出，加法器如图 4-36 所示。

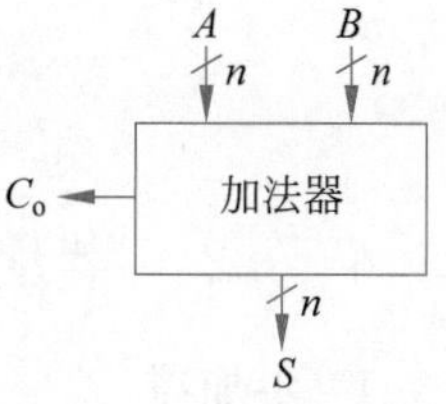

A (n)　B (n) → 加法器 → C_o；S (n)

图 4-36　n 位加法器

4.7.1　自顶向下的设计

对于比较小的数字电路，可以采用组合逻辑电路设计基本方法进行设计，列出真值表，由真值表得到输出的逻辑函数式。但当电路比较大、比较复杂时，用这种方法设计往往很不现实。

例如，设计 4 位加法器，就意味着输入为 8 位，输入所有可能的组合为 2^8；如果设计 8 位加法器，输入为 16 位，所有可能的组合为 2^{16}。在这种情况下真值表会很大，从真值表得到输出的逻辑函数式会很困难。

对于比较大、比较复杂的电路通常采用自顶向下（top-down）的设计方法。自顶向下的设计方法是从设计规范开始，把功能逐级分解为更小的子功能，直到分解的子功能可以用相对简单的小电路实现。当所有的子功能模块都设计、验证和实现后，就可以把这些子功能模块连接起来构成最终完整的设计。因此，设计过程是从顶层抽象层次（top）开始，分解到容易用硬件模块实现的低级抽象层（down）。实现过程是从底层的电路模块开始，连接形成更上层、更大的电路模块，直到完整的电路，这个过程称为自底向上（bottom-up）的过程。

这里以二进制数加法器为例来说明这个设计过程。图 4-37 所示是两个 4 位二进制数相加的计算过程。

$$
\begin{array}{rccccl}
 & 1 & 0 & 1 & 1 & \text{被加数} \\
+_1 & 1_1 & 1_1 & 0_1 & 1 & \text{加数} \\
\hline
1 & 1 & 0 & 0 & 0 & \text{和}
\end{array}
$$

图 4-37　两个 4 位二进制数相加

和十进制数加法类似，二进制数加法从低位开始，每个 1 位二进制数做加法运算：0+0=0，0+1=1，1+0=1，1+1=10。两个 4 位数相加时，高 3 位做的运算都是相同的，每位都是被加数位、加数位和低位来的进位相加，产生一个和位和一个向高位的进位输出；最低位相加时没有低位来的进位。n 位数相加的过程是类似的，因此 n 位加法运算可以分解为两种基本的 1 位相加的子运算，有低位进位输入的称为全加运算，没有低位进位的称为半加运算，半加运算也可以看作进位输入为 0 的全加运算。n 位加法运算的分解如图 4-38 所示。

$$
\begin{array}{rcccccc}
 & a_{n-1} & a_{n-2} & \cdots & a_2 & a_1 & a_0 \\
+ & b_{n-1} & b_{n-2} & \cdots & b_2 & b_1 & b_0 \\
\hline
c_{\text{out}} & s_{n-1} & s_{n-2} & \cdots & s_2 & s_1 & s_0
\end{array}
\qquad
\begin{array}{rc}
 & a_i \\
 & b_i \\
+ & c_i \\
\hline
c_{i+1} & s_i
\end{array}
\qquad
\begin{array}{rc}
 & a_i \\
+ & b_i \\
\hline
c_{i+1} & s_i
\end{array}
$$

(a) n位加法运算　(b) 1位全加运算　(c) 1位半加运算

图 4-38　n 位加法运算的分解

全加运算有 3 个输入、两个输出；半加运算有两个输入、两个输出，这两个运算可以很容易用电路实现。实现全加运算的电路模块称为全加器，实现半加运算的电路模块称为半加器，用全加器和半加器就可以得到 n 位加法器的电路结构，如图 4-39 所示。

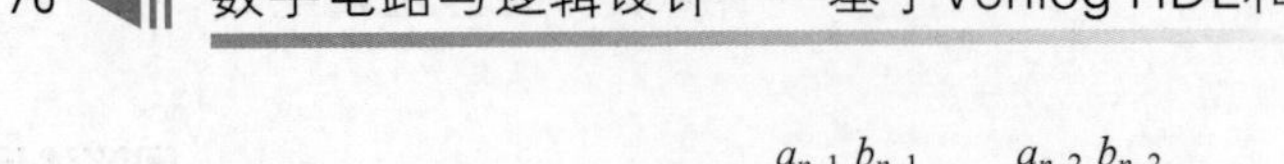

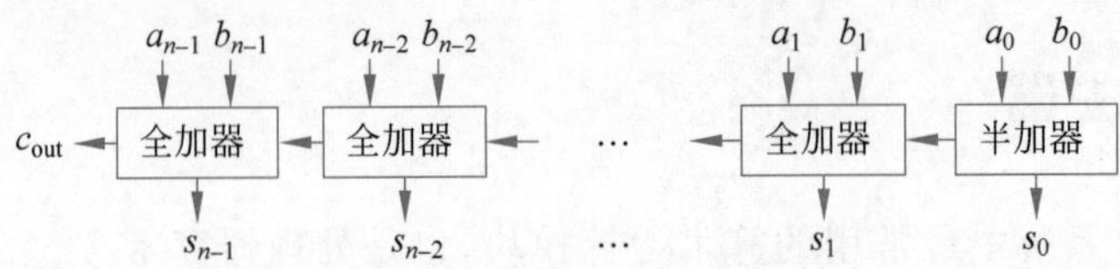

图 4-39　n 位加法器的电路结构

4.7.2　半加器和全加器

1）半加器

半加器实现半加运算，它的输入是 1 位的被加数 a 和加数 b，输出是和 s 和进位输出 c_o。1 位二进制数相加，只有两个输入都为 1 时，进位输出为 1。半加器的真值表如表 4-15 所示。

表 4-15　半加器的真值表

a	b	s	c_o
0	0	0	0
0	1	1	0
1	0	1	0
1	1	0	1

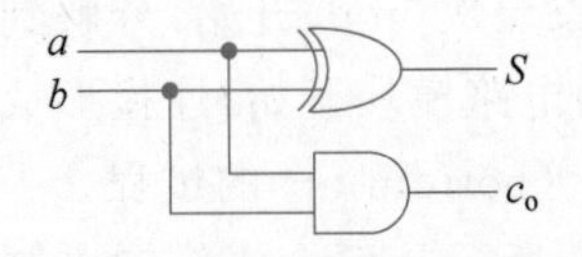

图 4-40　半加器的逻辑电路图

两个输出的逻辑函数式可以直接由真值表得到

$$s = a'b + ab' = a \oplus b \quad c_o = ab$$

半加器的逻辑电路图如图 4-40 所示。

2）全加器

全加器实现全加运算，它的输入是 1 位的被加数 a、加数 b 和来自低位的进位输入 c_i，输出是和 s 和进位输出 c_o。全加器的真值表如表 4-16 所示。

表 4-16　全加器的真值表

a	b	c_i	s	c_o
0	0	0	0	0
0	0	1	1	0
0	1	0	1	0
0	1	1	0	1
1	0	0	1	0
1	0	1	0	1
1	1	0	0	1
1	1	1	1	1

由真值表可以画出两个输出的卡诺图，如图 4-41 所示。

由卡诺图可以得到两个输出的逻辑函数式

$$s = a'b'c_i + a'bc_i' + ab'c_i' + abc_i = a \oplus b \oplus c_i$$

$$c_o = ab + bc_i + ac_i = c_i \cdot (a \oplus b) + ab$$

全加器的逻辑电路图如图 4-42 所示。

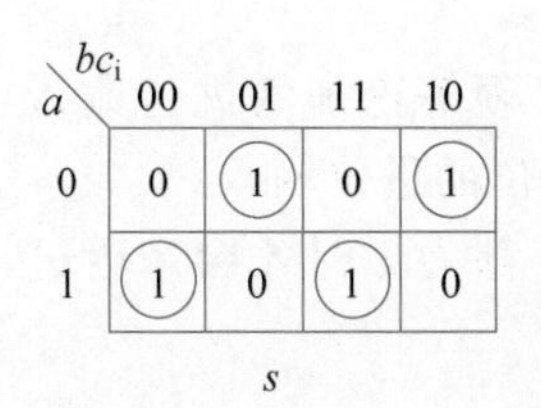

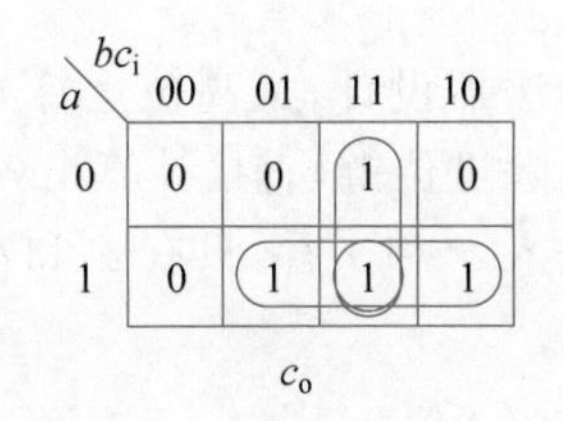

图 4-41　全加器两个输出的卡诺图

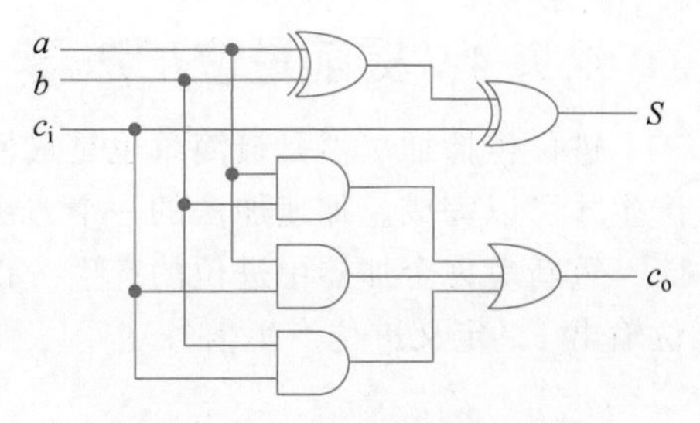

图 4-42　全加器的逻辑电路图

全加器也可以用两个半加器来实现，如图 4-43 所示。

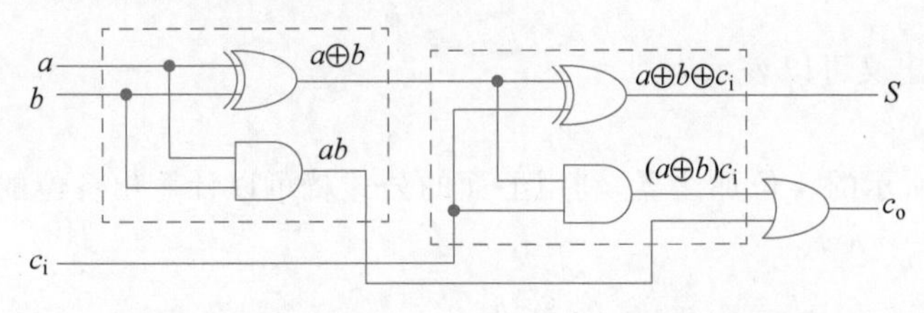

图 4-43　用两个半加器和一个或门实现的全加器

4.7.3　进位传播加法器

图 4-39 所示的 n 位加法器是用 1 位全加器和半加器级联构成的，这种加法器称为进位传播加法器。

图 4-44 所示是 4 位进位传播加法器的结构图，输入 $A=a_3a_2a_1a_0$，$B=b_3b_2b_1b_0$，加法器的进位输入 c_0 为 0。

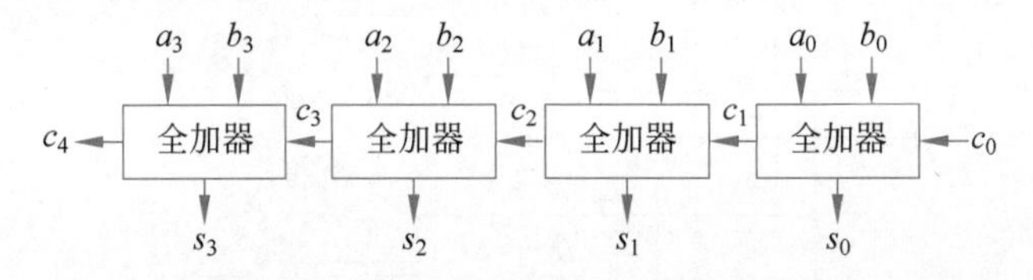

图 4-44　4 位进位传播加法器的结构图

4 个 1 位全加器通过进位级联起来，加数和被加数的各位通过 4 个全加器相加，产生相应位置的和 s_i 和进位输出 c_{i+1}，c_{i+1} 连接到下一个全加器的进位输入。和从最低有效位开始依次向高位产生，只有低位来的进位正确，才会产生正确的和位。因此，只有最高位的进位输入正确时，才能产生正确的和。

在 4 位加法器中，信号传播的路径从最低有效位 a_0 和 b_0 开始，进位依次向高位传播，最差的情况就是进位从最低有效位一直传播到最高有效位，这就是加法器的关键路径。1 位全加器的延时包括数据输入到进位输出的延时 $T_{FA}(a,b\rightarrow c_o)$、进位输入到进位输出的延时 $T_{FA}(c_i\rightarrow c_o)$以及进位输入到和的延时 $T_{FA}(c_i\rightarrow s)$，n 位进位传播加法器的延时是

$$T=T_{FA}(a,b\rightarrow c_o)+(n-2)T_{FA}(c_i\rightarrow c_o)+T_{FA}(c_i\rightarrow s)$$

通常把 1 位全加器的延时笼统地称为 T_{FA}，n 位进位传播加法器的延时近似为 nT_{FA}。可以看出，进位传播加法器的延时和数据宽度 n 呈线性关系，数据宽度增大，延时也线性增大。因此进位传播加法器不适合用于大数据宽度或高性能算术运算单元。

4.7.4 提前进位加法器

进位传播加法器是最简单也是最慢的加法器设计，最高位运算必须等正确的进位输入产生才可以完成。加速加法的一个方法是消除进位链，直接计算出各位的进位输入。

重新考虑全加器中进位的产生。仅从输入 a 和 b 看，只有 a 和 b 都为 1 时才会产生进位输出 1。定义进位产生信号 g

$$g = a \cdot b$$

另外，从进位输入 c_i 的角度看，只有输入 a 和 b 其中之一为 1 时，进位输入 c_i 才能够传播到进位输出，定义进位传播信号 p

$$p = a \oplus b$$

因此，进位输出又可以表示为

$$c_o = g + pc_i$$

对于图 4-44 所示的 4 位加法器，利用上面的公式就可以计算出各位的进位输出

$$c_1 = g_0 + p_0 c_0$$

$$c_2 = g_1 + p_1 c_1 = g_1 + g_0 p_1 + p_1 p_0 c_0$$

$$c_3 = g_2 + p_2 c_2 = g_2 + g_1 p_2 + g_0 p_1 p_2 + p_2 p_1 p_0 c_0$$

$$c_4 = g_3 + p_3 c_3 = g_3 + g_2 p_3 + g_1 p_2 p_3 + g_0 p_1 p_2 p_3 + p_3 p_2 p_1 p_0 c_0$$

这样由最低位的进位输入 c_0 可以直接计算出各高位的进位输入，避免了高位等待正确的进位产生，从而提高加法运算的速度。提前进位产生的逻辑电路图如图 4-45 所示。

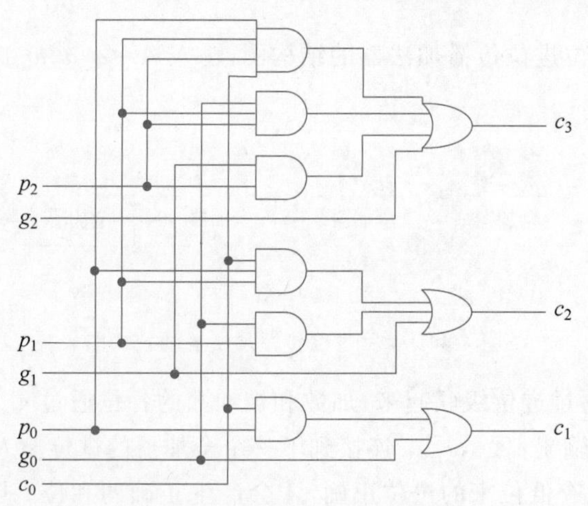

图 4-45 提前进位产生的逻辑电路图

4 位提前进位加法器的结构如图 4-46 所示。类似地，更高位的进位输入也可以计算出来。可以看出，随着数据宽度的增加，高位进位输入产生的逻辑函数式会更加复杂。因此，当数据宽度大于 4 时很少直接使用提前进位逻辑来产生进位，而是把数据分为每 4 位一组，产生每个 4 位组的进位。例如，16 位加法器可以分为 4 个 4 位组，如图 4-47 所示。

第二个 4 位组的进位输入 c_4 可以表示为

$$c_4 = G_0 + P_0 c_0$$

$$G_0 = g_3 + g_2 p_3 + g_1 p_2 p_3 + g_0 p_1 p_2 p_3$$

$$P_0 = p_3 p_2 p_1 p_0$$

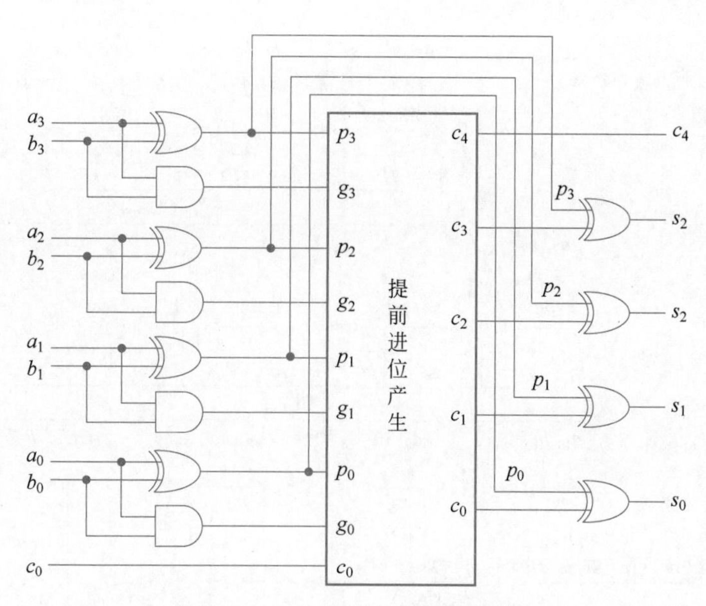

图 4-46　4 位提前进位加法器结构

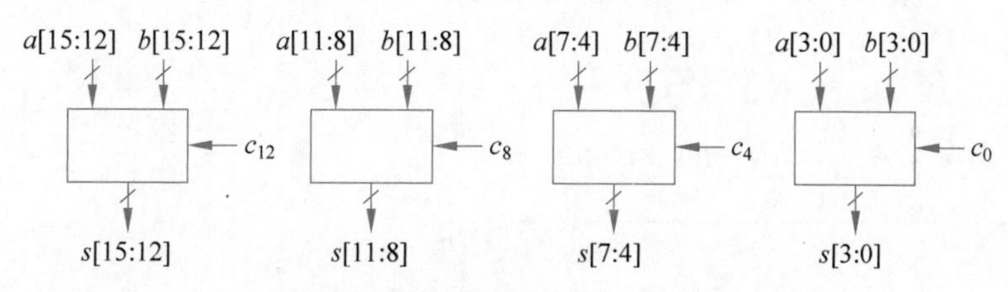

图 4-47　分为 4 个 4 位组的 16 位加法器

可以推出各 4 位组的“组进位产生”和“组进位传播”信号为

$$G_i = g_{i+3} + g_{i+2} p_{i+3} + g_{i+1} p_{i+2} p_{i+3} + g_i p_{i+1} p_{i+2} p_{i+3}$$

$$P_i = p_i p_{i+1} p_{i+2} p_{i+3}$$

进一步可以推出各个 4 位组的进位输出为

$$c_4 = G_0 + P_0 c_0$$

$$c_8 = G_1 + G_0 P_1 + P_1 P_0 c_0$$

$$c_{12} = G_2 + G_1 P_2 + G_0 P_1 P_2 + P_2 P_1 P_0 c_0$$

$$c_{16} = G_3 + G_2 P_3 + G_1 P_3 P_2 + G_0 P_1 P_2 P_3 + P_3 P_2 P_1 P_0 c_0$$

可以看出，组提前进位产生的逻辑函数式和位提前进位产生的逻辑函数式是相同的，因此提前进位产生逻辑可以形成一个 CLA 模块，实现结构化的提前进位加法器。

图 4-48 所示是一个 16 位提前进位加法器的结构图。加法器分为 4 个 4 位组，4 位组中每位的进位产生和进位传播信号送入 CLA_{0X} 模块产生“组进位产生”和“组进位传播”信号；各 4 位组的“组进位产生”和“组进位传播”信号送入 CLA_{10} 模块产生各 4 位组的进位输出(下一 4 位组的进位输入)，各 4 位组的进位输入再返送回 CLA_{0X} 模块计算出各位的进位，计算出和。

16 位提前进位加法器的延时包括：各位 g 和 p 的产生时间(1 个门级延时)，各 4 位组“组进位产生”G 和“组进位传播”P 产生的时间(2 个门级延时)，各 4 位组进位输入产生的

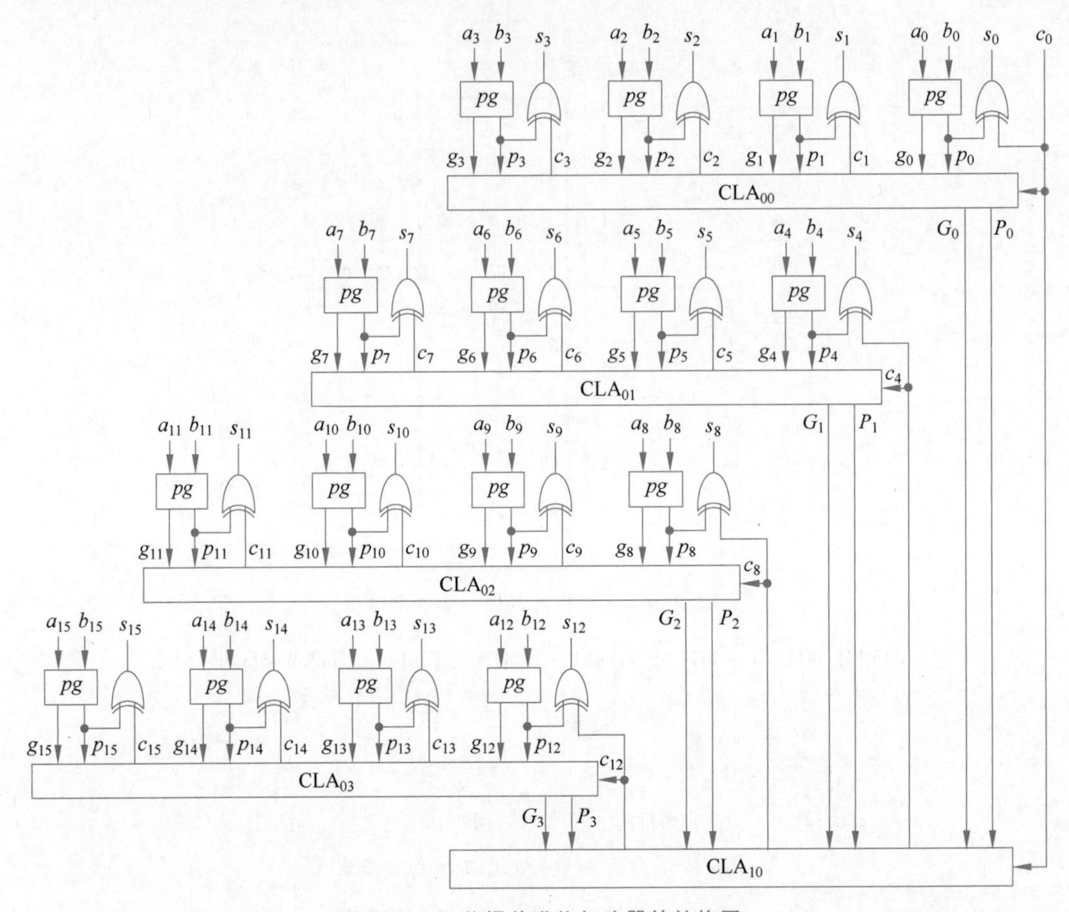

图 4-48　16 位提前进位加法器的结构图

时间(2 个门级延时)，每个 4 位组内部各进位产生的时间(2 个门级延时)，产生和位的时间(2 个门级延时)，总延时为 9 个门级延时。16 位进位传播加法器的延时为 32 个门级延时。

类似地，64 位加法器可以用 4 个 16 位加法器和一个 4 位提前进位产生逻辑实现，64 位提前进位加法器的结构如图 4-49 所示。

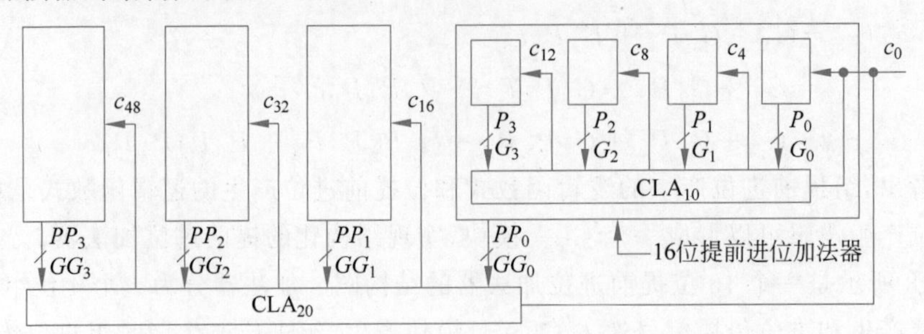

图 4-49　64 位提前进位加法器的结构

4.7.5　加减法器

采用有符号的补码，减法可以用加法器实现，即 $A-B=A+B'+1$，反码可以很容易地通过取反电路得到，而加 1 则可以通过把加法器的进位输入设置为 1 来实现。因此加减法器可以用一个加法器和 MUX2-1 选择器来实现,加减法器电路结构如图 4-50 所示。当执行加法时,不需要对 B 取反,进位输入为 0;执行减法时,对 B 取反,进位输入为 1。

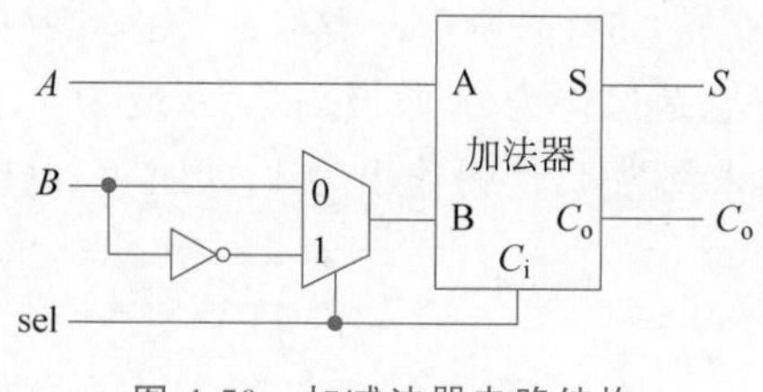

图 4-50 加减法器电路结构

4.8 组合逻辑电路的时序

4.8.1 传播延时和最小延时

组合逻辑电路的时序特征是传播延时和最小延时。传播延时是指从输入改变到一个或多个输出达到稳定值的最长时间。最小延时是指从一个输入发生变化到任何一个输出开始发生变化的最短时间。

第 3 章讨论了 CMOS 门的延时,门的延时和电路中电容充放电所需要的时间有关。在组合逻辑电路层次,通常可以通过信号从输入到输出的路径来估算。例如,图 4-51 所示的电路中,输入信号 A 和 B 需要经过 3 个逻辑门才能到达输出,输入信号 C 需要经过 2 个逻辑门到达输出,输入信号 D 只需要经过一个逻辑门到达输出。

A 和 B 到 F 的路径是最长的,也是最慢的,称为关键路径(critical path),之所以称为关键路径是因为它限制了电路工作的速度。如果忽略连线的延时,组合逻辑电路的传播延时就是关键路径上每个元件传播延时的和,图 4-51 所示电路的传播延时为

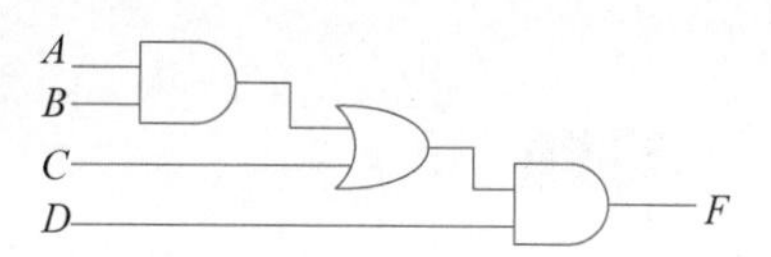

图 4-51 关键路径和最短路径示意电路

$$t_{\mathrm{pd}} = 2t_{\mathrm{pd\text{-}AND}} + t_{\mathrm{pd\text{-}OR}}$$

D 到 F 的路径是最短的,因此也是最快的路径,称为最短路径。最小延时就是最短路径上每一个元件传播延时的和,图 4-51 所示电路的最小延时为

$$t_{\mathrm{cd}} = t_{\mathrm{pd\text{-}AND}}$$

电路设计中一个重要的问题就是如何使电路工作得最快,因此在设计组合逻辑电路时通常会选择关键路径短的设计。

4.8.2 竞争和冒险

信号在经过门和连线时都会有延时,信号经过的路径不同,延时也会不同,因此各个信号到达汇合点的时刻会不同;另外,两个或两个以上输入信号同时变化时,其变化的快慢也会不同,上述这些现象都称为变量的"竞争"。冒险是由竞争引起的。各个信号到达汇合点的时刻不同或变化的快慢不同,造成输出信号在某个瞬间产生错误的输出(毛刺),这种现象称为"冒险"。

以图 4-52 所示的两个简单电路为例来说明这种情况。在图 4-52(a)中,一个非门和一

个或门实现逻辑 $A+A'$，理想情况下这个电路的输出应该总是保持为 1，但反相器的延时会造成竞争和冒险。假设 A 从 1 变为 0，由于反相器有延时，会有一个小的时间段或门的两个输入都为 0，使得输出为 0，如图 4-53(a)所示。类似地，图 4-52(b)中的电路实现逻辑 AA'，理想情况下电路的输出应该总是保持为 0，假设 A 从 0 变为 1，由于反相器有延时，会有一个小的时间段与门的两个输入都为 1，使得输出为 1，如图 4-53(b)所示。

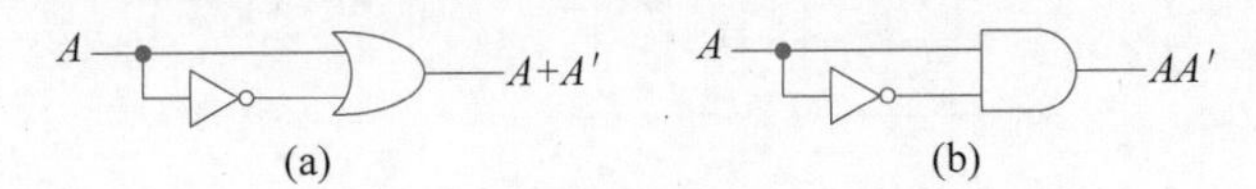

图 4-52　产生竞争和冒险的两个简单电路

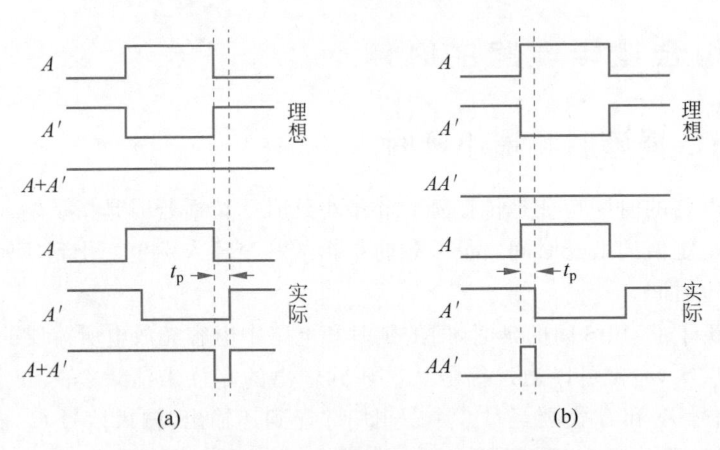

图 4-53　产生竞争和冒险的两个电路的时序图

习题

4-1　设计一个 3 输入电路，输入为 A、B、C，如果输入 1 的个数超过输入 0 的个数，则输出 F 为 1，否则输出 F 为 0。要求列出真值表，用卡诺图法求出输出 F 的逻辑函数式。

4-2　设计一个 2421BCD 码 $A_3A_2A_1A_0$ 到 8421BCD 码 $D_3D_2D_1D_0$ 的转换电路，当输入为无效组合时输出为 1111。要求列出真值表，用卡诺图法求出输出的逻辑函数式。

4-3　设计一个 8421BCD 码 $D_3D_2D_1D_0$ 到余 3 码 $B_3B_2B_1B_0$ 的转换电路，不考虑无效 8421BCD 码的输出。要求列出真值表，用卡诺图法求出输出的逻辑函数式。

4-4　用一个 MUX8-1 选择器和反相器实现下面的逻辑函数，要求用 A、B、C 作为选择信号，画出电路结构图。

$$F(A,B,C,D)=\sum m(1,3,4,11,12,13,14,15)$$

4-5　用一个 MUX4-1 选择器和其他门实现下面的逻辑函数，要求用 A、B 作为选择信号，画出电路结构图。

$$F(A,B,C,D)=\sum m(1,3,4,11,12,13,14,15)$$

4-6　用 2 个 3-8 译码器和 16 个二输入与门实现一个 4-16 译码器，画出电路结构图。

4-7　用 5 个带使能的 2-4 译码器实现一个带使能的 4-16 译码器，画出电路结构图。

4-8　用或非门和非门实现带使能的 3-8 译码器，并画出逻辑电路图。输入为使能 E，编

码输入 $D_3D_2D_1D_0$；输出为 $Y_7Y_6Y_5Y_4Y_3Y_2Y_1Y_0$，输入和输出都是高有效。

4-9　设计一个 4 输入优先编码器，输入为 $D_3D_2D_1D_0$，输出为 A_1A_0，D_3 的优先级最高，D_0 的优先级最低。要求列出真值表，写出输出的逻辑函数式，画出逻辑电路图。

4-10　设计一个十-二进制编码器，输入为 $I_9I_8\cdots I_1I_0$，输出为 $A_3A_2A_1A_0$ 和标识输出是否有效的 V，输入 I_9 的优先级最高，I_0 的优先级最低。要求列出真值表，写出输出的逻辑函数式，画出逻辑电路图。

4-11　一个组合逻辑电路的功能由以下 3 个逻辑函数表示，要求用一个译码器和或门实现这个电路，画出电路结构图。

$$F_1=(X+Z)'+XYZ$$

$$F_2=(X+Z)'+X'YZ$$

$$F_3=(X+Z)'+XY'Z$$

4-12　设计一个 7 段数码管显示译码器，数码管为共阳连接，输入为 8421BCD 码 $D_3D_2D_1D_0$，输出为 a、b、c、d、e、f、g，在出现非法码组时显示 E，要求列出真值表，写出输出的逻辑函数式，画出逻辑电路图。

4-13　分析图 4-54 所示的电路，要求写出输出的逻辑函数式，分析电路的功能。

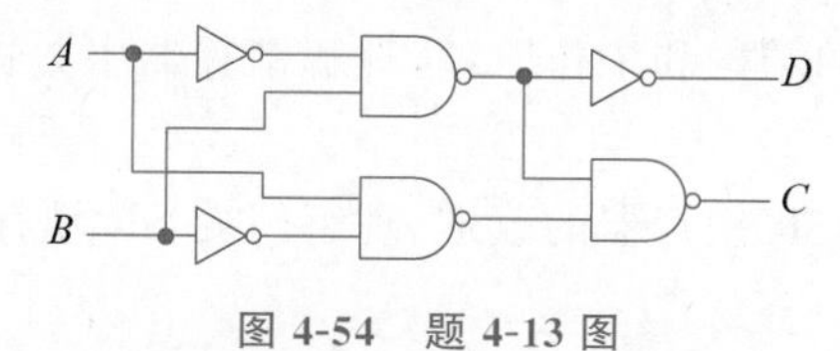

图 4-54　题 4-13 图

4-14　设计一个组合逻辑电路，该电路有两个控制信号 S_1S_0：当 $S_1S_0=00$ 时，输出 $F=AB$；当 $S_1S_0=01$ 时，输出 $F=(AB)'$；当 $S_1S_0=10$ 时，输出 $F=(A+B)'$；当 $S_1S_0=11$ 时，输出 $F=A\oplus B$，要求写出输出的逻辑函数式，画出逻辑电路图。

4-15　二输入与非门的传播延迟为 20ps，试确定图 4-55 所示电路的传播延时和最小延时。

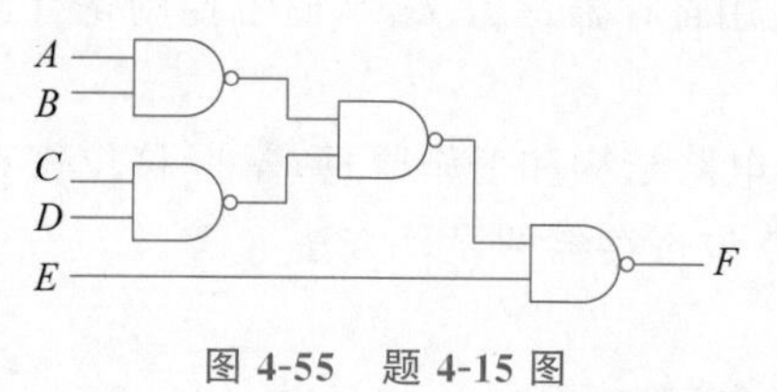

图 4-55　题 4-15 图

第5章 锁存器、触发器和寄存器

CHAPTER 5

组合逻辑电路的输出仅和输入有关，当输入发生变化时，输出随之发生变化，不能够保存信号。实际上大多数数字系统还需要存储元件，需要把电路的状态或某时刻的信息保存下来。数字电路中最基本的存储元件是锁存器，触发器由锁存器构成。数字系统通常直接使用触发器构成的寄存器作为存储单元。

本章主要介绍基本的存储单元：锁存器、触发器和寄存器，主要包括下列知识点。

1）SR和$\overline{\text{S}}\overline{\text{R}}$锁存器

理解SR和$\overline{\text{S}}\overline{\text{R}}$锁存器的结构和工作原理，理解锁存器中数据存储的特点。

2）门控SR锁存器

理解门控SR锁存器对SR锁存器的改进，理解门控SR锁存器的结构和工作原理。

3）D锁存器

理解D锁存器的电路结构和工作原理，掌握D锁存器的存储特点

4）主从边沿触发器

理解主从边沿D触发器的电路结构和工作原理，掌握D触发器的存储特点，掌握D触发器输入和输出之间的时序关系。

5）寄存器

掌握用D触发器构成通用寄存器的方法，掌握带控制寄存器的设计方法。

6）移位寄存器

掌握基本移位寄存器的电路结构和工作原理，掌握移位寄存器的各触发器输入输出之间的时序关系，掌握带控制移位寄存器的设计方法。

视频讲解

5.1 SR和$\overline{\text{S}}\overline{\text{R}}$锁存器

5.1.1 SR锁存器

图5-1(a)所示是由两个交叉耦合的或非门组成的SR锁存器。锁存器有两个输入S(Set)和R(Reset)，有两个输出Q和$\overline{Q}$(或Q')。其中S用于置位，R用于复位，Q和$\overline{Q}$(或Q')称为锁存器的状态。SR锁存器的功能表如图5-1(b)所示，Q^*和$\overline{Q}^*$分别表示Q和$\overline{Q}$的新状态或次态。SR锁存器的逻辑符号如图5-1(c)所示。

SR锁存器的工作原理如下：

(1) 当$S=1,R=0$时，$Q=1,\overline{Q}=0$，这种状态称为锁存器被置位为1；

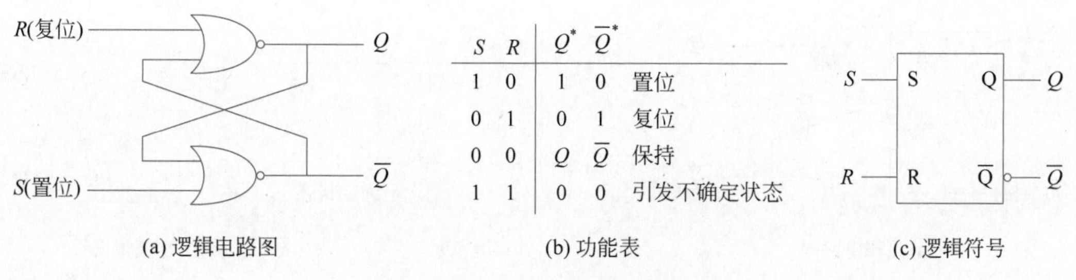

S	R	Q^*	$\overline{Q}^*$	
1	0	1	0	置位
0	1	0	1	复位
0	0	Q	$\overline{Q}$	保持
1	1	0	0	引发不确定状态

(b) 功能表

图 5-1　或非门构成的 SR 锁存器

(2) 当 $S=0, R=1$ 时，$Q=0, \overline{Q}=1$，这种状态称为锁存器被复位为 0；

(3) 当 $S=0, R=0$ 时，Q 和 $\overline{Q}$ 保持原来的状态不变，原来是 1 状态就还是 1 状态，原来是 0 状态就还是 0 状态；

(4) 当 $S=1, R=1$ 时，Q 和 $\overline{Q}$ 都为 0。但在这种情况下，如果下一时刻输入同时变为 0，即 $S=0, R=0$，因为原来的 Q 和 $\overline{Q}$ 都为 0，Q 和 $\overline{Q}$ 就会变为 1，然后再反馈回或非门的输入端，使得输出 Q 和 $\overline{Q}$ 又变回 0。如果通过两个或非门的延时完全相等，则这样的振荡会无限重复，无法达到一个稳定的状态，如图 5-2 所示。在实际电路中，这些门的延时总是会有不同，锁存器最终会停留在 0 稳定状态或 1 稳定状态，但无法确定究竟是哪个稳定状态。

因此，要使 SR 锁存器正常工作，应避免输入 S 和 R 同时为 1，即 SR 锁存器正常工作的约束条件为 $S \cdot R=0$。

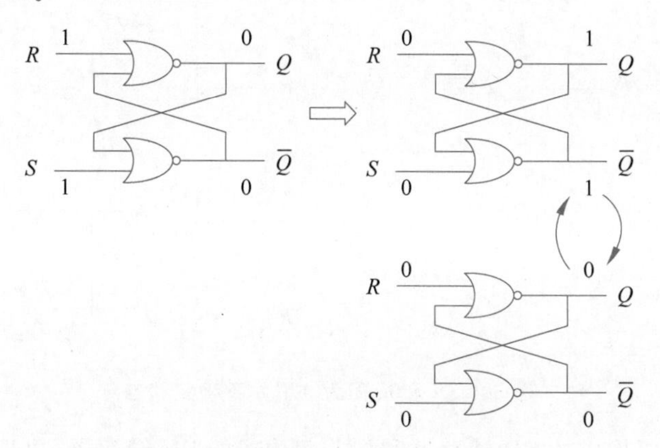

图 5-2　S 和 R 同是 1 时引发不确定状态

5.1.2　$\overline{SR}$ 锁存器

图 5-3(a)所示是由两个与非门构成的 $\overline{SR}$ 锁存器，它的功能表和逻辑符号分别如图 5-3(b)和图 5-3(c)所示。和 SR 锁存器类似，它也有一个置位端 $\overline{S}$ 和一个复位端 $\overline{R}$，有两个输出 Q 和 $\overline{Q}$(或 Q')。

$\overline{SR}$ 锁存器工作原理如下：

(1) 当 $\overline{S}=0, \overline{R}=1$ 时，$Q=1, \overline{Q}=0$，锁存器被置位为 1；

(2) 当 $\overline{S}=1, \overline{R}=0$ 时，$Q=0, \overline{Q}=1$，锁存器被复位为 0；

(3) 当 $\overline{S}=1, \overline{R}=1$ 时，Q 和 $\overline{Q}$ 保持原来的状态不变，原来是 1 状态就还是 1 状态，原来是 0 状态就还是 0 状态；

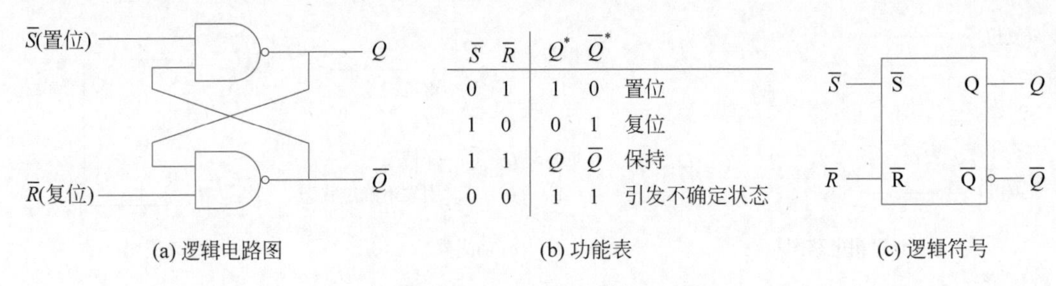

图 5-3　与非门构成的 $\overline{\text{S}}\overline{\text{R}}$ 锁存器

（4）和或非门构成的 SR 锁存器类似，当 $\overline{S}=0$，$\overline{R}=0$ 时，Q 和 $\overline{Q}$ 都被置为 1。但如果下一时刻 $\overline{S}$ 和 $\overline{R}$ 同时变为 1，即 $\overline{S}=1$，$\overline{R}=1$，因为原来 Q 和 $\overline{Q}$ 都是 1，经与非门使得 Q 和 $\overline{Q}$ 变为 0，再反馈回与非门的输入端，使得 Q 和 $\overline{Q}$ 又变为 1。如果通过两个与非门的延时完全相等，则这样的振荡会无限重复，无法达到一个稳定的状态，如图 5-4 所示。和 SR 锁存器类似，由于延时总会有不同，锁存器最终会停留在某一个稳定状态，但无法确定究竟是哪个稳定状态。

因此，要使 $\overline{\text{S}}\overline{\text{R}}$ 锁存器正常工作，应避免输入 $\overline{S}$ 和 $\overline{R}$ 同时为 0，$\overline{S}$ 和 $\overline{R}$ 至少有一个为 1，即 $\overline{\text{S}}\overline{\text{R}}$ 锁存器正常工作的约束条件为 $\overline{S}+\overline{R}=1$。

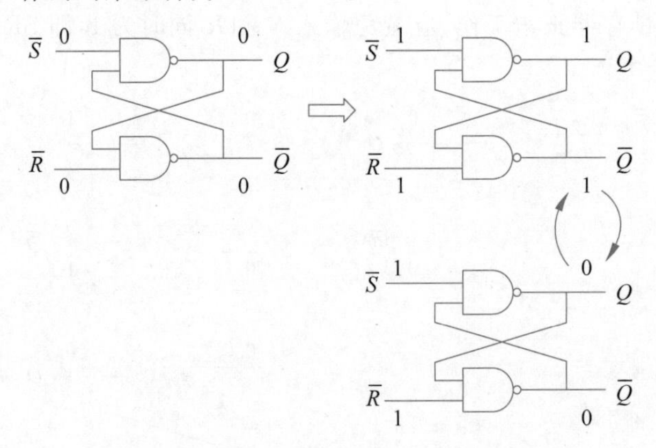

图 5-4　$\overline{S}$ 和 $\overline{R}$ 同为 0 引发不确定状态

比较上面或非门构成的 SR 锁存器和与非门构成的 $\overline{\text{S}}\overline{\text{R}}$ 锁存器，可以看出 SR 锁存器和 $\overline{\text{S}}\overline{\text{R}}$ 锁存器的输入信号互补。SR 锁存器的输入信号 S 和 R 是 1 有效，$\overline{\text{S}}\overline{\text{R}}$ 锁存器的输入信号 $\overline{S}$ 和 $\overline{R}$ 是 0 有效。字母上的横线表示要得到期望的状态，相应的输入信号必须为低(0)。

通过上面的分析可以看出，基本的 SR 和 $\overline{\text{S}}\overline{\text{R}}$ 锁存器可以用作存储单元。对于 SR 锁存器，当 S 和 R 同时为 0 时，锁存器可以保持它原来的状态；当输入改变时才会相应地改变状态。$\overline{\text{S}}\overline{\text{R}}$ 锁存器的行为类似。

视频讲解

5.2　门控 SR 锁存器

基本的锁存器的输入信号直接加在或非门或与非门的输入端，只要输入信号发生改变，输出状态就会改变。如果不能确切知道或控制输入信号的变化，就无法确切知道锁存器的状态什么时刻发生了变化。因此锁存器的一个问题就是输出状态对输入很敏感，另一个问题是输入信号必须满足约束条件，否则可能引发不定状态。

在实际应用中往往不希望锁存器的状态随输入信号的变化立即发生变化，而是希望锁存器的状态在控制信号的控制下发生变化，由控制信号来控制状态发生变化的时刻。

图 5-5 所示是一个门控的与非门构成的 SR 锁存器，它由基本的与非门构成的 $\overline{\text{S}}\overline{\text{R}}$ 锁存器和两个额外的与非门构成，输入信号 C 作为控制使能连接到两个与非门的输入。

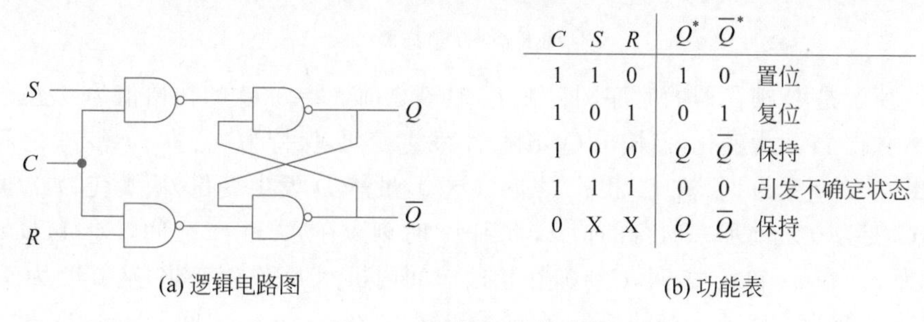

C	S	R	Q^*	$\overline{Q}^*$	
1	1	0	1	0	置位
1	0	1	0	1	复位
1	0	0	Q	$\overline{Q}$	保持
1	1	1	0	0	引发不确定状态
0	X	X	Q	$\overline{Q}$	保持

(a) 逻辑电路图　　(b) 功能表

图 5-5　门控的 SR 锁存器

门控的 SR 锁存器工作原理如下：

（1）当 C 为 0 时，两个与非门的输出被置为 1，$\overline{\text{S}}\overline{\text{R}}$ 锁存器的 $\overline{S}$ 和 $\overline{R}$ 都为 1，这时 $\overline{\text{S}}\overline{\text{R}}$ 锁存器的状态保持不变；

（2）当 C 为 1 时，两个与非门打开，C 对输入信号 S 和 R 没有影响，S 和 R 才能影响到 $\overline{\text{S}}\overline{\text{R}}$ 锁存器的状态。

用控制信号 C 来控制锁存器时，控制信号有效时锁存器能够正常工作，对输入信号敏感；控制信号 C 无效时，即使输入信号变化，锁存器也不改变原来的状态。

门控 SR 锁存器解决了基本 $\overline{\text{S}}\overline{\text{R}}$ 锁存器对输入信号敏感的问题。但是当 C 为 1 时，如果输入 $S=1, R=1$，仍然可能会引发不确定状态。锁存器要正常工作，输入信号 S 和 R 必须要满足约束条件 $S \cdot R=0$。

5.3 D 锁存器

消除锁存器不定状态的一种方法就是确保置位信号和复位信号永远不会同时有效，D 锁存器就是按照这种方法构造的，D 锁存器的逻辑电路如图 5-6(a)所示，它的功能表和逻辑符号分别如图 5-6(b)和图 5-6(c)所示。D 锁存器只有两个输入信号，数据输入信号 D 和控制信号 C。和图 5-5 所示的门控 SR 锁存器相比，D 锁存器的 D 信号直接加在了门控 SR 锁存器的 S 端，D' 加在了 R 端，这样门控 SR 锁存器的 S 端和 R 端的信号总是 10 或 01，不会出现 S 和 R 同时为 1 的情况，因此不会引发不确定状态。

当 $C=1$ 时，如果 $D=1$，就相当于门控 SR 锁存器的 S 端和 R 端的输入为 10，输出 $Q=1$，锁存器处于置位状态；如果 $D=0$，就相当于门控 SR 锁存器的 S 端和 R 端的输入为 01，输出 $Q=0$，锁存器处于复位状态。当 $C=0$ 时，锁存器保持原来的状态不变。

D 锁存器可以把数据输入信号 D 保存起来。当控制信号 C 有效(为 1)时，数据输入信号 D 被传送到输出端 Q，Q 值随输入信号 D 的变化而变化。当控制信号 C 无效(为 0)时，Q 保持原来的状态不变，即数据输入在 C 发生变化时(前一时刻)的信息会一直保持在输出端 Q 不变。

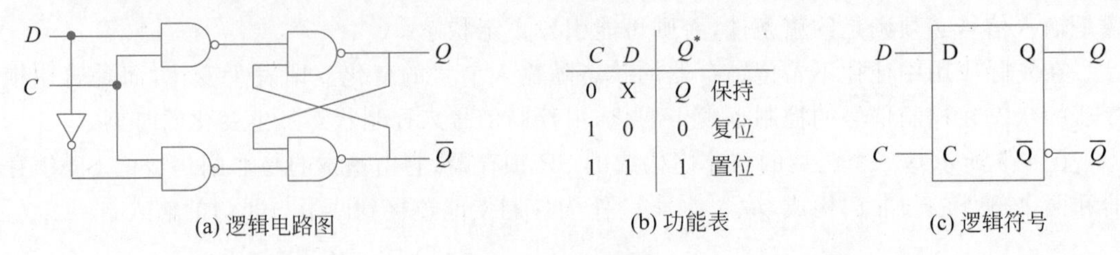

图 5-6 D 锁存器

图 5-7 所示是 D 锁存器的时序图。在 t_1 时刻之前，$C=0$，Q 的初始值为 0，虽然这一时间段内输入数据 D 发生变化，但输出 Q 不随 D 发生变化，保持为 0。在 t_1 和 t_2 之间，$C=1$，$D=1$，输出 Q 从 0 变为 1。在 t_2 和 t_3 之间，$C=0$，虽然 D 发生变化，从 1 变为 0，但输出 Q 一直保持 C 变为 0 之前那一时刻的值 1，直到 t_3 时刻。在 t_3 和 t_4 之间，$C=1$，$D=0$，输出 Q 从 1 变为 0。在 t_4 和 t_5 之间，$C=0$，在这段时间内虽然 D 发生变化，从 0 变为 1，但输出 Q 一直保持 C 变为 0 之前一刻的值 0，直到 t_5 时刻。在 t_5 和 t_6 之间，$C=1$，D 开始一段时间为 1，然后变为 0，输出 Q 随着 D 的变化而变化，也是先变为 1，然后变为 0。在 t_6 和 t_7 之间，$C=0$，输入先是 0，然后从 0 变为 1，再从 1 变为 0，但 Q 一直保持 C 变为 0 之前一刻的值 0。在 t_7 和 t_8 之间，输入 D 从 0 变为 1，输出 Q 随着 D 的变化而变化，也是先为 0，然后变为 1。在 t_8 时刻之后，C 变为 0，输入 D 先是 1，然后变为 0，输出 Q 保持 C 变为 0 前一刻的值 1。

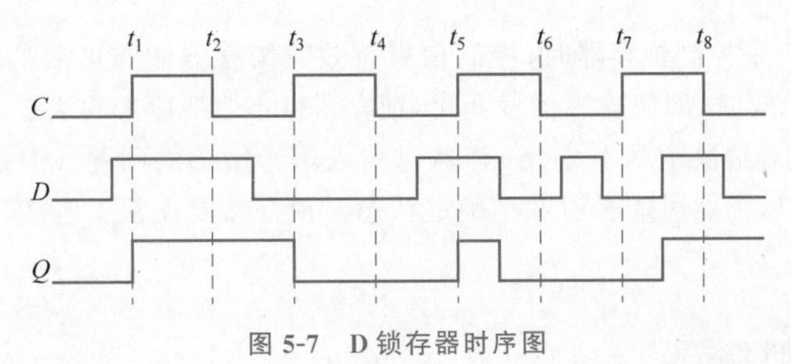

图 5-7 D 锁存器时序图

由图 5-7 可知，D 锁存器的输出 Q 由控制信号 C 的电平控制，C 为高电平时，输出 Q 随输入 D 的变化而变化；C 为低电平时，输出 Q 保持 C 从高变为低时的数据输入 D 的值。因此 D 锁存器被称为是电平敏感的或电平触发的。

D 锁存器的一个问题是它的透明性。从图 5-7 所示的时序图可以看出，当控制信号为高电平时，如果数据输入 D 发生变化，输出就会立即做出响应，随之改变，进入新的状态。使用这样的锁存器作为存储元件，当锁存器的输入受其他锁存器的输出或自身输出的控制时，将会使得锁存器的状态不可预测。

视频讲解

5.4 主从边沿触发器

5.4.1 主从边沿 D 触发器

要消除 D 锁存器的透明性，一种方法是在输出信号改变之前，把输入信号和输出信号之间的通路断开，使得新状态只取决于前面某个瞬间的状态，从而不会发生状态多次改变的情况。

一种常用的构造方法是把两个锁存器连接在一起，形成主从式边沿 D 触发器。主从式边沿 D 触发器的电路结构和时序图如图 5-8 所示。

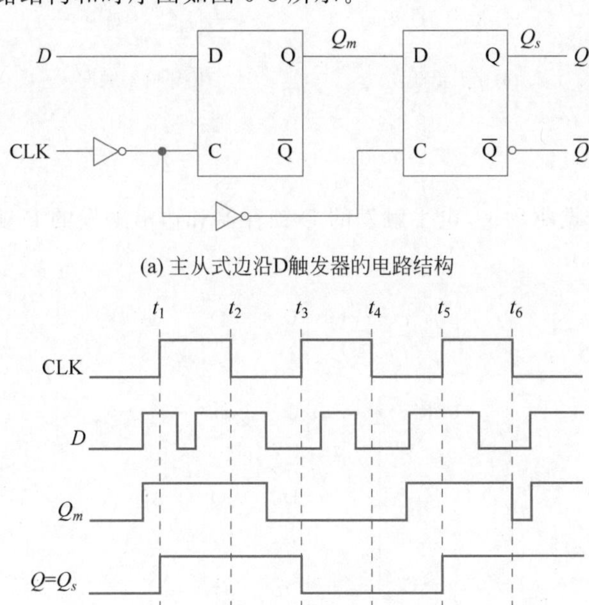

(a) 主从式边沿D触发器的电路结构

(b) 主从式边沿D触发器时序图

图 5-8　主从式边沿 D 触发器的电路结构和时序图

图 5-8(a)中左边的 D 锁存器称为主锁存器，右边的称为从锁存器，主从锁存器的控制输入前都加了反相器。当时钟信号 CLK=0 时，主锁存器 $C=1$，主锁存器透明，Q_m 跟随输入 D 的变化而变化；从锁存器 $C=0$，锁存器关闭，状态 Q_s 不变。当时钟信号 CLK 从 0 变为 1 时，主锁存器 $C=0$，主锁存器关闭，状态 Q_m 被锁定，不再跟随输入 D 的变化而变化；从锁存器 $C=1$，锁存器打开，复制主锁存器的状态，把 Q_m 传送到 Q_s。所复制的主锁存器的状态是在时钟脉冲从 0 到 1 这一瞬间(前一时刻)主锁存器的状态，所以看起来是一种边沿触发行为。当时钟信号 CLK=1 时，主锁存器关闭不再变化，这时主锁存器和从锁存器的状态都不发生变化。当时钟信号 CLK 从 1 变为 0 时，主锁存器打开，Q_m 随输入 D 的变化而变化，但这时从锁存器关闭，因此从锁存器的状态 Q_s 保持不变。

时钟信号从 0 变到 1 的瞬间称为时钟的上升沿，从 1 变为 0 的瞬间称为时钟的下降沿。从电路的输入和输出端来看，在一个时钟周期内不管输入信号 D 发生了多少次变化，输出 Q 只会保存时钟上升沿到来时的输入信号 D，即触发器只在时钟沿到来时改变状态，因此这个电路被称为边沿触发的 D 触发器，边沿触发的 D 触发器是目前使用最广泛的触发器。图 5-8 所示的主从式边沿 D 触发器在上升沿触发，触发器也可以在下降沿触发，即输出 Q 只保存下降沿到来时的输入信号 D，在下降沿到来时改变状态。

图 5-9 所示是两种边沿触发的 D 触发器符号，符号中时钟信号输入端的“>”标识表示是边沿触发的，有一个小圆圈表示是下降沿，没有小圆圈则表示是上升沿。

通常一个电路中使用的所有触发器都是同一类型的，如都是上升沿触发或都是下降沿触发，这样在时钟沿到来时所有触发器的状态在同一时刻改变，使得电路的各部分同步

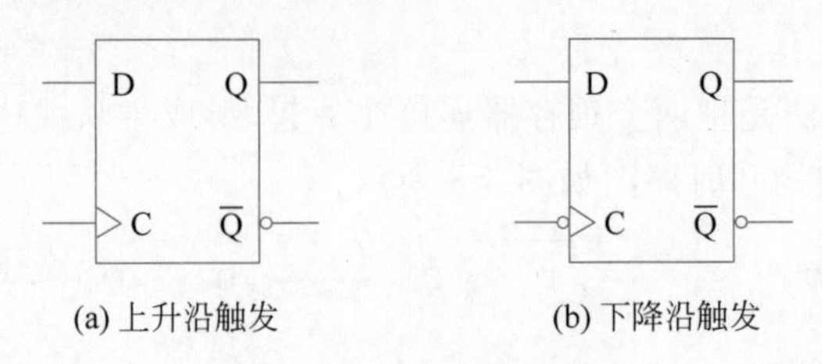

图 5-9 边沿 D 触发器符号

工作。

在同样时钟和数据驱动下，电平触发的 D 锁存器和边沿触发的 D 触发器的电路和时序如图 5-10 所示。

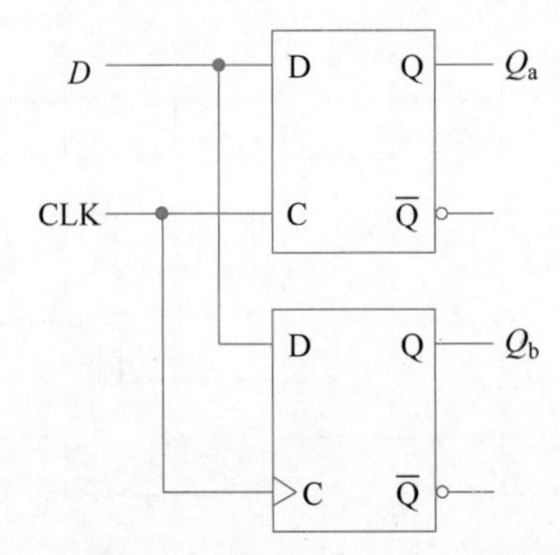

(a) 同样时钟和数据驱动的D锁存器和D触发器电路

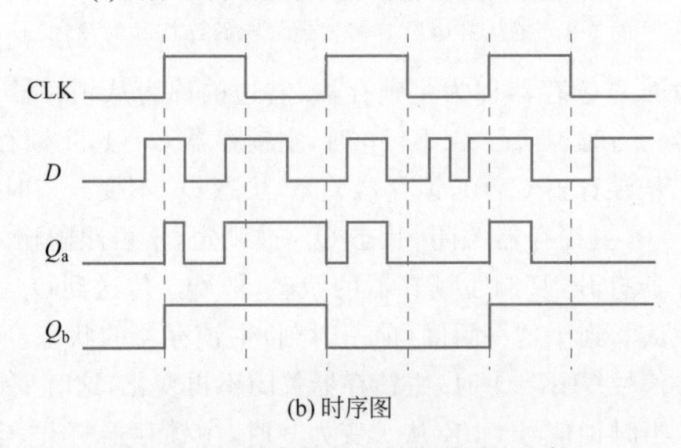

(b) 时序图

图 5-10 D 锁存器和 D 触发器时序比较

可以看出，只要时钟信号 CLK 为高电平，D 锁存器的输出 Q_a 就跟随输入 D 的变化而变化；而 D 触发器的输出 Q_b 只在时钟上升沿到来时保存输入 D 的值，直到下一个时钟上升沿才会改变状态。即 D 触发器能够保存时钟上升沿时刻的数据输入 D 的值，且能够保存一个时钟周期。

5.4.2 带异步复位和置位的 D 触发器

D 触发器通常用来保存电路的状态和数据，在很多情况下需要能够强制触发器的输出为 0(清零)或为 1(置位)。要给 D 触发器增加清零和置位功能，一个简单方法是在构成触发器的锁存器交叉耦合的两个与非门上分别加一个输入 $\overline{\text{RST}}$(复位)和 $\overline{\text{SET}}$(置位)，如图 5-11 所示。$\overline{\text{RST}}$ 为 1 时，对与非门的输出没有影响；$\overline{\text{RST}}$ 为 0 时，就会强制 D 触发器的输出 Q 为

0。$\overline{\text{SET}}$ 为 1 时，对与非门的输出没有影响；$\overline{\text{SET}}$ 为 0 时，则会强制 D 触发器的输出 Q 为 1。需要注意的是，$\overline{\text{RST}}$ 和 $\overline{\text{SET}}$ 不能同时有效。

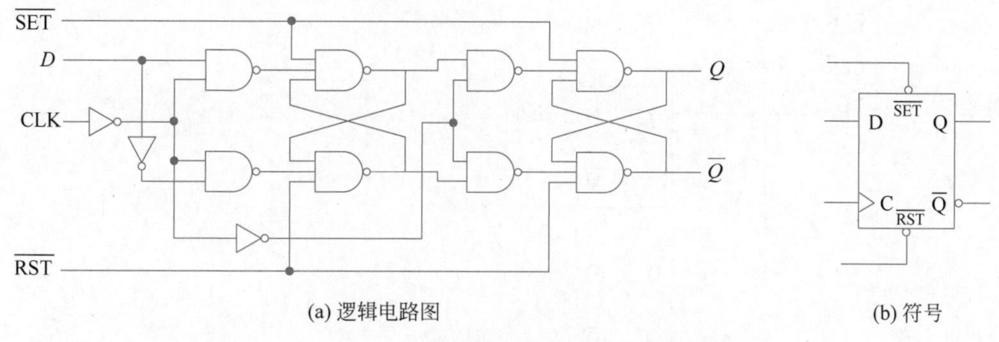

(a) 逻辑电路图

(b) 符号

图 5-11 带异步复位和置位的 D 触发器

在这种电路中，只要 $\overline{\text{RST}}$ 或 $\overline{\text{SET}}$ 有效，不管时钟信号是怎样的，输出 Q 立即被复位为 0 或被置位为 1，这种复位和置位信号被称为异步复位和异步置位信号。

另一种情况是当时钟沿到来时，复位或置位信号有效才能使输出 Q 复位或置位，这种复位和置位信号被称为同步复位和同步置位信号。

5.5 寄存器

视频讲解

从上文对触发器的分析可以知道，一个触发器可以存储 1 位信息。如果用一组 n 个触发器就可以保存 n 位数据，这就是最基本的寄存器。

图 5-12(a)所示是一个由 4 个 D 触发器组成的 4 位寄存器。4 个触发器共用一个时钟信号，所有的触发器在时钟上升沿到来时保存各自输入端 D 的数据到触发器的 Q 端。4 个触发器的复位端也共用一个清零 $\overline{\text{CLR}}$ 信号，当 $\overline{\text{CLR}}$ 信号有效时，寄存器清零。在实际电路中，是否提供清零功能由系统需求决定。寄存器的符号如图 5-12(b)所示。

同步电路由一个时钟来驱动，这个时钟连接到所有的寄存器和触发器，像心脏跳动一样为所有的电路提供稳定的时钟脉冲，使得电路各个部分以时钟脉冲为基准来实现同步。

数据存入寄存器称为寄存器的加载(loading)操作，当时钟沿到来时把数据加载进寄存器。在数字系统中，很多时候希望能够控制寄存器数据的加载，在控制信号有效时数据能够加载入寄存器，控制信号无效时保持寄存器保存的内容不变。实现寄存器加载控制的一种方法是屏蔽时钟信号，只需要把加载控制信号 load 和时钟信号 Clock 做一个逻辑运算就可以。例如使寄存器时钟输入 $C=\text{Clock}\cdot\text{load}$，当 load 为 1 时，寄存器的时钟输入 C 就是 Clock；当 load 为 0 时，C 就为 0，即寄存器的时钟输入被屏蔽，不会有时钟沿，因此寄存器的状态(保存的内容)不会发生变化。

这种方法在时钟路径上插入了额外的逻辑门，会使有门控的时钟信号和没有门控的时钟信号的延时不同，使得时钟信号到达不同触发器的时间不同，产生时钟扭曲(clock skew)。真正的同步系统必须保证时钟信号能够同时到达所有的触发器，时钟沿到来时所有的触发器同时改变状态。因此通常不使用这种门控时钟的方法来控制寄存器的数据加载。

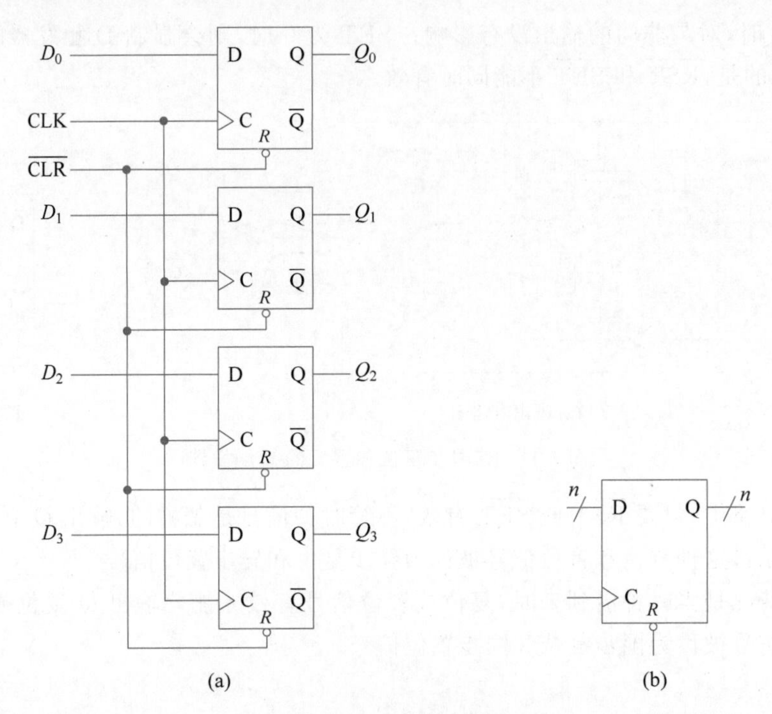

图 5-12　4 位寄存器

控制寄存器数据加载的另一种方法是采用同步使能的方式。图 5-13(a)所示是带使能 EN 的 D 触发器逻辑电路图，由基本 D 触发器和一个 MUX2-1 选择器组成，当 EN＝1 时，在时钟沿到来时选择数据输入 D 加载到触发器；当 EN＝0 时，在时钟沿到来时选择输出信号 Q 反馈加载到触发器，就可以使输出保持不变。带使能端 EN 的 D 触发器符号如图 5-13(b)所示。

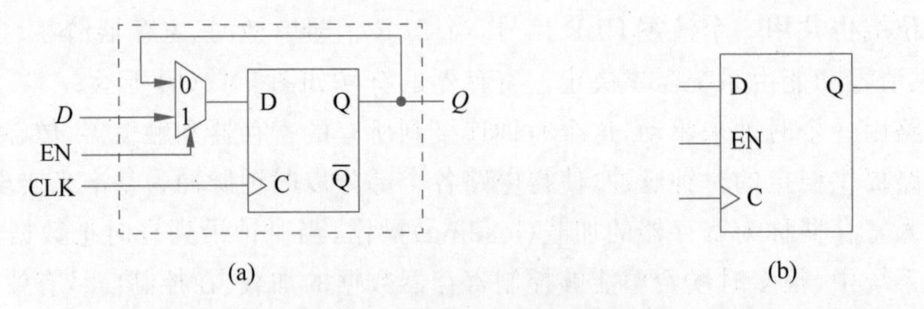

图 5-13　带使能的 D 触发器

图 5-14(a)所示是一个由 4 个带使能的 D 触发器构成的带加载控制的 4 位寄存器逻辑电路图。所有的触发器共用一个时钟，所有触发器的 EN 端和 load 相连接，带使能的寄存器符号如图 5-14(b)所示。

当 load＝1 时，4 位输入数据在时钟沿到来时加载到寄存器中；当 load＝0 时，寄存器中的数据在时钟沿到来时保持不变。load 信号决定了在时钟沿到来时是接收外部输入数据还是触发器的输出反馈来的数据，所有的触发器都在同一时钟沿到来时实现数据从输入到寄存器输出的传输。这种方法避免了时钟扭曲和电路中的潜在错误，优于门控时钟的方法，因此在实际中得到了广泛的应用。

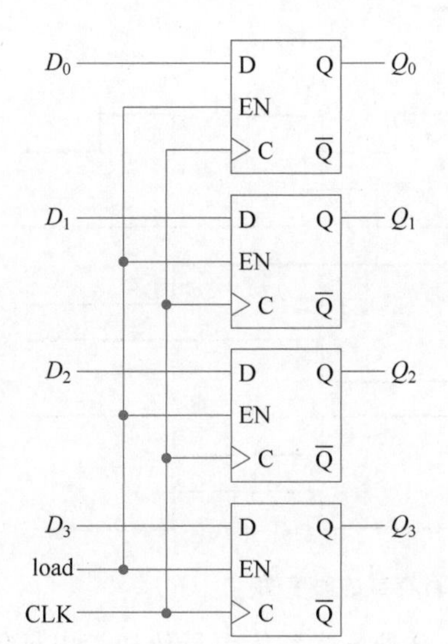

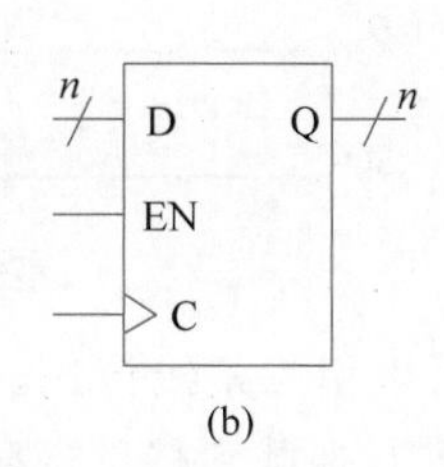

图 5-14 带加载控制的 4 位寄存器

5.6 移位寄存器

5.6.1 基本移位寄存器

具有单向或双向移位存储数据功能的寄存器称为移位寄存器。移位寄存器由多个 D 触发器构成,每个 D 触发器的输出连接下一个 D 触发器的输入,所有的 D 触发器使用同一个时钟来触发移位操作。

图 5-15 所示是由 D 触发器构成的基本的 4 位移位寄存器,每个触发器的输出 Q 都直接连接到下一个触发器的输入 D,串行输入 SI 连接到最左端触发器的输入 D 上,串行输出 SO 从最右端触发器的输出端 Q 引出。

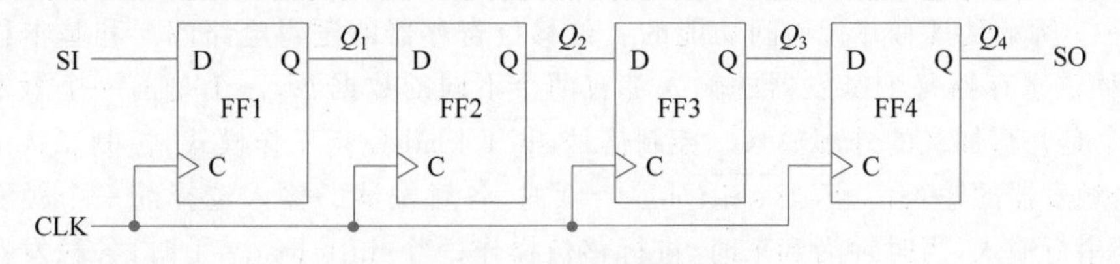

图 5-15 4 位移位寄存器

4 位移位寄存器的时序图如图 5-16 所示。

假设触发器的初始状态均为 0,数据以串行的方式输入到移位寄存器的输入 SI,前一个触发器中保存的数据是下一个触发器的输入。当时钟沿到来时,前一个触发器保存的数据就传送到下一个触发器。可以看出,数据每经过一个触发器向后延时一个时钟周期,串行输入数据 SI 经过 4 个时钟周期传送到输出 SO。

5.6.2 具有并行访问功能的移位寄存器

在数字系统中传送 n 位数据可以用 n 条线一次传送过去,这种方式称为并行传送。

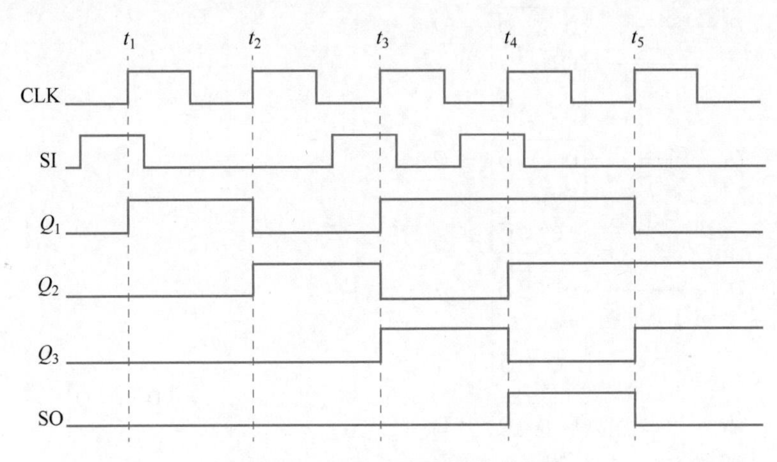

图 5-16 4 位移位寄存器的时序图

n 位数据也可以用一条线传送，一次传送 1 位，这种方式称为串行传送。串行传送时，可以把 n 位数据并行加载到移位寄存器中，然后在 n 个时钟周期逐位移出，从而实现串行传送，这个过程称为并—串转换。同样，在数字系统中也需要把串行数据转换为并行数据，这也可以用移位寄存器实现。用 n 个时钟周期把 n 位数据移入移位寄存器中，然后把 n 个寄存器中的数据并行输出，这个过程称为串—并转换。

例如设计一个具有并行访问功能的 4 位移位寄存器，输入为时钟信号 CLK、模式控制信号 $\overline{\text{shift}}$/load、串行输入数据 SI、并行输入数据 $D_4D_3D_2D_1$，输出为串行输出 SO、并行触发器输出 $Q_4Q_3Q_2Q_1$，它的功能表如表 5-1 所示。

表 5-1 具有并行访问功能的 4 位移位寄存器功能表

控制信号	工作模式	触发器输出			
$\overline{\text{shift}}$/load		Q_1^*	Q_2^*	Q_3^*	Q_4^*
0	向右移位	SI	Q_1	Q_2	Q_3
1	并行加载	D_1	D_2	D_3	D_4

图 5-17 所示是具有并行访问功能的 4 位移位寄存器的逻辑电路图。和基本移位寄存器不同，移位寄存器每个触发器的输入都有两个不同的数据源，一个是前一个触发器的输出，另一个是并行加载的外部输入。控制信号 $\overline{\text{shift}}$/load 控制工作模式，控制二选一选择器选择送给触发器的输入信号，当 $\overline{\text{shift}}$/load＝0 时，各触发器的输入选择前一个触发器的输出和外部串行输入，当时钟沿到来时，进行移位操作；当 $\overline{\text{shift}}$/load＝1 时，各触发器的输入选择并行的输入数据，时钟沿到来时，并行输入的数据加载入各触发器。各触发器保存的数据 $Q_4Q_3Q_2Q_1$ 也可以并行输出。

5.6.3 双向移位寄存器

移位寄存器也可以双向移位。例如设计一个 4 位双向移位寄存器，用模式控制信号 S_1S_0 控制移位寄存器的工作模式，向右的串行输入为 SR，向左的串行输入为 SL，并行输入数据为 $D_4D_3D_2D_1$。表 5-2 所示是 4 位双向移位寄存器的功能表。

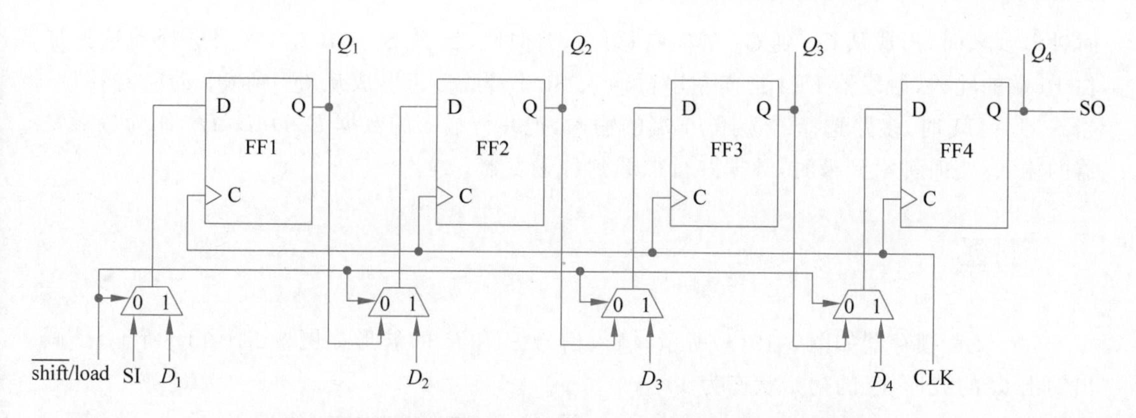

图 5-17 具有并行访问功能的 4 位移位寄存器逻辑电路图

表 5-2 4 位双向移位寄存器功能表

控制信号		工作模式	触发器输出			
S_1	S_0		Q_1^*	Q_2^*	Q_3^*	Q_4^*
0	0	保持不变	Q_1	Q_2	Q_3	Q_4
0	1	向右移动	SR	Q_1	Q_2	Q_3
1	0	向左移动	Q_2	Q_3	Q_4	SL
1	1	并行加载	D_1	D_2	D_3	D_4

在基本 4 位移位寄存器每个触发器的输入端前加入多路选择器，用模式控制信号 S_1S_0 控制触发器输入的信号，就可以控制移位寄存器的工作模式，4 位双向移位寄存器的逻辑电路图如图 5-18 所示。对于每个 D 触发器，模式控制信号 S_1S_0 控制从多路选择器的输入中选择一个作为 D 触发器的输入。当 $S_1S_0=00$ 时，多路选择器选择加在 00 端的输入，把 D 触发器的输出反馈回来作为 D 触发器的输入，当时钟沿到来时，触发器加载当前保存的值，寄存器的状态保持不变；当 $S_1S_0=01$ 时，多路选择器选择加在 01 端的输入，其中触发器 FF1 把向右串行输入 SR 作为输入，触发器 FF2 把触发器 FF1 的输出 Q_1 作为输入，触发器 FF3 把触发器 FF2 的输出 Q_2 作为输入，触发器 FF4 把触发器 FF3 的输出 Q_3 作为输入，在

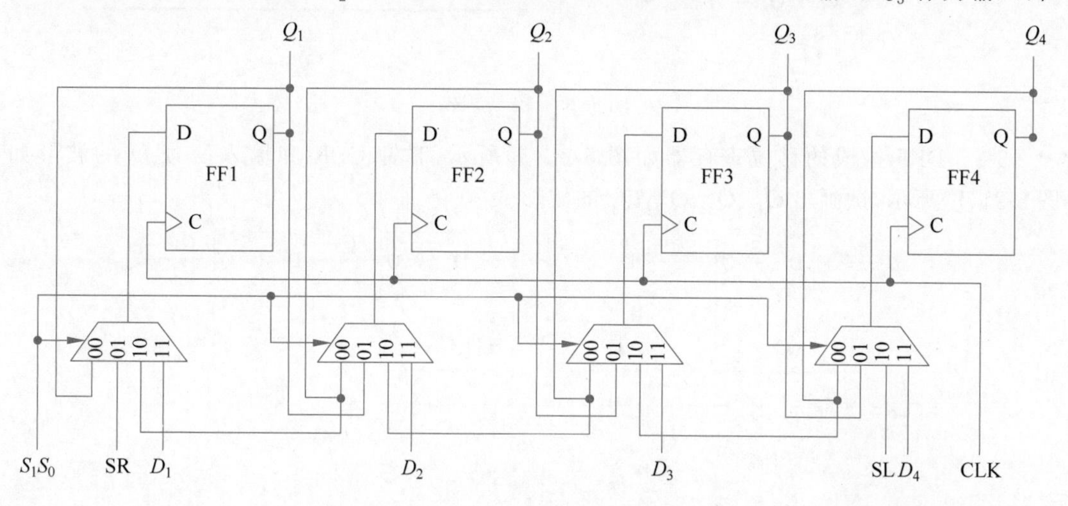

图 5-18 4 位双向移位寄存器逻辑电路图

时钟沿到来时，形成从 Q_1 到 Q_4 的向右移位；类似地，当 $S_1S_0=10$ 时，多路选择器选择加在 10 端的输入，触发器 FF4 把向左串行输入 SL 作为输入，形成从 Q_4 到 Q_1 的向左移位；当 $S_1S_0=11$ 时，多路选择器选择 11 端的输入，把并行输入的数据 $D_4D_3D_2D_1$ 作为各触发器的输入，当时钟沿到来时，数据并行加载到各触发器。

习题

5-1 $\overline{\mathrm{S}}\overline{\mathrm{R}}$ 锁存器如图 5-19(a)所示，输入信号 $\overline{S}$ 和 $\overline{R}$ 的波形如图题 5-19(b)所示，试画出输出 Q 的波形（Q 的初始状态为 1）。

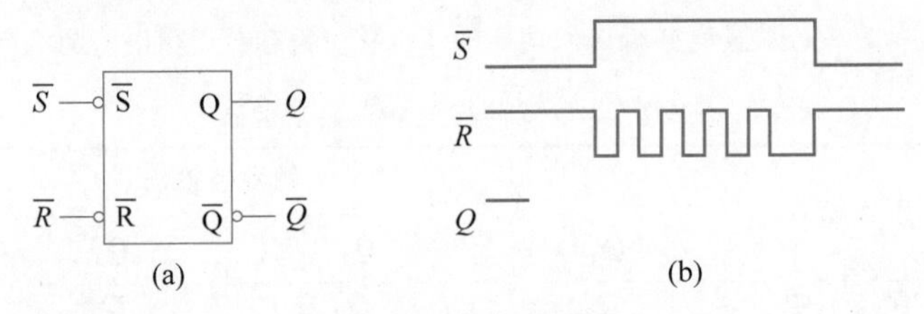

图 5-19 题 5-1 图

5-2 D 锁存器(D-LATCH)和 D 触发器(DFF)电路如图 5-20(a)所示，时钟信号 CLK 和数据输入信号 D 的波形如图 5-20(b)所示，假设 D 锁存器和 D 触发器的初始状态都为 0，试画出 D 锁存器的输出 Q_1 和 D 触发器的输出 Q_2 的波形。

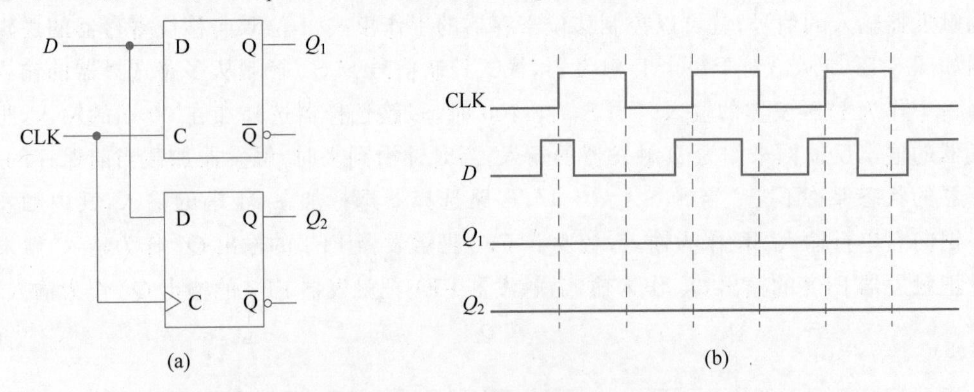

图 5-20 题 5-2 图

5-3 DFF 构成的移位寄存器如图 5-21(a)所示，时钟 CLK 和输入信号 D 的波形如图 5-21(b)所示，试画出 Q_0、Q_1、Q_2、Q_3 的波形。

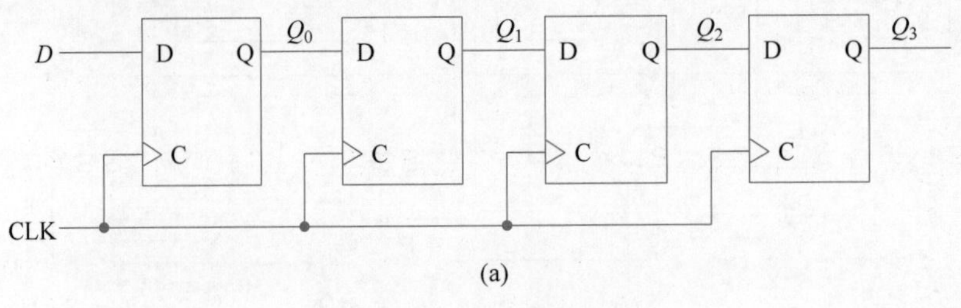

图 5-21 题 5-3 图

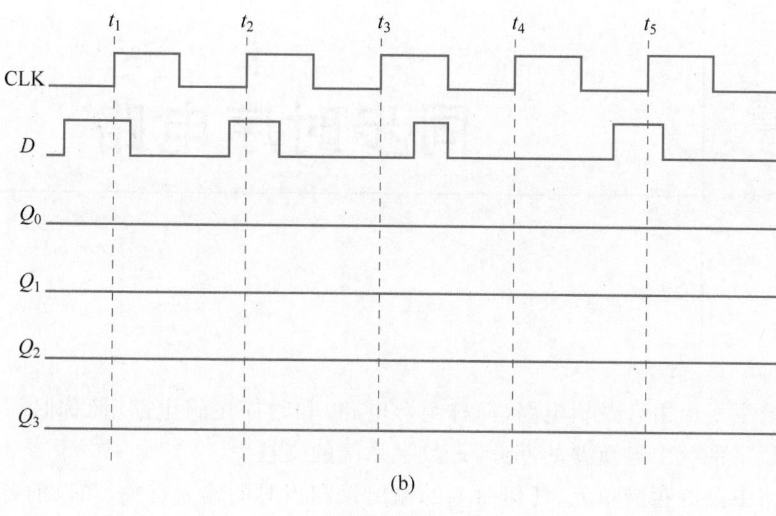

(b)

图 5-21(续)

5-4　用 4 个 DFF 和 4 个 MUX4-1 选择器设计一个 4 位可控双向移位寄存器，CLK 是时钟输入信号，$A_0A_1A_2A_3$ 是外部数据输入信号，S_1 和 S_0 是功能控制信号，D_a 是左串行输入信号，D_b 是右串行输入信号，功能如表 5-3 所示。要求画出用 DFF 和 MUX4-1 构成的 4 位可控双向移位寄存器电路结构图，根据图 5-22 中给出的 S_1S_0、$A_0A_1A_2A_3$、D_a 和 D_b 的波形，填写图 5-21(b)中双向移位器的输出 $Q_0Q_1Q_2Q_3$ 的波形(4 位二进制数)。

表 5-3　可控双向移位寄存器功能

输　　入	输　　出				功 能 说 明
S_1S_0	Q_0^*	Q_1^*	Q_2^*	Q_3^*	
00	Q_0	Q_1	Q_2	Q_3	保持：$Q_0^*Q_1^*Q_2^*Q_3^*=Q_0Q_1Q_2Q_3$
01	Q_1	Q_2	Q_3	D_b	左移：$Q_0 \leftarrow Q_1 \leftarrow Q_2 \leftarrow Q_3 \leftarrow D_b$
10	D_a	Q_0	Q_1	Q_2	右移：$D_a \rightarrow Q_0 \rightarrow Q_1 \rightarrow Q_2 \rightarrow Q_3$
11	A_0	A_1	A_2	A_3	置位：$Q_0^*Q_1^*Q_2^*Q_3^*=A_0A_1A_2A_3$

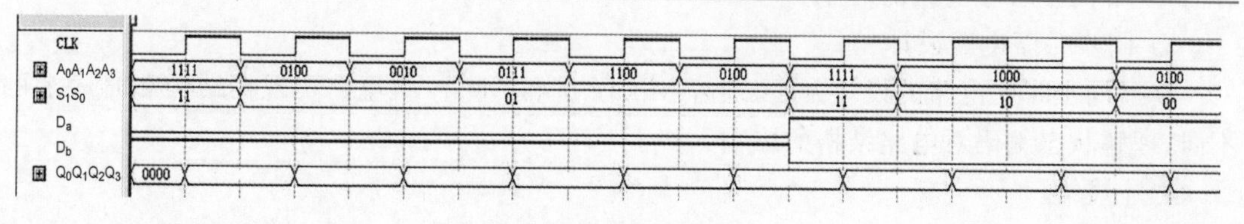

图 5-22　题 5-4 图

第6章 同步时序电路

CHAPTER 6

数字系统主要由组合逻辑电路(简称组合电路)和时序逻辑电路(简称时序电路)组成。时序电路是数字系统中最重要的部分,是数字系统的支柱。

组合电路中没有存储单元,任何时刻的输出仅和当时的输入有关,和以前各时刻的输入无关。时序电路中不仅包含组合电路,还包含存储单元(触发器)。组合电路是前向电路,没有反馈,而时序电路通常是有反馈的。时序电路的输出不仅和当前的输入有关,还和它所处的状态有关,即和以前的输入有关。如果用一个时钟信号来驱动时序电路的工作,这种电路称为同步时序电路。相应地,如果各触发器不使用同一个时钟信号则称为异步时序电路。同步时序电路易于设计,在实际应用中大部分数字系统都采用同步电路的设计。

本章主要介绍同步时序电路的分析和设计方法、常用的规则时序电路模块设计以及随机时序电路(状态机)模块的设计等,主要包括下列知识点。

1) 同步时序电路的结构

掌握D触发器构成的同步时序电路的一般结构,理解当前状态和次态的概念。

2) 同步时序电路分析

掌握同步时序电路的分析方法,掌握从输出逻辑函数、次态逻辑函数得到状态转换图的方法,理解同步时序电路的时序。

3) 同步时序电路设计

掌握同步时序电路的设计方法,理解Moore机和Mealy机电路实现在结构和时序上的不同,理解状态编码对电路结构的影响。

4) 计数器

掌握模2^n计数器的功能、设计方法和电路结构,掌握模2^n双向计数器的功能、设计方法和电路结构,掌握BCD计数器的功能、设计方法和电路结构。

5) 移存型计数器

掌握移存型计数器的结构、特点和设计。

6) 计数器的应用

掌握使用计数器设计分频器和序列信号发生器的方法。

7) 有限状态机(FSM)

掌握用SM图描述系统行为的方法,掌握从行为级到逻辑电路的状态机设计方法。

8）同步时序电路的时序分析

理解触发器的基本时序参数，理解影响时序电路最大工作频率的因素。

6.1　同步时序电路的结构

视频讲解

图6-1所示是使用D触发器构成的同步时序电路的一般结构。同步时序电路由组合逻辑电路和一个或多个寄存器（触发器）构成，通常有一组输入 X，一组输出 Z。寄存器（触发器）的输出 Q 能够至少在一个时钟周期内保持数据稳定，因此把 Q 称为电路的**当前状态**（**当前态**）。当有效时钟沿到来时，寄存器的输出 Q（当前态）发生变化，变为寄存器的输入值。由于寄存器的输入值是下一个时钟沿到来时当前态要变为的状态，因此称寄存器输入信号为电路的**次态**，相应地，称产生寄存器输入信号的组合逻辑为次态逻辑。

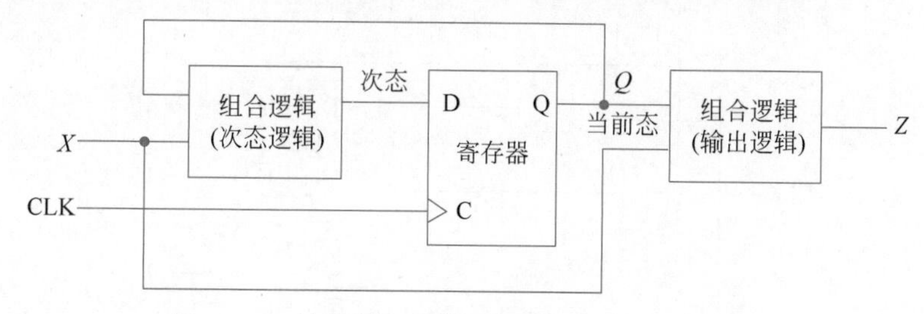

图6-1　D触发器构成的同步时序电路的一般结构

产生寄存器输入信号（次态）的组合逻辑有两种输入，一种是外部输入 X，另一种是寄存器的输出 Q（当前态）反馈回来作为次态逻辑的输入，因此时序电路的状态取决于当前状态和外部输入。

时序电路的输出由另一个组合逻辑电路产生，这个组合逻辑电路称为输出逻辑。输出是寄存器的输出 Q（当前态）和外部输入 X 的函数。输出通常都和当前状态有关，但不一定都和外部输入有关。如果输出仅仅和当前状态有关，这种电路称为Moore（摩尔）机；如果输出不仅和当前状态有关，还和外部输入有关，这种电路就称为Mealy（米粒）机。

6.2　同步时序电路分析

视频讲解

时序电路的行为由电路的输入、输出以及当前状态决定，输出和次态是当前状态和输入的函数。对时序电路的分析就是分析输入、输出和状态之间的关系，对它们之间的关系进行合理的描述。

时序电路中包含触发器，可以包含也可以不包含组合逻辑，第5章中的基本寄存器和移位寄存器等都是时序电路。其中，触发器可以是任何类型的触发器，由于D触发器在实际中应用最广泛，本书中的时序电路都采用D触发器，因此时序电路的次态就是D触发器的输入信号值。

时序电路分析的一般步骤如下：

（1）根据给出的时序逻辑电路图，写出各触发器输入的逻辑函数式（输入方程）和输出的逻辑函数式（输出方程）；

(2) 根据输入逻辑函数式(输入方程)和触发器的状态方程,写出各触发器次态的逻辑函数式(次态方程);

(3) 根据次态逻辑函数式(次态方程)和输出逻辑函数式(输出方程),建立状态转换表;

(4) 根据状态转换表画出状态转换图,也可以画出时序图;

(5) 分析归纳时序电路的逻辑功能。

【例 6-1】 如图 6-2 所示的时序电路包含两个 D 触发器、一个输入端 X 和一个输出端 Y,试分析该电路的逻辑功能。

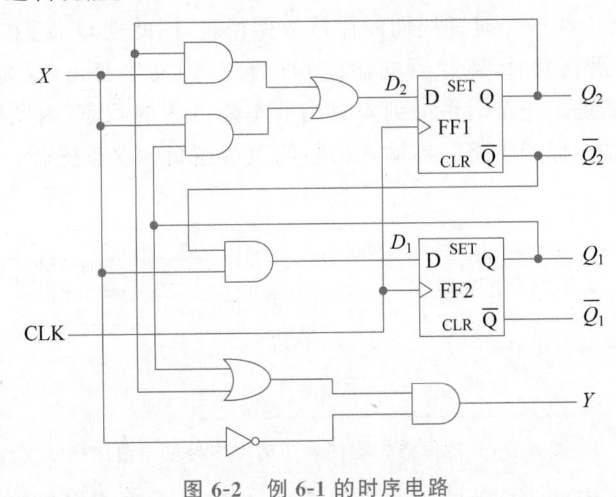

图 6-2 例 6-1 的时序电路

分析过程如下。

(1) 写出输入方程(次态方程)和输出方程。

在图 6-2 所示的电路中,各触发器的输入信号都由外部输入信号 X 和触发器的输出经组合逻辑运算得到,可以用逻辑函数式来表示,这些逻辑函数式称为触发器的**输入逻辑函数式(输入方程)**。由于 D 触发器的输入信号是下一时钟沿到来时触发器的状态,即触发器的次态,标识为 Q^*,因此这些逻辑函数式也被称为**次态逻辑函数式(次态方程)**。这个电路包含两个触发器 FF1 和 FF2,它们输入的逻辑函数式(输入方程)和次态的逻辑函数式(次态方程)分别为

$$D_2 = Q_2^* = Q_1 X + Q_2 X$$

$$D_1 = Q_1^* = Q'_2 X$$

时序电路输出的逻辑函数式(输出方程)为

$$Y = (Q_1 + Q_2)X'$$

(2) 列出状态转换表。

由触发器的输入(次态)和输出逻辑函数式,可以把时序电路的输入、输出和状态之间的关系用一个真值表表示出来,这个表就称为状态转换表。图 6-2 所示电路的状态转换表如表 6-1 所示。状态转换表中有 4 栏,分别为输入、当前状态、次态和输出。输入栏表示当前状态下输入 X 的可能的值;当前状态栏是触发器 FF2 和 FF1 在任意给定时刻的状态,即 Q_2 和 Q_1;次态栏表示下一个有效时钟沿到来之后触发器的状态,记为 Q_2^* 和 Q_1^*,也即次态逻辑的输出,或触发器 FF2 和 FF1 的输入 D_2 和 D_1;输出栏是由输入和当前状态进行逻

辑运算得到的输出 Y。

表 6-1 例 6-1 的状态转换表

输 入	当前状态		次 态		输 出
X	Q_2	Q_1	Q_2^*	Q_1^*	Y
0	0	0	0	0	0
0	0	1	0	0	1
0	1	0	0	0	1
0	1	1	0	0	1
1	0	0	0	1	0
1	0	1	1	1	0
1	1	0	1	0	0
1	1	1	1	0	0

在状态转换表中可以把次态与相应的当前状态和输入对应。如果输出也和输入有关，也可以把输出与相应的当前状态和输入对应。例 6-1 电路状态转换表的另一种写法如表 6-2 所示。

表 6-2 例 6-1 状态转换表的另一种写法

当前状态		次 态				输 出	
		$X=0$		$X=1$		$X=0$	$X=1$
Q_2	Q_1	Q_2^*	Q_1^*	Q_2^*	Q_1^*	Y	Y
0	0	0	0	0	1	0	0
0	1	0	0	1	1	1	0
1	0	0	0	1	0	1	0
1	1	0	0	1	0	1	0

(3) 画出状态转换图。

状态转换表中的信息可以用图的形式表示出来，这就是状态转换图。状态转换图和状态转换表所表达的信息相同，可以由状态转换表得到状态转换图。在状态转换图中，状态用圆圈表示，状态之间的转换用连接这些圆圈的有向弧线表示。

表 6-1 和表 6-2 所示的状态转换表可以表示为如图 6-3 所示的状态转换图。在这个例子中，输出不仅和当前态有关，还和外部输入 X 有关，因此这个电路是 Mealy 机。表 6-2 中共有 4 种状态：00、01、10、11，只要输入 X 为 0，不论当前状态是哪个状态，次态均为 00；当 X 连续为 1 时，次态会从 00 依次变为 01、11、10。在状态为 01、11、10 时，当输入 X 为 0 时，输出 Y 即为 1，当输入 X 为 1 时，输出 Y 为 0。根据状态转换表，画出状态到状态之间的有向弧线，例如当前态为 00，次态为 01，就画从状态 00 到状态 01 的有向弧线，线段箭头指向状态 01。在 Mealy 机的状态转换图上，在有向弧线上标记两个二进制数，中间用斜杠隔开，前面的数值表示当前态下的输入，斜杠后面的数值表示由当前状态和输入所决定的输出值。例如，从状态 00 到状态 00 的有向弧线上标记 0/0，从状态 00 到状态 01 的有向弧线上标记 1/0，表示在状态 00 时，

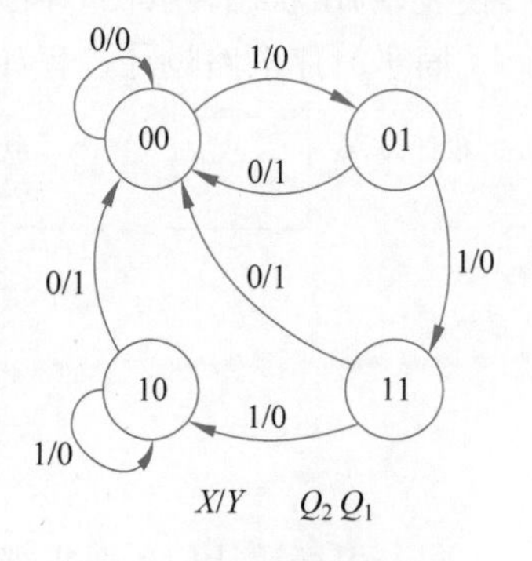

图 6-3 例 6-1 电路的状态转换图(Mealy 机)

如果输入 $X=0$,则输出 $Y=0$,次态为 00;如果输入 $X=1$,则输出 $Y=0$,次态为 01。其他状态的转换和标记类似,根据状态转换表画出即可。

除表示形式不同外,状态转换图和状态转换表表示的信息完全一样。从给定的逻辑电路图可以得到输入逻辑函数式和输出逻辑函数式,由输入、输出逻辑函数式很容易得到状态转换表,由状态转换表就可以直接画出状态转换图。通过状态转换图可以更容易理解电路的行为。例如从图 6-3 所示的状态转换图可以看出,这个电路在检测到一串 1(包括一个 1)后面跟一个 0 时,输出 $Y=1$。这种检测输入模式的电路称为序列检测器。这个电路也可以看作在检测到一个下降沿时输出 $Y=1$。

由表 6-2 或图 6-3 就可以画出如图 6-4 所示的时序图。

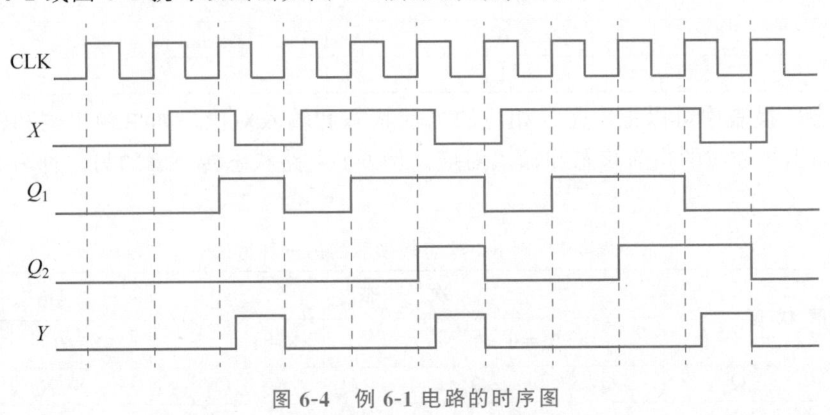

图 6-4　例 6-1 电路的时序图

6.3　同步时序电路设计

视频讲解

6.3.1　同步时序电路设计方法

同步时序电路设计是同步时序电路分析的逆过程。在时序电路分析时,由逻辑电路图可以写出触发器输入(次态)和输出的逻辑函数式;由次态和输出逻辑函数式可以得到状态转换表,画出状态转换图;根据状态转换表和状态转换图可以分析电路的功能。

同步时序电路设计过程如图 6-5 所示,具体步骤如下:

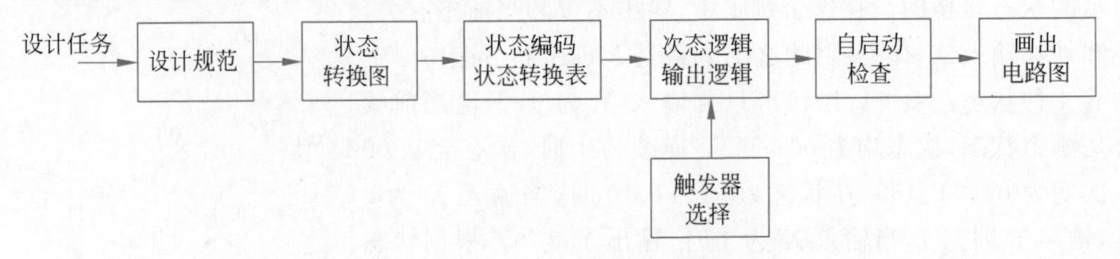

图 6-5　同步时序电路设计过程

(1) 根据设计任务要求,建立设计规范,即确定电路的输入、输出和要完成的功能。

(2) 确定需要多少个状态和各个状态之间可能的转换。确定状态数时需要仔细考虑电路要完成的功能,一种方法是先选定一个状态作为起始状态,然后考虑输入所有可能的值,产生新的状态作为对输入的响应。对新的状态依然按照前面状态的方法,考虑输入可能的值,决定状态转换的方向,如果需要新的状态就产生一个新的状态。重复上面的步骤,直到画出完整的状态转换图。有了完整的状态转换图就可以知道所有的状态，以及从一个状态转换到另一个状态的条件。

(3) 状态编码，写出状态转换表。在数字电路中，状态必须用二进制编码表示。设状态数为 N，则需要的二进制编码的位数 n 应满足：

$$2^n \geqslant N$$

对于上式中大于的情况，可以有多种方案给状态分配编码，编码方案对电路的复杂度有一定的影响。状态编码后，状态转换图可以表示为用二进制编码表示状态的状态转换图。二进制编码的每一位需要一个触发器保存，因此用 n 位编码就需要 n 个触发器。

(4) 选择触发器类型。根据选定的触发器类型和状态转换表，通过代数化简或卡诺图化简，计算出次态和输出的逻辑函数式。本书中只使用了 D 触发器。

(5) 检查电路自启动。当二进制编码状态位数 n 满足 $2^n > N$ 时，存在无效状态。当电路处于无效状态时，如果能在有限个时钟周期内进入有效状态，说明电路能自启动；如果不能进入有效状态，就意味着电路存在无效循环，不能自启动。对不能自启动的电路，需要修改状态转换表，使得无效状态能跳转到有效状态，修正次态和输出的逻辑函数式。

(6) 根据次态(输入)和输出逻辑函数式，画出逻辑电路图，实现要求的时序电路。

6.3.2　Moore 机设计举例

【例 6-2】 设计一个满足如下设计规范的电路：

(1) 电路有一个输入 X，一个输出 Y；

(2) 电路状态在时钟信号的上升沿改变；

(3) 如果在两个或两个以上时钟上升沿都检测到输入 X 为 1，则输出 Y 为 1，否则 Y 为 0。

从设计规范可以看出，这是一个检测 11 或 11…1 电路，是一个序列检测器。

设计过程如下。

(1) 画出状态转换图。

设计一个同步时序电路，首先需要确定需要有多少种状态和状态之间的转换。在这个设计中，假定起始状态为 S0，如果输入 $X=0$，当有效时钟沿到来时仍然保持为状态 S0，输出 $Y=0$；当 X 为 1 时，电路应该能识别输入变为了 1，在有效时钟沿到来时跳转到另一个状态，称为 S1。和在状态 S0 时一样，在状态 S1 时，输出 Y 仍然为 0，因为还没有在连续两个时钟上升沿检测到 X 为 1。在状态 S1 时，如果在下一个有效时钟沿到来时输入 $X=0$，电路应跳转回状态 S0；如果输入 $X=1$，则电路应该进入第三种状态 S2，电路输出 Y 应该为 1。在状态 S2 时，只要在时钟上升沿检测到输入 X 为 1，因为已经连续检测到 2 个 1 了，电路可以始终保持为状态 S2，输出 Y 保持为 1；当输入 X 为 0 时，这时输入不再是连续的 1 了，电路应跳转回状态 S0，重新进行检测。

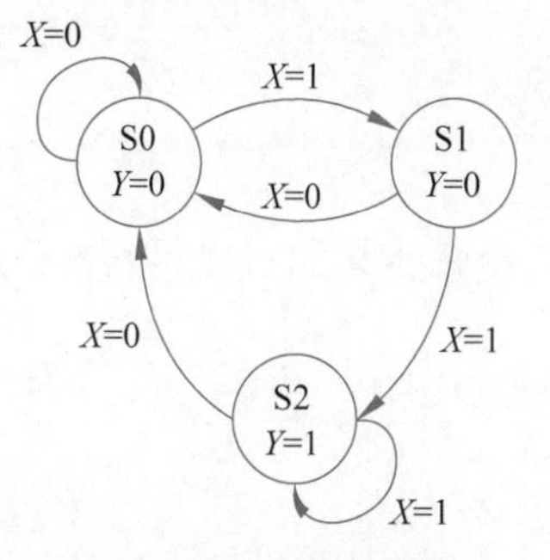

图 6-6　例 6-2 的状态转换图(Moore 机)

在分析了在不同的状态下输入 X 的各种可能性以及状态的跳转后，可以看出这个电路需要 3 种状态，可以把这 3 种状态之间的转换用状态转换图表示出来，如图 6-6 所示。

在图 6-6 所示的状态转换图中，状态 S0、S1 和 S2 都用圆圈表示。由于输出仅和当前状态有关，因此这个电路是 Moore 机。S0 是初始状态，当输入 $X=0$ 时，下一个状态依然是 S0，从状态 S0 到状态 S0 的有向线段上仅标识状态转换条件 $X=0$，输出 $Y=0$ 标识在表示状态 S0 的圆圈内。其他状态的标识类似。

(2) 列出状态编码和状态转换表。

虽然状态转换图可以清楚地描述出时序电路的行为，但要实现电路还需要把信息表示成二进制形式。从上面的状态转换图可以看出，电路共有 3 种状态，至少需要 2 位来表示状态，每位需要一个触发器来实现，这里把 2 位状态表示为 Q_1Q_0。可以把状态 S0 编码为 $Q_1Q_0=00$，S1 编码为 $Q_1Q_0=01$，S2 编码为 $Q_1Q_0=10$。由于 2 位可以表示出 4 种状态，$Q_1Q_0=11$ 是一个无效状态。根据上面的状态转换图，可以写出状态转换表，如表 6-3 所示。

表 6-3　例 6-2 的状态转换表

输　入	当前状态		次　态		输　出
X	Q_1	Q_0	Q_1^*	Q_0^*	Y
0	0	0	0	0	0
0	0	1	0	0	0
0	1	0	0	0	1
0	1	1	d	d	d
1	0	0	0	1	0
1	0	1	1	0	0
1	1	0	1	0	1
1	1	1	d	d	d

(3) 选择触发器以及计算次态和输出逻辑函数式。

触发器的选择决定了次态的逻辑函数式。本书中的电路都采用数字系统中使用最广泛的 D 触发器，因此触发器的输入就是触发器的次态。表 6-3 所示的状态转换表就是次态逻辑和输出逻辑的真值表。

次态和输出的逻辑函数式可以通过卡诺图得到，如图 6-7 所示。在卡诺图中，11 状态是无效状态，它所对应的位置是无关项 d。

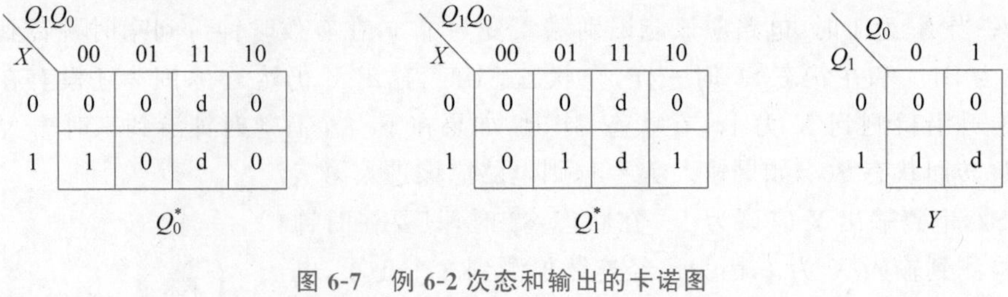

X \ Q_1Q_0	00	01	11	10
0	0	0	d	0
1	1	0	d	0

Q_0^*

X \ Q_1Q_0	00	01	11	10
0	0	0	d	0
1	0	1	d	1

Q_1^*

Q_1 \ Q_0	0	1
0	0	0
1	1	d

Y

图 6-7　例 6-2 次态和输出的卡诺图

由卡诺图可以得到次态和输出的逻辑函数式

$$Q_0^*=D_0=XQ'_1Q'_0$$

$$Q_1^*=D_1=XQ_0+XQ_1$$

$$Y=Q_1$$

(4) 检查电路自启动。

把无效状态 11 代入次态逻辑函数式，可以得到，$Q_0^*=0$，$Q_1^*=X$。即当前态为 11 时，

当 $X=0$ 时，次态为00，当 $X=1$ 时，次态为10。即当电路进入无效状态时，电路可以跳转到有效状态，因此可以自启动。

(5) 画出逻辑电路图。

由次态和输出逻辑函数式可以画出逻辑电路图，如图6-8所示。

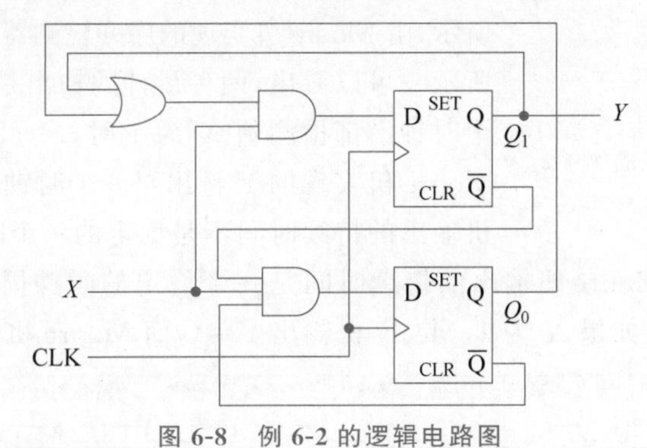

图 6-8 例 6-2 的逻辑电路图

6.3.3 Mealy 机设计举例

例6-2的序列检测器也可以设计为一个Mealy机。

Moore机序列检测器设计中，当在连续两个时钟沿检测到输入为1时，输出 $Y=1$；要求在检测到第二个1后的时钟周期 $Y=1$。如果不要求在检测到第二个1的同一个时钟周期使输出 $Y=1$，而是在检测到一个1后，只要输入为1就使输出 Y 为1，这样输出就不仅和当前状态有关，还和输入有关。

设起始状态为S0。在S0状态，如果输入 $X=0$，输出 $Y=0$，如果输入 $X=1$，输出 $Y=0$；当时钟沿到来时，如果输入 $X=0$，电路保持S0状态，如果输入 $X=1$，则进入S1状态，表示检测到了一个1。在S1状态下，如果输入 $X=1$，表明在连续两个时钟周期输入 X 为1，输出 $Y=1$，如果 $X=0$，输出 $Y=0$；当时钟沿到来时，如果 $X=1$，则继续保持在S1状态，如果 $X=0$，则跳转回S0状态。电路的行为可以用如图6-9所示的状态转换图来描述。

和图6-6所示的Moore机实现的状态转换图相比，Mealy机实现的状态转换图中只有两个状态，输出并不标识在表示状态的圆圈中，而是以输入/输出这种形式标识在表示状态转换的有向弧线上。

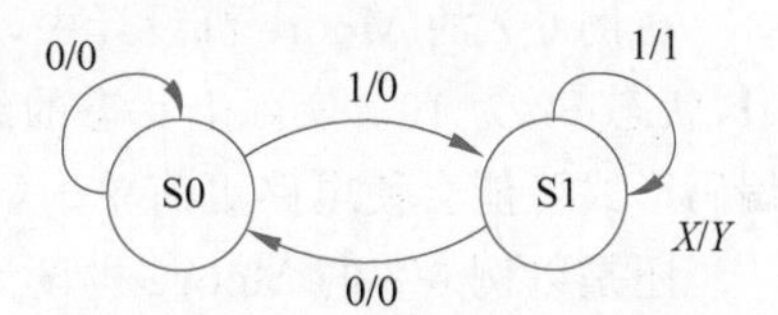

图 6-9 例 6-2Mealy 机状态转换图

把状态S0和S1分别编码为0和1，由图6-9所示的状态转换图，可以得到如表6-4所示的状态转换表。

表 6-4 例 6-2 Mealy 机状态转换表

当前状态	次态 Q_0^*		输出 Y	
Q_0	$X=0$	$X=1$	$X=0$	$X=1$
0	0	1	0	0
1	0	1	0	1

仍然使用D触发器，触发器的输入就是触发器的次态。由表6-4可以得到次态（输入）和输出的逻辑函数式

$$Q_0^* = D_0 = X \quad Y = Q_0 X$$

Mealy 机实现的例 6-2 序列检测器逻辑电路图如图 6-10 所示。可以看出，相比 Moore 机实现的电路，Mealy 机实现的电路更简单。

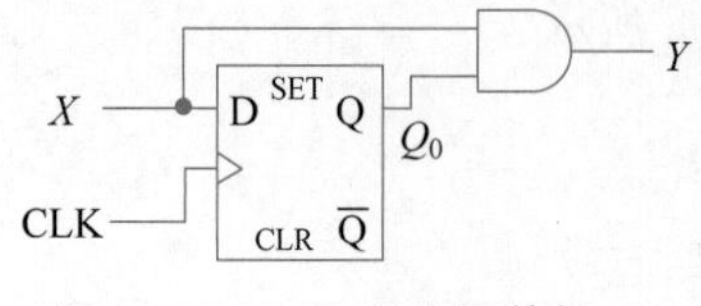

图 6-10 Mealy 机实现的例 6-2 逻辑电路图

由 Mealy 机实现的序列检测器的时序图如图 6-11(a)所示，由 Moore 机实现的序列检测器的时序图如图 6-11(b)所示。可以看出，两种设计的输出是不同的。当在连续两个时钟沿都检测到 X 为 1 时，Mealy 机实现的 Y 输出比 Moore 机实现的 Y 输出早一个时钟周期出现，而且 Mealy 机输出的持续时间不是稳定的一个时钟周期，而是随输入 X 的变化而变化；而 Moore 机输出的持续时间是一个稳定的时钟周期。当在一个时钟沿检测到输入 X 为 1 后，如果 X 为 1，Mealy 机输出 $Y=1$，而 Moore 机检测不到。

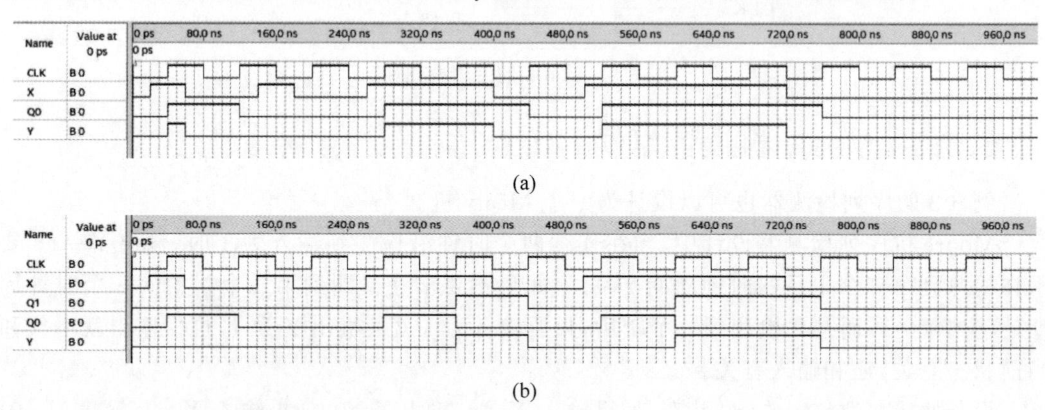

图 6-11 Mealy 机和 Moore 机实现的例 6-2 序列检测器的时序图

6.3.4 状态的编码

1) 不同状态编码的影响

在例 6-2 的 Moore 机设计中，3 种状态编码为自然二进制码，状态 S0 为 00，状态 S1 为 01，状态 S2 为 10。实际上状态的编码可以有多种形式，不同的编码产生的电路不同，有些编码形式可能会使电路更简单。

还是以例 6-2 的 Moore 机设计为例，状态也可以编码为另一种形式，状态 S0 为 00，状态 S1 为 01，状态 S2 为 11，则状态转换表如表 6-5 所示。

表 6-5 例 6-2 Moore 机设计中使用另一种编码形式的状态转换表

输　入	当前状态		次　态		输　出
X	Q_1	Q_0	Q_1^*	Q_0^*	Y
0	0	0	0	0	0
0	0	1	0	0	0
0	1	1	0	0	1
0	1	0	d	d	d
1	0	0	0	1	0
1	0	1	1	1	0

续表

输　入	当前状态		次　态		输　出
X	Q_1	Q_0	Q_1^*	Q_0^*	Y
1	1	1	1	1	1
1	1	0	d	d	d

依然选择D触发器实现，触发器的输入就是触发器的次态。由状态转换表即可以得到次态(输入)和输出的逻辑函数式

$$Q_1^* = D_1 = XQ_0 \quad Q_0^* = D_0 = X \quad Y = Q_1$$

由此可以画出如图6-12所示的逻辑电路图。可以看出，改变状态编码后，电路所需的逻辑门更少，电路更简单。

在实际应用中，电路的规模往往比例6-2中的电路大得多，不同的状态编码会对电路的开销有很大影响。因为编码形式很多，要找到最佳的编码并不容易，也不现实，因此在实际设计中，并不去寻找最佳的编码，状态的编码通常由EDA工具来实现。

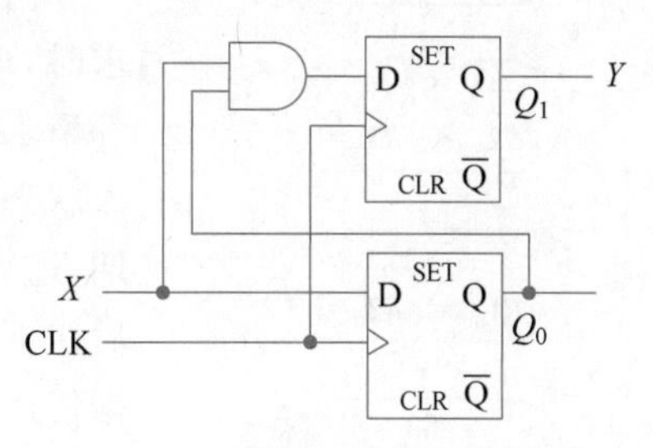

图6-12　改进状态编码后例6-2的逻辑电路图

2）独热编码(One-Hot Encoding)

在时序电路设计中，还可以有多少种状态就用多少位来编码，每个编码中只有一位是1，其他位都是0，这种编码就称为独热编码。

以例6-2的Moore机设计为例，状态用独热编码。有3种状态，因此用3位编码，状态S0编码为001，状态S1为010，状态S2为100。3位可以表示8种状态，其余的5种状态没有使用，是无关项。状态转换表如表6-6所示。

表6-6　例6-2 Moore机设计中使用独热编码的状态转换表

当前状态	次　态		输　出
	$X=0$	$X=1$	
$Q_2Q_1Q_0$	$Q_2^*Q_1^*Q_0^*$	$Q_2^*Q_1^*Q_0^*$	Y
001	001	010	0
010	001	100	0
100	001	100	1
其他	ddd	ddd	d

由表6-6可以得到次态(输入)和输出的逻辑函数式

$$Q_0^* = D_0 = X' \quad Q_1^* = D_1 = XQ_0$$

$$Q_2^* = D_2 = XQ_0' \quad Y = Q_2$$

可以看出，用独热编码得到的电路并不比用改进的自然二进制编码得到的电路更简单，而且次态和输出逻辑函数式中没有用到Q_1，这意味着Q_1触发器是冗余的，可以去掉。

虽然在这个电路中独热编码并没有优势，但在有些电路中独热编码可以使电路大幅简化。

【例6-3】　设计一个电路，控制寄存器R1、R2之间的数据交换，使用中间寄存器R3来暂存数据，要求满足如下设计规范：

(1) 电路有 1 个外部请求输入 X,7 个输出:$R1_{out}$、$R1_{in}$、$R2_{out}$、$R2_{in}$、$R3_{out}$、$R3_{in}$、Done;

(2) 电路状态在时钟信号的上升沿改变;

(3) 在起始状态,如果 $X=0$,所有输出都为 0,没有数据传输;当外部请求 X 从 0 变为 1 时,把寄存器 R2 中的数据送入寄存器 R3 中,$R2_{out}=1$,$R3_{in}=1$;然后在下一个时钟周期,把寄存器 R1 中的数据送入寄存器 R2,$R1_{out}=1$,$R2_{in}=1$;再把寄存器 R3 中的数据送入寄存器 R1,$R1_{in}=1$,$R3_{out}=1$,这时已经完成了寄存器 R1 和 R2 之间的数据交换,给出交换完成的指示信号 Done=1;在下一个时钟周期返回初始状态,等待下一次交换请求。

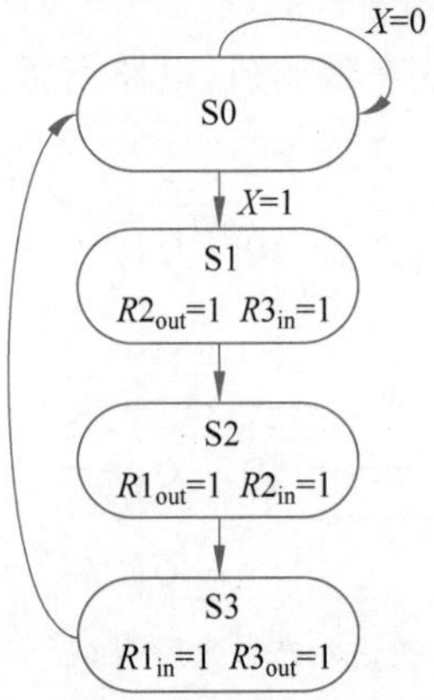

X=0
S0
X=1
S1
R2out=1 R3in=1
S2
R1out=1 R2in=1
S3
R1in=1 R3out=1

图 6-13 例 6-3 的状态转换图

由上面的设计规范可以看出,在起始状态 S0,没有外部请求时,电路一直保持初始状态,不进行数据传送。当接收到外部请求 $X=1$ 时,电路将进行数据传送,在有效时钟沿到来时进入状态 S1,把寄存器 R2 中的数据送到 R3 中;在下一个时钟周期,进入另一个传送状态 S2,把 R1 中的数据传送到 R2 中;然后在下一个时钟周期,进入第三个传送状态 S3,把 R3 中的数据传送到 R1 中,完成寄存器 R1 和 R2 之间的数据交换。因此可以得到图 6-13 所示的状态转换图。

对 4 种状态进行独热编码,S0 编码为 0001,S1 为 0010,S2 为 0100,S3 为 1000,可以得到如表 6-7 所示的状态转换表。

表 6-7 例 6-3 的状态转换表

当前状态	次态		输出						
$Q_3Q_2Q_1Q_0$	$X=0$ $Q_3^*Q_2^*Q_1^*Q_0^*$	$X=1$ $Q_3^*Q_2^*Q_1^*Q_0^*$	$R1_{out}$	$R1_{in}$	$R2_{out}$	$R2_{in}$	$R3_{out}$	$R3_{in}$	Done
0001	0001	0010	0	0	0	0	0	0	0
0010	0100	0100	0	0	1	0	0	1	0
0100	1000	1000	1	0	0	1	0	0	0
1000	0001	0001	0	1	0	0	1	0	1
其他	dddd	dddd	d	d	d	d	d	d	d

由表 6-7 可以得到次态(输入)和输出的逻辑函数式

$$Q_0^*=D_0=X'Q_0+Q_3 \quad Q_1^*=D_1=XQ_0$$

$$Q_2^*=D_2=Q_1 \quad Q_3^*=D_3=Q_2$$

$$R1_{out}=R2_{in}=Q_2 \quad R2_{out}=R3_{in}=Q_1$$

$$R3_{out}=R1_{in}=\text{Done}=Q_3$$

可以看出,采用独热编码得到的逻辑函数式比较简单,输出就是触发器的输出,这意味着电路可以达到更快的速度。但这种编码方式需要 4 个 D 触发器来保存状态。

6.4 计数器

计数器是最常见的一种时序电路模块,其基本功能是对时钟脉冲计数。除此之外,计数器还可以用于事件计数、产生序列信号、时钟分频和控制等。

计数器能输出的状态个数称为计数器的模,如计数输出的状态数为 N,则称计数器为模 N 计数器。和通常理解的计数不同,计数器每个时钟周期转换一个状态,当计到最大数(状态)时会返回第一个数(状态),是一个不断重复的过程。

如果计数器内部所有触发器共用一个时钟信号,这个时钟信号也是被计数的时钟脉冲,则称为同步计数器。如果时钟信号只是驱动一部分触发器,另一部分触发器的时钟信号是其他触发器的输出信号,则称为异步计数器。由于不是同一个时钟信号驱动,异步计数器各触发器状态的更新不是同时发生的。

根据进制进行划分,计数器可以分为二进制、十进制和任意进制计数;根据逻辑功能进行划分,计数器可以分为递增计数器、递减计数器和双向计数器。

6.4.1 同步模 2^n 递增计数器

【例 6-4】 设计一个模 8 计数器,设计规范如下:

(1) 每当时钟上升沿到来时计数值增加 1,计数值从 0 计到 7,达到 7 时返回 0,重新计数;

(2) 每当计数器计到 7 时,输出 Y 为 1,其他时候输出 Y 为 0。

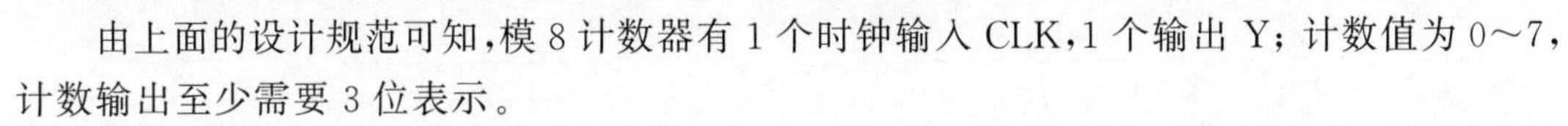

由上面的设计规范可知,模 8 计数器有 1 个时钟输入 CLK,1 个输出 Y;计数值为 0~7,计数输出至少需要 3 位表示。

设计过程如下。

(1) 画出状态转换图。

模 8 计数器从 0 计到 7。设 0 为起始状态,在时钟上升沿到来时,计数器状态加 1,变为 1 状态;在下一个时钟沿到来时,计数器状态再加 1,变为状态 2;这样每到来一个时钟脉冲,计数器状态加 1,直到状态 7。在状态 7 时,输出 Y 为 1,其他时候输出 Y 为 0;当时钟上升沿到来时,计数器回到 0 状态。由此可以画出如图 6-14 所示的状态转换图。

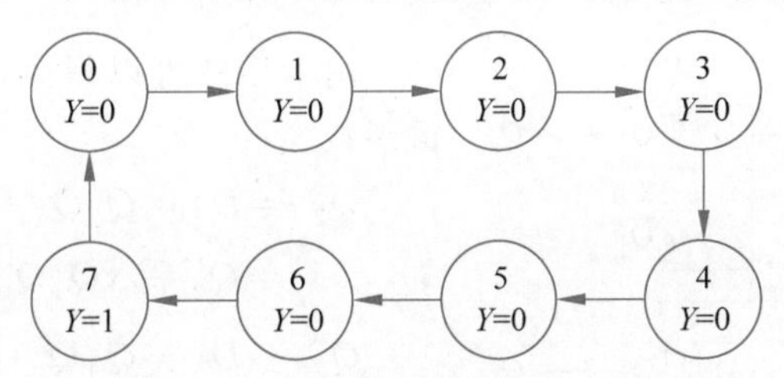

图 6-14 例 6-4 模 8 计数器的状态转换图

(2) 列出状态编码和状态转换表。

根据状态转换图知,模 8 计数器共有 8 个状态,至少需要 3 位表示,即需要 3 个触发器来保存 3 位的状态。对于状态 0~7,最直接的编码就是用自然二进制码表示,即 000 表示状态 0,001 表示状态 1,…,111 表示状态 7。由状态转换图可以列出状态转换表,如表 6-8 所示。

表 6-8 例 6-4 模 8 计数器状态转换表

状态	当前状态			次态			输出
	Q_2	Q_1	Q_0	Q_2^*	Q_1^*	Q_0^*	Y
0	0	0	0	0	0	1	0
1	0	0	1	0	1	0	0
2	0	1	0	0	1	1	0

续表

状 态	当前状态			次 态			输 出
	Q_2	Q_1	Q_0	Q_2^*	Q_1^*	Q_0^*	Y
3	0	1	1	1	0	0	0
4	1	0	0	1	0	1	0
5	1	0	1	1	1	0	0
6	1	1	0	1	1	1	0
7	1	1	1	0	0	0	1

(3) 选择触发器以及计算次态和输出逻辑函数式。

选择使用D触发器，触发器的输入就是触发器的次态。由表6-8可以画出次态和输出的卡诺图，如图6-15所示。

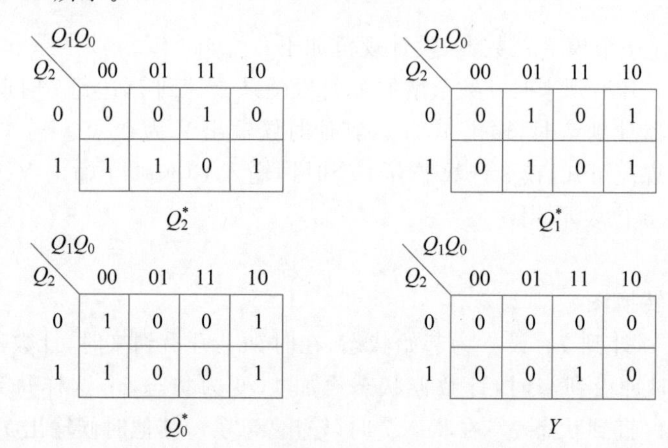

图 6-15　例 6-4 次态和输出的卡诺图

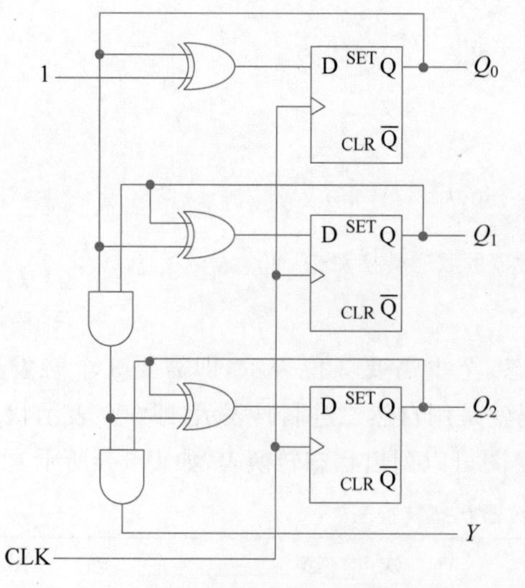

图 6-16　例 6-4 模 8 计数器逻辑电路图

由卡诺图可以得到次态（输入）和输出的逻辑函数式

$$Q_2^* = D_2 = Q_2Q_1' + Q_2Q_0' + Q_2'Q_1Q_0$$
$$= Q_2 \oplus (Q_1Q_0)$$
$$Q_1^* = D_1 = Q_1'Q_0 + Q_1Q_0' = Q_1 \oplus Q_0$$
$$Q_0^* = D_0 = Q_0' = Q_0 \oplus 1$$
$$Y = Q_2Q_1Q_0$$

(4) 画出逻辑电路图。

根据次态（输入）和输出逻辑函数式，画出逻辑电路图，如图6-16所示。

模8计数器的时序图如图6-17所示。

可以看出，模8计数器在每个有效时钟沿到来时改变计数值，计数值每次增加1，即计数器的次态值总是当前态值加1，模8计数器的次态逻辑函数式实际上就是3位数加1的逻辑函数式，因此模 2^n 计数器可以用图6-18所示的电路结构表示。

由此可以得到模16计数器各触发器次态（输入）的逻辑函数式为

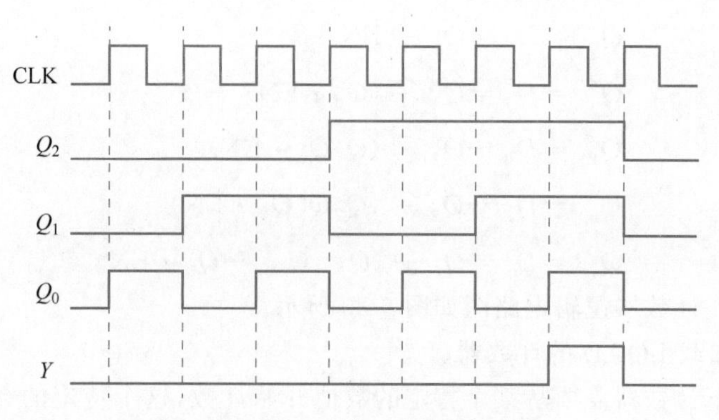

图 6-17 例 6-4 模 8 计数器时序图

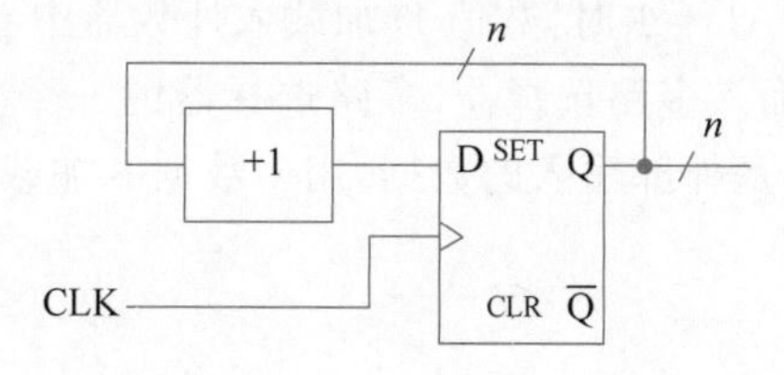

图 6-18 模 2^n 计数器电路结构图

$$Q_0^* = D_0 = Q_0 \oplus 1$$
$$Q_1^* = D_1 = Q_1 \oplus Q_0$$
$$Q_2^* = D_2 = Q_2 \oplus (Q_1 Q_0)$$
$$Q_3^* = D_3 = Q_3 \oplus (Q_2 Q_1 Q_0)$$

进一步可以推出，对于模 2^n 计数器，第 i 级触发器的次态（输入）的逻辑函数式为

$$Q_i^* = D_i = Q_i \oplus (Q_{i-1} Q_{i-2} \cdots Q_0)$$

(5) 带使能 EN 的模 2^n 计数器。

在计数器上可以增加使能功能来控制计数器的工作。当使能信号 EN=1 时，计数器可以正常工作，当时钟沿到来时计数值增加 1；当 EN=0 时，计数器停止计数，当时钟沿到来时计数值保持不变。根据使能信号的工作方式，可以在寄存器输入前加入多路选择器，多路选择器的一个输入是当前计数值加 1 的结果，用于计数操作；另一个输入是当前计数值，用于保持计数值不变。带使能的模 2^n 计数器的电路结构如图 6-19 所示。

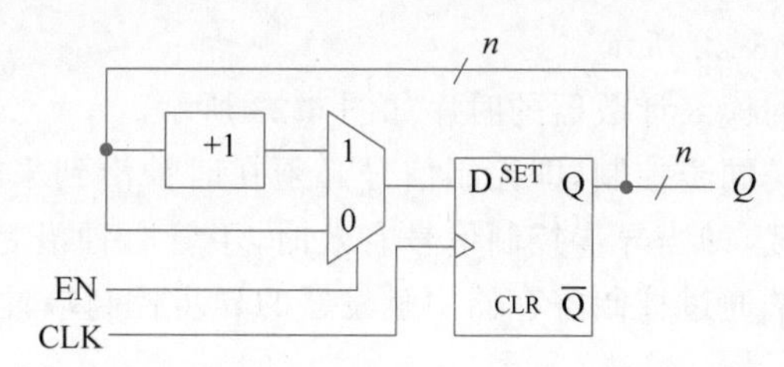

图 6-19 带使能的模 2^n 计数器的电路结构

由电路结构和基本计数器的次态逻辑函数式，可以得到带使能的模 2^n 计数器各触发器次态（输入）的逻辑函数式

$$Q_0^* = D_0 = Q_0 \oplus \text{EN}$$

$$Q_1^* = D_1 = Q_1 \oplus (Q_0 \cdot \text{EN})$$

$$Q_2^* = D_2 = Q_2 \oplus (Q_1 Q_0 \cdot \text{EN})$$

$$Q_3^* = D_3 = Q_3 \oplus (Q_2 Q_1 Q_0 \cdot \text{EN})$$

$$Q_i^* = D_i = Q_i \oplus (Q_{i-1} Q_{i-2} \cdots Q_0 \cdot \text{EN})$$

带使能的模 8 计数器逻辑电路图如图 6-20 所示。

(6) 带并行加载 LOAD 的计数器。

在很多情况下计数器需要从某个特定的数值开始计数，这个特定的数值通常通过输入加载到计数器的寄存器中，用一个并行加载控制信号 LOAD 来控制数据的加载。当 LOAD=0 时，计数器正常计数；当 LOAD=1 时，数值 D 加载入计数器中。和带使能的计数器结构类似，可以在寄存器的输入前加入多路选择器，多路选择器的一个输入是计数值加 1 的结果，用于正常计数。另一个输入是外部输入的数据，用于数据的加载。带并行加载的模 2^n 计数器电路结构如图 6-21 所示。

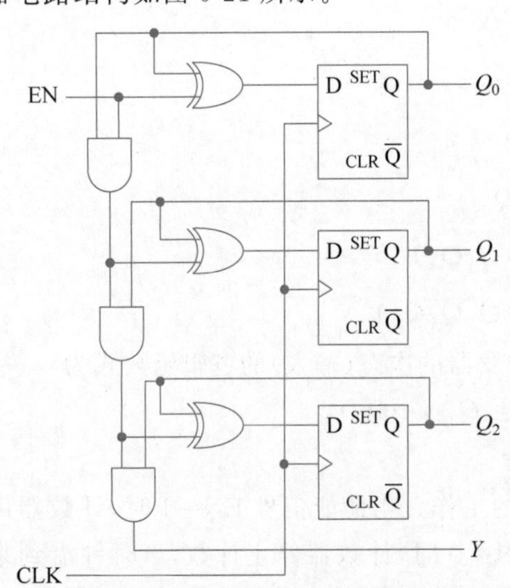

图 6-20 带使能的模 8 计数器逻辑电路图

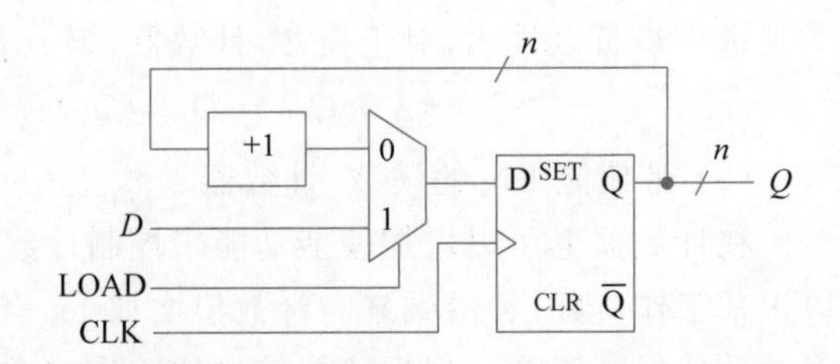

图 6-21 带并行加载的模 2^n 计数器电路结构

对图 6-20 所示的带使能的模 8 计数器稍加修改，就可以得到带使能和并行加载的模 8 计数器逻辑电路图，如图 6-22 所示。

带使能和并行加载的模 8 计数器的时序如图 6-23 所示。

使能和加载控制都是同步控制，即控制信号必须在时钟沿到来时有效才可以控制。也可以对计数器做异步加载，即当异步控制信号有效时，不管时钟沿是否到来，都会对计数器产生控制。异步加载通常通过控制寄存器中触发器的异步控制端置位 SET 和清零 CLR 来实现。

6.4.2 同步模 2^n 双向计数器

【例 6-5】 设计一个模 8 双向计数器，设计规范如下：

(1) 控制信号 DIR 控制计数方向，DIR=0 时，计数器从 0 至 7 递增计数，当计数到 7

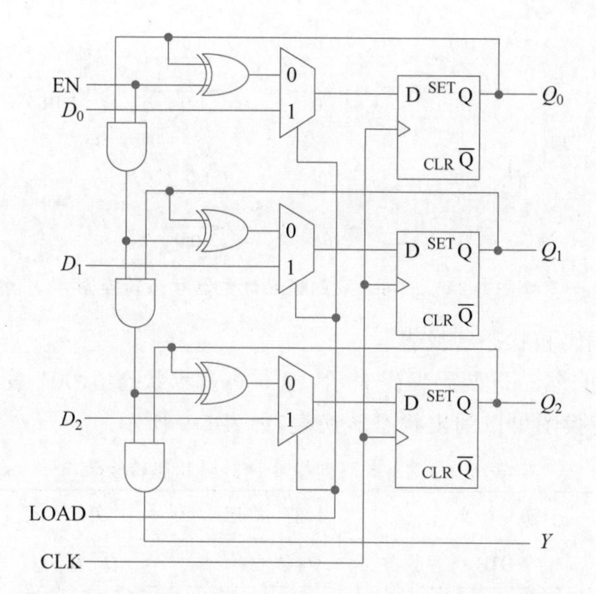

图 6-22　带使能和并行加载的模 8 计数器逻辑电路图

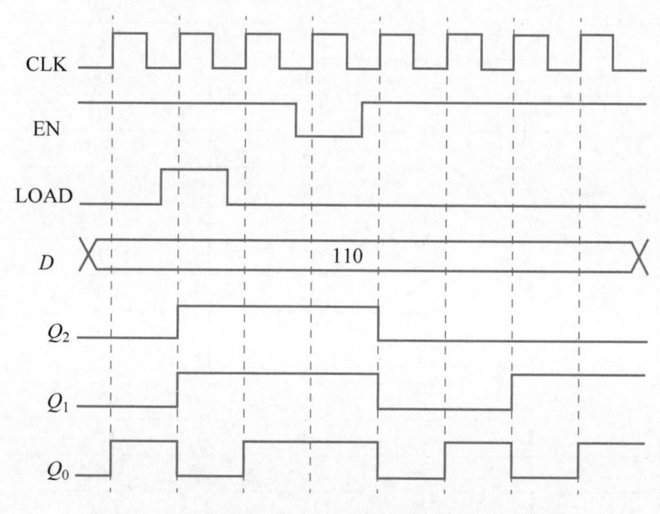

图 6-23　带使能和并行加载的模 8 计数器时序图

时，输出 $Y=1$；

(2) DIR=1 时，计数器从 7 至 0 递减计数，当计数到 0 时，输出 $Y=1$。

模 8 计数器从 0 至 7 计数，计数输出至少需要 3 位来表示。因此双向模 8 计数器的输入为时钟 CLK 和控制信号 DIR；输出为计数输出 $Q_2Q_1Q_0$ 和输出 Y。

设计过程如下。

(1) 画出状态转换图。

设 0 为起始状态，当 DIR 为 0 时，在有效时钟沿到来时，计数值加 1，依次由 0 变为 1、2、…、7；在计数值为 7 时，输出 Y 为 1，当下一个有效时钟沿到来时，计数值回到 0。当 DIR 为 1 时，在有效时钟沿到来时，计数值减 1，依次由 0 变为 7、6、…、1，在计数值为 0 时，输出 Y 为 1，当下一个有效时钟沿到来时，计数值回到 7。由此可以画出状态转换图，如图 6-24 所示。

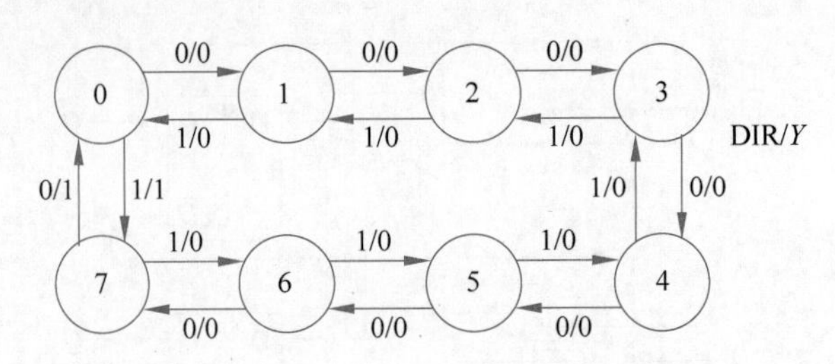

图 6-24　例 6-5 双向模 8 计数器状态转换图

(2) 列出状态编码和状态转换表。

对状态 0～7 用自然二进制码编码表示，即 000 表示状态 0，001 表示状态 1，…，111 表示状态 7。由状态转换图可以列出状态转换表，如表 6-9 所示。

表 6-9　例 6-5 双向模 8 计数器状态转换表

状　态	输　入	当前状态	次　态	输　出
	DIR	$Q_2Q_1Q_0$	$Q_2^*Q_1^*Q_0^*$	Y
0	0	000	001	0
1	0	001	010	0
2	0	010	011	0
3	0	011	100	0
4	0	100	101	0
5	0	101	110	0
6	0	110	111	0
7	0	111	000	1
0	1	000	111	1
1	1	001	000	0
2	1	010	001	0
3	1	011	010	0
4	1	100	011	0
5	1	101	100	0
6	1	110	101	0
7	1	111	110	0

(3) 选择触发器以及计算次态和输出逻辑函数式。

仍然选择 D 触发器，由表 6-9 可以画出次态和输出的卡诺图，如图 6-25 所示。

由卡诺图可以得到次态(输入)和输出的逻辑函数式

$$Q_2^* = D_2 = \mathrm{DIR}' \cdot (Q_2 \oplus (Q_1Q_0)) + \mathrm{DIR} \cdot (Q_2 \odot (Q_1 + Q_0))$$

$$Q_1^* = D_1 = \mathrm{DIR}' \cdot (Q_1 \oplus Q_0) + \mathrm{DIR} \cdot (Q_1 \odot Q_0)$$

$$Q_0^* = D_1 = \mathrm{DIR}' \cdot (Q_0 \oplus 1) + \mathrm{DIR} \cdot (Q_0 \odot 0)$$

$$Y = \mathrm{DIR}' \cdot Q_2Q_1Q_0 + \mathrm{DIR} \cdot Q_2'Q_1'Q_0'$$

由次态(输入)和输出逻辑函数式可以看出，当 DIR=0 时，次态和输出逻辑函数式就是模 8 递增计数器的次态和输出逻辑函数式，即 3 位数加 1 的逻辑函数式；当 DIR=1 时，次态和输出逻辑函数式就是模 8 递减计数器的次态和输出逻辑函数式，即 3 位数减 1 的逻辑函数式。因此双向模 8 计数器可以用如图 6-26 所示的电路结构来表示。

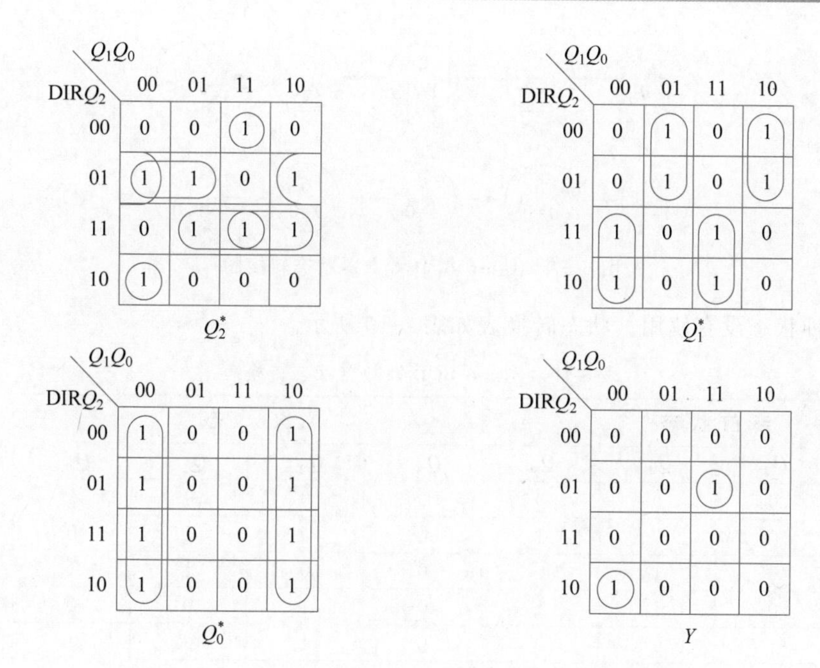

图 6-25 例 6-5 双向模 8 计数器次态和输出的卡诺图

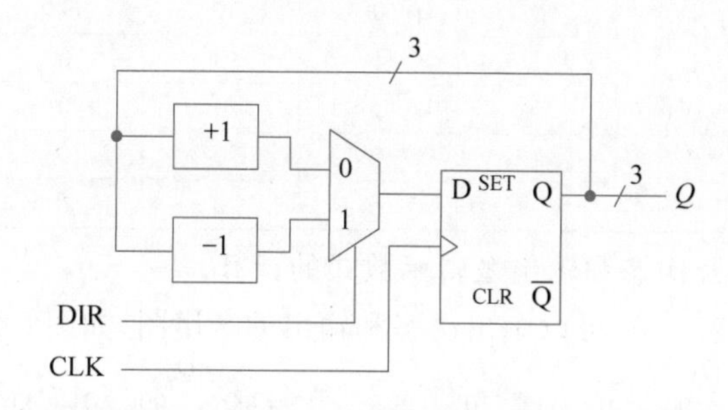

图 6-26 例 6-5 双向模 8 计数器电路结构

6.4.3 同步 BCD 计数器

同步 BCD 计数器就是模 10 计数器，它的设计和二进制计数器类似，只不过计到 9 时返回 0。实用中有 8421BCD 计数器和 2421BCD 计数器等，最常见的是 8421BCD 计数器。

【例 6-6】 设计一个 8421BCD 计数器，设计规范如下：

(1) 每当有效时钟沿到来时，计数值加 1，当计数值达到 9 时，返回 0 重新开始计数；

(2) 当计到 9 时，产生进位输出 $Y=1$。

BCD 码共 10 种状态，需要 4 个触发器来保存状态。因此，8421BCD 码计数器的输入为时钟信号 CLK；输出为计数输出 $Q_3Q_2Q_1Q_0$，输出 Y。

设计过程如下。

(1) 画出状态转换图。

图 6-27 所示是 BCD 计数器的状态转换图。

(2) 列出状态转换表。

BCD 计数器的状态编码就是使用 BCD 编码，即从 0000 至 1001。4 位可以表示 16 种状

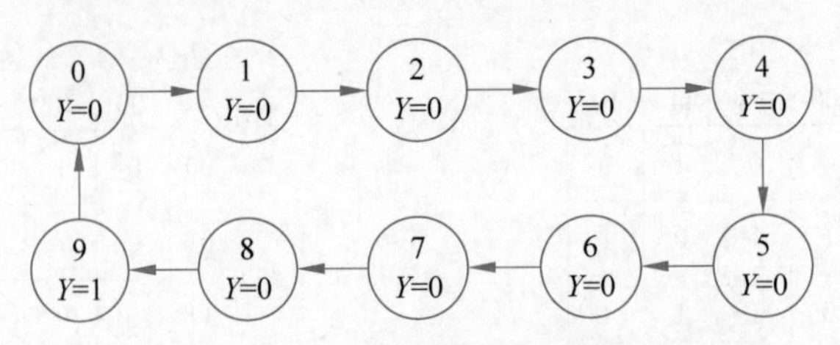

图 6-27　例 6-6 BCD 计数器状态转换图

态，还有 6 种状态没有使用。状态转换表如表 6-10 所示。

表 6-10　例 6-6 BCD 计数器状态转换表

当前状态				次　态				输　出
Q_3	Q_2	Q_1	Q_0	Q_3^*	Q_2^*	Q_1^*	Q_0^*	Y
0	0	0	0	0	0	0	1	0
0	0	0	1	0	0	1	0	0
0	0	1	0	0	0	1	1	0
0	0	1	1	0	1	0	0	0
0	1	0	0	0	1	0	1	0
0	1	0	1	0	1	1	0	0
0	1	1	0	0	1	1	1	0
0	1	1	1	1	0	0	0	0
1	0	0	0	1	0	0	1	0
1	0	0	1	0	0	0	0	1
其他				d	d	d	d	d

(3) 触发器选择以及次态和输出逻辑函数式的计算。

选择 D 触发器，由表 6-10 可以画出次态和输出的卡诺图，如图 6-28 所示。

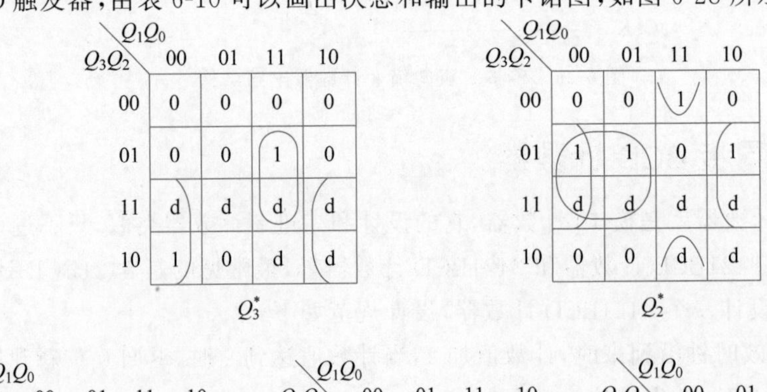

图 6-28　例 6-6 BCD 计数器次态和输出的卡诺图

由卡诺图可以得到次态和输出的逻辑函数式

$$Q_3^* = D_3 = Q_3 Q_0' + Q_2 Q_1 Q_0$$

$$Q_2^* = D_2 = Q_2 Q_1' + Q_2 Q_0' + Q_2' Q_1 Q_0$$

$$Q_1^* = D_1 = Q_3' Q_1' Q_0 + Q_1 Q_0'$$

$$Q_0^* = D_0 = Q_0'$$

$$Y = Q_3 Q_2' Q_1' Q_0$$

(4) 检查电路自启动。

把无效状态 1010～1111 代入次态逻辑函数式，可以得到如图 6-29 所示的完整状态转换图。可以看出，电路可以自启动。

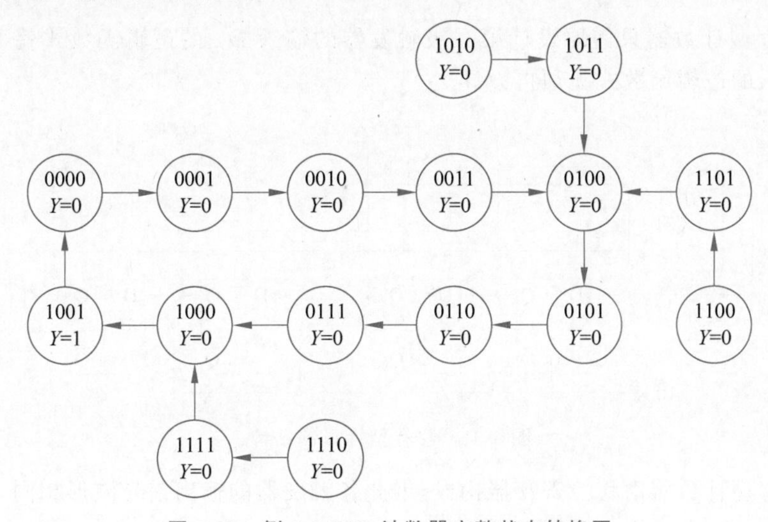

图 6-29　例 6-6 BCD 计数器完整状态转换图

(5) 画出逻辑电路图。

根据输入和输出逻辑函数式可以画出 BCD 计数器的逻辑电路图，如图 6-30 所示。

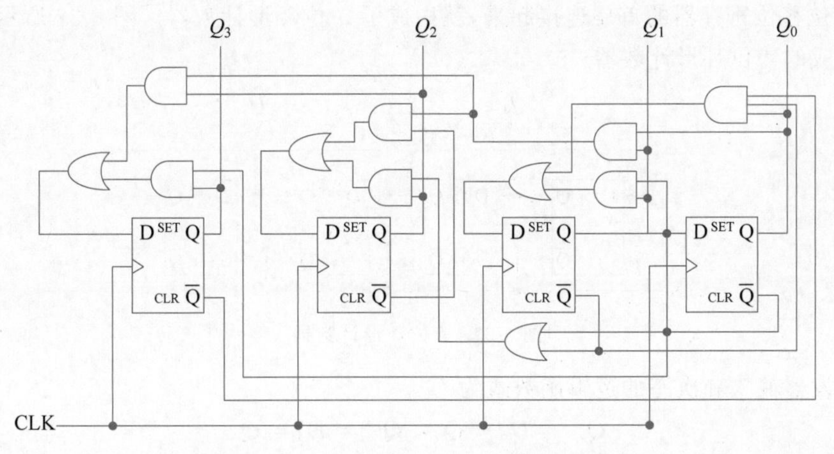

图 6-30　例 6-6 BCD 计数器逻辑电路图

6.5 移存型计数器

移存型计数器由移位寄存器加反馈电路(组合逻辑电路)构成,结构如图 6-31 所示。和二进制计数器不同,移存型计数器的计数顺序既不是升序,也不是降序。常见的移存型计数器有环形计数器和扭环计数器。

移位寄存器通常由 D 触发器构成,前一个触发器的输出接到后一个触发器的输入,因此后一个触发器的次态就是前一个触发器的当前态。如果移位寄存器由 K 个触发器构成,则第 i 个触发器的次态为

$$Q_i^* = D_i = Q_{i-1} \quad (i = 1 \sim (K-1))$$

因此移存型计数器只需要设计第 0 级触发器的输入 D_0 的逻辑函数式就可以,其他各级触发器输入的逻辑函数式无须再设计。

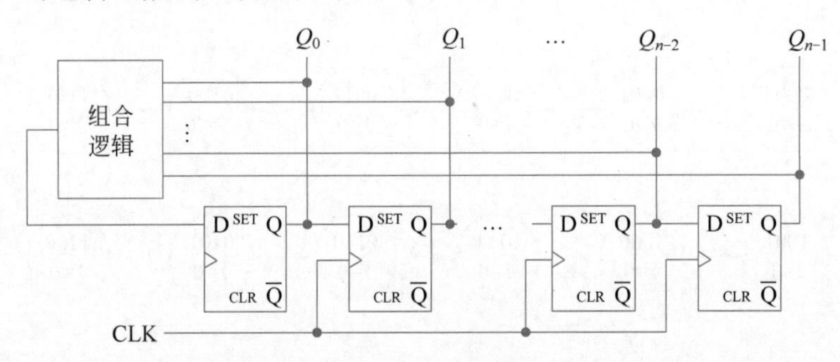

图 6-31 移存型计数器结构

由于移存型计数器由移位寄存器构成,因此各触发器的输出信号波形相同,只是后一个触发器的输出相比前一个触发器有一个时钟周期的延时,相位不同。

6.5.1 环形计数器

把 n 位移位寄存器的首尾连接起来,就构成了 n 位环形计数器。图 6-32 所示是 4 个 D 触发器构成的 4 位环形计数器。

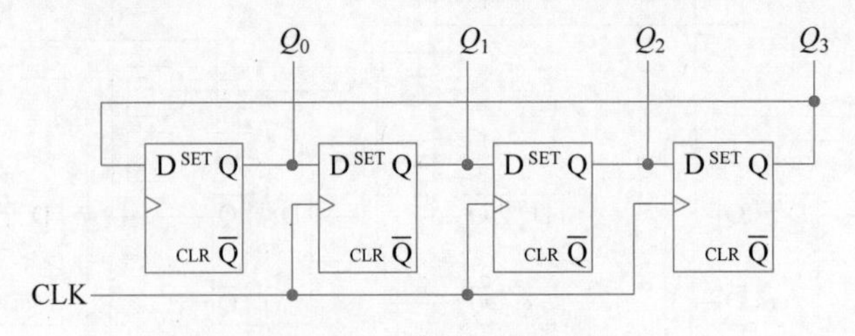

图 6-32 4 位环形计数器

各触发器输入和次态的逻辑函数式为

$$Q_0^* = D_0 = Q_3 \quad Q_1^* = D_1 = Q_0$$

$$Q_2^* = D_2 = Q_1 \quad Q_3^* = D_3 = Q_2$$

当有效时钟沿到来时,各触发器中保存的值(当前态)就向前循环移一位。如果环形计数器的初始状态置为 $Q_3Q_2Q_1Q_0 = 0001$,随着时钟脉冲到来,状态依次为 0010、0100、1000、

0001、……，计数器会重复经历这4种状态。4位环形计数器完整的状态转换图如图6-33所示。

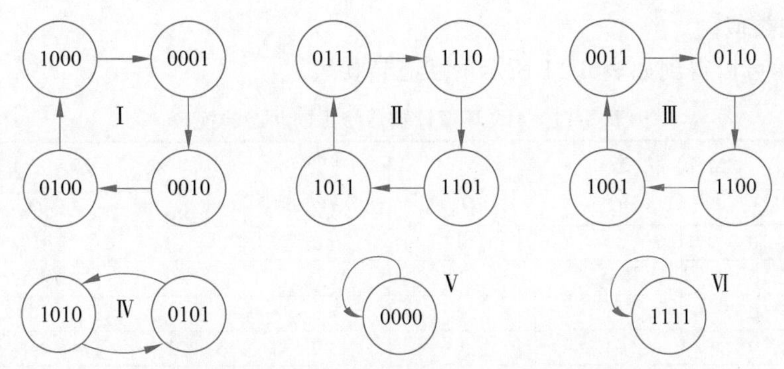

图 6-33 4位环形计数器完整的状态转换图

通常 n 位环形计数器最多会依次经历 n 种状态，因此可以作为模 n 计数器。模 n 计数器可以按照不同的循环工作，例如图6-33的模4环形计数器，可以按照环Ⅰ进行循环，也可以按照环Ⅱ进行循环。按照环Ⅰ进行循环实际上就是对计数值做独热编码，即每个状态只有一位为1。

环形计数器的主要缺点是状态利用率低。n 个触发器可以保存 n 位，表示 2^n 种状态，但只能构成模 n 的环形计数器，即有效状态只有 n 个，而无效状态为 2^n-n 个，且 n 越大，状态的利用率越低。

环形计数器的主要问题是自启动问题。例如按环Ⅰ循环的模4计数器，如果1由于硬件故障丢失的话，计数器就会进入0000状态，并永远停留在这个状态。如果按环Ⅰ以外的其他环循环时，某个1丢失，计数器就可能进入另外的环，并停留在这个环中。

要使环形计数器能够自启动，就要使所有的无效状态在经过一定的状态转换后能够重新回到有效状态。即要修正状态转换图，破开无效循环，强制无效状态转换到某个有效状态，使所有的无效状态最终都进入有效循环。

破开无效循环的原则是要简单，无效状态转入有效状态要符合移位的规律，即只修改 Q_0 的次态逻辑，其他触发器的次态逻辑依然要符合移位规律。图6-34所示是4位环形计数器修正的状态转换图。如果把状态1111转入有效状态，则各触发器的次态逻辑都需要修

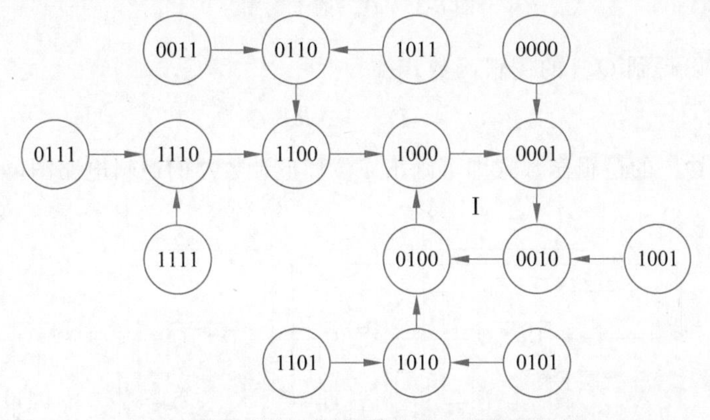

图 6-34 4位环形计数器修正的状态转换图

改,不符合移位规律,但如果转入状态 1110,则只需要修改 Q_0 的次态逻辑；如果把孤立循环 0000 转入 0001,也只需要修改 Q_0 的次态逻辑,其他位符合移位规律。其他无效状态转换的修正与此类似。

由图 6-34 可以得到如表 6-11 所示的状态转换表。

表 6-11 4 位环形计数器修正的状态转换表

当前状态				次态			
Q_3	Q_2	Q_1	Q_0	Q_3^*	Q_2^*	Q_1^*	Q_0^*
0	0	0	0	0	0	0	1
0	0	0	1	0	0	1	0
0	0	1	0	0	1	0	0
0	0	1	1	0	1	1	0
0	1	0	0	1	0	0	0
0	1	0	1	1	0	1	0
0	1	1	0	1	1	0	0
0	1	1	1	1	1	1	0
1	0	0	0	0	0	0	1
1	0	0	1	0	0	1	0
1	0	1	0	0	1	0	0
1	0	1	1	0	1	1	0
1	1	0	0	1	0	0	0
1	1	0	1	1	0	1	0
1	1	1	0	1	1	0	0
1	1	1	1	1	1	1	0

由表 6-11 可以画出 Q_0^* 的卡诺图,如图 6-35 所示。

Q_3Q_2 \ Q_1Q_0	00	01	11	10
00	1	0	0	0
01	0	0	0	0
11	0	0	0	0
10	1	0	0	0

图 6-35 Q_0^* 的卡诺图

由卡诺图可以得到 Q_0^* 的逻辑函数式

$$Q_0^* = D_0 = Q'_2 Q'_1 Q'_0$$

根据修正的 Q_0^* 的逻辑函数式即可画出 4 位环形计数器的逻辑电路图,如图 6-36 所示。

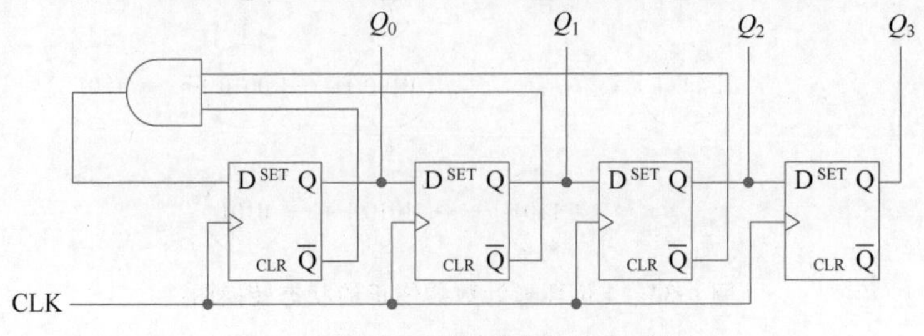

图 6-36 4 位环形计数器逻辑电路图

6.5.2 扭环计数器

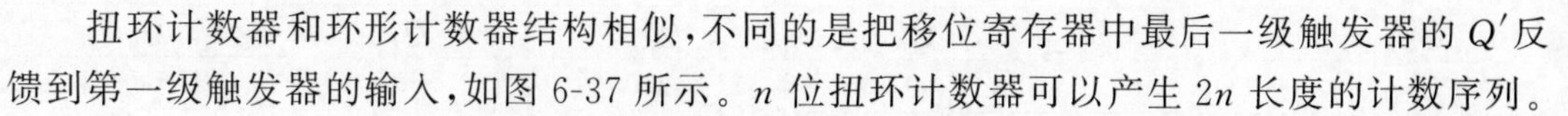

扭环计数器和环形计数器结构相似,不同的是把移位寄存器中最后一级触发器的 Q' 反馈到第一级触发器的输入,如图 6-37 所示。n 位扭环计数器可以产生 $2n$ 长度的计数序列。

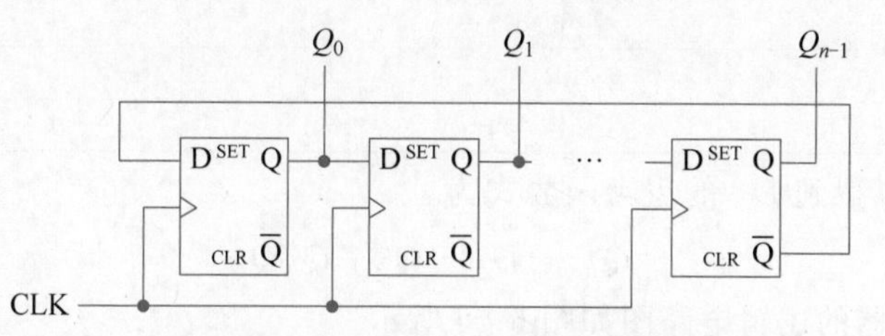

图 6-37 n 位扭环计数器电路结构

3 位扭环计数器的状态转换图如图 6-38 所示,可以看到,它的计数序列是 000、001、011、111、110、100,计数序列的长度为 6,计数序列中每两个相邻的计数值只有 1 位不同。

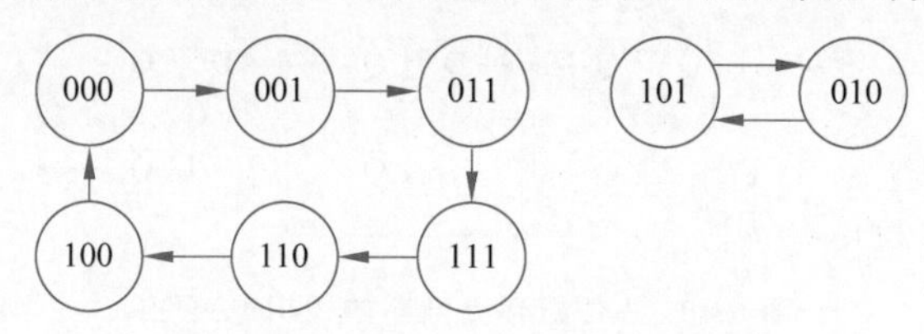

图 6-38 3 位扭环计数器状态转换图

各触发器输入和次态的逻辑函数式为

$$Q_0^* = D_0 = Q_2'$$

$$Q_1^* = D_1 = Q_0$$

$$Q_2^* = D_2 = Q_1$$

扭环计数器同样也有自启动的问题。修正图 6-38 所示的状态转换图,使 101 转入 011,这样只需要修改 D_0 的逻辑即可。修正后的状态转换图如图 6-39 所示。

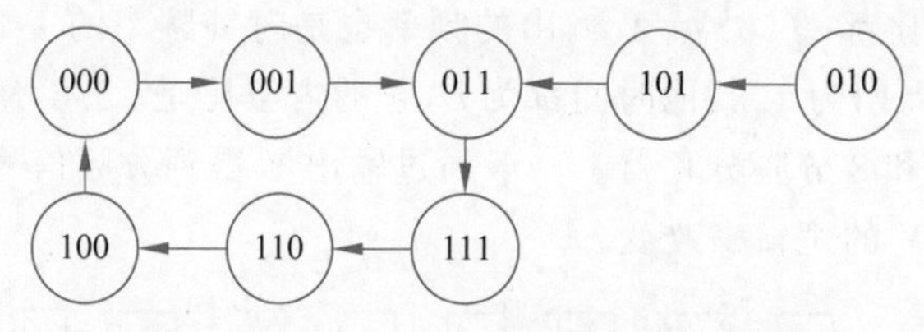

图 6-39 3 位扭环计数器修正的状态转换图

由图 6-39 可以列出如表 6-12 所示的状态转换表。

表 6-12 3 位扭环计数器的状态转换表

当前状态			次 态		
Q_2	Q_1	Q_0	Q_2^*	Q_1^*	Q_0^*
0	0	0	0	0	1
0	0	1	0	1	1
0	1	0	1	0	1
0	1	1	1	1	1

续表

当前状态			次态		
Q_2	Q_1	Q_0	Q_2^*	Q_1^*	Q_0^*
1	0	0	0	0	0
1	0	1	0	1	1
1	1	0	1	0	0
1	1	1	1	1	0

由表 6-12 可以得到 D_0 的逻辑函数式为

$$Q_0^* = D_0 = Q'_2 + Q'_1 Q_0$$

3 位扭环计数器的逻辑电路图如图 6-40 所示。

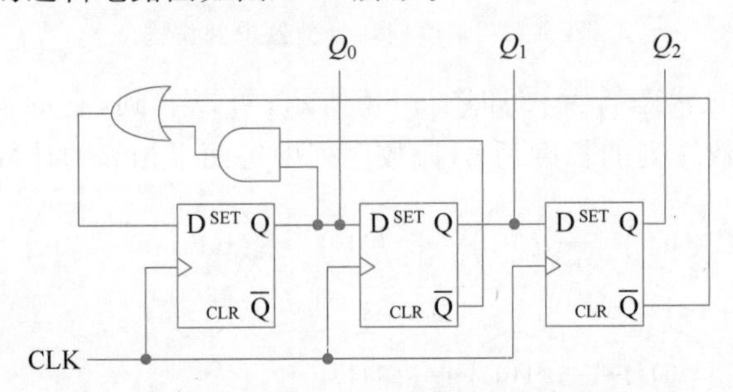

图 6-40　3 位扭环计数器的逻辑电路图

6.6　计数器的应用

视频讲解

6.6.1　分频器

计数器可以实现分频。从图 6-41 所示的模 8 计数器时序图可以看出,计数输出 Q_0 的频率是时钟 CLK 频率的 1/2,Q_1 的频率是时钟 CLK 频率的 1/4,Q_2 的频率是时钟 CLK 频率的 1/8,它们的占空比都是 50%。Y 输出的频率也是时钟频率的 1/8,在 8 个时钟周期中 Y 输出只有一个时钟周期为 1,其他时间都为 0,它的占空比是 12.5%。因此模 8 计数器可以实现 2 分频、4 分频和 8 分频分频器。一般通过输出 Y 得到分频信号,输出 Y 的占空比和相位都可以通过调整 Y 的逻辑来改变。

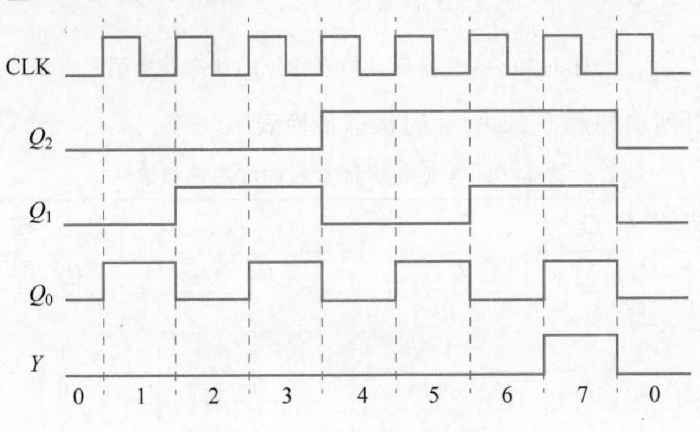

图 6-41　模 8 计数器时序图

一般地，模 N 计数器可以实现 N 分频器，计数器从 0 到 $N-1$ 反复计数，每当计到 $N-1$ 时输出一个 1，这个信号相对于时钟信号就是一个分频比为 $1/N$、占空比也是 $1/N$ 的分频输出。如果每次计数循环中在不同的计数值时使输出为 1，即改变计数器译码输出的逻辑，分频信号的占空比和相位也就不同。

【例 6-7】 设计一个对时钟信号 5 分频的电路，输出两个 5 分频信号 $Y0$ 和 $Y1$，信号的时序图如图 6-42 所示。

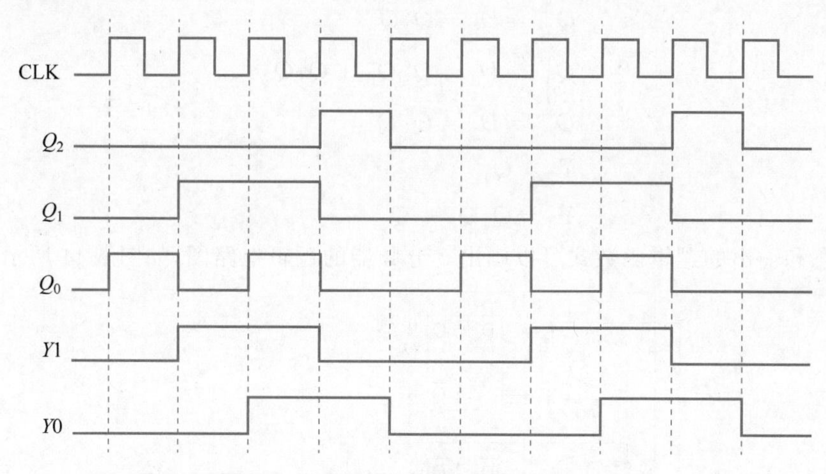

图 6-42　例 6-7 的 5 分频器的信号时序图

5 分频电路可以用模 5 计数器实现，计数序列可以是 0、1、2、3、4、0、1、2、3、4、0、…。可以看出，两个分频输出信号的占空比都是 40%，但两个分频输出信号的相位不同。根据图 6-42 可以画出如图 6-43 所示的状态转换图。

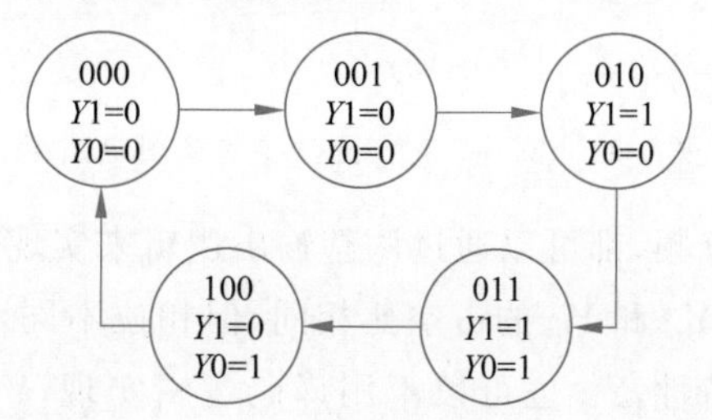

图 6-43　例 6-7 的 5 分频器的状态转换图

由图 6-43 可以得到状态转换表，如表 6-13 所示。

表 6-13　例 6-7 的 5 分频器的状态转换表

当前状态			次　态			输　出	
Q_2	Q_1	Q_0	Q_2^*	Q_1^*	Q_0^*	Y_1	Y_0
0	0	0	0	0	1	0	0
0	0	1	0	1	0	0	0
0	1	0	0	1	1	1	0
0	1	1	1	0	0	1	1
1	0	0	0	0	0	0	1
1	0	1	d	d	d	d	d

续表

当前状态			次态			输出	
Q_2	Q_1	Q_0	Q_2^*	Q_1^*	Q_0^*	Y_1	Y_0
1	1	0	d	d	d	d	d
1	1	1	d	d	d	d	d

由表 6-13 可以得到次态和输出的逻辑函数式

$$Q_2^* = D_2 = Q_1 Q_0$$

$$Q_1^* = D_1 = Q'_1 Q_0 + Q_1 Q'_0$$

$$Q_0^* = D_0 = Q'_2 Q'_0$$

$$Y_1 = Q_1$$

$$Y_0 = Q_1 Q_0 + Q_2$$

由次态和输出的逻辑函数式可以画出 5 分频器的逻辑电路图，如图 6-44 所示。

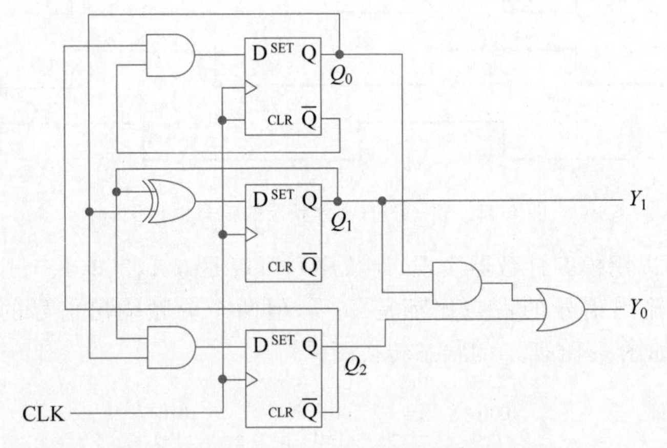

图 6-44 例 6-7 的 5 分频器的逻辑电路图

其他占空比和相位的分频，都可以通过调整输出逻辑来实现。

在例 6-7 中，分频输出 Y_0 和 Y_1 的占空比相同，但相位不同，Y_0 比 Y_1 滞后一个时钟周期。由于触发器具有延时特性，Y_0 也可以不用译码逻辑实现，Y_1 通过触发器后可得到 Y_0 输出。改进的 5 分频器逻辑电路如图 6-45 所示。

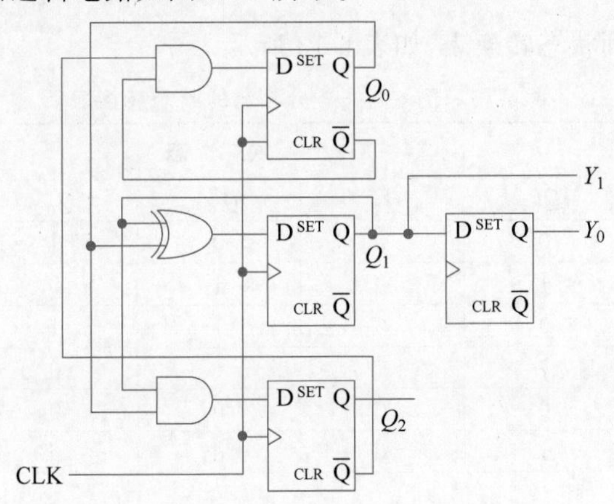

图 6-45 例 6-7 改进的 5 分频器的逻辑电路图

May all your wishes
come true
读书破万卷
水木书荟

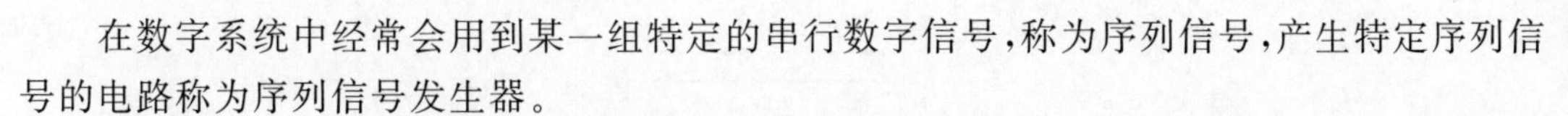

6.6.2 序列信号发生器

在数字系统中经常会用到某一组特定的串行数字信号，称为序列信号，产生特定序列信号的电路称为序列信号发生器。

序列信号发生器的构成有多种方法，一种方法是用计数器＋译码器或计数器＋多路选择器实现，另一种方法是用带反馈逻辑的移位寄存器实现。

1）基于计数器的序列信号发生器

采用计数器构成序列信号发生器时，序列的长度就是计数序列的长度，通过对计数器的计数输出进行译码，产生序列信号。

【例 6-8】 设计序列信号发生器，产生 10001110（时间顺序为自左至右）序列 Y。

序列的长度为 8，可以用模 8 计数器来实现。当计数器在时钟的作用下从 0 计到 7 时，在 8 个时钟周期依次输出序列 10001110，计数器的状态（计数值）和输出 Y 之间的关系如表 6-14 所示，Y 相当于计数值的译码输出。

表 6-14　例 6-8 计数值和输出之间的关系

CLK	计数值			输出
	Q_2	Q_1	Q_0	Y
0	0	0	0	1
1	0	0	1	0
2	0	1	0	0
3	0	1	1	0
4	1	0	0	1
5	1	0	1	1
6	1	1	0	1
7	1	1	1	0

由表 6-14 可以画出输出 Y 的卡诺图，如图 6-46 所示。

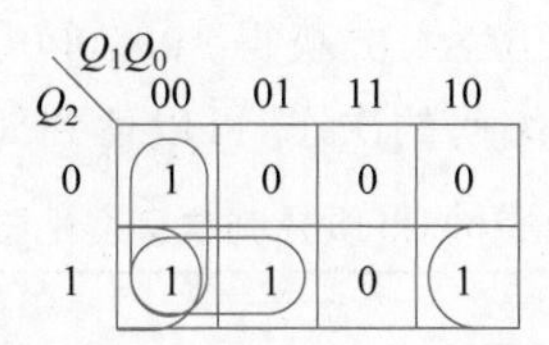

图 6-46　例 6-8 输出 Y 的卡诺图

由图 6-46 可以得到 Y 的逻辑函数式

$$Y=Q_1'Q_0'+Q_2Q_1'+Q_2Q_0'$$

10001110 序列信号发生器的电路结构如图 6-47 所示。

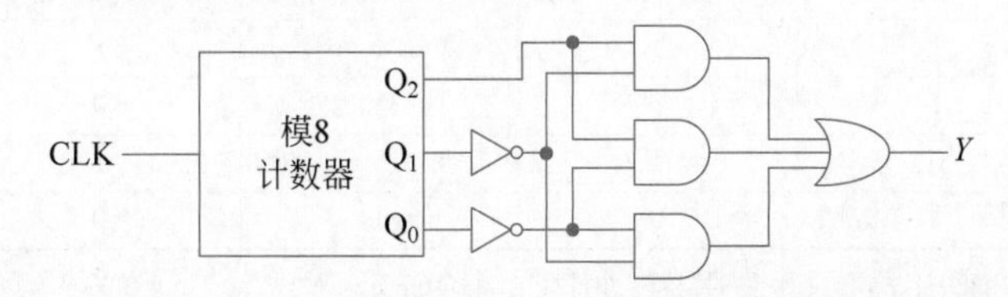

图 6-47　计数器＋译码器的 10001110 序列信号发生器的电路结构图

也可以把计数值作为选择控制信号，用多路选择器来实现 Y 逻辑，电路结构如图 6-48 所示。

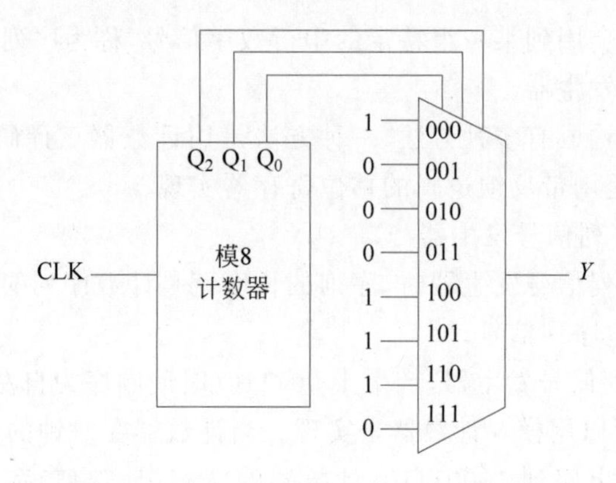

图 6-48　计数器＋多路选择器的 10001110 序列信号发生器的电路结构图

2）基于移位寄存器的序列信号发生器

基于移位寄存器的序列信号发生器由移位寄存器和反馈逻辑电路构成，这种电路也可以看作移存型计数器。

使用移位寄存器构成序列信号发生器时，首先需要确定移位寄存器的级数。当序列的长度为 N 时，寄存器的级数 n 应满足 $2^n \geqslant N$。然后把序列从头开始取 n 位为一组，逐次向后移一位，这样依次向后取，直到得到 N 个独立的编码。这样后一个编码就是前一个编码的次态，由此可以得到移存型序列信号发生器的状态转换表。和移存型计数器设计类似，只需要求出第一级触发器输入的逻辑函数式即可。序列可以从各触发器的输出得到，从不同触发器的输出取得的序列相位不同。

【例 6-9】　基于移位寄存器设计 10001110(时间顺序为自左至右)序列信号发生器。

序列的长度为 8，移位寄存器的级数可以取 $n=3$。从序列 1000111010001110…的开始取 3 位为一组，然后每次向右移一位，依次获得 100、000、001、011、111、110、101、010，共 8 个独立的编码，后面的编码是前一编码的次态，可以得到如表 6-15 所示的状态转换表。

表 6-15　移存型 10001110 序列信号发生器的状态转换表

当前状态			次态		
Q_2	Q_1	Q_0	Q_2^*	Q_1^*	Q_0^*
1	0	0	0	0	0
0	0	0	0	0	1
0	0	1	0	1	1
0	1	1	1	1	1
1	1	1	1	1	0
1	1	0	1	0	1
1	0	1	0	1	0
0	1	0	1	0	0

由表 6-15 可以画出 Q_0^* 的卡诺图，如图 6-49 所示。

由图 6-49 可以得到 Q_0^* 的逻辑函数式

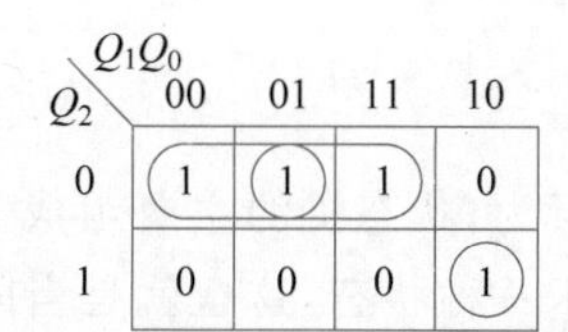

图 6-49　例 6-9 的 Q_0^* 的卡诺图

$$Q_0^* = D_0 = Q'_2 Q'_1 + Q'_2 Q_0 + Q_2 Q_1 Q'_0$$

移存型 1000110 序列信号发生器的逻辑电路图如图 6-50 所示。

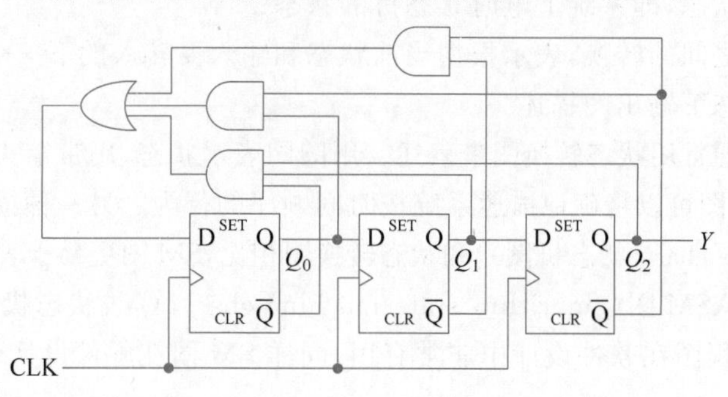

图 6-50　移存型 10001110 序列信号发生器逻辑电路图

产生 10001110 序列的移位寄存器级数也可以大于 3，例如 4 级，这时就取 4 位为一组，逐次向后移一位，直到得到 8 个独立的编码。但用 4 级寄存器就意味着有 8 个冗余状态，电路也会更复杂。

6.7　有限状态机(FSM)

同步时序电路可以分为 3 类：规则时序电路、随机时序电路和联合时序电路。计数器和移位寄存器都是规则时序电路，它们的状态表示和状态转换都比较简单，而且有规则的模式；相应地，次态逻辑也可以用规则的或结构化的模块来实现。随机时序电路的状态转换更复杂，次态逻辑通常是随机逻辑，需要从头构建，这类时序电路也称为有限状态机(finite state machine，FSM)。联合时序电路中既有规则时序电路也有随机时序电路，状态机通常用于对规则时序电路的控制，这类电路的设计通常使用寄存器传输级设计方法(register transfer level Methodology)，联合时序电路的设计将在后面章节中介绍。

状态机是最重要的一类时序电路。状态机称为有限状态机是因为实现状态机的电路只有有限个可能的状态。计数器可以看作一个简单的状态机，计数输出就是各个状态，状态的转换也不需要进行选择，当有效时钟沿到来时就进行状态转换。

状态机的输出和次态受输入和当前状态的影响，可以进行一系列按一定时间顺序来完成的操作，由此会产生复杂的行为。状态机在数字系统中主要作为控制电路控制各个操作按照一定的顺序来完成。在生活中经常会看到这种按一定顺序，或在特定控制操作下按时间顺序完成的一系列任务。例如十字路口的交通灯，路口的绿灯要持续一段时间后才会变为红灯，在变为红灯后也要持续一段时间才能变为绿灯，控制交通灯变化的电路就是一个状态机。还有日常生活中用到的洗衣机、微波炉、各种音视频设备，都可以用状态机来控制。

视频讲解

6.7.1 SM 图

状态机可以描述系统的顺序行为，状态机的主要组成部分就是一组表示系统"模式"的状态。状态机在任一时间只能处于一种状态，这也就是当前状态。

一个状态机通常包含以下 5 个元素：

(1) 一组状态；

(2) 一组输入和输出；

(3) 一个初始状态，即系统上电时状态机的状态；

(4) 一组状态之间的转换，表示根据当前状态和输入要转入的下一个状态；

(5) 对各个状态下输出的描述。

状态机的工作通常用状态转换图来表述。用圆圈表示状态，用带箭头的弧线表示状态之间的转换，状态转换图可以精确地描述系统按时间顺序的行为。另一种描述状态机的方法是 SM 图(state machine chart，状态机图)，和状态转换图相比，SM 图更易于表述系统的行为。

SM 图也称为 ASM 图(algorithm state machine chart，算法状态机图)，类似于软件设计中的流程图。流程图在软件设计中非常有用，同样 SM 图在硬件设计中也非常有用，特别是在行为级设计时。

SM 图由状态框、决定框和条件输出框 3 种基本单元构成，如图 6-51 所示。状态框是一个矩形框，表示状态机中的一个状态。状态框中包含状态名，可以把输出列在状态框中，这里的输出信号只和当前状态有关，称为 Moore 输出。决定框是一个菱形，框中是表示条件的布尔函数式，另外还有表示条件为"真"和"假"时的分支。条件输出框是一个圆角的矩形，里面是根据输入或状态条件的输出列表。由于这里的输出和外部输入有关，条件输出框里的输出信号称为 Mealy 输出。决定框必须跟在状态框后，条件输出框必须跟在决定框后。

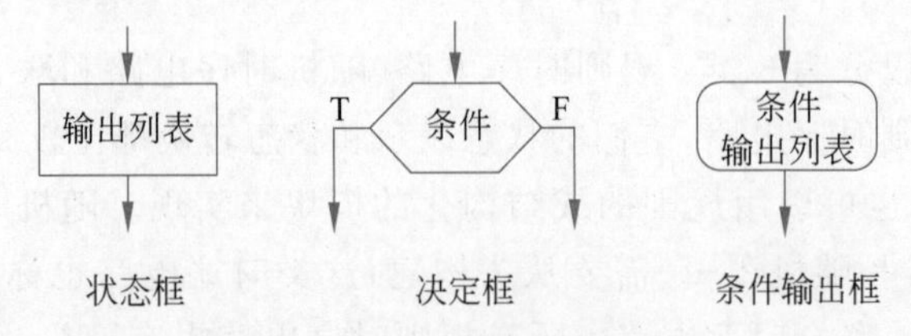

图 6-51　构成 SM 图的基本单元

SM 图由多个 SM 块构成。每个 SM 块以一个状态框开始，可以再加上和这个状态相关的决定框和条件输出框，SM 块有一个入口，可以有多个出口。每个 SM 块表示一个状态，描述在这个状态期间的操作。当系统进入这个状态时，状态框输出列表中列出的输出都有效，决定框中的条件决定转入哪条路径，即当前状态的转换方向；如果选中的路径上有条件输出框，条件输出框输出列表中列出的输出有效。SM 块的出口必须连接到一个状态框的入口，这个状态框可以是当前 SM 块的状态框，也可以是其他 SM 块的状态框。

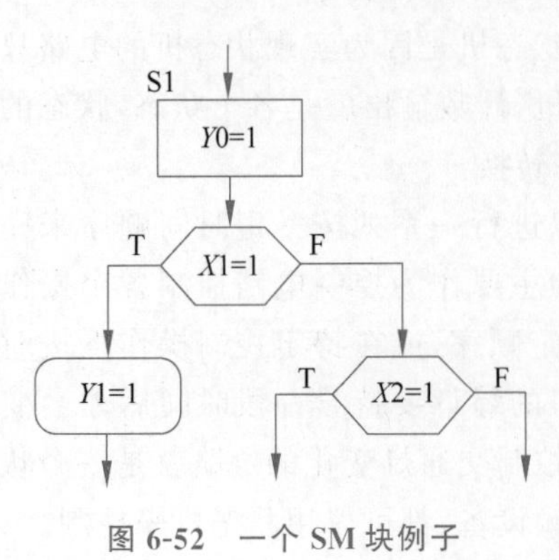

图 6-52　一个 SM 块例子

图 6-52 所示是一个 SM 块例子。在状态 S1 时，输出 $Y0=1$；当条件 $X1=1$ 为真时，输出 $Y1=1$，否则判断

条件 $X2=1$ 是否为真，决定转出的方向。这个 SM 块有一个入口和 3 个出口，输出 $Y0$ 只和当前状态有关，是一个 Moore 输出，而 $Y1$ 在外部输入 $X1=1$ 时为 1，因此 $Y1$ 是一个 Mealy 输出。

SM 图可以转化为状态转换图，反过来状态转换图也可以转化为 SM 图。

设计状态机首先需要分析系统的行为，用 SM 图描述系统行为。这可以按照以下步骤进行：

(1) 列出状态：列出系统中所有可能的状态，并给每个状态一个有意义的名字，指定初始状态；

(2) 产生状态转换：分析系统行为，对每个状态找出所有可能的离开这个状态的转换；

(3) 根据系统行为画出 SM 图；

(4) 把 SM 图转化为状态转换图；

(5) 检查状态机的行为是否符合系统行为。

确定了基本的设计规范和状态转换图之后，就可以按照 6.3.1 节给出的时序电路设计方法和步骤设计状态机电路。

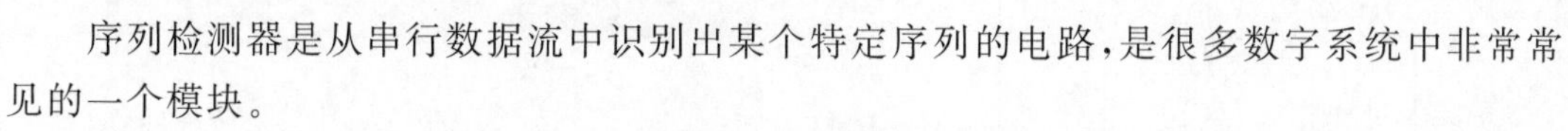

6.7.2 设计举例：序列检测

视频讲解

序列检测器是从串行数据流中识别出某个特定序列的电路，是很多数字系统中非常常见的一个模块。

【例 6-10】 设计一个检测 0011 的序列检测器。串行输入 X，检测输入中是否包含序列 0011，如果检测到这个序列，则输出 Z 为 1，否则输出 Z 为 0。

设计过程如下。

(1) 列出状态。

首先列出序列检测器可能的状态。一个状态为起始状态 S0，表示检测器准备开始检测序列；如果输入 X 为 0，就进入第二个状态 S1，表示接收到序列的第一个序列位 0；如果接着检测到输入 X 为 0，就进入第三个状态 S2，表示接收到两个序列位 00；如果接着检测到输入 X 为 1，就进入第四个状态 S3，表示接收到 3 个序列位 001；如果接着检测到输入 X 为 1，就进入第五个状态 S4，表示接收到 4 个序列位 0011。到状态 S4 就意味着已经接收到了一个完整的 0011 序列，输出 Z 为 1，接下来就应该再重新开始判断输入是否是另一个 0011 序列了，因此这个序列检测器可以用 5 个状态来描述。

(2) 找出状态的转换。

① 状态 S0：起始状态。

如果输入 $X=1$，不可能是一个 0011 序列的开始，只能还是在起始状态 S0；如果输入 $X=0$，则有可能是序列的第一位，转入 S1 状态。

② 状态 S1：表示检测到了 0。

如果输入 $X=1$，和前面的输入连起来是 01，不可能是序列 0011，因此应该返回 S0，重新开始检测；如果输入 $X=0$，和前面的输入连起来就是 00，因此转入 S2 状态。

③ 状态 S2：表示检测到了 00。

如果输入 $X=1$，和前面的输入连起来就是 001，转入状态 S3；如果输入 $X=0$，和前面的输入连起来是 000，可以看作检测到了两个 0，转入 S2 状态，表示检测到了两个序列位。

④ 状态 S3：表示检测到了 001。

如果输入 $X=1$，和前面的输入连起来就是 0011，进入 S4 状态；如果输入 $X=0$，和前面的输入连起来是0010,不是要检测的序列,但也可以看作下一个0011序列的第一位,因此转入状态S1。

⑤ 状态S4:表示检测到了一个完整的0011序列。

如果输入$X=1$,不可能是一个0011序列的开始,转入S0状态;如果输入$X=0$,转入S1状态。

(3) 画出SM图和状态转换图。

根据对序列检测器行为的分析,可以画出SM图,如图6-53(a)所示。SM图中的每个状态框和与它相连的决定框构成一个SM块,每个SM块代表一个状态,决定框决定当前状态的转换方向。根据SM图可以得到状态转换图,如图6-53(b)所示。

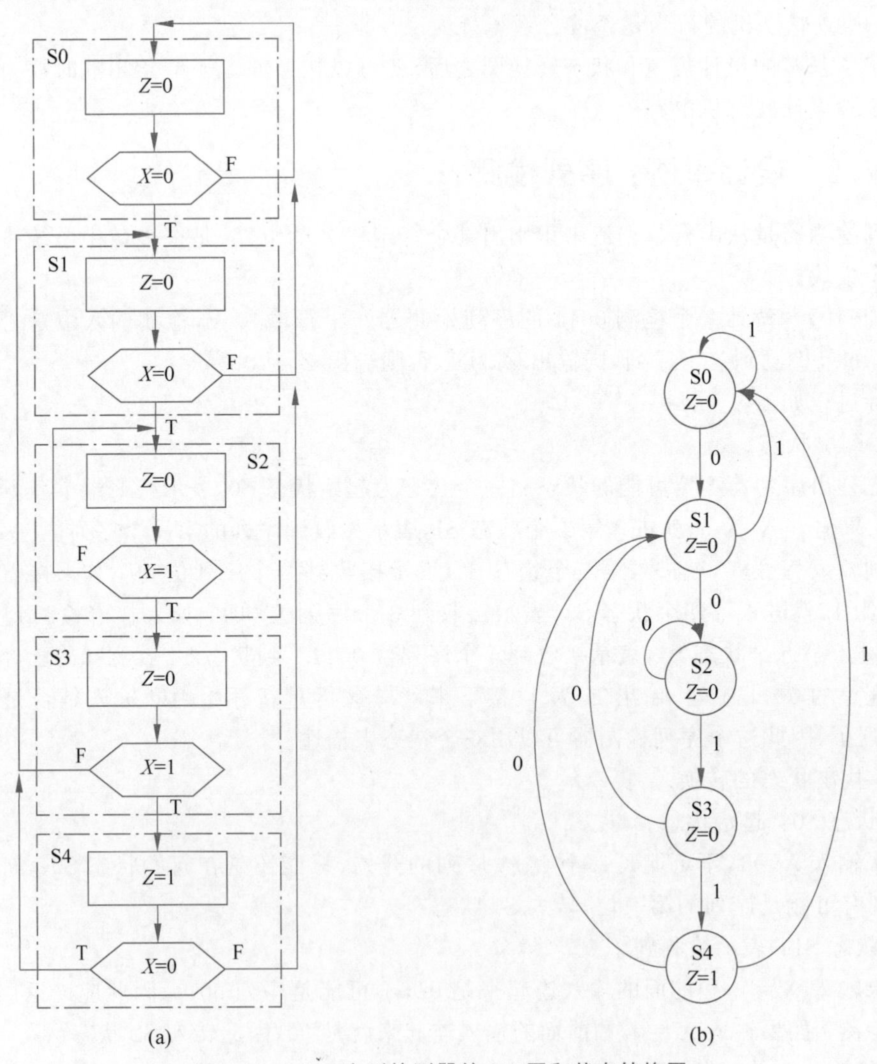

图6-53 0011序列检测器的SM图和状态转换图

(4) 逻辑电路实现。

0011序列检测器共有5个状态,至少需要3位对状态编码。采用自然二进制数对状态进行编码,S0～S4依次编码为000、001、010、011和100,无用的状态都转入初始状态000。状态转换表如表6-16所示。

表 6-16 0011 序列检测器状态转换表

输入	当前状态			次态			输出
X	Q_2	Q_1	Q_0	Q_2^*	Q_1^*	Q_0^*	Z
0	0	0	0	0	0	1	0
0	0	0	1	0	1	0	0
0	0	1	0	0	1	0	0
0	0	1	1	0	0	1	0
0	1	0	0	0	0	1	1
0	1	0	1	0	0	0	0
0	1	1	0	0	0	0	0
0	1	1	1	0	0	0	0
1	0	0	0	0	0	0	0
1	0	0	1	0	0	0	0
1	0	1	0	0	1	1	0
1	0	1	1	1	0	0	0
1	1	0	0	0	0	0	1
1	1	0	1	0	0	0	0
1	1	1	0	0	0	0	0
1	1	1	1	0	0	0	0

由表 6-16 可以画出序列检测器次态和输出的卡诺图，如图 6-54 所示。

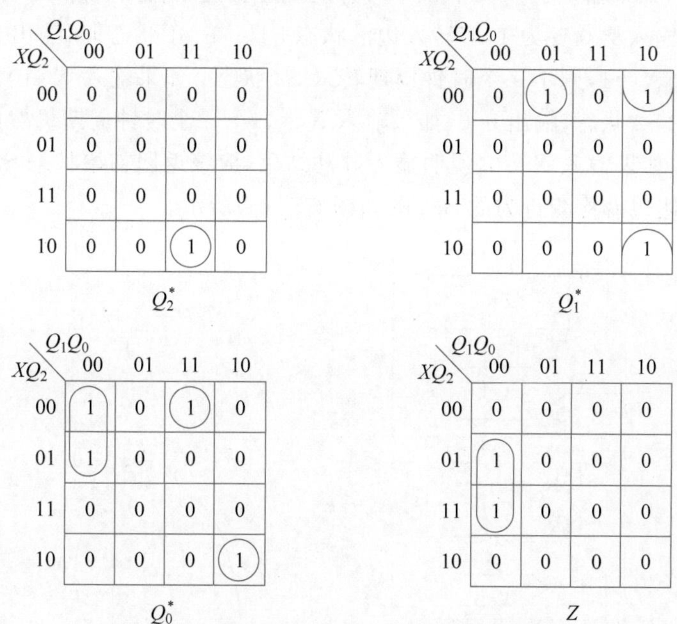

图 6-54 序列检测器次态和输出逻辑的卡诺图

由图 6-54 得到次态和输出的逻辑函数式为

$$Q_2^* = D_2 = XQ'_2Q_1Q_0$$

$$Q_1^* = D_1 = X'Q'_2Q'_1Q_0 + Q'_2Q_1Q'_0$$

$$Q_0^* = D_0 = X'Q'_1Q'_0 + X'Q'_2Q_1Q_0 + XQ'_2Q_1Q'_0$$

$$Z = Q_2Q'_1Q'_0$$

由次态和输出逻辑函数式就可以得到0011序列检测器的逻辑电路图。

6.7.3 设计举例：边沿检测

【例 6-11】 设计一个边沿检测电路，当输入信号 X 从 0 变为 1 时，输出一个持续一个时钟周期的短脉冲 Z，信号时序图如图 6-55 所示。

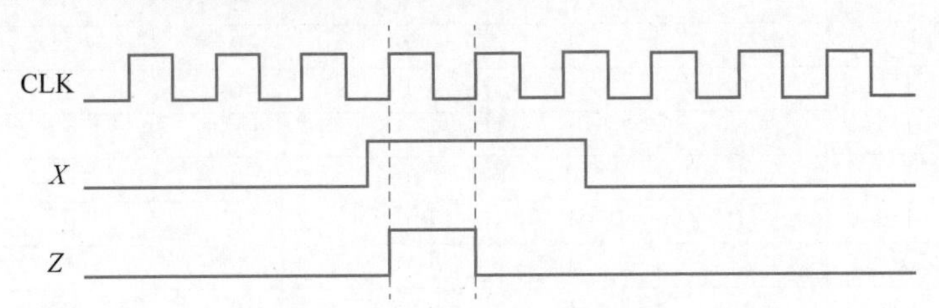

图 6-55 例 6-11 边沿检测时序图

边沿检测的过程可以描述为：在初始状态，当输入 X 为 0 时，输出 Z 为 0；当输入 X 变为 1 时，输出为 1 且保持一个时钟周期；之后如果输入 X 仍然为 1，输出变为 0；如果输入 X 为 0，输出也变为 0，返回初始状态，等待下一次输入变为 1。

因此检测的过程可以分为 3 个状态：初始状态 S0、边沿状态 S1 和后续状态 S2。在 S0 状态时，输出为 0，如果输入 $X=0$，下一个时钟周期应仍处于初始状态，等待输入变为 1；如果输入 $X=1$，即输入从 0 变为 1，应转入边沿状态 S1。在 S1 状态时，输出为 1 保持一个时钟周期，如果输入 $X=1$，则下一个时钟周期转入 S2 状态；如果输入 $X=0$，输入脉冲结束，转入 S0 状态。在 S2 状态，输出为 0，如果输入 $X=1$，下一个时钟周期仍然保持在 S2 状态，使输出持续为 0；如果输入 $X=0$，说明输入脉冲结束，应该返回初始状态 S0，等待下一个输入脉冲到来。描述边沿检测行为的 SM 图如图 6-56(a)所示。

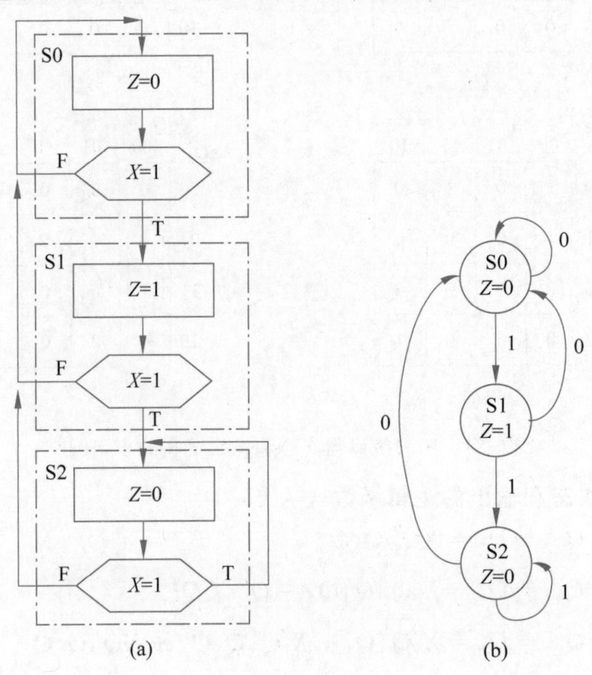

图 6-56 例 6-11 边沿检测的 SM 图和状态转换图

由 SM 图可以画出如图 6-56(b)所示的状态转换图,按照 6.3.1 节介绍的时序电路设计方法和步骤就可以得到边沿检测电路的逻辑电路图,如图 6-57 所示。

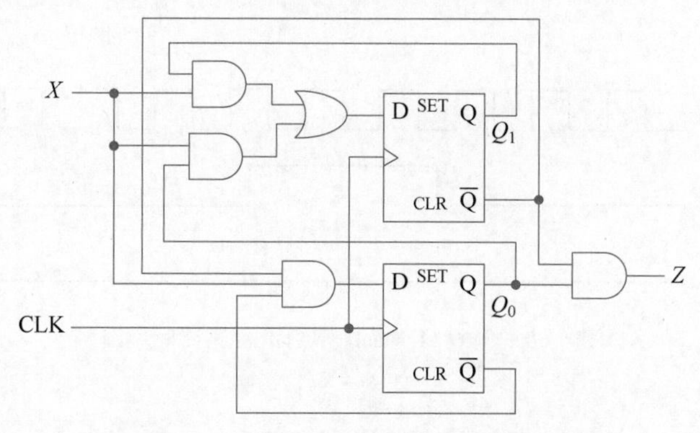

图 6-57　例 6-11 边沿检测电路的逻辑电路图

可以看出,图 6-57 所示的边沿检测电路是一个 Moore 机,输出脉冲会稳定地保持一个时钟周期,输出脉冲相对输入有一定的延时。

例 6-11 边沿检测电路也可以设计为 Mealy 机,把输出为 1 放在决定框后的条件输出框中,这样检测电路只需要两个状态即可。相应的 SM 图和状态转换图如图 6-58 所示。

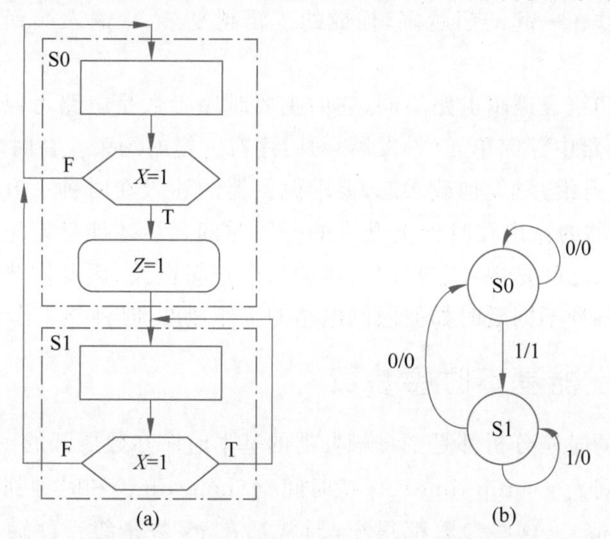

图 6-58　例 6-11 Mealy 型边沿检测器的 SM 图和状态转换图

由图 6-58(b)可以设计得到如图 6-59 所示的 Mealy 型边沿检测器的逻辑电路图。

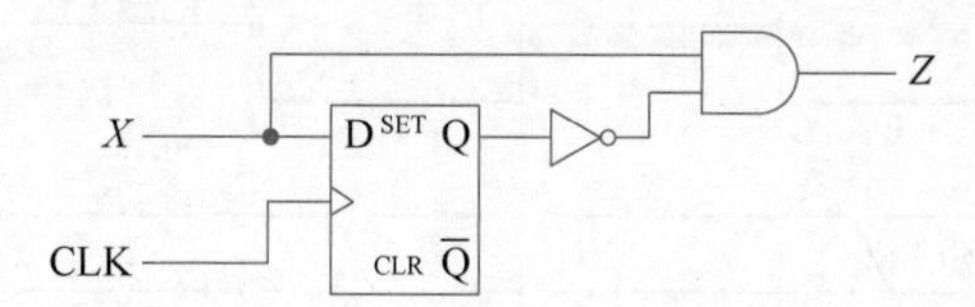

图 6-59　例 6-11 Mealy 型边沿检测器的逻辑电路图

Mealy 型边沿检测器的时序图如图 6-60 所示。可以看出,Moore 型边沿检测器和 Mealy 型边沿检测器都可以检测到输入信号的上升沿,产生一个窄脉冲。和 Moore 型边沿检测器相比，Mealy 型边沿检测器的状态更少，电路也更简单；Mealy 型边沿检测器对输入的响应更快，但因为输出和输入有关，输出脉冲的宽度会变化，而且输入中的毛刺也会传到输出。

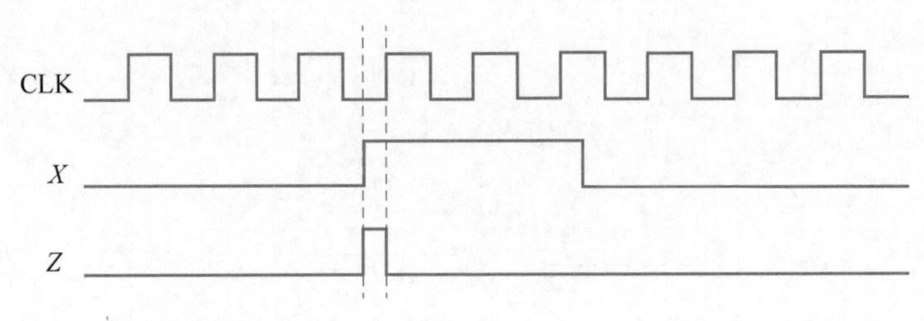

图 6-60　例 6-11 Mealy 型边沿检测器时序图

视频讲解

6.8　同步时序电路的时序分析

对于输入激励，逻辑门和触发器的输出都有一个响应时间，从输入发生变化到相应的输出产生都有一定的延时。

组合逻辑电路的主要时序参数是传播延时，是从输入发生变化到产生稳定的输出响应所需要的时间。串联在一起的门越多，构成的逻辑越复杂，从输入端到输出端的传播延时越长。

同步时序电路和组合逻辑电路不同，它的主要时序参数是电路可以工作的最大时钟频率，这是因为时序电路中存储单元（触发器）对时序有一定的约束。在时序电路中，触发器由有效的时钟沿（如上升沿）触发加载次态，要求触发器的输入在时钟上升沿到来之前就是稳定的；类似地，触发器的输出在时钟上升沿的一段时间之后才能稳定下来。而时序电路中触发器的输出和输入之间是各种逻辑门构成的组合逻辑电路，因此同步时序电路的时序分析就是分析电路中各种不同延时如何限制电路的工作速度，时钟能工作到多快。

6.8.1　触发器基本时序参数

同步时序电路的时序分析都是围绕触发器的基本时序参数展开的。D 触发器的基本时序参数包括建立时间 t_{su}(setup time)、保持时间 t_h(hold time)和时钟到寄存器输出 Q 的时间 t_{cq}(clock-to-q time)。这些参数都很小，通常都在 ns 数量级。D 触发器的时序参数如图 6-61 所示。

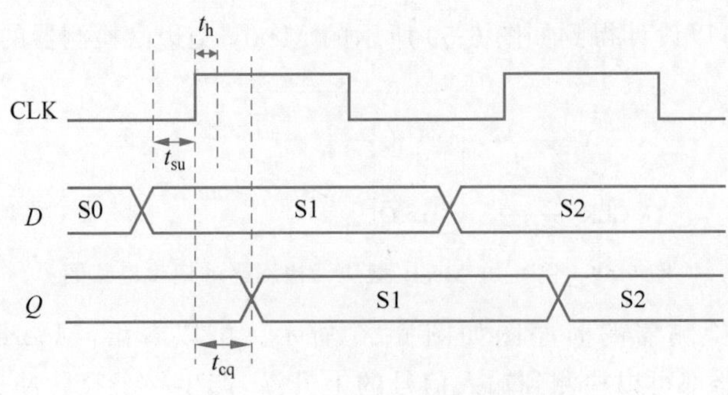

图 6-61　D 触发器的时序参数

(1) 建立时间 t_{su}。

触发器的输入在时钟上升沿之前必须保持稳定一段时间,这段时间称为建立时间。如果输入在时钟上升沿之前建立时间内发生变化,称为建立时间违例(setup time violation),触发器内部的电路没有足够的时间正确识别输入的状态,D 触发器可能会进入"亚稳态"。

(2) 保持时间 t_h。

触发器的输入在时钟上升沿之后必须保持稳定一段时间,这段时间称为保持时间。如果输入在时钟上升沿之后保持时间内发生变化,称为保持时间违例(hold time violation),触发器内部电路可能无法正确检测到输入的状态,D 触发器也可能会进入"亚稳态"。

(3) 时钟到寄存器输出的时间 t_{cq}。

时钟上升沿之后触发器输出达到稳定状态所需要的时间,称为时钟到寄存器输出的时间。

(4) 时钟到输出的时间 t_{co}。

时钟上升沿之后输出达到稳定状态所需要的时间,称为时钟到输出的时间。

6.8.2 时序分析

基本同步时序电路的结构如图 6-62 所示。状态寄存器由 D 触发器构成,寄存器的输出代表系统的内部状态(当前状态),寄存器由一个全局时钟驱动。次态逻辑是组合逻辑电路,次态由状态寄存器保存的当前状态和外部输入共同决定。输出逻辑也是组合逻辑电路,由外部输入和当前状态决定的是 Mealy 输出,仅由当前状态决定的是 Moore 输出。

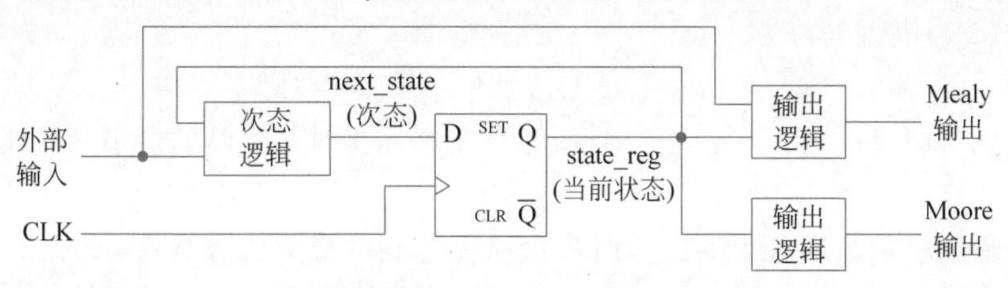

图 6-62 基本同步时序电路结构

同步时序电路按如下方式工作:

(1) 当时钟上升沿到来时,对 next_state(次态)值采样保存入寄存器的 Q 端,state_reg(当前状态)值更新,这个保存的值会保持一个时钟周期稳定;

(2) 由当前状态和外部输入,次态逻辑可以计算出新的次态值,输出逻辑也可以计算出输出值;

(3) 在下一个时钟上升沿到来时,对新的次态值采样,当前状态再次更新。

可以看出,状态寄存器的输入是次态逻辑的输出,而次态逻辑的输入又是状态寄存器的输出,状态寄存器和次态逻辑构成了一个环路。为了分析这个环路的时序,需要分析时序电路工作时 state_reg 信号和 next_state 信号的变化情况。

图 6-63 所示是在一个时钟周期内 state_reg 信号和 next_state 信号的时序图。假定 state_reg 信号的初始值为 S0,当时钟上升沿到来时 next_state 是稳定的,且在建立时间和保持时间内不变,next_state 为 S1,时钟沿对 next_state 信号采样,经过 t_{cq} 后状态寄存器的输出 state_reg 信号变为 S1。

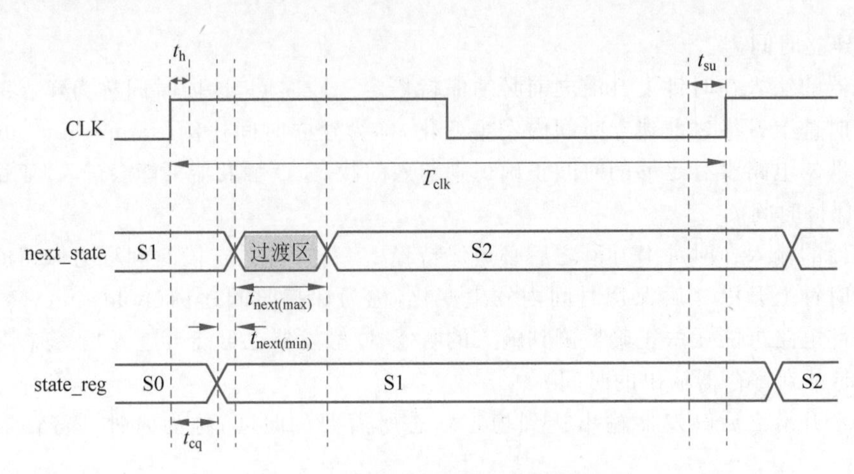

图 6-63　基本同步时序电路时序图

由于当前状态 state_reg 信号是次态逻辑的输入，当前状态发生变化时，次态逻辑的输出 next_state 信号也相应地发生变化。这里定义次态逻辑的最大和最小延时分别为 $t_{\text{next(max)}}$ 和 $t_{\text{next(min)}}$，经过 $t_{\text{next(max)}}$ 后，next_state 信号得到稳定值 S2。在新的时钟上升沿到来时，一个时钟周期结束，时钟沿再次对 next_state 信号采样。

考虑触发器的建立时间约束，next_state 信号至少应该在下一个上升沿之前的建立时间 t_{su} 期间是稳定的，即应满足下式

$$t_{\text{cq}}+t_{\text{next(max)}}\leqslant T_{\text{clk}}-t_{\text{su}} \tag{6-1}$$

不等式(6-1)也可以写为

$$t_{\text{cq}}+t_{\text{next(max)}}+t_{\text{su}}\leqslant T_{\text{clk}} \tag{6-2}$$

不等式(6-2)表明，为了满足建立时间约束，基本同步时序电路的最小时钟周期为

$$T_{\text{clk(min)}}=t_{\text{cq}}+t_{\text{next(max)}}+t_{\text{su}}$$

对时钟周期求倒数即可得到同步时序电路能达到的最大工作频率。t_{cq} 和 t_{su} 是 D 触发器本身的参数，当制造工艺确定时，触发器的这些参数是确定的，时序电路所能达到的最大工作频率主要受次态逻辑延时的影响。要想提高时序电路的性能，需要优化次态逻辑电路，减小次态逻辑的延时。

例如一个 4 位二进制计数器(模 16 计数器)，所用 D 触发器的 t_{cq} 为 1ns，t_{su} 为 0.5ns，它的次态逻辑就是一个加 1 加法器，加法器的延时为 2.5ns，忽略连线的延时，则计数器所能达到的最大工作频率是

$$f_{\max}=\frac{1}{t_{\text{cq}}+t_{\text{adder}}+t_{\text{su}}}=\frac{1}{1\text{ns}+2.5\text{ns}+0.5\text{ns}}=250\text{MHz}$$

用上面参数的 D 触发器设计基本串行移位寄存器，触发器的次态逻辑就是连线，如果忽略连线的延时，基本串行移位寄存器所能达到的最大工作频率是

$$f_{\max}=\frac{1}{t_{\text{cq}}+t_{\text{su}}}=\frac{1}{1\text{ns}+0.5\text{ns}}=666.67\text{MHz}$$

对于 Moore 型输出，同步时序电路输出的时序参数是时钟到输出的时间 t_{co}，t_{co} 就是 t_{cq} 和输出逻辑传播延时 t_{output} 的和。

$$t_{\text{co}}=t_{\text{cq}}+t_{\text{output}}$$

对于 Mealy 型输出，输出和外部输入有关，外部输入可以直接影响输出，从输入到输出的延时就是输出逻辑的传播延时。

习题

6-1　分析图 6-64 所示的时序电路，要求写出触发器次态、输入和输出的逻辑函数式，写出状态转换表，画出状态转换图并分析电路的功能。

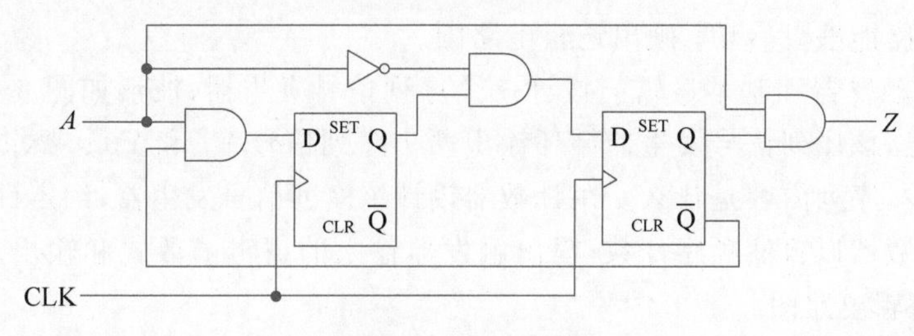

图 6-64　题 6-1 图

6-2　分析图 6-65 所示的时序电路，要求写出触发器次态、输入和输出的逻辑函数式，写出状态转换表，画出状态转换图并分析电路的功能。

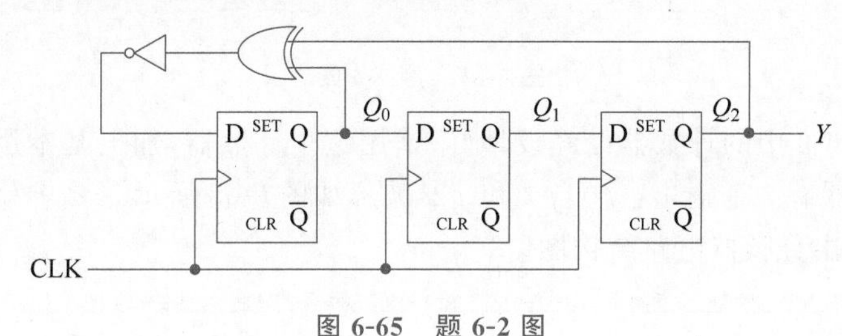

图 6-65　题 6-2 图

6-3　分析图 6-66 所示的时序电路，要求写出触发器次态、输入和输出的逻辑函数式，写出状态转换表，画出状态转换图并分析电路的功能。

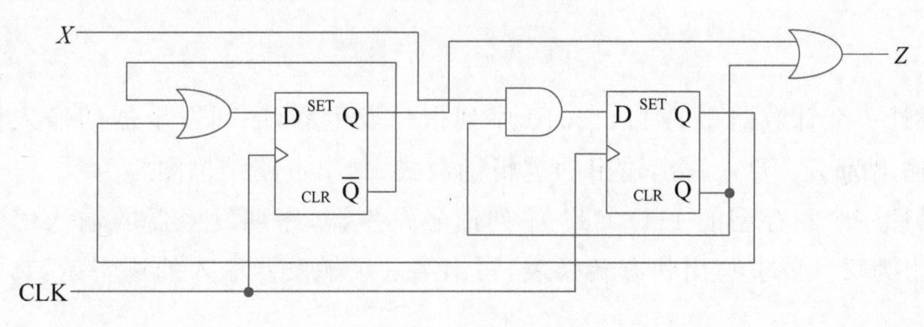

图 6-66　题 6-3 图

6-4　用 D 触发器和逻辑门设计一个同步模 10 计数器。输入信号为时钟信号 CLK；输出信号为计数输出信号 $Q_3Q_2Q_1Q_0$，进位输出指示信号 COUT。计数器按照 0000、0001、0011、0010、0110、0111、0101、0100、1100、1000 的顺序循环计数，每当计到 1000 时，COUT 输出一个 1，表示已经计数一轮了。要求画出状态转换图；写出状态转换表；写出触发器次态、输入和输出的逻辑函数式；检查自启动，如不能自启动，对电路做最少的修改，使电路能够自启动，画出逻辑电路图。

6-5 用D触发器和逻辑门设计一个模5双向计数器。输入信号为时钟信号CLK，方向控制信号DIR；输出信号为计数输出信号 $Q_2Q_1Q_0$，进位输出指示信号COUT。当DIR=1时，计数器正向计数，计数顺序为001、010、011、100、101，从1～5循环计数，每当计到5，COUT输出一个1，表示已经计数一轮了；当DIR=0时，计数器反向计数，计数顺序为101、100、011、010、001，从5～1循环计数，每当倒计到1时，COUT输出一个1，表示已经计数一轮了。要求画出状态转换图，标注清楚输入输出信号DIR/COUT；写出状态转换表；写出触发器次态、输入和输出的逻辑函数式；检查自启动，如不能自启动，对电路做最少的修改，使电路能够自启动；画出逻辑电路图。

6-6 用D触发器和基本逻辑门设计一个序列信号发生器，波形如图6-67所示。CLK为输入时钟信号，该序列信号发生器循环输出两个序列信号 $Y1$ 和 $Y0$。要求说明 $Y1$ 和 $Y0$ 序列长度是多少，序列内容是什么。用计数器设计该序列信号发生器，约定计数器输出信号是 $Q_2Q_1Q_0$，计数器以自然顺序计数，写出触发器输入的逻辑函数式和输出 $Y1$、$Y0$ 的逻辑函数式；画出逻辑电路图。

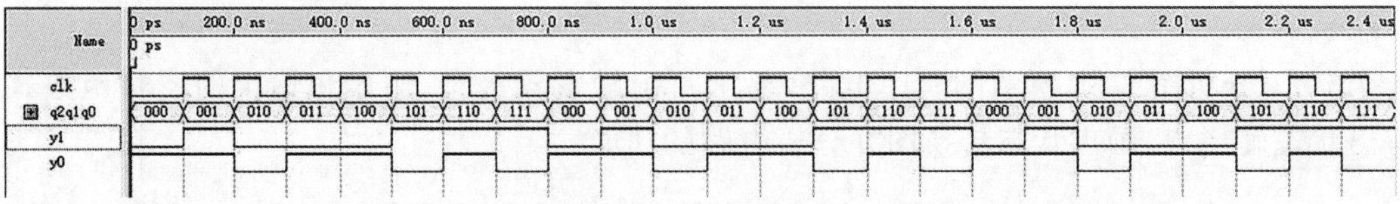

图6-67 题6-6图

6-7 假设例6-3中的计数器已经设计好，请用这个计数器，加上基本逻辑门，设计一个8分频器，该分频器有3个输出：$f0$、$f1$ 和 $f2$，波形如图6-68所示。要求写出 $f0$、$f1$ 和 $f2$ 的逻辑函数式，画出分频器电路结构图。

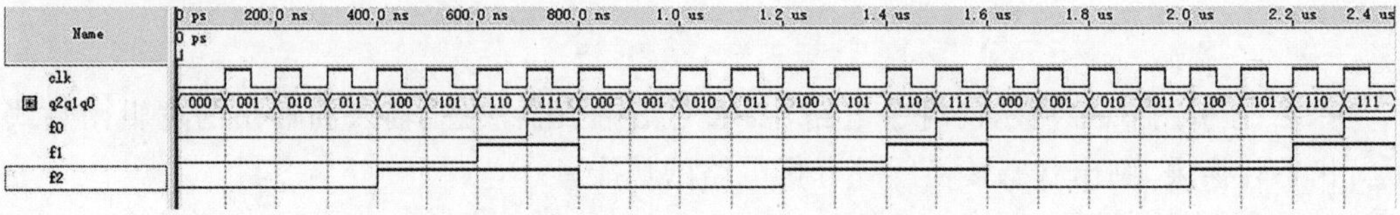

图6-68 题6-7图

6-8 设计一个计数器型的11110010序列信号发生器，序列发生器的输入信号为时钟信号CLK，输出为 Z。要求写出输出的逻辑函数式，画出电路结构图。

6-9 设计一个移存型的11110010序列信号发生器，序列发生器的输入信号为时钟信号CLK，输出为 Z。要求写出状态转换表，写出第一级触发器输入的逻辑函数式，画出逻辑电路图。

6-10 用D触发器和基本逻辑门设计一个3位环形计数器，计数器的输入为时钟信号CLK；输出为计数输出信号是 $Q_2Q_1Q_0$，寄存器的初始状态为001，要求计数器能够自启动，写出各触发器输入和次态的逻辑函数式，画出逻辑电路图。

6-11 设计一个模8多功能计数器，计数器按照000、001、010、011、100、101、110、111的顺序循环计数(即0-1-2-3-4-5-6-7的递增顺序计数)。输入为时钟信号CLK，数据加载控制信号load，使能控制信号en，输入数据 $D_2D_1D_0$；输出为计数输出 $Q_2Q_1Q_0$，进位输出Cout。计数器功能如表6-17所示，每当计数器计到111时，Cout就输出一个指示信号

Cout=1,表示计数器已经计数一轮了。要求用 D 触发器和若干 MUX2-1 选择器来设计此多功能计数,画出电路结构图(在电路图中,对于由逻辑门构成的复杂电路,可以用逻辑函数式代替);在图 6-69 所示的多功能计数器仿真波形中填写 $Q_2Q_1Q_0$ 的值。

表 6-17 题 6-11 表

CLK	load	en	$Q_2^*Q_1^*Q_0^*$	功能说明
↑	0	X	$D_2D_1D_0$	置数功能
↑	1	0	$Q_2Q_1Q_0$	保持功能
↑	1	1	$Q_2Q_1Q_0+1$	递增计数功能

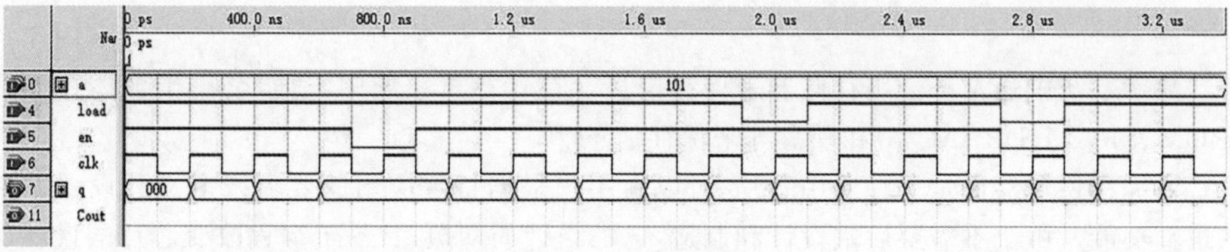

图 6-69 题 6-11 图

6-12 设计一个序列检测电路,输入为 X,输出为 Z。当检测到输入 X 中出现序列 1011 时,Z 输出一个 1,表示检测到序列了,不允许重叠检测。要求设计一个 Moore 机检测器,画出 SM 图和状态转换图,写出各触发器次态和输出的逻辑函数式,画出逻辑电路图。

6-13 设计一个序列检测电路,输入为 X,输出为 Z。当检测到输入 X 中出现序列 1011 时,Z 输出一个 1,表示检测到序列了,序列可以重叠检测。要求设计一个 Mealy 机检测器,画出 SM 图和状态转换图,写出各触发器次态和输出的逻辑函数式,画出逻辑电路图。

6-14 电路如图 6-70 所示,已知每个异或门的传播延时为 0.5ns,触发器的建立时间为 0.5ns,保持时间为 0.3ns,时钟到 Q 的延时为 0.6ns,试计算电路的最大工作频率。

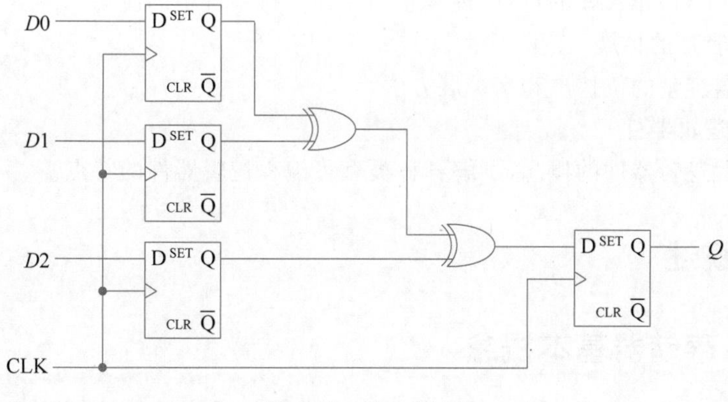

图 6-70 题 6-14 图

第7章 半导体存储器和可编程逻辑器件

CHAPTER 7

数字系统中通常都会用存储器来保存信息。在计算机系统中,通常会用半导体存储器(ROM、SRAM、DRAM 等)和硬盘等来保存信息。

可编程逻辑器件是一种通用芯片,可以由用户根据特定应用的要求来定义和设置芯片的逻辑功能。由于不需要后端设计和制造,它的设计周期短,且易于编程改变芯片的设计功能,因此广泛应用于各种电子系统和原型设计中。

本章主要介绍用于各种电路系统中的半导体存储器和可编程逻辑器件,主要包括下列知识点。

1）概述

理解存储器的基本逻辑结构,理解存储器容量的表示和对应的地址线和数据线数量,理解易失性存储器和非易失性存储器的特点和相应的存储器类型。

2）ROM

理解 ROM 的结构,了解各种类型 ROM 的特点。

3）RAM

理解 SRAM 和 DRAM 的特点,理解它们在计算机系统中的应用。

4）存储器容量的扩展

理解存储器容量的位扩展和字扩展方法。

5）可编程逻辑器件

理解可编程逻辑器件的概念,了解各种类型可编程逻辑器件的特点。

7.1 概述

7.1.1 存储器基本概念

存储器是电子系统中非常重要的一部分。在进行数据处理时,处理的中间数据和最终计算结果都需要保存在存储器中,当需要时还可以从存储器中取出。最简单的存储器是触发器和寄存器,一个 D 触发器可以保存 1 位数据,8 个 D 触发器可以保存 8 位数据。

在存储器中存储的信息称为数据(data),数据都是由 0 和 1 组成的序列。二进制数据的最小单位是位,通常一个 8 位数据称为一字节(Byte),一个 16 位数据称为半字(half-word),一个 32 位数据称为一个字(word)。在计算机中,数据的字长通常都是 8 的倍数,16 位数据是 2 字节,32 位数据是 4 字节,存储数据的大小通常也都表示为总的字节数。“字”

在很多时候也可以表示多位的数据，例如4位数据也可以表述为4位字。

数据在存储器中保存的位置称为地址(address)，数据在存储器中的地址是唯一的。可以通过地址访问(读/写)某个数据，从存储器中取出数据称为读数据(read)，把数据保存入存储器称为写数据(write)。

存储器通常由存储阵列、地址译码器、读写控制电路和输入/输出电路构成，存储器的基本结构如图7-1所示。

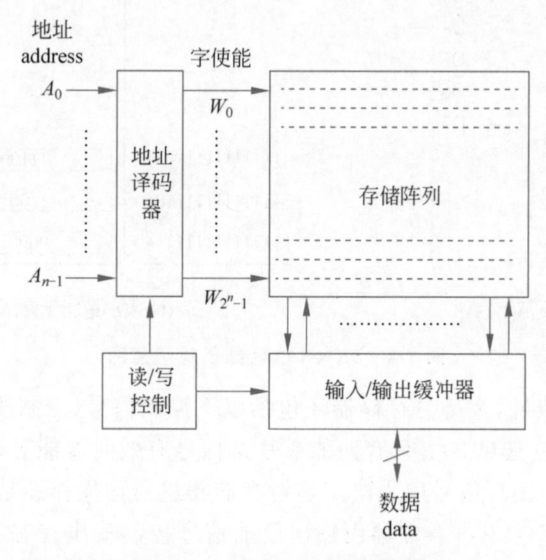

图7-1　存储器的基本结构

一个基本存储单元可保存1位的信息，存储器由很多基本存储单元组成，这些存储单元构成了存储阵列。每个存储单元都有一个地址，对存储器进行读写时，给存储器一个 n 位地址，经地址译码器译码，使得 2^n 个字使能信号中的一个有效，和该有效的字使能对应的存储单元被选中，对该单元进行读写。

存储器的容量指存储器中基本存储单元的数量。存储器容量由地址数量和数据宽度来决定，通常表示为 $N\times M$ 位，M 表示数据的宽度，N 表示保存数据的数量，N 的大小和地址线的宽度有关，$N=2^n$，n 为地址的宽度(或地址线的数量)。

对于大容量存储器，存储容量通常以K(Kilo)、M(Mega)、G(Giga)来表示，例如：2K×8位、16M×8位或4G×32位等。其中：

$$1\text{K}=2^{10}=1024\text{，地址宽度为 }10$$

$$1\text{M}=2^{20}=1\,048\,576\text{，地址宽度为 }20$$

$$1\text{G}=2^{30}=1\,073\,741\,824\text{，地址宽度为 }30$$

1K的范围为0～1023，即10位二进制数所能表示的范围，二进制数表示是0000000000～1111111111，用十六进制表示是000H～3FFH。1M的范围为0～1 048 575，用十六进制数表示是00000H～FFFFFH。

例如存储容量为8K×8位的存储器，8K需要13位来表示($8\text{K}=8\times 1\text{K}=2^3\times 2^{10}=2^{13}$)，地址线有13根A12～A0，地址范围0000H～1FFFH，数据线有8根，D7～D0。在存储器中每个地址保存一个8位数据，地址按二进制数递增，保存的数据是最后一次存入的数据。8K×8 位存储器的示意图如图 7-2 所示。

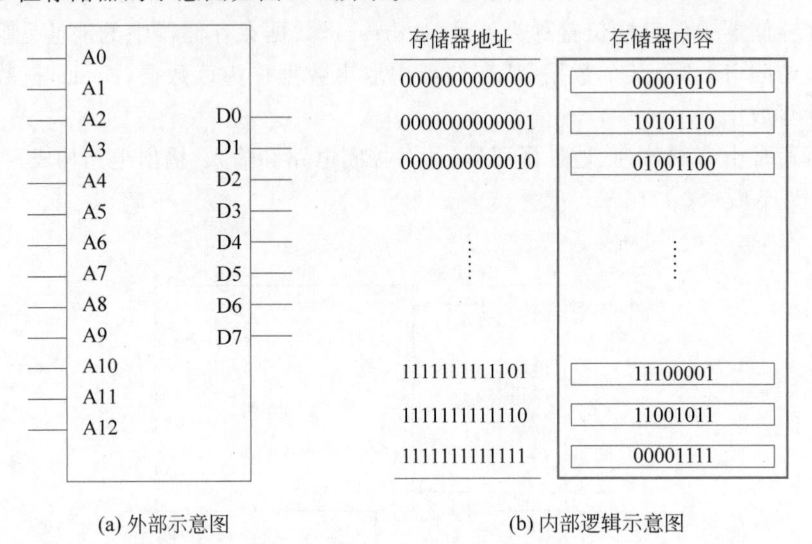

(a) 外部示意图　　(b) 内部逻辑示意图

图 7-2　8K×8 位存储器的示意图

除数据线和地址线外,大部分存储器还包括以下控制信号(控制线):

(1) 使能(EN)或片选(CS):只有使能或片选信号有效时才能对存储器进行读写操作;

(2) 读写(R/$\overline{\mathrm{W}}$):读写信号用来决定是对存储器进行读操作还是写操作;

(3) 输出使能(OE):有些存储器由输出使能信号控制输出三态缓冲器,只有输出使能有效时才能从存储器读出数据。

【例 7-1】 64K×4 位的存储器有多少根数据线,多少根地址线?

64K×4 位存储器中可寻址的位置数量为

$$64\mathrm{K} = 2^6 \times 2^{10} = 2^{16}$$

因此,需要 16 根地址线;数据为 4 位宽,需要 4 根数据线。

7.1.2 存储器的分类

按照掉电后保存的数据是否丢失进行划分,半导体存储器可以分为两大类:非易失性存储器和易失性存储器。非易失性存储器中的数据可以永久保存,即使在电源关闭后数据也不丢失;而易失性存储器中的数据在电源关闭后就丢失了。

按照存取方式进行划分,半导体存储器可以分为只读存储器(read only memory,ROM)和随机存储器(random access memory,RAM)。

ROM 在工作时能读出数据,但不能随意修改或重新写入。ROM 可以分为两类,一类是在出厂时就已编程好、保存固定数据的存储器,这类存储器只能读出数据,不能擦除原来的数据,也不能向存储器写入新的数据,称为掩膜 ROM;另一类是包含特殊的电路,可以擦除原来的数据,并向存储器写入新的数据,称为可编程只读存储器(programmable read only memory,PROM)。可编程只读存储器中又有可擦除可编程的(erasable programmable read only memory,EPROM)、电擦除可编程的(electrical erasable programmable read only memory,EEPROM)和 Flash 存储器等。ROM 是非易失性存储器,即使电源关闭,数据也不会丢失。

RAM 也可以分为两类。一类是在电源打开正常工作时可以随机读写数据，保存的数据不会丢失，这类存储器称为静态随机存储器(static random access memory，SRAM)。另一类是动态随机存储器(dynamic random access memory，DRAM)，这类存储器在正常工作时需要定期刷新以免数据丢失。RAM 是易失性存储器，当电源关闭时，RAM 中的数据就会丢失。存储器的分类如图 7-3 所示。

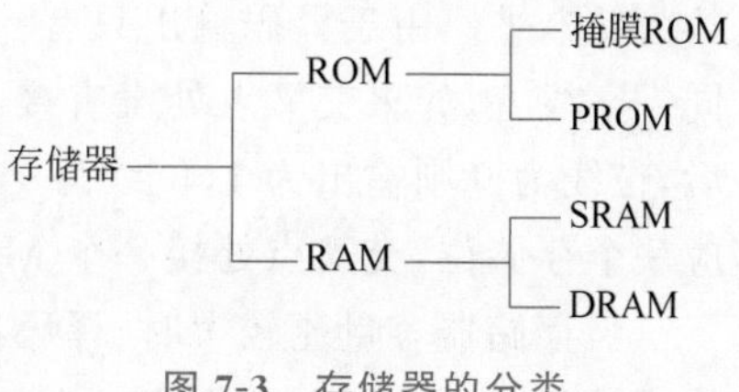

图 7-3 存储器的分类

7.2 ROM

ROM(只读存储器)就是系统只能读出它保存的数据，而不能写入数据。随着技术的发展，ROM 也可以写入，只是相比读出的速度，写入的速度比较慢。ROM 是非易失性存储器，即使系统掉电，数据也不会丢失，能够永久保存下来。因此 ROM 常用于保存固定不变的数据。

7.2.1 ROM 的结构

图 7-4 所示是一个 4×4 位 ROM 的结构示意图，它由地址译码器、存储阵列和输出缓冲器组成。

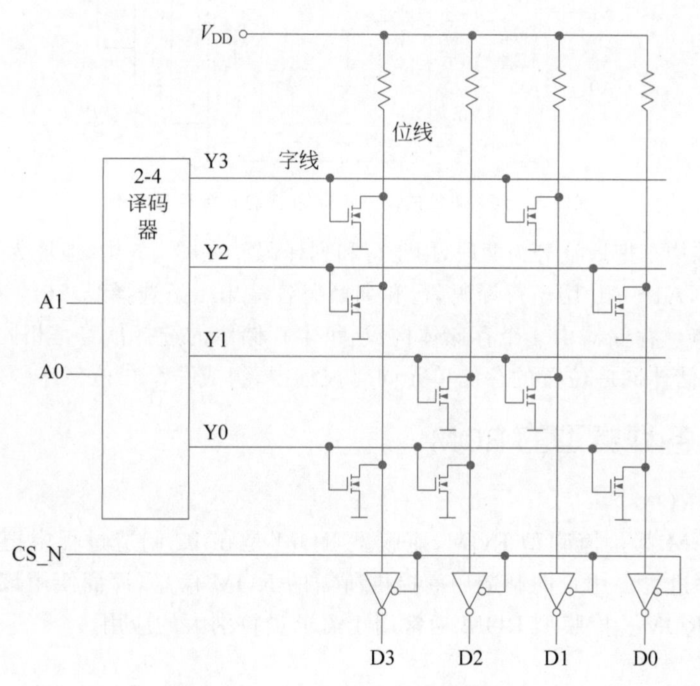

图 7-4 4×4 位 ROM 的结构

地址 A1～A0 输入到地址译码器，译码器的每个输出称为字线(word line)，每个信号选择存储阵列的一行或一个字。

存储阵列中每一条垂直线称为位线(bit line)，它对应于存储器的一个位输出。如果在字线和位线的交叉点处有一个 MOS 管,当字线有效时,该 MOS 管就会导通,从而把位线下拉为低电平。由于译码输出只有一个输出有效,因此其他字线上接的 MOS 管都是关断的。同一字线上,如果交叉点处没有接 MOS 管,相应的位线都会保持高电平。经过输出缓冲器后,位线为 0 则输出为 1,位线为 1 则输出为 0。因此,ROM 中字线和位线的每个交叉点对应一个存储位,交叉点处接一个 MOS 管相当于存储 1,交叉点不接 MOS 管相当于存储 0。

当存储器容量比较大时,译码器的输出会非常多,字线的数量会很巨大,这会使电路布线困难,也会给 IC 制造带来一系列问题。因此现代存储阵列往往都设计成三维结构,使阵列尽可能接近正方形,译码也采用行列译码的二维译码结构。图 7-5 所示是一个 16×4 位的 ROM 存储器的三维存储结构。

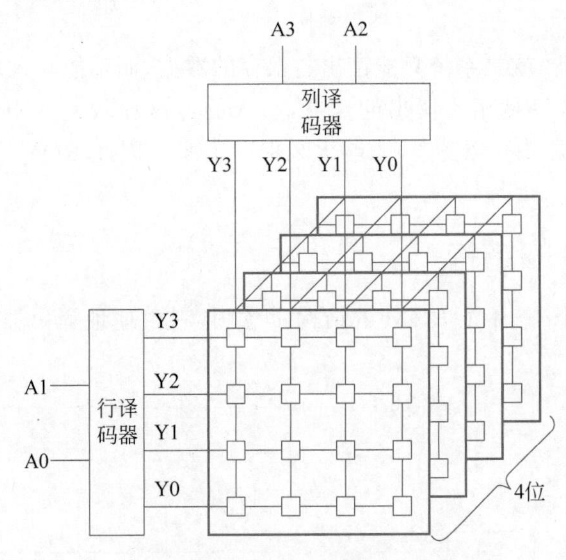

图 7-5 16×4 位的 ROM 存储器的三维存储结构

二维译码结构是把地址分为两段,用于行和列译码。在图 7-5 中,地址为 4 位,其中 A3～A2 用于列译码,A1～A0 用于行译码,行和列译码各输出 4 条选择线,16 个存储单元位于行列选择线的交点。存储器由 4 个存储体构成,每个存储体的选择信号是相同的,当一个地址被译码时,各存储体同一位置的存储单元同时被选中,组成一个 4 位字。

7.2.2 各种类型的 ROM

1) 掩膜型 ROM

早期的 ROM 都是掩膜型 ROM,掩膜型 ROM 是在 IC 制造过程中把"连接/不连接"(或 0/1)模式写进去。用户向制造厂商提供所需的 ROM 信息,厂商使用该信息创建掩膜,生产出所需的 ROM。掩膜型 ROM 通常用于需求量特别大的应用。

2) PROM

PROM 和掩膜型 ROM 非常类似,出厂时所有的晶体管都是相连的,即所有的存储单元都保存了一个特定的值(通常为 1)。和掩膜型 ROM 不同的是,用户可以用 PROM 编程器来对 PROM 编程,例如把所需位对应的熔丝链熔断,编程为 0。

3) EPROM

EPROM 也是可编程的。EPROM 采用浮栅工艺,在每个存储位置上都有一个浮栅

MOS 管，EPROM 存储单元如图 7-6 所示。当给 EPROM 编程时，编程器把高电压加在需要存储 0 的每位的非浮栅上，使绝缘材料被暂时击穿，使负电荷累积在浮栅上。当去除高电压后，负电荷仍然可以保留下来。在以后的读操作中，这种负电荷能防止 MOS 管被选中时变为导通状态。

EPROM 属于非易失性存储器，但 EPROM 中的内容也能被擦除。用特定波长的紫外线照射绝缘材料，包围浮栅的绝缘材料就会变得有导电性，释放负电荷，从而擦除其中的内容。

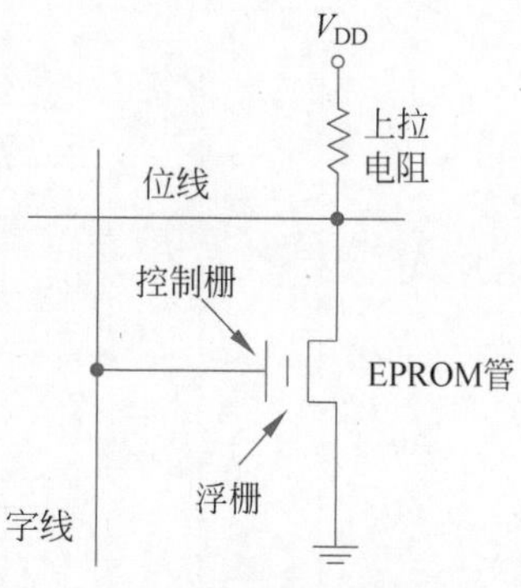

图 7-6　EPROM 存储单元

4) EEPROM

EEPROM 和 EPROM 十分类似，只是 EEPROM 的单个存储位可以用电的方式擦除。大型 EEPROM 仅允许对固定大小的块进行擦除。由于擦除发生在瞬间，所以这种存储器也被称为闪存(Flash memory)。

EEPROM 的写入时间远大于读取时间。另外，由于绝缘层太薄，反复读写会对它造成损耗，EEPROM 能重复编写的次数是有限的，因此 EEPROM 无法代替 RAM 使用。

7.3　RAM

7.3.1　SRAM

SRAM 中，一个位置一旦被写入了内容，只要电源不被切断，存储的内容就可以保持不变，除非这个存储位置被写入了新的数据。

SRAM 的存储单元和 D 锁存器类似。因此，当写使能 WR_L 有效时，锁存器是打开的，输入数据流入并通过存储单元；当 WR_L 变为无效时，锁存器的值保持不变，即存储单元保存的值是在锁存器关闭时的值。SRAM 存储单元结构如图 7-7 所示。

SRAM 可以分为异步 SRAM 和同步 SRAM。

1) 异步 SRAM

异步 SRAM 的操作不与时钟同步，逻辑符号如图 7-8 所示。和 ROM 类似，SRAM 有地址输入、控制输入和数据输入/输出。控制输入包括片选 CS、写使能 WE 和输出使能 OE，当写使能 WE 有效时，数据可以写入。

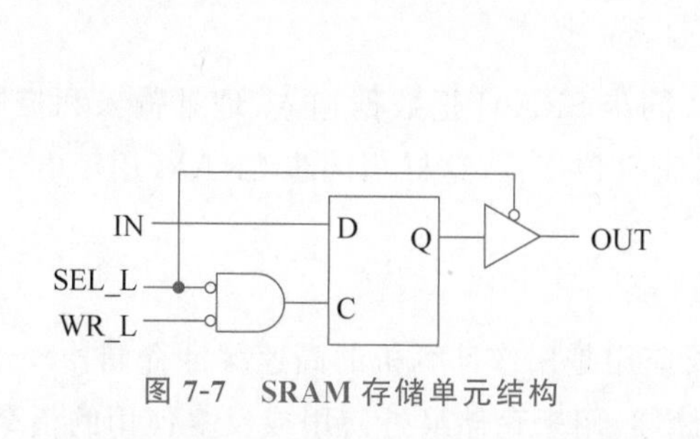

图 7-7　SRAM 存储单元结构

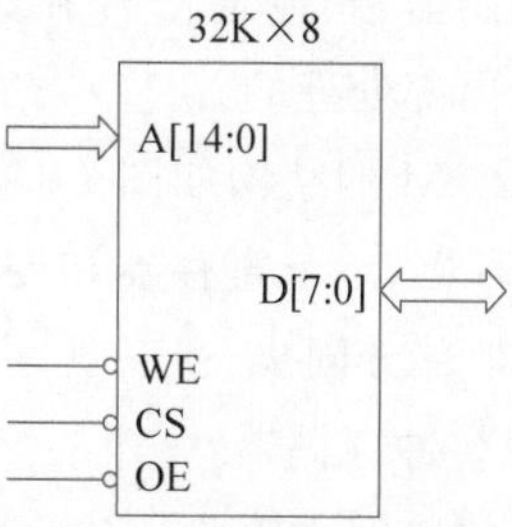

图 7-8　异步 SRAM 的逻辑符号

图 7-9 所示是一个 4×4 位异步 SRAM 的结构图。

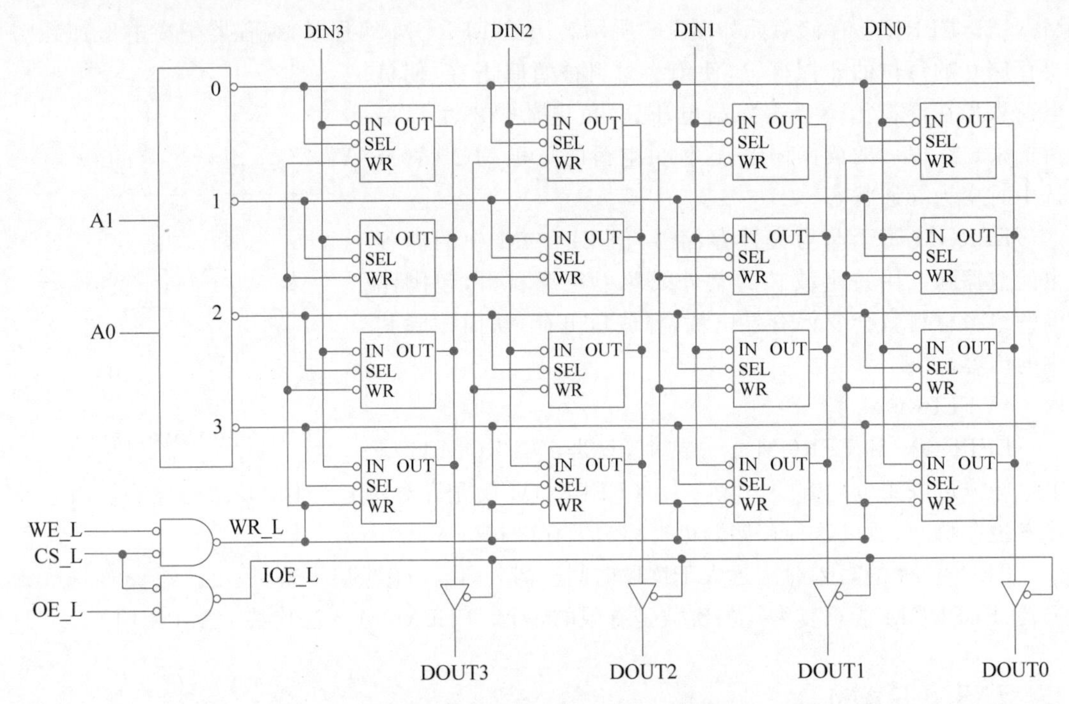

图 7-9　4×4 位异步 SRAM 的结构图

和简单 ROM 结构类似，地址译码器的输出选择存储阵列的某一行，进行读写操作。

(1) 读操作：当 CS 和 OE 有效时，地址信号放在地址输入端，所选存储单元的输出传送到 SRAM 的输出；

(2) 写操作：地址信号放在地址输入端，数据信号放在数据输入端，接着使 CS 和 WE 有效，所选存储单元被打开，数据被写入。

大容量 SRAM 和大容量 ROM 结构类似，也采用存储阵列和二维行列译码。

由于存储单元是类似于锁存器的结构，不与时钟同步，对存储器进行读写时对信号时序的要求比较严格。因此，当用于电子系统时，需要仔细协调异步 SRAM 和其他同步电路的时序。

2) 同步 SRAM

同步 SRAM(synchronous SRAM，SSRAM)的存储单元也是 D 锁存器结构，但同步 SRAM 有控制信号、地址信号和数据信号的时钟控制接口，关键的时序通路都是由同步 SRAM 芯片内部处理的。

同步 SRAM 的结构如图 7-10 所示。同步 SRAM 把数据输入、地址输入和控制输入分别用数据寄存器、地址寄存器和控制信号寄存器寄存，这样当同步 SRAM 用于电子系统时，很容易和其他部分同步。

3) 高速缓冲存储器

SRAM 的速度比较快，它的一个主要应用是用作计算机的高速缓冲存储器(cache)。高速缓冲存储器是一种可以高速访问的存储器，用来存储最近使用或反复使用的指令和数据，这样可以避免频繁访问速度较慢的主存储器(DRAM)。高速缓存是一种比较经济地改进

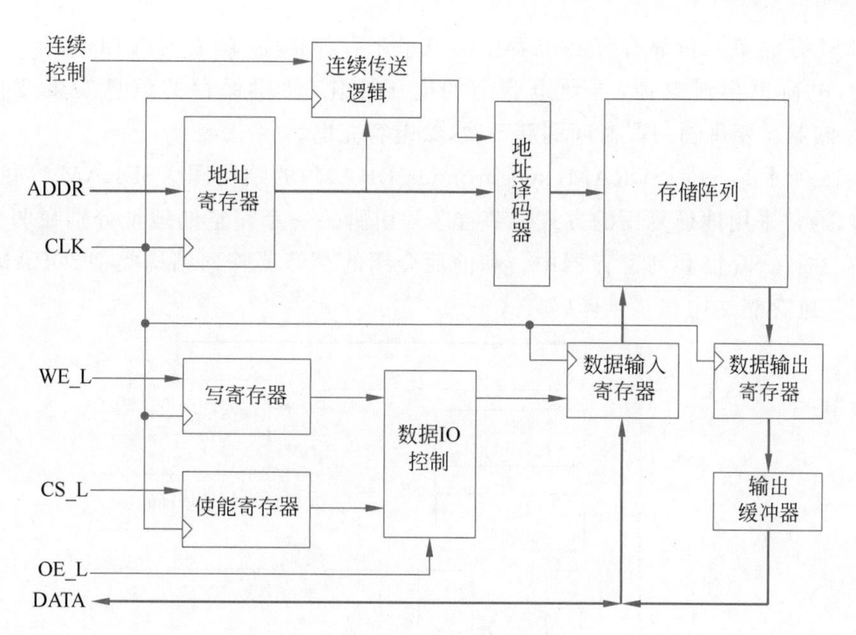

图 7-10　同步 SRAM 的结构

系统性能的方法。

一级缓存常集成在处理器中,存储容量有限。二级缓存通常容量比一级缓存大,集成在处理器中或在处理器外。

7.3.2　DRAM

1）DRAM 组成结构

SRAM 的基本存储单元是锁存器,需要 4～6 个晶体管来实现,因此 SRAM 存储器的容量都不会很大。为了构建密度更高、容量更大的 RAM,设计人员设计了每位只用一个晶体管的存储单元,即 DRAM 存储单元。

DRAM 存储单元如图 7-11 所示。向存储单元写入时,将字线置为高电平,使 MOS 管导通。如果写入 1,则在位线上加高电平,位线通过 MOS 管向电容充电;如果写入 0,则在位线上加低电平,电容通过 MOS 管放电。

当读取 DRAM 存储单元时,位线首先被充电到高电平和低电平之间的一个中间电压,然后将字线置为高电平。电容电压是高电平还是低电平,决定于预充电位线的电压是被推高了一点还降低了一点。用一个读出放大器检测这一微小变化,并把这一信号恢复成 1 或 0。需要注意的是,读一个存储单元的数据会改变电容上的电压,因此在读数据之后需要把原来的数据重新写入存储单元。

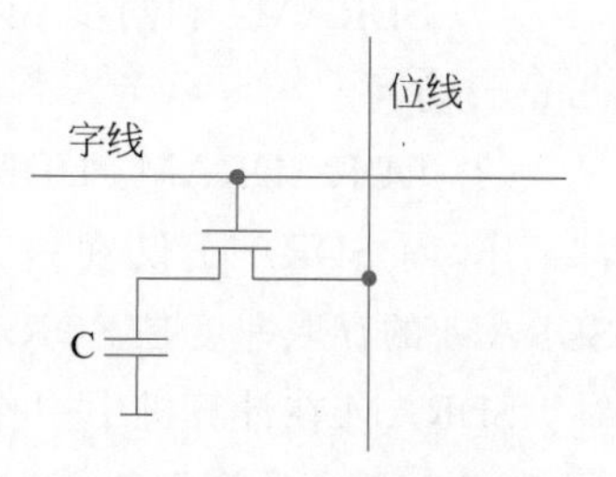

图 7-11　DRAM 存储单元

这种结构相比 SRAM 单元简单得多,因此 DRAM 的存储密度更高,存储容量也更大,但访问速度低了很多。

DRAM 存储单元依靠存储在电容中的电量来存储信息，随着时间推移，即使 MOS 管是截止的，电荷也会泄放掉，导致电容上的电压变化，使得保存的信息发生变化。因此 DRAM 存储器需要每隔一段时间刷新一次，给电容充电。

图 7-12 所示是一个 SDRAM(synchronous DRAM)的结构图。SDRAM 容量较大，地址线较多，通常采用地址复用的方式来节省芯片引脚。一个完整的地址分别在两个时钟沿输入，锁存在行寄存器和列寄存器中。和前面介绍的存储器阵列结构类似，DRAM 存储阵列也采用三维存储结构和二维译码方式。

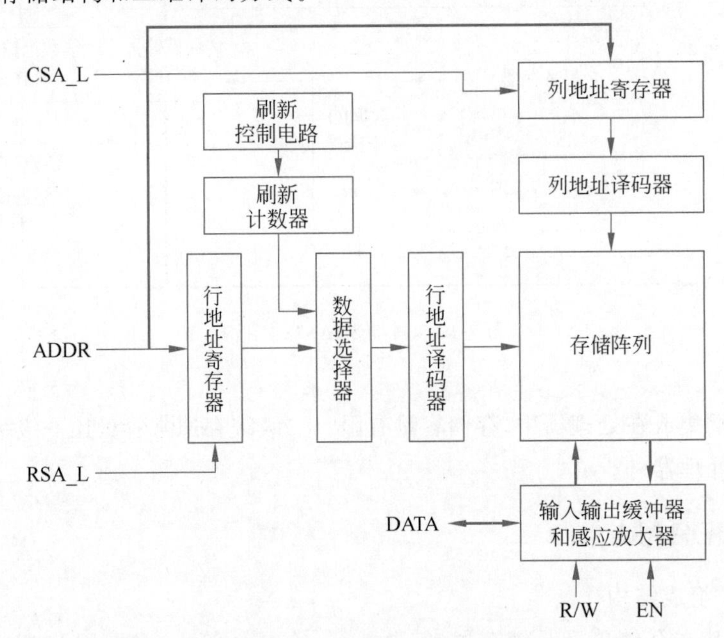

图 7-12 SDRAM 的结构

2) DRAM 的类型

(1) SDRAM：和同步 SRAM 类似，SDRAM 和系统时钟同步。SDRAM 可以进行连续(burst)访问。

(2) DDR SDRAM：DDR 表示双数据速率，即 DDR SDRAM 在时钟的上升沿和下降沿都工作，而 SDRAM 仅在一个时钟沿工作。由于双时钟沿工作，从理论上来说，DDR SDRAM 的存取速度是 SDRAM 的两倍。

SDRAM 在计算机中用作主存储器(内存)，通常把 SDRAM 制作在一小块 PCB 板上(内存条)，插在计算机的主板上。

7.4 存储器容量的扩展

在数字系统中，单片存储器的容量有限，当需要的存储器容量比较大时，往往需要把多片存储器组合在一起使用。把多片存储器组合在一起扩展存储容量的方法有位扩展和字扩展，也可以把这两种方法结合使用，既做字扩展也做位扩展。

7.4.1　位扩展

当单片存储器数据宽度较小，需要增加存储器数据宽度时，可以进行位扩展。进行位扩展时，把地址线、控制线连接到小数据宽度存储器上，小数据宽度存储器的数据分别作为扩展后存储器数据的低位和高位。

【例 7-2】　用 4K×4 位的 ROM 组合实现 4K×8 位的 ROM。

计算存储器的容量可知，实现 4K×8 位的 ROM 需要用两片 4K×4 位的 ROM。

存储器的扩展连接如图 7-13 所示。把 12 位地址线连接到两个 ROM 上，把控制信号也连接到两个 ROM 上，两个小容量 ROM 存储器具有相同的地址和相同的控制信号；两个存储器的 4 位数据分别作为扩展后存储器数据的高 4 位和低 4 位，形成 8 位数据。这样，当选中一个地址时，就会在数据总线上得到一个 8 位数据。

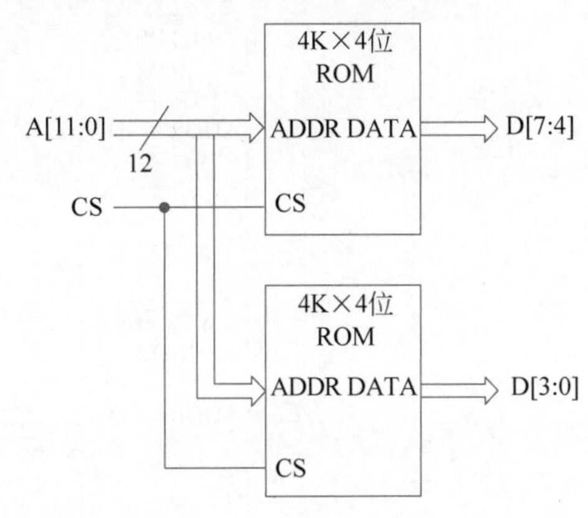

图 7-13　用两片 4K×4 位的 ROM 扩展为 4K×8 位的 ROM

7.4.2　字扩展

当单片存储器容量较小时，可以进行字扩展，用多片小容量存储器构成大容量存储器。进行字扩展时，存储器地址线个数需要增加，把读写控制线、数据线以及低位地址线连接到小容量存储器的控制、数据和地址端，对增加的高位地址线用译码器译码，译码输出分别接在各小容量存储器的片选控制端，控制各小容量存储器的工作。

【例 7-3】　用 8K×8 位的 ROM 实现 32K×8 位的 ROM。

计算存储器的容量可知，实现 32K×8 位的 ROM 需要 4 片 8K×8 位的 ROM。

存储器的扩展连接如图 7-14 所示。8K×8 位的 ROM 有 13 根地址线，32K×8 位的 ROM 需要 15 根地址线。把 15 根地址线中的低 13 位连接到 4 片小容量存储器的地址端，对 15 根地址线中的高 2 位用译码器译码，4 个译码输出分别连接在 4 片小容量存储器的片选端。由于每片 ROM 的数据都经由三态缓冲器输出，各小容量 ROM 的片选信号任何时候都只有 1 个有效，把它们的数据线并联在输出总线上，扩展后存储器的数据仍然是 8 位。

当地址 A[14:13]为 00 时，第一片 RAM 被选中，低位地址 A[12:0]可以访问第一片 ROM 中的数据。类似地，当 A[14:13]为 01 时，可以访问第二片 ROM；当 A[14:13]为 10 时，可以访问第三片 ROM；当 A[14:13]为 11 时，可以访问第四片 ROM。

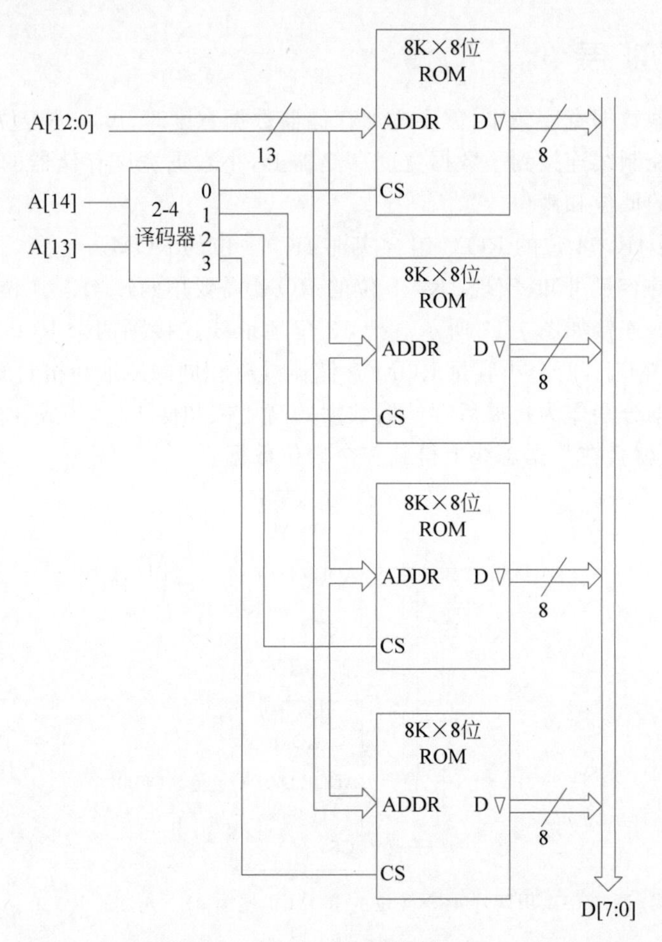

图 7-14　用 4 片 8K×8 位的 ROM 扩展为 32K×8 位的 ROM

7.5　可编程逻辑器件

7.5.1　可编程逻辑器件的概念

可编程逻辑器件是一种通用芯片,可以由用户根据特定应用的要求来定义和设置芯片的逻辑功能。

可编程逻辑器件在 20 世纪 70 年代后期出现,逐渐从比较简单的可编程逻辑阵列变为复杂可编程逻辑器件(complex programmable logic device,CPLD)和现场可编程门阵列(field programmable gate array,FPGA)。随着技术的发展,可编程逻辑器件的集成度不断提高,现在用一片可编程逻辑器件可以容纳以往多个芯片完成的功能,可以实现板级甚至系统级的功能;同时由于减少了外部连线,大幅提高了系统的可靠性,而且设计周期短,易于编程改变芯片的设计功能,因此广泛应用于各种电子系统中。

可编程逻辑器件可以分为工厂可编程逻辑器件和现场可编程逻辑器件。工厂可编程逻辑器件是指在出厂时就按照用户的要求对器件进行了编程,这种编程通常是一次性、不可逆的,例如早期的掩膜 ROM 和掩膜可编程门阵列(MPGA)。现场可编程逻辑器件是指用户在使用现场就可以对器件进行编程。

早期的现场可编程逻辑器件都以与或阵列来实现逻辑电路，如 PLA、GAL 和 PAL，这些都可以称为简单可编程逻辑器件（simple programmable logic device，SPLD）。复杂可编程逻辑器件由逻辑块构成，每个逻辑块包含与或阵列、多路选择器、触发器等，集成度远高于简单可编程逻辑器件。现场可编程门阵列也是高集成度的可编程逻辑器件，它的基本模块更大也更复杂，其中还集成了 RAM 存储器块等，基本模块以阵列的形式排列。FPGA 通常比 CPLD 更大、更复杂。可编程逻辑器件分类如图 7-15 所示。

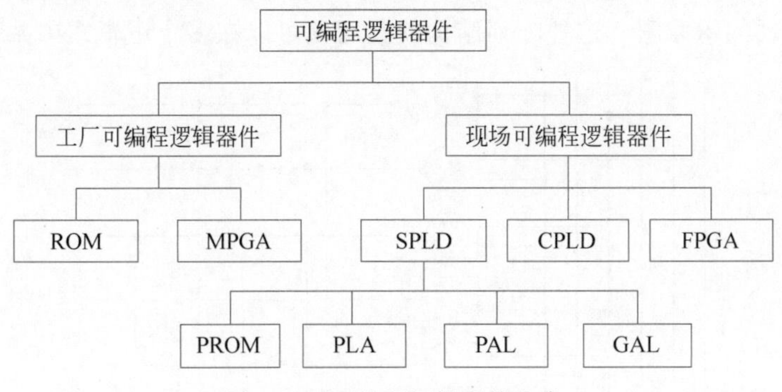

图 7-15　可编程逻辑器件分类

7.5.2　简单可编程逻辑器件

简单可编程逻辑器件包括 PLA（programmable logic array，可编程逻辑阵列）、PAL（programmable array logic，可编程阵列逻辑）和 GAL（generic array logic，通用阵列逻辑）。

PLA 由与或阵列构成，与阵列和或阵列都可以编程。任何逻辑函数都可以写成与或形式，因此与或阵列可以实现任何组合逻辑。PLA 的结构如图 7-16 所示，图中的小菱形表示可编程的连接点。一个 n 输入、m 输出的 PLA 可以实现 m 个 n 变量的逻辑函数，对不同连接点编程就可以实现不同的逻辑函数。

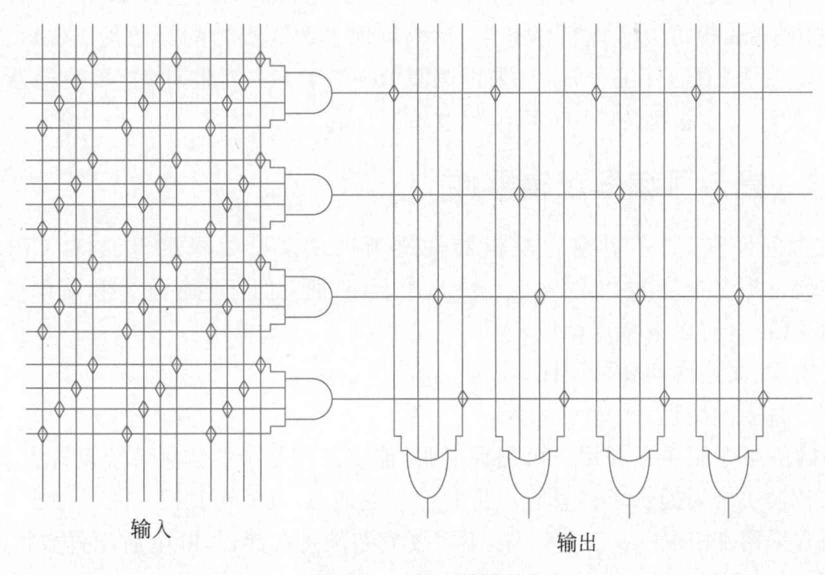

图 7-16　PLA 的结构

用 PLA 实现如下逻辑函数：

$$F_1(A,B,C)=\sum m(0,1,4,6)=A'B'+AC'$$

$$F_2(A,B,C)=\sum m(2,3,4,6,7)=B+AC'$$

$$F_3(A,B,C)=\sum m(0,1,2,6)=A'B'+BC'$$

$$F_4(A,B,C)=\sum m(2,3,5,6,7)=AC+B$$

这些逻辑函数都是积的和(与或)形式,用 PLA 实现时先做与运算,再做或运算,图 7-17 所示是 PLA 实现的示意图。这种阵列结构使得与项可以在多个逻辑式中共享。

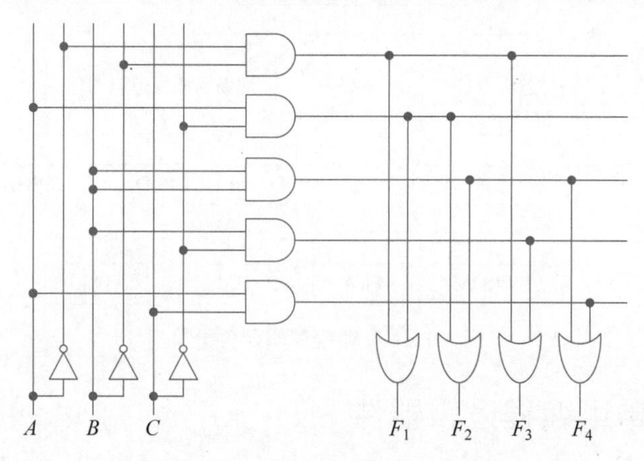

图 7-17 用 PLA 实现逻辑函数

PAL 的结构和图 7-16 所示的 PLA 结构相同,只不过 PAL 中只有与阵列可以编程,而或阵列是固定的。

GAL 继承了 PAL 的与或阵列结构,在此基础上又增加了 OLMC(output logic macrocell,输出逻辑宏单元)。宏单元(MC)中包含触发器、异或门和多路选择器,并且可以编程为多种工作模式,同时 MC 的信号还可以反馈到与或阵列。这样利用 GAL 不仅可以实现组合逻辑电路,也可以实现时序电路,大幅增加了数字设计的灵活性。GAL 不再使用熔丝/反熔丝工艺来对器件编程,而是采用 EEPROM 工艺来对器件编程,使得器件可以反复多次编程。GAL 也被称为 PLD(可编程逻辑器件)。

7.5.3 复杂可编程逻辑器件

随着技术的发展,简单可编程逻辑器件逐渐被复杂可编程逻辑器件(CPLD)取代。CPLD 最初就是把多个简单 PLD 放在一块芯片上,并把它们互连起来。和简单可编程逻辑器件相比,CPLD 具有以下特点:

(1) 高密度、高速度和高可靠性;

(2) 可进行多次编程;

(3) 包含大量逻辑单元和用户可编程引脚,能够进行复杂的数字系统设计;

(4) 在各模块之间提供了具有固定延时的互连通道,延时可预测;

(5) 通常采用 EEPROM 工艺编程,不需要安装配置存储器,断电后配置数据不丢失;

(6) 有多位加密位,可以避免编程数据被抄袭。

目前主要的可编程逻辑器件厂商包括 Intel(Altera)、Xilinx、Atmel、Lattice 等。图 7-18 所示是 Xilinx 公司的 XCR3064XL CPLD 的基本结构,其中包括 4 个功能块,每个功能块和 16 个 MC 相连。每个功能块是一个和 PLA 结构相同的可编程与或阵列。每个 MC 包含一个触发器和多个多路选择器,多路选择器把信号连接到 I/O 块或可编程互联阵列。互联阵列选择 MC 的输出信号或 I/O 块的信号,再把它们连接到功能块的输入,这样功能块产生的信号就可以用作其他功能块的输入。I/O 块给外部双向 I/O 引脚和 CPLD 内部电路提供接口。

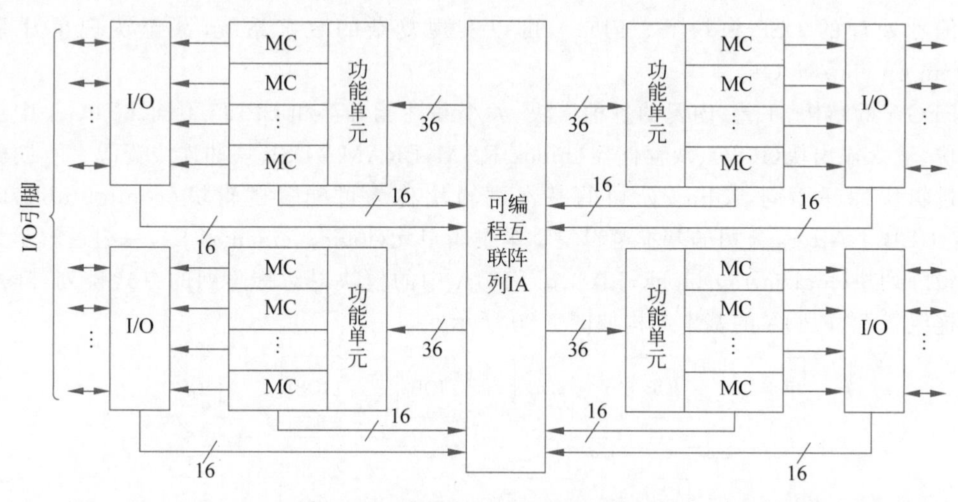

图 7-18　XCR3064XL CPLD 的基本结构

图 7-19 所示是 XCR3064XL 的 MC 及相连的与或阵列(功能单元)。可以看出,与或阵列产生的信号可以经过 MC 送到 I/O 引脚;来自可编程互连阵列(interconnect array,IA)的信号可以连接到与门的输入,每个或门可以接收来自与阵列的乘积项。MC 中第一个多路选择器可以编程选择或门输出或或门的反相输出;第二个多路选择器可以编程选择组合逻辑输出或触发器输出,这个输出可以送到可编程互联阵列,也可以送到 I/O 引脚。触发器可以编程配置控制信号,输出缓冲器的使能信号也可以编程控制。不同的控制连接可以

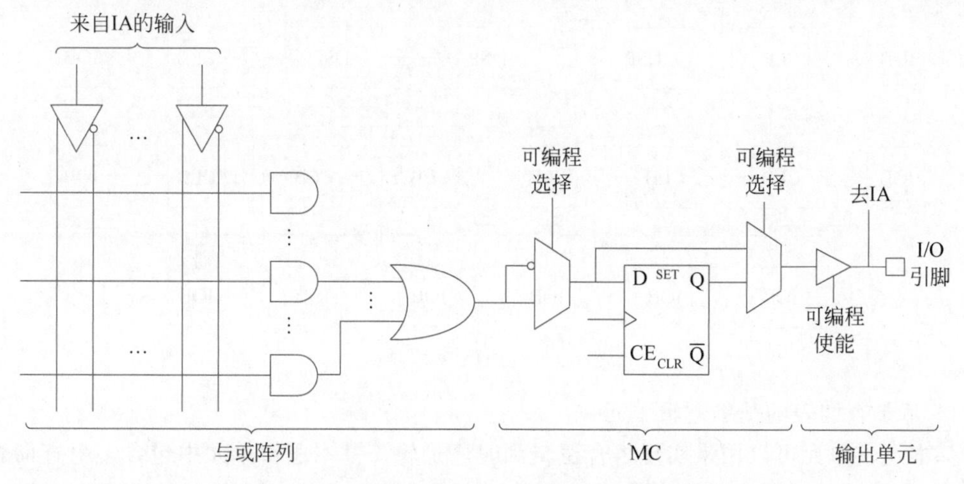

图 7-19　XCR3064XL 的 MC 及相连的与或阵列

实现不同的数字电路和系统。

CPLD包含丰富的逻辑门资源,寄存器资源相对较少,通常用来实现小到中等复杂度的控制器。虽然大规模的CPLD或多片CPLD也可以实现复杂的设计,但在这种情况下,更多地还是使用寄存器资源丰富的FPGA。

7.5.4 现场可编程门阵列

FPGA(现场可编程门阵列)中不仅集成了基本的逻辑单元块,还集成了处理器和用于数字信号处理的DSP模块等。FPGA可以实现复杂的数字系统,甚至实现单片系统(system on chip,SoC)。

FPGA的结构、工艺、内置的各种模块、大小和性能等都和CPLD不同。FPGA中包含逻辑块、输入输出块(IOB)、块存储器(block RAM,BRAM)、DSP块和连线资源。不同的厂商对逻辑块称呼不同,Xilinx公司的基本逻辑块称为可配置逻辑块(configurable logic block,CLB);Altera公司的基本逻辑块称为逻辑单元(logic element,LE),一组逻辑单元称为逻辑阵列块(logic array block,LAB)。FPGA中的模块以对称阵列的方式排列,阵列之间是连线资源,FPGA的基本结构如图7-20所示。

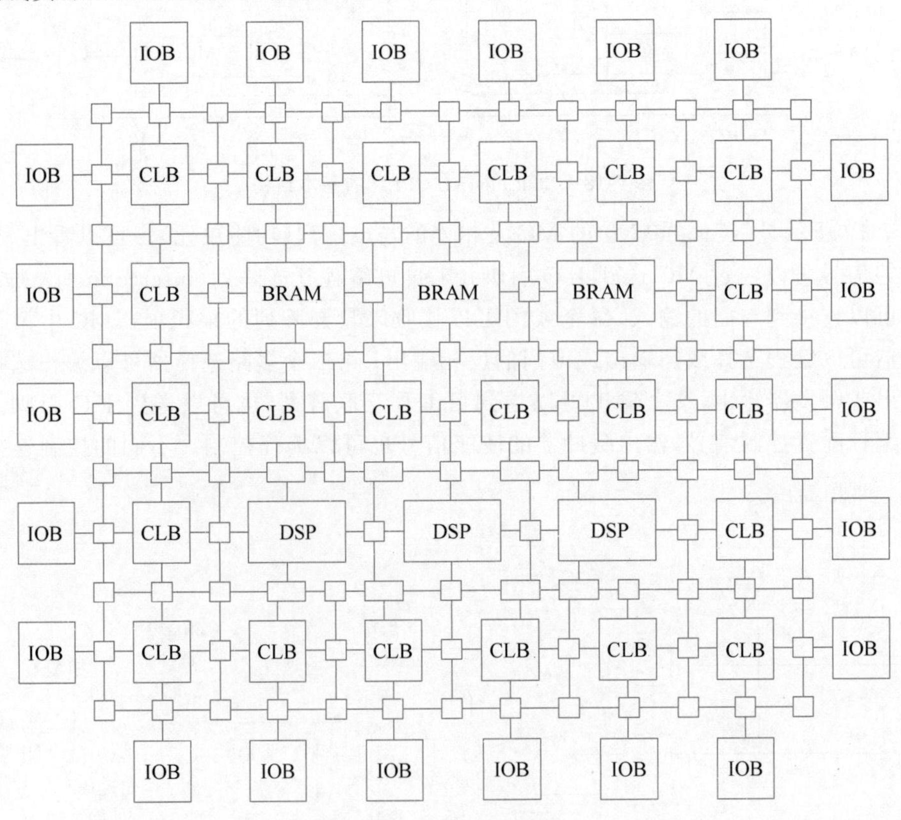

图7-20 FPGA基本结构

1) 基于查询表的基本逻辑单元

基本逻辑单元可以用来实现组合逻辑和时序逻辑。基本逻辑单元中包含多个查询表和寄存器,组合逻辑用查找表(look-up table,LUT)实现。如果电路不能用单个基本逻辑单元实现,可以把多个基本逻辑单元结合在一起使用。基本逻辑单元的基本结构如图 7-21 所示。其中带 M 的小方框表示存储单元,存储单元中保存的配置信息可以用来对基本逻辑块进行编程,选择输出是组合逻辑输出还是触发器输出等。

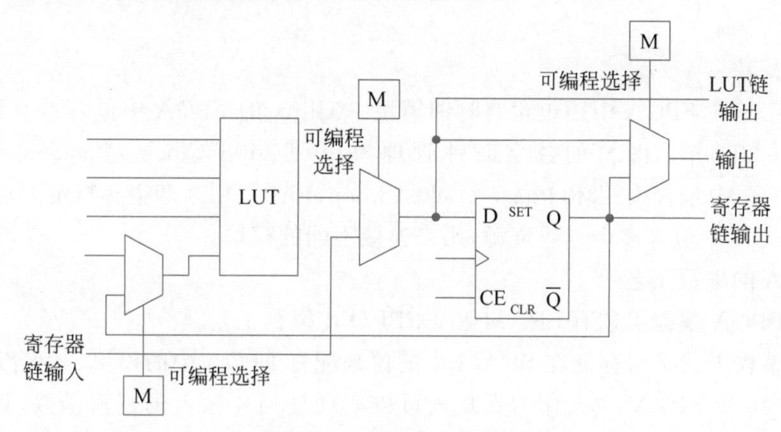

图 7-21 基本逻辑单元的基本结构

和用多路选择器实现组合逻辑类似,可以用查找表实现组合电路。例如 4 输入逻辑函数 $F=(AB)'+CD$,可以计算出它的真值表,输出保存入输入对应的存储器地址中,把输入当作地址,读出的数据就是这个逻辑函数的输出。用查找表实现组合电路的好处是不管输入个数是多少,它的延时都是一样的。

2) 块存储器 BRAM

BRAM 是 FPGA 中集成的存储器块。不同型号 FPGA 中集成的存储器单元数量不同。BRAM 通常用作片上的数据存储,可以根据需要编程配置为不同尺寸和不同类型的存储器。

每一块 BRAM 都是同步存储器,都有时钟、时钟使能、数据、地址和控制信号等。存储器的数据、地址和控制信号都可以根据需要进行编程配置。

3) DSP 模块

DSP 模块是已设计好嵌入在 FPGA 中、专用于 DSP 应用的模块,如 DSP 中常用的乘法器、乘加单元和加法单元等。这种嵌入的专用 DSP 模块可以达到较高的工作速度,使用这些模块可以高效地在 FPGA 上实现数字信号处理算法。例如 Xilinx 和 Altera 公司的许多 FPGA 中都嵌入了 18×18 的硬件乘法器等。

用户可以根据设计要求对 DSP 模块进行编程配置,如配置字长、数据类型等,实现所要求的模块。例如乘法器可以配置为有符号数乘法器、无符号数乘法器和浮点乘法器,为了提高性能,还可以配置为流水线乘法器。

4) 嵌入式处理器

很多 FPGA 中嵌入了处理器核,这对于复杂系统的设计非常方便。例如有些 FPGA 中嵌入 IBM 的 PowerPC 处理器核,有些嵌入 ARM 处理器核。FPGA 厂商还提供了一些处理器软核,用户可以对处理器软核进行配置,在 FPGA 中实现,如 Xilinx 公司提供的 MicroBlaze 软核和 Altera 公司提供的 Nios Ⅱ 软核。

5) 输入输出块 IOB

IOB 用于内部逻辑块和外部的接口。IOB 中包含带寄存器的双向缓冲器,可以编程配置为寄存的输入或输出,也可以直接输入或输出。

FPGA 的通用可编程引脚可以配置为输入,也可以配置为输出或双向。IOB 可以把信号转换为多种 IO 标准,如 LVTTL(Low Voltage TTL)、LVCMOS(Low Voltage CMOS)、PCI 等。

6)其他模块

除以上模块外,FPGA 中还包含有时钟模块。Xilinx 的 FPGA 中包含带有延时锁定环(Delay Locked Loop,DLL)的数字时钟管理模块(Digital Clock Management,DCM)。Altera 的 FPGA 中包含锁相环(Phase Locked Loop,PLL),用来产生有特定需求的时钟。

另外,FPGA 中包含多个连线资源,用来连接不同的模块。

7)FPGA 的编程工艺

常见的 FPGA 编程工艺有 SRAM 和 EEPROM 编程工艺。

SRAM 编程工艺是用存储在 SRAM 中的位来配置 FPGA 中的模块。组合逻辑用查找表实现,例如 16 个 SRAM 单元作为查找表可以实现任何 4 输入的逻辑函数,只需要把 16 个逻辑函数输出写入 SRAM 单元中。可编程互连阵列也可以用 SRAM 实现控制,可以用 SRAM 中存储的内容作为传输门的控制信号,实现可控的开关,也可以用 SRAM 中的内容来控制连接信号通路的多路选择器。保存在 SRAM 中用来对 FPGA 进行编程的信息称为配置位(Configuration bit)。

使用 SRAM 编程工艺的好处是 SRAM 写入很方便,可以多次写入,为 FPGA 的开发提供了很大的灵活性,同时在制造工艺上也和其他逻辑电路没有什么不同。但是,这也增加了大量额外的电路开销。

SRAM 是易失性存储器,电源关闭后 SRAM 中的信息就丢失了。因此当 FPGA 用在最终产品电路板上时,通常都会带一个非易失性的配置存储器(如 EEPROM)来保存配置位。每当电源打开时,先从配置存储器中读出配置数据对 FPGA 编程,然后 FPGA 才能正常工作。由于 SRAM 编程具有灵活性和可反复编程性,使得 SRAM 编程的 FPGA 非常受欢迎,被广泛用于系统设计和原型开发等。

EEPROM 编程工艺是使用 EEPROM 单元来保存编程配置信息。相比 SRAM,EEPROM 的速度慢。EEPROM 是非易失性存储器,当电源关闭后 EEPROM 中保存的信息不会丢失。因此 EEPROM 编程的可编程逻辑器件用在最终产品电路板时,不需要带配置存储器。大部分 CPLD 采用 EEPROM 编程工艺。

习题

7-1 一个 32 位数据由几字节组成?

7-2 具有 16K 个地址的 ROM 存储器的地址线有多少根?

7-3 以字节组织的存储器的数据线有多少根?

7-4 设计一个 ROM 用来把 BCD 码转换为余 3 码。

7-5 某个 ROM 有 15 根地址线,8 根数据线,那么 ROM 的存储容量是多少?

7-6 要得到一个容量为 16K×8 位的 RAM 存储器,需要多少块 4K×1 位的 RAM 芯片?

7-7 用4K×4位的ROM构成4K×8位的ROM。要求计算需要多少块4K×4位的ROM,画出电路结构。

7-8 用4K×8位的ROM构成8K×8位的ROM。要求计算需要多少块4K×8位的ROM,画出电路结构。

7-9 用4K×4位的ROM来构成16K×8位的ROM。要求计算需要多少块4K×4位的ROM,画出电路结构。

7-10 有12条地址线和8条数据线的DRAM,其容量是多少?

7-11 简述SRAM存储器和DRAM存储器的特点。

第8章 可编程逻辑器件开发工具 Quartus Prime

CHAPTER 8

可编程逻辑器件的设计开发离不开电子设计自动化(electronic design automation, EDA)工具。可编程逻辑器件厂商通常都会为自己推出的器件提供 EDA 工具,例如 Xilinx 公司的 Foundation、ISE 和 Vivado,Altera(Intel)公司的 MaxPlus Ⅱ、Quartus Ⅱ和 Quartus Prime。除厂商自己提供的工具外,还有一些第三方工具,如一些 EDA 厂商提供的综合器和仿真器等。可编程逻辑器件厂商提供的工具通常也可以和这些第三方工具结合在一起使用。

和大多数商业 EDA 软件一样,Quartus 也经历了很多版本。本章以 Quartus Prime Lite 18.1 版本为例介绍 Quartus Prime 的使用。其他厂商的可编程逻辑器件开发工具的流程也基本相似,不同的只是界面和一些使用细节。为简单起见,后面提到 Quartus Prime 都只简化为 Quartus。

本章假设 Quartus 安装在运行 Windows 10 系统的计算机上,且已完成安装,可以正常使用。

8.1 可编程逻辑器件设计流程

可编程逻辑器件的设计流程主要包括设计输入(design entry)、综合(synthesis)、适配(fitting)、仿真(simulation)、时序分析(timing analysis)以及编程和配置(programming and configuration)等步骤。设计流程如图8-1所示。

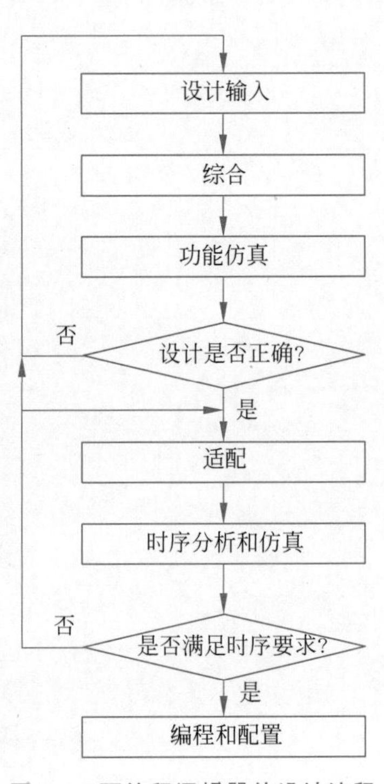

图 8-1 可编程逻辑器件设计流程

1) 设计输入

设计输入有图形和文本两种方式。当电路结构和电路模块确定后,可以采用图形方式,编辑电路原理图作为设计文件;也可以采用文本方式,用硬件描述语言编写代码作为设计文件。

2) 综合

综合是把设计描述转化为网表的过程。设计人员只要表达清楚设计描述,定义好电路的逻辑功能,综合工具就可以生成一组用可编程逻辑器件中的逻辑单元构成的电路网表。

3）适配

适配是把通过综合得到的逻辑放到可编程逻辑器件的逻辑单元的过程。在这个过程中还需要选择连线，将各逻辑单元放到相应优化的位置，并根据信号传输的要求，在逻辑单元之间、逻辑单元和I/O端口之间进行布线，把各逻辑单元连接起来形成所设计的电路。

4）仿真

仿真用于验证模型是否能正确工作，是设计过程中的重要环节。仿真的基本方法如图8-2所示，在电路模型的输入端加入测试矢量，在输出端检查模型产生的输出是否是期待的输出，如果是就表明模型工作正确，否则表明模型工作不正确。

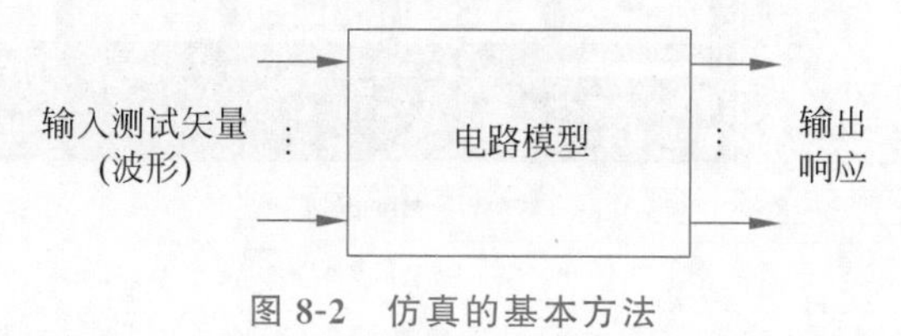

图8-2 仿真的基本方法

仿真分为功能仿真和时序仿真。在对设计输入进行综合之后，就可以对设计进行功能仿真。对设计进行的功能仿真可以节省时间，可以在设计的早期阶段检测到设计中的错误，进行修改。

在布局布线后可以得到设计的延时信息，这时进行的仿真称为时序仿真或后仿真。时序仿真不仅能使设计人员再次检验设计的功能，而且能够检验设计的时序。如果后仿真的结果不能满足设计的要求，就需要修改设计或修改设计约束重新综合，对设计重新进行适配，以满足时序的要求。

- 时序分析

分析适配后电路不同路径的传播延时，得到电路的性能参数。

- 编程和配置

在完成设计输入、综合、适配之后，EDA工具会生成一个器件编程所用的数据文件。连接开发板，就可以对可编程逻辑器件进行编程下载，得到设计的FPGA实现。

8.2 Quartus使用

视频讲解

8.2.1 Quartus简介

Quartus是一个完整的可编程逻辑器件设计环境，集成了Altera(Intel)公司的FPGA/CPLD开发流程中涉及的所有工具和第三方软件接口。设计者可以使用Quartus软件完成可编程逻辑器件开发流程的所有阶段。

启动Quartus后其界面如图8-3所示，由标题栏、菜单栏、工具栏、工程浏览器(project navigator)窗口、工程处理任务(tasks)窗口、消息(messages)窗口和工作区窗口组成。

Quartus提供的大部分命令都可以通过菜单来启动，有些命令的执行可能需要不止一级菜单，当遇到这种情况时，本书采用menu1>menu2这种形式来表示菜单的层次。

一些常用的命令可以用菜单下的快捷工具按钮来启动。当把鼠标移到某个工具按钮时就会出现一个小方框显示这个按钮的功能。

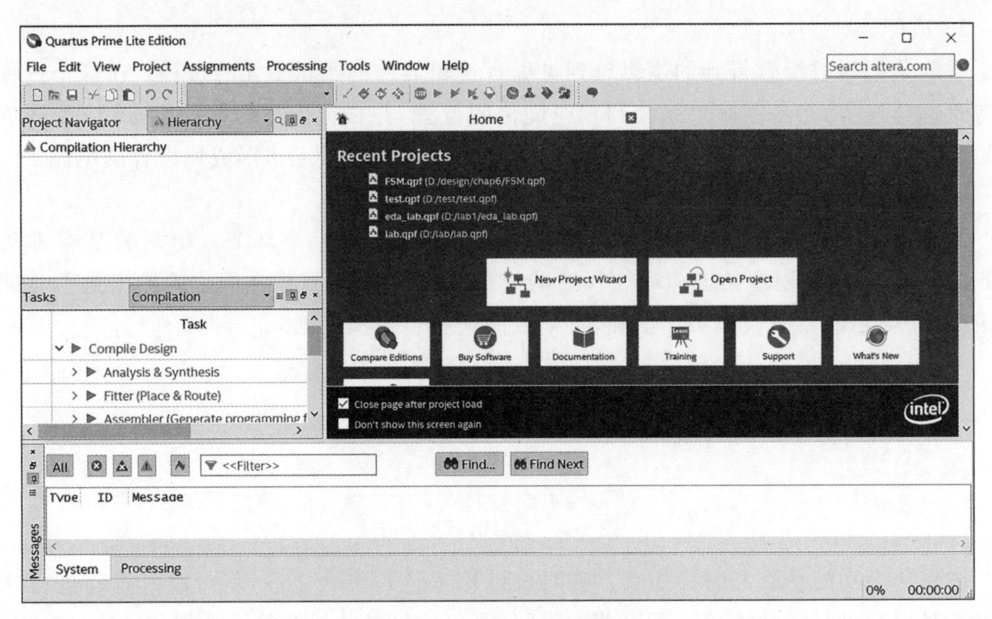

图 8-3 Quartus 用户界面

界面的左上方是工程浏览器窗口，管理工程中的各种文件。

工程浏览器窗口的下方是工程处理任务窗口，可以双击鼠标启动综合、适配和编程等任务或其中的子任务，同时会显示任务完成的进度。

最下方是消息窗口，会显示工具运行的情况，运行得到的消息(包括警告和错误等)也会在这个窗口显示，可以通过消息窗口显示的信息来分析设计中的问题。

界面右边是工作区窗口。工具刚启动时提供一些工程相关的快捷方式，后续的各种编辑器都在这个区域显示。

使用 Quartus 进行可编程逻辑器件开发的基本流程如下：

(1) 建立一个新工程 project；

(2) 使用 Text Editor(文本编辑器)输入 Verilog HDL、VHDL 或 AHDL 设计代码，或使用 Block Diagram/Schematic Editor(原理图编辑器)输入设计的电路原理图；

(3) 设计综合；

(4) 把设计在可编程逻辑器件中适配；

(5) 给设计的输入输出端分配引脚；

(6) 对设计进行仿真；

(7) 把设计编程下载到开发板上的可编程逻辑器件中。

8.2.2 新建工程

在 Quartus 中，每一个电路设计都是通过工程实现的。Quartus 同一时间只处理一个工程，并且把一个工程的所有信息都保存在同一目录(文件夹)里。因此在开始一个新的设计之前，需要新建一个目录来保存工程中的文件。需要注意的是，目录的路径不能有中文字符。下文通过一个设计例子来介绍 Quartus 的使用，新建目录 D:\design 来保存设计文件，工程也命名为 design。

打开 Quartus 后，首先需要建立设计工程。Quartus 提供了一个建立工程的向导(wizard)，方便建立新工程。新建工程的步骤如下：

(1) 在 File 菜单下选择 File>New Project Wizard，启动新建工程向导，出现如图 8-4 所示的对话框，介绍新建工程需要完成的任务步骤。单击 Next 按钮，进入图 8-5 所示的对话框，用于规定工程的工作目录和工程名。

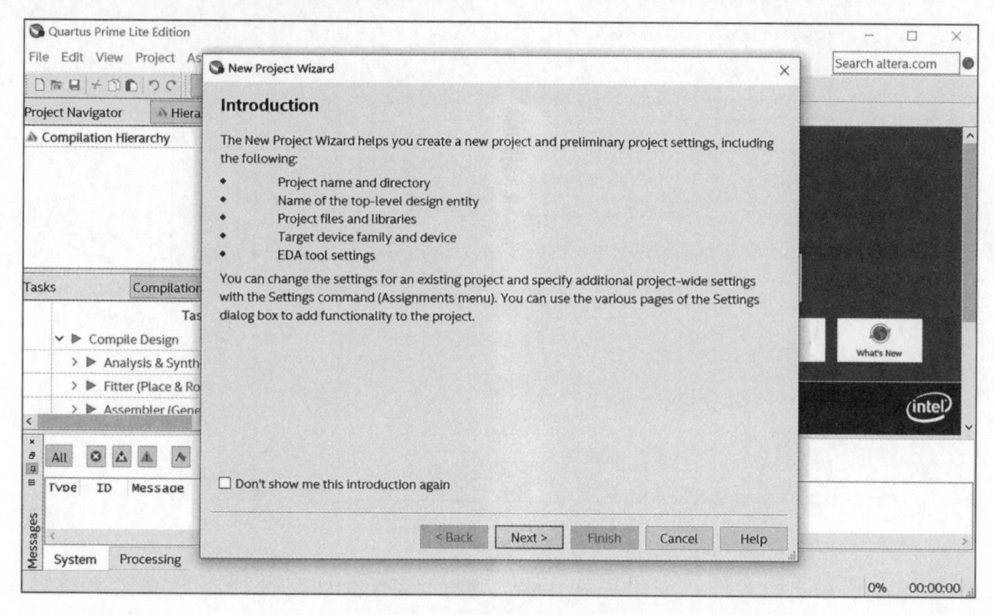

图 8-4 新建工程向导简介

(2) 规定工程目录和工程名。把工程目录设置为 D:\design，工程名可以和工程目录名相同，也可以不同。顶层设计名自动默认和工程名一致，顶层设计名也可以和工程名不同。设计人员可以根据设计定义工程名，定义工程名可以用字母、数字和下画线，不要用其他字符，不能有中文字符。完成后单击 Next 按钮，进入如图 8-6 所示的对话框。

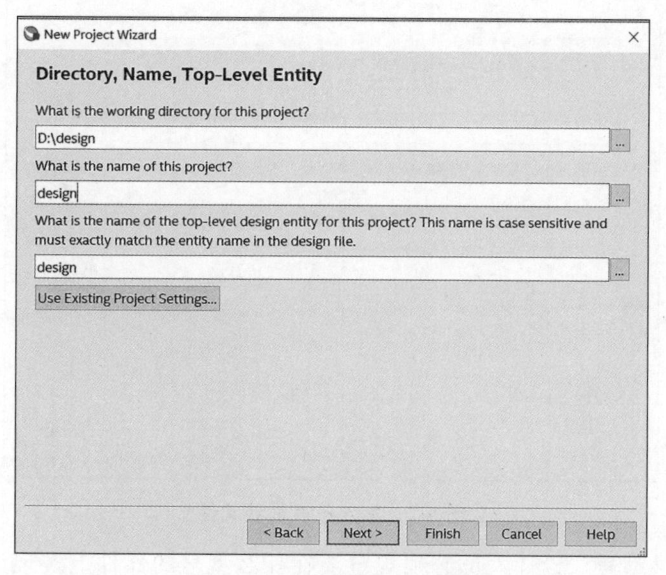

图 8-5 规定工程目录和工程名

(3) 规定工程类型。可以选择从一个空工程(Empty Project)开始,也可以选择从工程模板(Project Template)开始。这里选择从空工程开始新建一个工程。完成后单击 Next 按钮,进入如图 8-7 所示的对话框。

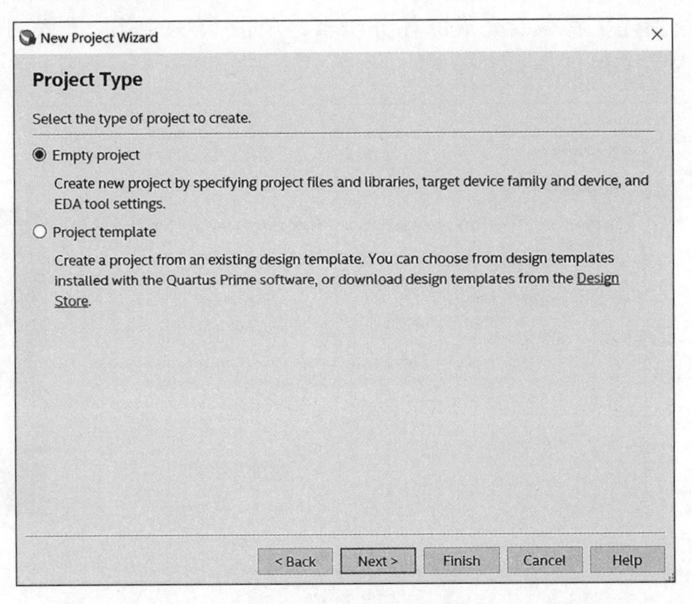

图 8-6 规定工程类型

(4) 加入已有设计文件。如果创建工程之前已经有设计文件如图形或文本设计文件等,可以在这里加入。当加入一个设计文件时,最好先将设计文件复制到工程文件夹中,再从工程文件夹中添加。当开始一个全新的设计时,没有设计文件,可以直接单击 Next 按钮,进入如图 8-8 所示的对话框。

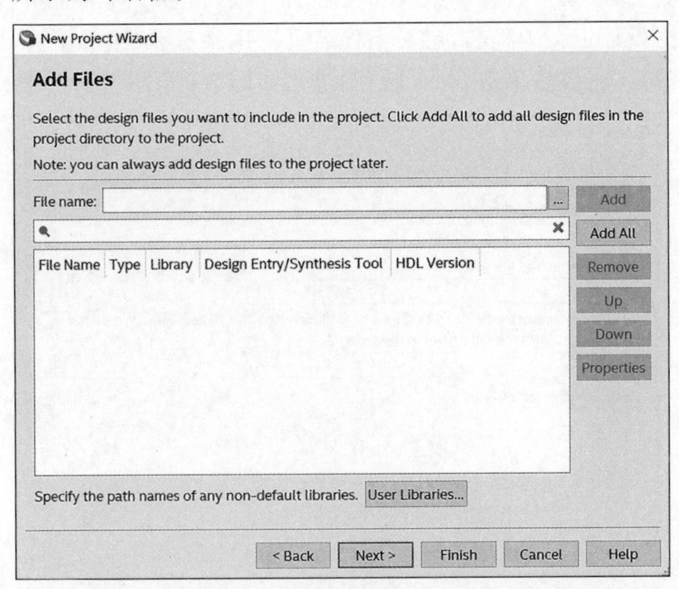

图 8-7 加入已有设计文件

(5) 规定器件型号。设计人员必须规定要在什么型号的器件上实现设计,首先选择器

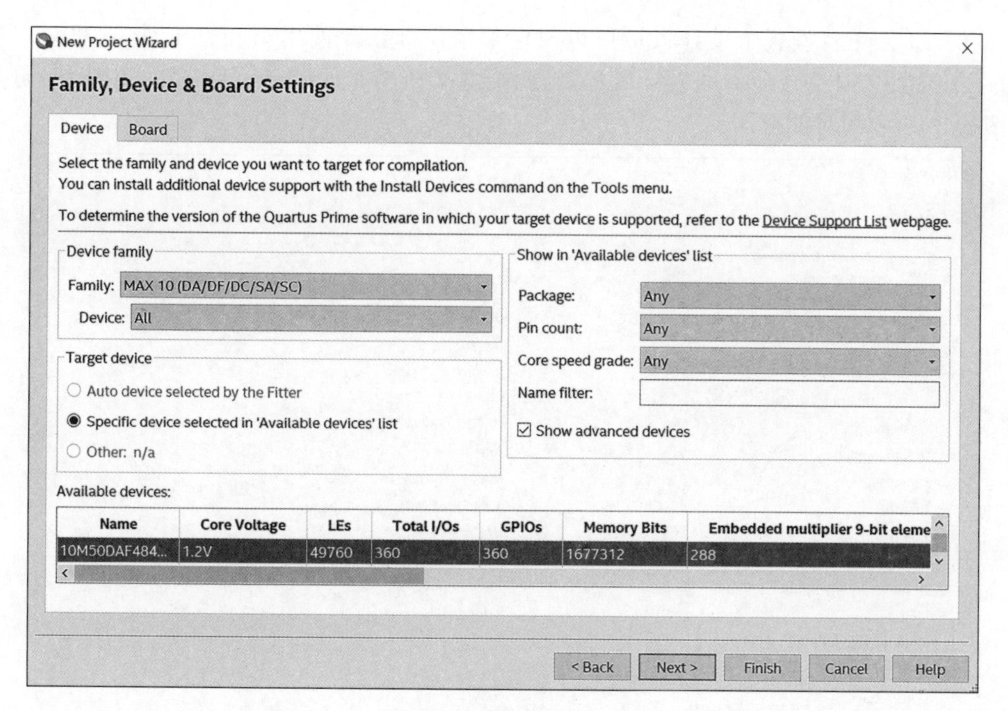

图 8-8　规定器件型号

件系列(Device Family),然后再选择该系列中具体的型号。这里选择 MAX10 系列,10M50DAF484C8G 型号的器件。通常根据开发板上已有的器件来选择,或者根据设计需要来选择器件型号,器件选择错了也可以在后续过程中修改。选择完成后单击 Next 按钮,进入如图 8-9 所示的对话框。

New Project Wizard

EDA Tool Settings

Specify the other EDA tools used with the Quartus Prime software to develop your project.

EDA tools:

Tool Type	Tool Name	Format(s)	Run Tool Automatically
Design Entry...	<None>	<None>	Run this tool automatically to synthesize the current design
Simulation	<None>	<None>	Run gate-level simulation automatically after compilation
Board-Level	Timing	<None>	
	Symbol	<None>	
	Signal Integrity	<None>	
	Boundary Scan	<None>	

< Back　Next >　Finish　Cancel　Help

图 8-9　EDA 工具设置

(6) EDA 工具设置。设计人员可以规定某个设计步骤使用第三方工具,这里只使用 Quartus 中的工具完成所有的设计流程,因此不选择使用其他工具。单击 Next 按钮,进入如图 8-10 所示的对话框。

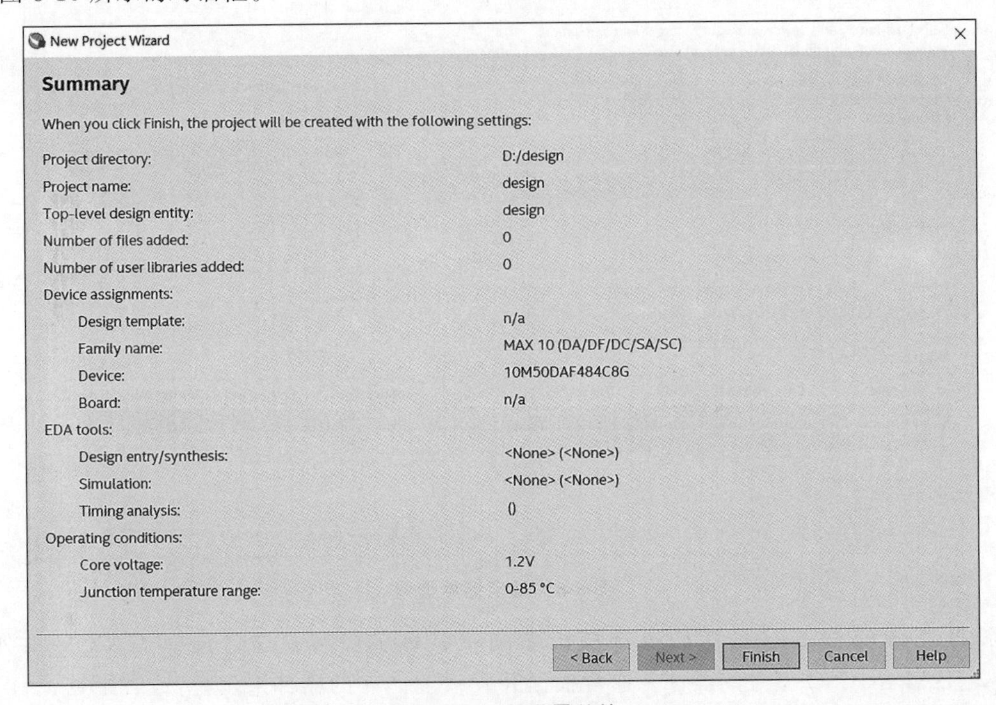

图 8-10 工程设置总结

(7) 工程设置总结。图 8-10 所示的对话框是整个工程设置的总结,单击 Finish 按钮返回 Quartus 的主界面。工程建立后,可以在主界面标题处和工程浏览器看到新建的工程 design,如图 8-11 所示。

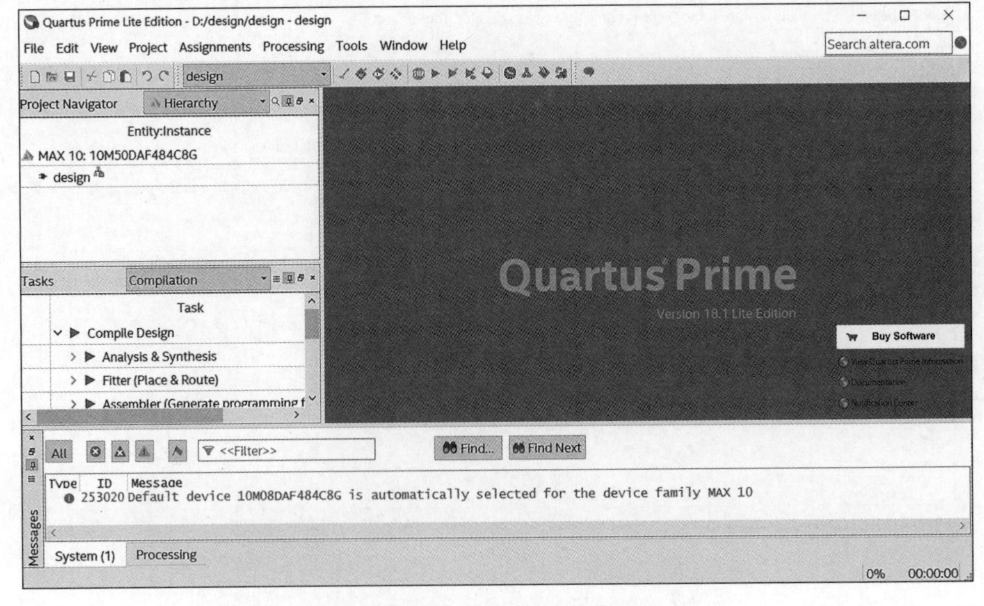

图 8-11 工程建立后的主界面

工程建立之后，Project Navigator 窗显示为“Hierarchy”，表示在工程浏览器中看到的是设计的层次，由于目前没有子模块，显示出的只是顶层设计 design。单击 Hierarchy 旁边的倒三角，在弹出的下拉菜单中选择 File，就切换到工程文件项，工程浏览器中会列出所有的设计和仿真文件。

在工程所在的目录中，除设计和仿真文件外，还有 *.qpf 和 *.qsf 两个重要的文件。*.qpf 是 Quartus Project File，是记录工程信息的文件；*.qsf 是 Quartus Settings File，是记录工程设置信息的文件。还有一些其他文件和文件夹，大多是编译或仿真生成的中间和结果文件。

当需要打开工程时，可以在 Quartus 的 File 菜单下选择 File＞Open Project，在弹出的窗口中选择 *.qpf 文件打开工程，也可以在工程所在目录双击 *.qpf 文件打开工程。

如果有设计好的文件需要加入当前工程，可以在菜单 Project 下选择 Project＞Add/Move File in Project，然后选择要加入的文件。如果不需要某个文件，可以在工程浏览器中选择这个文件，右击，选择 Remove File From Project 即可。

8.2.3 设计输入

1）原理图输入

首先用原理图方式设计一个半加器。在 File 菜单下选择 File＞New，弹出如图 8-12 所示的对话框。选择 Block Diagram/Schematic File，单击 OK 按钮，打开图形编辑器窗口，如图 8-13 所示。

首先规定文件名并保存文件，在 File 菜单中选择 File＞Save As，弹出如图 8-14 所示的对话框。在文件名框中输入文件名 half_adder，在保存类型框中选择 Block Diagram/Schematic Files(*.bdf)，并选中 Add file to current project 复选框，单击“保存”按钮，将文件存入工程文件夹。

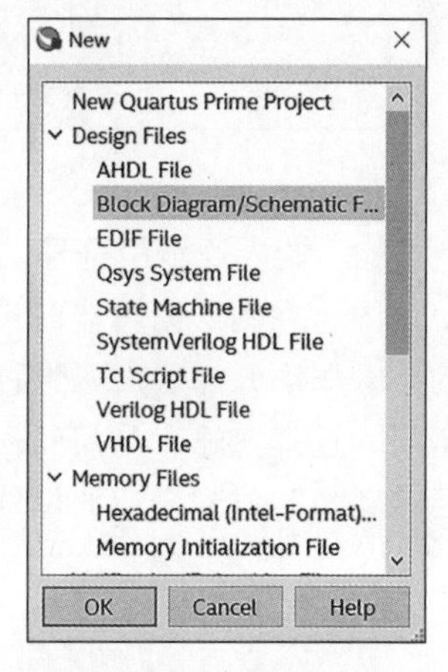

图 8-12 选择新建原理图文件

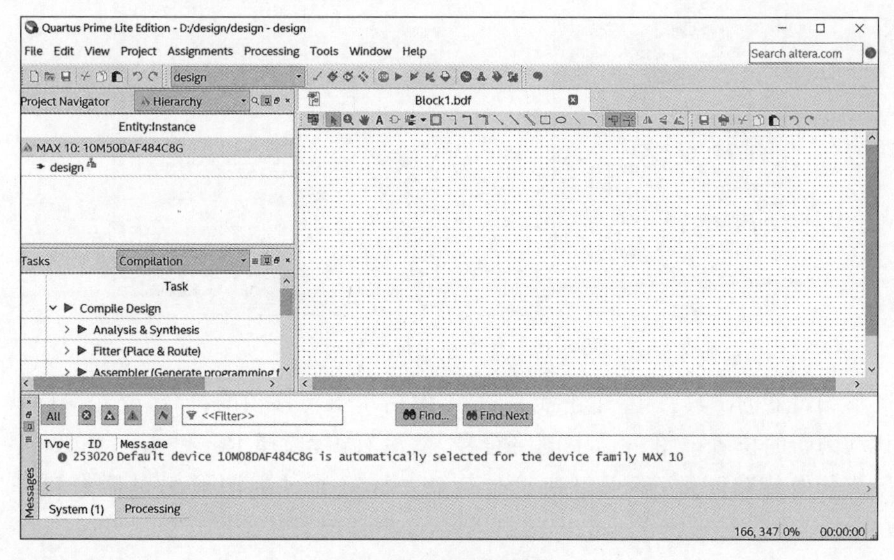

图 8-13 图形编辑器

图 8-14 命名和保存图形文件

(1) 调入逻辑门符号。图形编辑器提供了几个元件库,可以调用其中的元件来画电路原理图。在图形编辑器窗口的空白处双击鼠标,弹出如图 8-15 所示的对话框。单击库前面的小方框展开库层次,然后展开 primitives 库,接着展开其中的 logic 库,就可以看到各种逻辑门。选择二输入与门(and2),单击 OK 按钮,二输入与门就出现在了图形编辑器中,用鼠标移动与门放到合适的位置。和上面的步骤相同,再调入一个异或门,放在合适的位置。

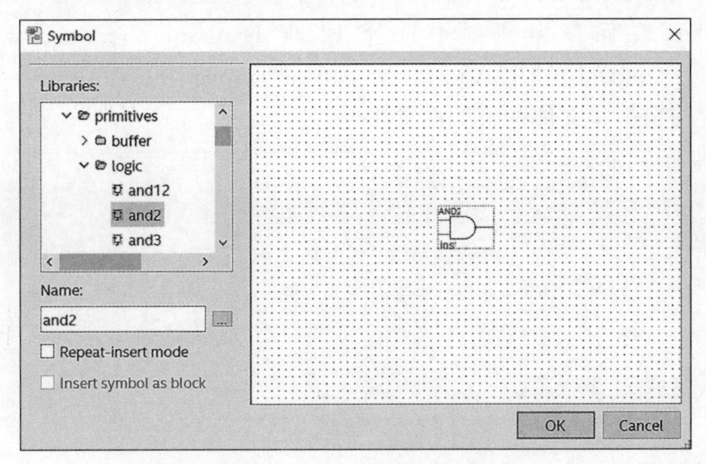

图 8-15 从库中选择元件符号

在图形编辑器的工具栏中,单击箭头图标,然后单击要移动的符号,按住鼠标就可以拖着符号移动到新的位置。单击选中电路符号,然后右击,选择 Rotate by Degrees>Rotate Left 90°,或其他旋转度数,就可以使符号旋转。放好元件的图形编辑器窗口如图 8-16 所示。

(2) 调入输入输出端口。和调入逻辑门的步骤一样,从 primitives 库中的 pin 库中调出

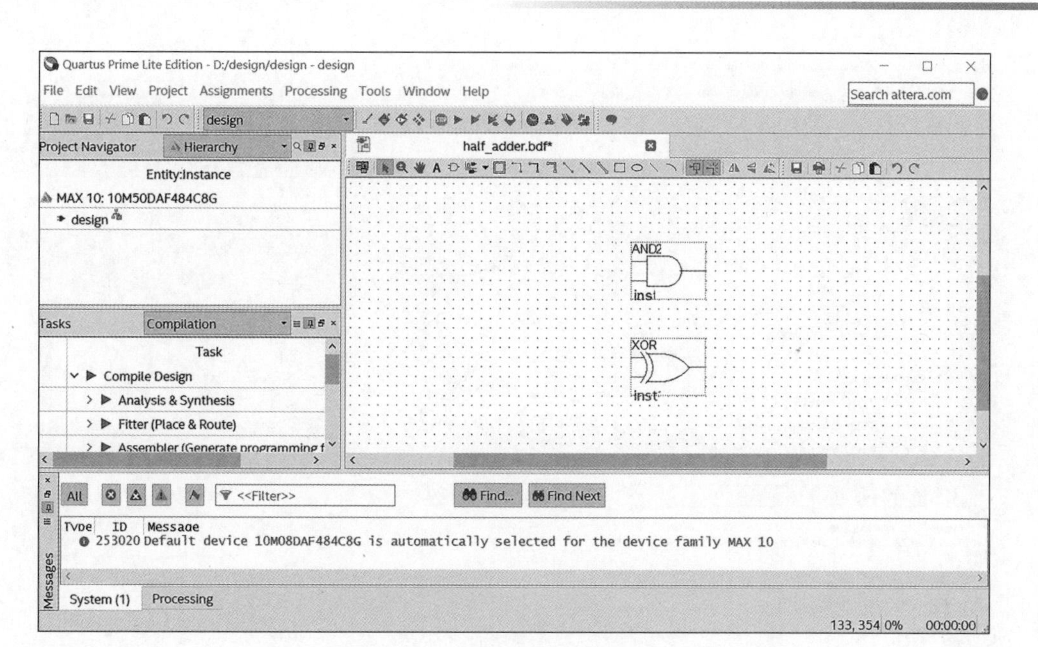

图 8-16 调入元件符号的图形编辑器

两个输入端口(input)和两个输出端口(output)。用鼠标选中一个输入端口,双击,弹出如图 8-17 所示的对话框。在 pin name(s)文本框中输入端口名 A,单击 OK 按钮。相同的方法,将其他几个端口分别命名为 B、S 和 CO。调入了逻辑门和输入输出端口的图形编辑器窗口如图 8-18 所示。

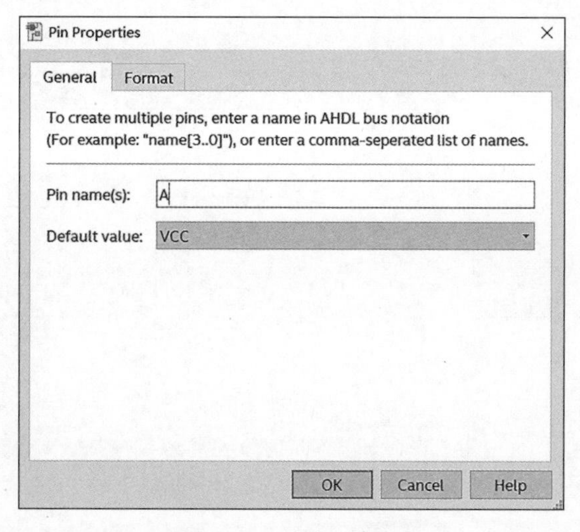

图 8-17 给端口命名

(3) 连线。单击图形编辑器工具栏中图标为 ㄱ 的按钮,启动正交节点连线工具,把鼠标放在输入端口 A 的右边沿,按住鼠标向右拖拉就会出现一根连线,一直拉到与门的一个输入端的节点,当看到出现一个小方框时松开鼠标,就完成了从输入端口 A 到与门输入端的连接。然后画出从这条连线到异或门输入端的连线,可以看到在两条连线交叉的地方有一个实心点,表示两条线相连。在输入原理图的过程中如果有输入错误,可以单击选中输入错误的元件或连线,按 Delete 键删除。

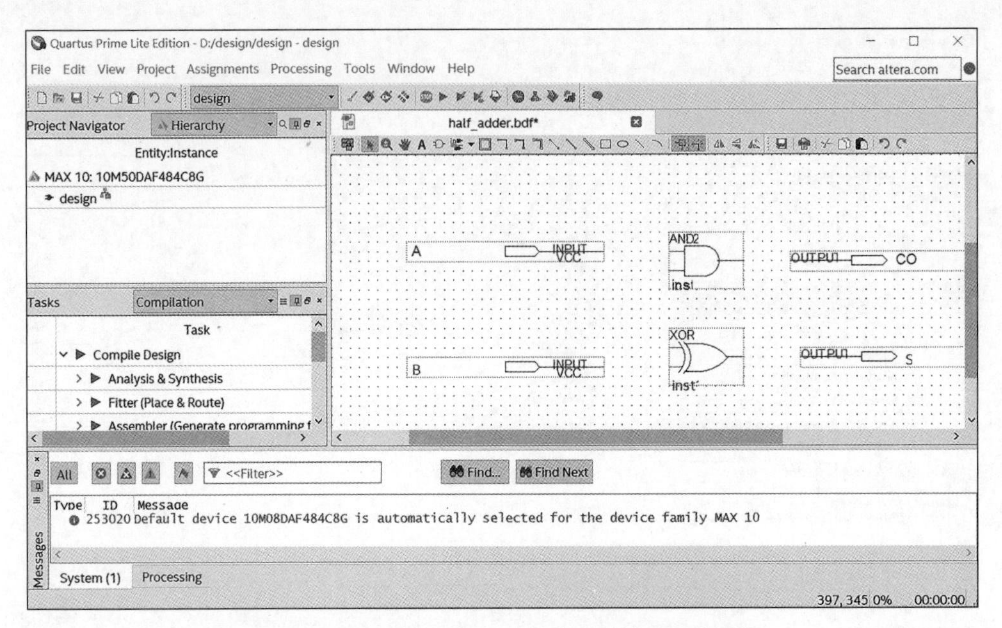

图 8-18　调入逻辑门和输入输出端口的图形编辑器

用相同的方法可以画出其他的连线,完成连线的原理图如图 8-19 所示。这时半加器的原理图输入就完成了,单击工具栏中图标为 的按钮,或在菜单 File 下选择 File>Save,保存设计文件。

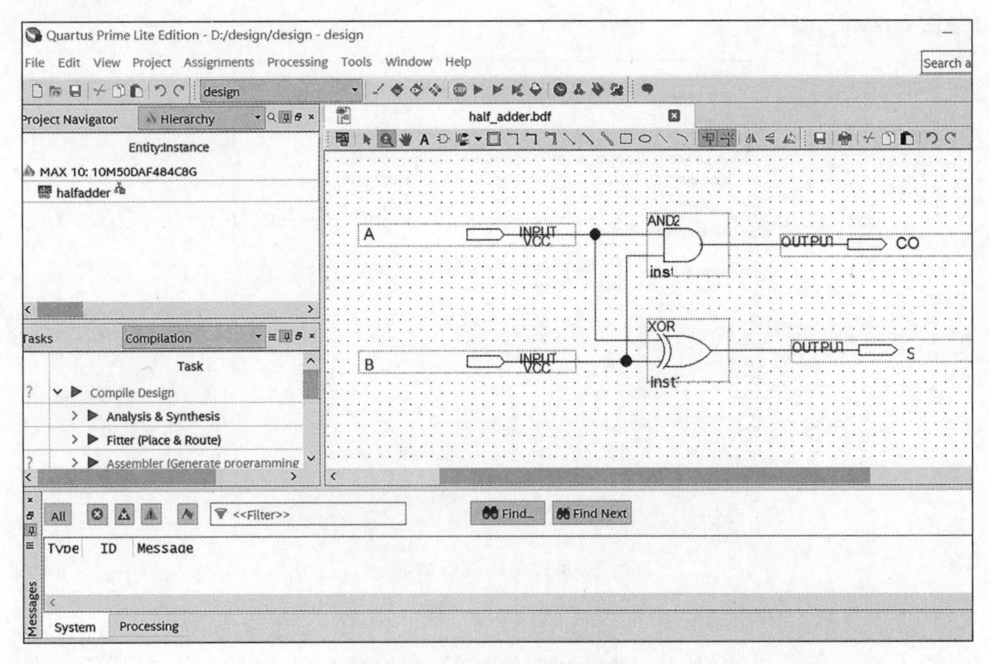

图 8-19　完成连线的原理图

2）文本输入

设计也可以用硬件描述语言描述,这里用 Verilog 来描述半加器。

在菜单 File 下选择 File>New,弹出如图 8-20 所示的窗口,选择 Verilog HDL File,就

打开了文本编辑器窗口。

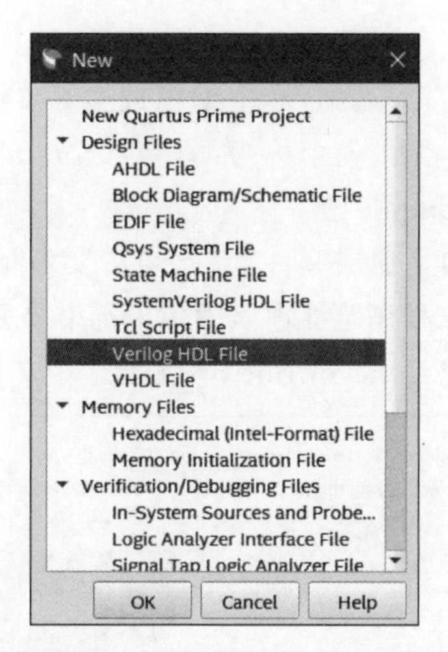

图 8-20　选择新建 Verilog 文件

在 File 菜单中选择 File＞Save As，弹出文件保存窗口，在文件名框中输入文件名 halfadd，在保存类型框中选择 Verilog Files(＊.v)，并选中 Add file to current project 复选框，单击保存，文件就存入了工程文件夹。

在文本编辑窗口中输入半加器代码，输入完成后单击保存按钮保存文件。完成 Verilog 代码输入的文本编辑器如图 8-21 所示。可以看到，在文本编辑器中输入 Verilog 代码时，不同类型的语句会显示不同的颜色。需要注意的是，Verilog 文件名必须和代码中的实体名一致。

图 8-21　完成 Verilog 代码输入的文本编辑器

8.2.4 编译

设计文件需要经过分析、综合、适配、产生编程数据等步骤，才能最终对可编程逻辑器件编程。在 Quartus 中，这几个步骤由一个称为编译器（compiler）的应用程序控制，对设计文件的整个处理过程称为编译（compile）。

在 Quartus 中，默认编译的是顶层文件，因此当需要编译某个模块的设计文件时，需要将这个文件置为顶层设计。在工程浏览器窗口中单击选中要编译的文件，右击，弹出如图 8-22 所示的快捷菜单，选择 Set as Top-Level Entity，就把这个文件设为顶层设计文件了。

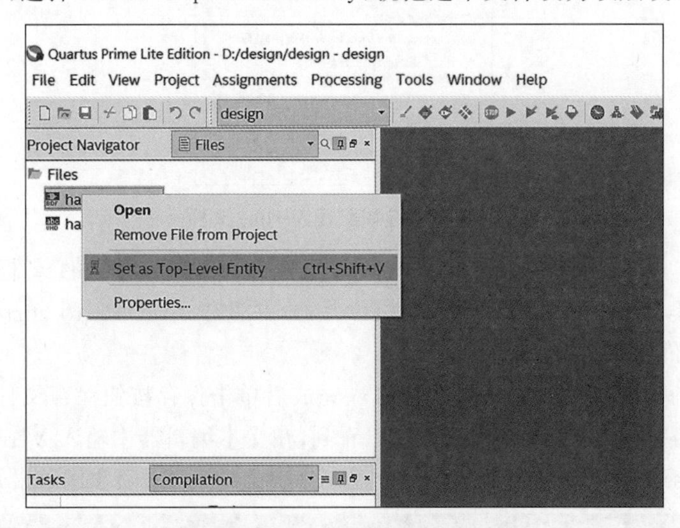

图 8-22　把文件设置为顶层设计

在菜单 Processing 中选择 Processing>Start Compilation，或者在工具栏中单击图标为▶的按钮，就启动了编译器。编译器运行时会经过几个阶段，左边的处理任务窗口会显示各步骤的运行进度。最下面的消息窗口会显示出运行时的信息，如果设计文件中有错误，就会在消息窗口显示出错误信息。

当编译结束时，右边的工作区窗口会显示出编译报告，报告编译的结果和设计占用 FPGA 资源的情况。图 8-23 所示是编译 half_adder. bdf 文件的编译报告。可以看到，处理任务窗口中 Compile Design 和它下面的子任务都呈现绿色，而且前面有一个绿色的对勾，这表示编译完成。编译报告可以关闭，需要时可以通过选择 Processing>Compilation Report 随时打开。

如果设计文件中没有错误，编译完成后，消息窗口中会出现“Compilation was successful, 0 error”字样。如果设计文件中有错误，错误信息会显示在消息窗口中。

图 8-24 是编译 halfadder. v 文件有错误时的显示。可以看到，在处理任务窗口中，Compile Design 和下面的子任务 Analysis&Synthesis 都显示为红色，而且前面有一个红色的叉，后面的子任务都没有标识，这表示编译不成功，在分析和综合这一阶段就失败了。消息窗口也用红色显示编译不成功，有 1 处错误，并且可以看到红色显示的错误信息。双击错误信息，就可以定位到设计文件中可能有错误的地方，根据定位和错误信息提示就可以对设计文件进行修正。

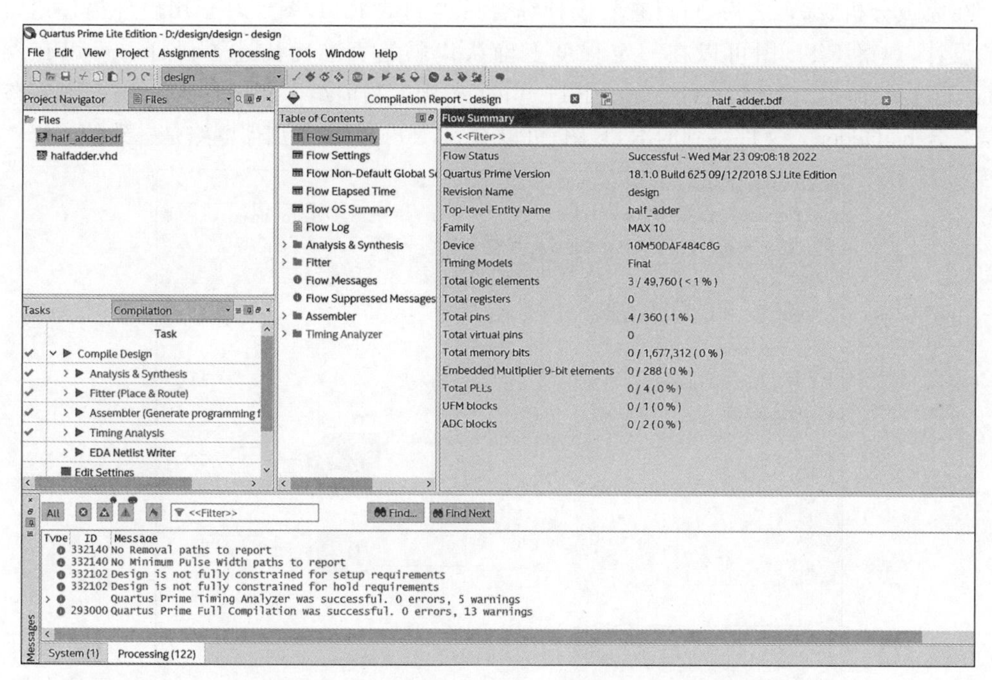

图 8-23　编译 half_adder. bdf 文件的编译报告

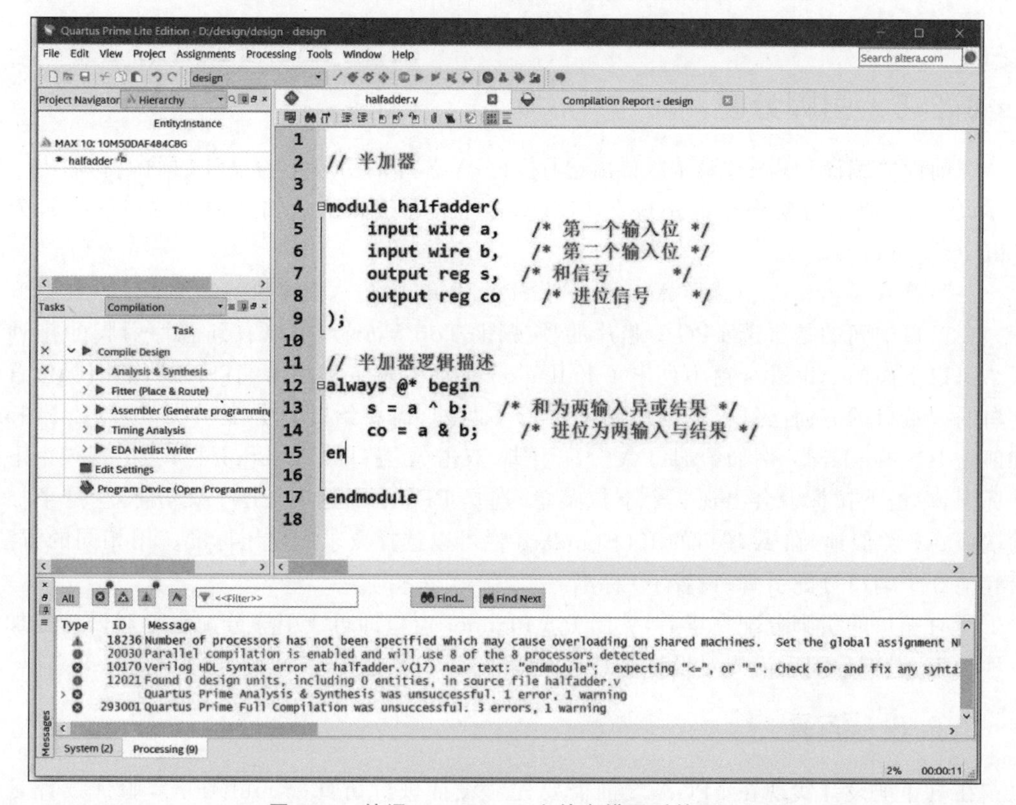

图 8-24　编译 halfadder. v 文件有错误时的显示

在完成分析、综合之后，可以查看设计综合后得到的RTL图。对于用硬件描述语言描述的设计，观察RTL图可以在一定程度上确认代码是否准确描述了设计。可以在菜单Tools下选择Tools>Netlist Viewers>RTL Viewer，观察当前编译文件的RTL图。图8-25所示是综合halfadder.v文件得到的RTL图，可以看到，RTL图和半加器电路是一致的。

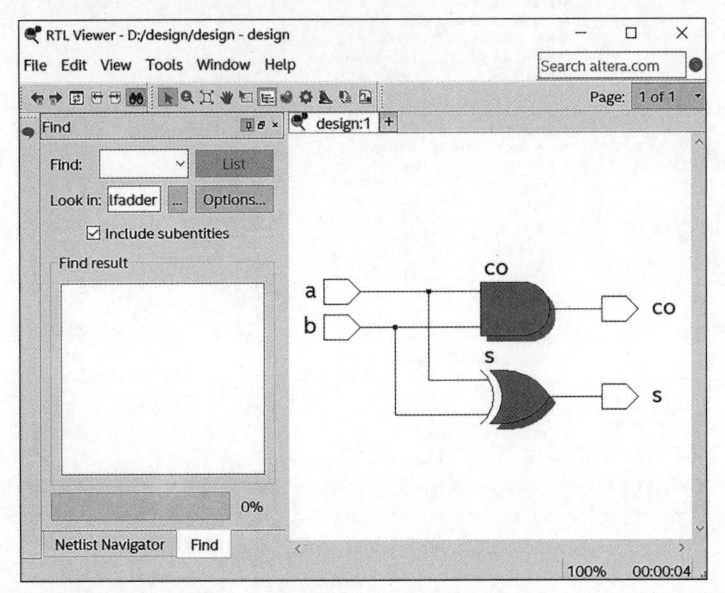

图8-25 综合halfadder.v文件得到的RTL图

8.2.5 引脚分配

在前面的编译过程中，编译器自由选择FPGA芯片的引脚作为设计的输入和输出。在实际设计中，通常需要根据电路板上FPGA芯片的连接来决定输入输出端口的引脚分配(pin assignment)。

在菜单Assignment下选择Assignment>Pin Planner，进入Pin Planner窗口，如图8-26所示。在窗口中间的是所选FPGA芯片的顶视图(Top View)，可以看到芯片引脚的排列方式。窗口下面的All Pins窗中列出了halfadder的所有输入和输出端口，端口的引脚位置是空白的。端口的方向已经根据编译结果进行了匹配，需要给端口分配引脚位置(Location)和匹配IO Standard。例如给端口A分配引脚，双击A端口的Location栏，会出现一个下拉的标识，单击下拉标识会出现一个下拉菜单，选择PIN_A2，这时PIN_A2引脚就是半加器的端口A；类似地，在A端口的IO Standard栏可以选择要求的电压标准。用相同的方法，给其他3个端口分配引脚、设置IO标准。

所有端口的引脚分配完毕后，关闭Pin Planner窗口即可。引脚分配也是对设计施加的一种约束，引脚分配后需要对设计重新进行编译。

视频讲解

8.2.6 仿真

在真正把设计实现在FPGA之前需要先对设计进行仿真(Simulation)，验证设计是否正确。Quartus中包含仿真波形编辑器(Simulation Waveform Editor)，可以进行电路的仿真。在进行仿真之前，需要先产生仿真输入波形，加入希望观察的输出端和电路的内部节

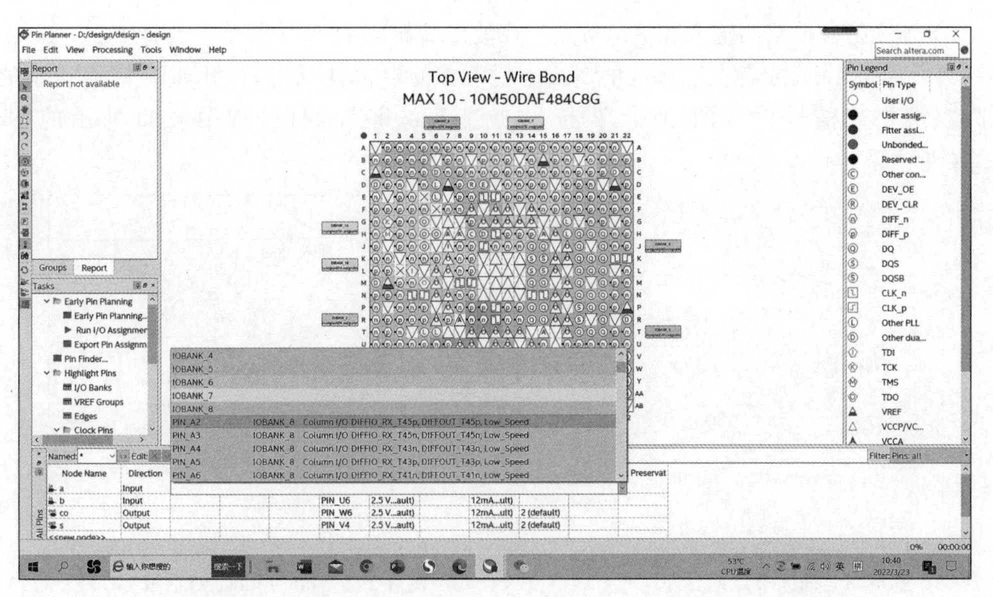

图 8-26 在 Pin Planner 窗口中为 halfadder 的端口分配引脚

点。仿真时仿真器把仿真输入波形加在电路模型上，计算出输出和内部各点的响应。

1）仿真波形产生

仿真输入波形可以用波形编辑器画出。这里对 halfadder. v 设计进行仿真。

(1) 新建仿真波形文件。在 Quartus 主窗口中，选择菜单 File 下的 File>New>Verification/Debugging Files>University Program File VWF，进入波形编辑器窗口。

(2) 波形仿真文件设置。在波形编辑器中选择 File>Save As，把文件保存为 halfadd. vwf。在 Edit 菜单下选择 Edit>Set End Time，弹出一个对话框，在对话框输入设置仿真时间，这里把仿真时间设置为 400ns。然后选择 Edit>Grid Size 弹出一个对话框，在对话框中输入设置显示的网格大小，这里设置为 50ns。在 View 菜单下选择 View>Fit in Window，就可以让整个仿真范围显示在波形编辑窗内。设置完成的波形编辑器窗口如图 8-27 所示。

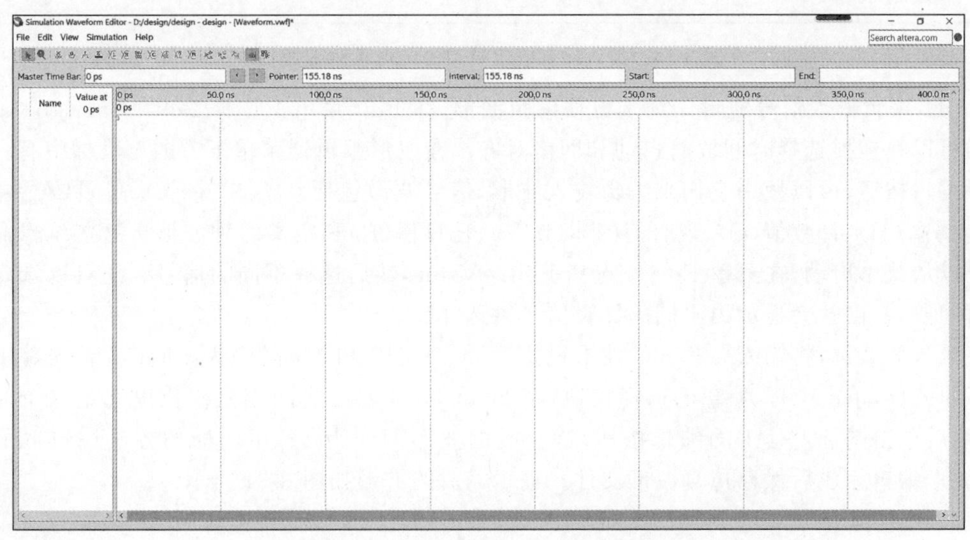

图 8-27 设置完成的波形编辑器窗口

(3) 加入仿真电路的输入和输出节点。在波形编辑器的 Edit 菜单下选择 Edit>Insert>Insert Node or Bus,或者在工作区的 Name 栏下方的空白处双击,打开如图 8-28 所示的插入节点(端口或信号)的对话框。单击 Node Finder 按钮,打开如图 8-29 所示的 Node Finder 对话框。

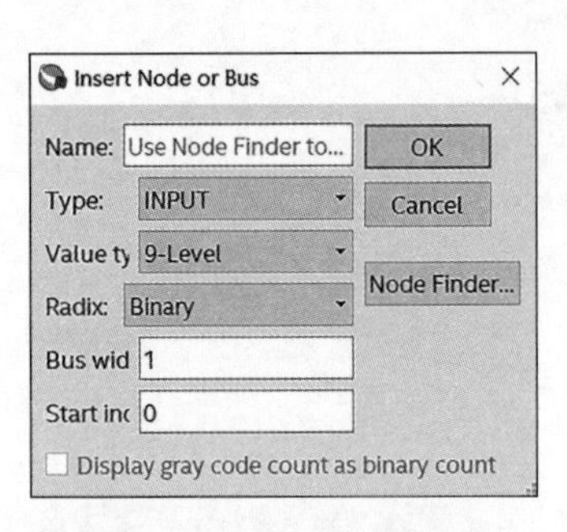

图 8-28 插入节点对话框

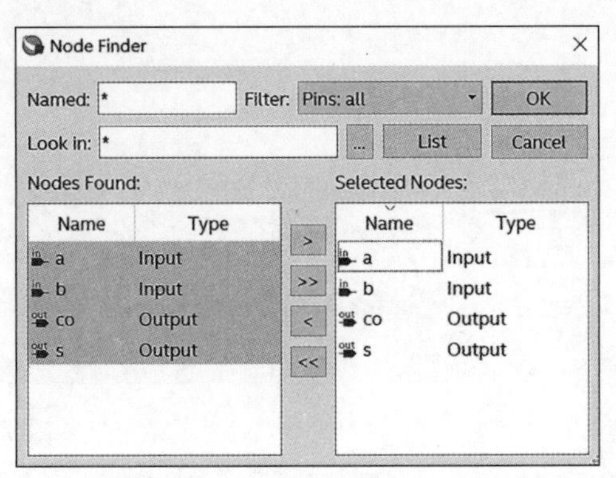

图 8-29 Node Finder 对话框

Node Finder 对话框中有一个显示找到信号类型的过滤器(Filter),这里只要输入和输出端口,因此在下拉菜单中选择 Pins: all。单击 List 按钮,Nodes Found 框中就列出了当前设计所有的输入和输出引脚。然后单击 >> 按钮,所有的引脚都加入右边的 Selected Nodes 框中。单击 OK 按钮就回到 Insert Node or Bus 窗口,再单击 OK 按钮,回到如图 8-30 所示的波形编辑窗口,这时输入都是 0,输出是未知,输出将会由仿真器自动产生。

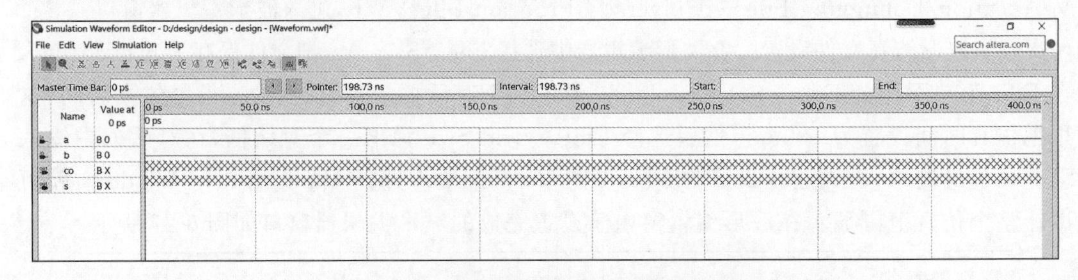

图 8-30 插入输入输出端口的波形编辑器窗口

(4) 编辑输入信号波形。为了方便编辑波形,在 Edit 菜单下选择 Edit>Snap to Grid,这样可以在拖拽选择时间段时自动和网格对齐。在波形编辑器菜单下方的工具栏中有一排波形编辑按钮,可以使用它们来编辑输入波形,信号波形包括 0、1、未知(X)、高阻(Z)、弱低(L)、弱高(H)、计数值(C)、现有值的非(INV)、任意值(R)和定义时钟波形。这些编辑命令也可以从菜单启动,在菜单 Edit 下选择 Edit>Value,然后选择不同的信号。还可以选定一个时间段,右击就会显示出不同的编辑信号供选择。

输入为 2 位,将输入 a 和 b 的波形设定为 00、01、10 和 11,间隔为 100ns。首先编辑输入 a 的波形,单击图标为 的选择按钮,在 200ns 到 400ns 之间用鼠标拖曳选定这个时间段,然后单击图标上是 1 的编辑按钮,这一段的波形即变为 1。用同样的方法编辑 b 的波形,波形编辑完成后保存仿真波形文件。编辑完成的波形如图 8-31 所示。

2) 进行仿真

仿真分为功能仿真(functional simulation)和时序仿真(timing simulation)。功能仿真

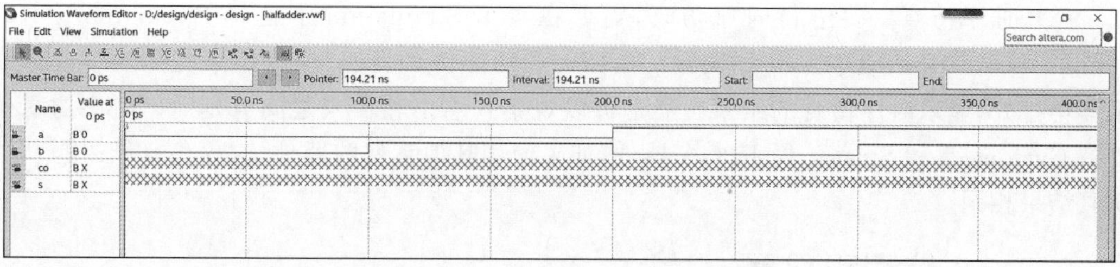

图 8-31　完成输入波形编辑的波形编辑器窗口

不考虑延时，只是验证设计的功能是否正确。因此在完成设计输入和对设计的分析综合后，就可以进行功能仿真，验证功能是否正确。如果正确就继续下面的流程，如果不正确则返回修改设计。时序仿真考虑延时，在整个编译流程都完成后，可以进行时序仿真，验证电路是否满足要求。如果不满足则返回修改设计或修改设计约束，重新进行编译仿真。

（1）功能仿真。在进行功能仿真前必须先对设计进行分析和综合，这可以双击处理任务窗口中的分析和综合步骤，或单击主窗口工具栏中带图标的工具按钮。分析和综合是编译流程中的一部分，因此如果已经进行了编译就不需要再做分析和综合。

要进行功能仿真，需要在菜单 Simulation 下选择 Simulation > Run Functional Simulation，或单击带图标的按钮，弹出如图 8-32 所示的对话框，显示出仿真进度，当仿真完成时该弹窗会自动关闭。当仿真结束时另一个波形编辑器会打开，显示仿真结果，如图 8-33 所示。可以看到，输入和输出的变化边沿对齐，输出结果和预期的一样，表明设计的功能正确。

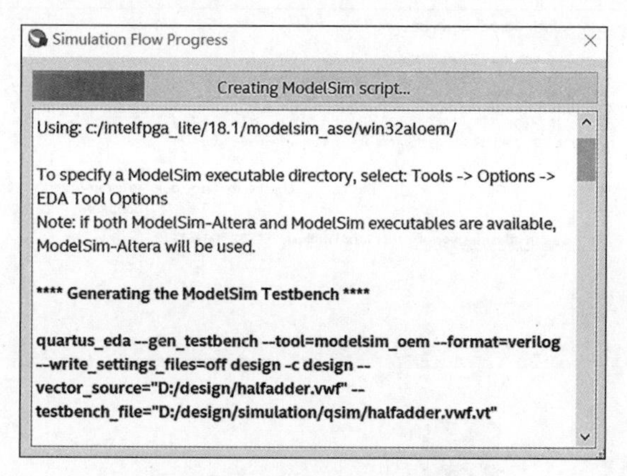

图 8-32　功能仿真进度显示

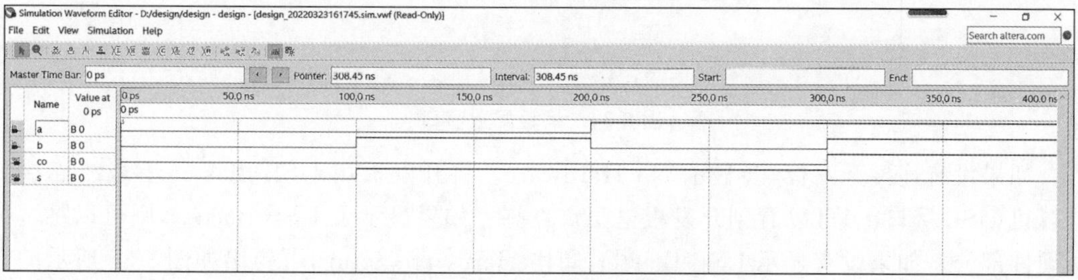

图 8-33　功能仿真结果

(2) 时序仿真。要进行时序仿真,需要在菜单 Simulation 下选择 Simulation>Run Timing Simulation,或单击带图标的按钮。和功能仿真类似,仿真结束时另一个波形编辑器会打开,显示时序仿真的结果。通常可以观察到输出和输入之间有延时。时序仿真仅支持 Cyclone Ⅳ和 Stratix Ⅳ FPGA 器件,如果使用其他系列的器件,时序仿真结果与功能仿真结果相同。

8.2.7 编程和配置

要用 FPGA 实现用户的设计,必须把设计编程配置(programming and configuration)到 FPGA 中去。编程配置文件由编译过程中的 Assembler 模块产生,编程配置数据通过 USB-Blaster 下载线从主机传送到 FPGA 开发板。在主机端,USB-Blaster 下载线接在主机的 USB 口上;在 FPGA 开发板端,USB-Blaster 下载线接在开发板的下载口。需要注意的是,USB-Blaster 需要安装驱动。

Altera(Intel)公司的 FPGA 有 JTAG 和 AS 两种编程配置模式。JTAG(joint test action group)是一种向数字电路内加载数据和测试的方法。JTAG 模式是把配置数据直接加载入 FPGA 芯片,通常如果采用 JTAG 模式编程配置,当电源关闭时配置数据就丢失了,下次打开电源时需要重新编程下载。AS 模式是把配置数据存入开发板上的一个配置存储器,当电源打开时,配置数据加载入 FPGA,然后开始工作。

当编程配置 FPGA 时,在 Quartus 主窗口的 Tools 菜单下选择 Tools>Programmer,或单击带图标的工具按钮,可出现如图 8-34 所示的编程配置窗口。

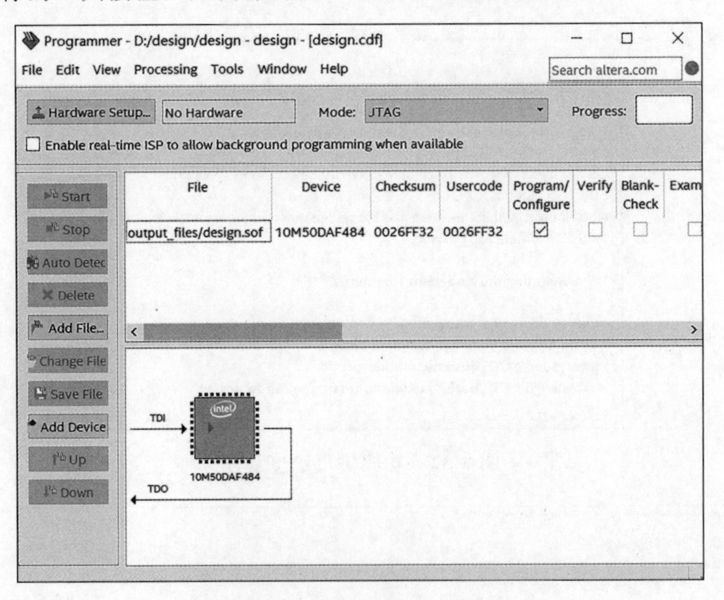

图 8-34 编程配置窗口

如果没有连接开发板,会显示 No Hardware。将开发板用 USB-Blaster 下载线连接到计算机 USB 接口上,可以看到开发板电源灯点亮。如果显示了 USB-Blaster,则可以跳过选择硬件部分。如果没有显示 USB-Blaster,单击 Hardware Setup,可弹出如图 8-35 所示的硬件设置对话框。

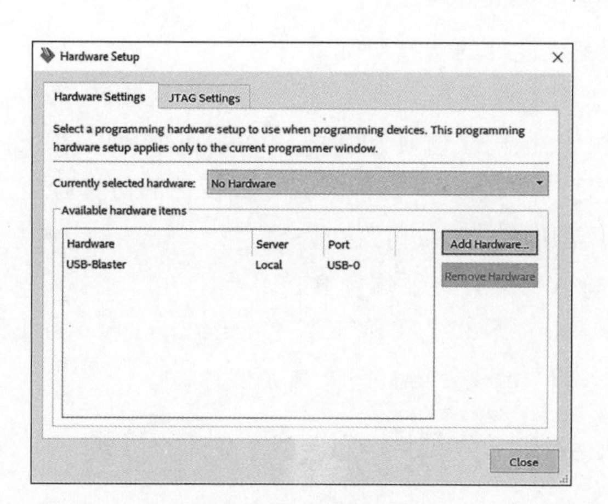

图 8-35 硬件设置对话框

单击 Current selected hardware 的 No Hardware 下拉菜单，选择 USB-Blaster，或在 Available hardware items 栏中双击 USB-Blaster，就可以看到 Current selected hardware 栏中变为 USB-Blaster。单击 Close 按钮，关闭硬件设置窗口，回到编程配置窗口，如图 8-36 所示。

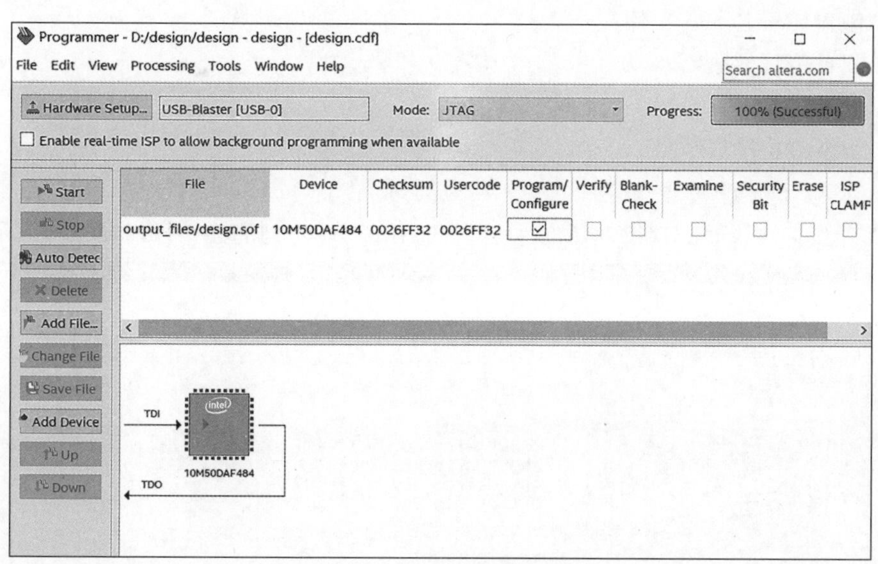

图 8-36 完成设置的编程配置窗口

这时，编程配置窗口中显示硬件为 USB-Blaster，在 Mode 栏选择 JTAG 模式。如果文件下方为空白，可以单击 Add File 按钮，添加用于编程的 *.sof 文件，编程数据文件通常位于工程目录的/output_file 目录下。单击 Start 按钮，就可以开始编程下载。当进度条(progress)显示 100%(successful)，表明下载成功，可以开始测试设计是否正常工作。

8.3 使用 Questa 完成仿真验证

视频讲解

8.2.6 节介绍了 Quartus 的波形仿真功能，而 Quartus Prime 18.1 以后的软件版本不再支持自带的波形仿真功能，需要使用 Questa 或 ModelSim 软件进行波形仿真。本节介绍如何使用 Questa 软件完成设计的仿真验证。

Questa 是功能强大的专业仿真工具，支持 Verilog、VHDL 等主流硬件描述语言，可以帮助设计者完成行为级仿真、门级仿真等功能。Questa 和 ModelSim 具有基本一致的交互界面。使用 Questa 时，可以采用以下两种方式完成设计的仿真验证：

(1) 在 Quartus 中调用 Questa 进行仿真；

(2) 单独使用 Questa 对设计进行编译和仿真。

本节基于 Quartus Prime Std 22.1 版本和 Questa Intel Starter FPGA Edition-64 2021.2 版本来介绍，设计者可以从 Intel 公司官网下载。

8.3.1 在 Quartus 中调用 Questa 进行仿真

在 Quartus 中可以配置集成 EDA 仿真工具，通过 NativeLink 功能自动生成仿真器脚本、编译仿真库文件、并在全编译之后自动加载仿真工具进行 RTL 仿真或门级仿真。

在 Quartus 中，当所有设计文件都已经成功编译后，建立测试平台 TestBench 对设计进行波形仿真，验证设计是否满足要求。基本步骤如下：

(1) 配置仿真工具；

(2) 创建 TestBench 文件；

(3) 配置仿真参数；

(4) 启动仿真工具；

(5) 观察输出波形结果。

本节以 Verilog HDL 语言设计的半加器为例，介绍在 Quartus 中如何调用 Questa 进行仿真验证。在 Quartus 中先对半加器的设计文件 HALFADD.v 进行全编译，如图 8-37 所示。

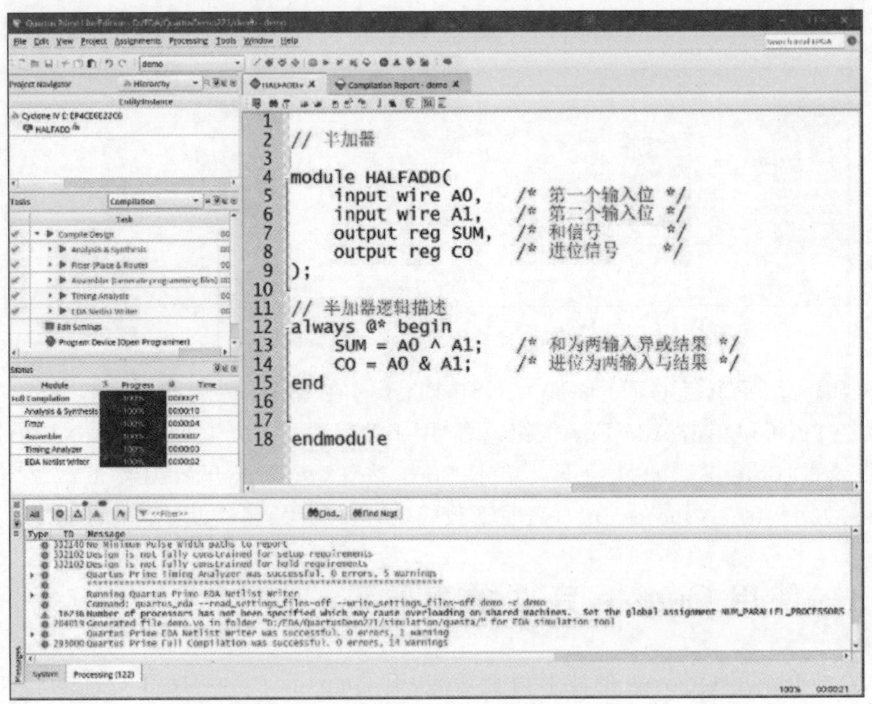

图 8-37 半加器的设计

1）配置仿真工具

（1）设置 Quartus 中 Questa 仿真工具的安装路径。在 Quartus 主窗口中，选择菜单 Tool>Options，弹出对话框，选择 General>EDA Tool Options，出现如图 8-38 所示的对话框。在 Questa Intel FPGA 一栏中，选择 Questa 软件可执行程序的路径。例如 C:/QuartusPrime/intelFPGA_lite/22.1std/questa_fse/win64，在该文件夹下，包含 questasim.exe 可执行程序。

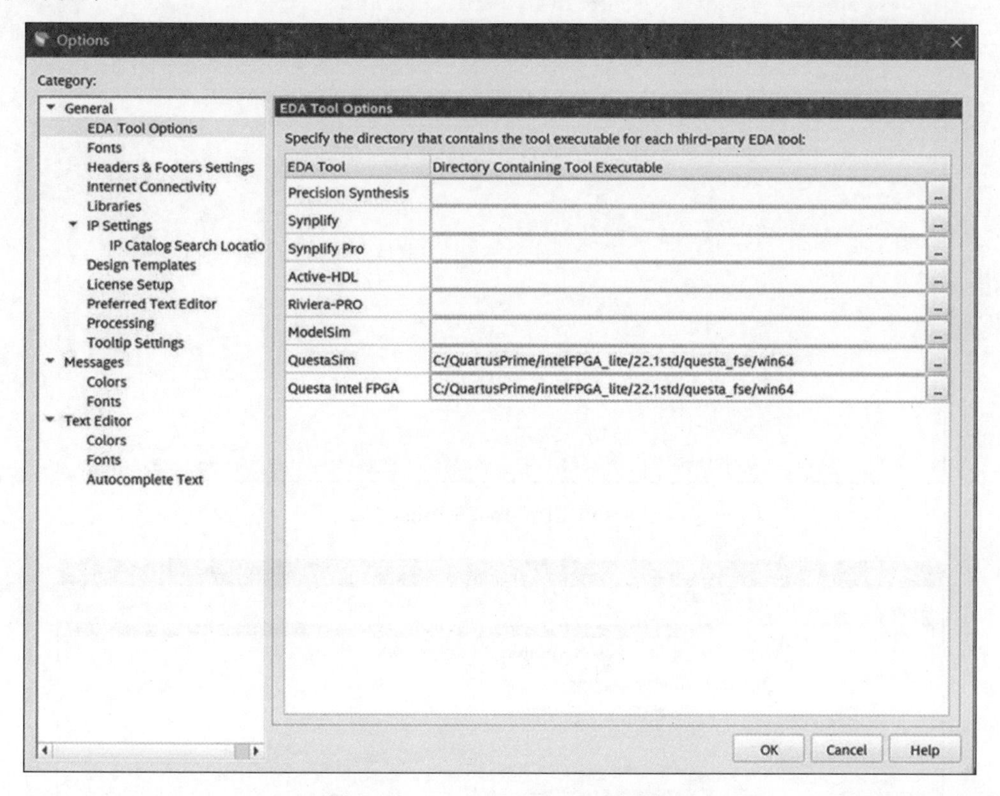

图 8-38 EDA Tool Options 对话框

（2）设置仿真工具及编程语言。在 Quartus 主窗口中，选择菜单 Assignments>Settings，弹出对话框，选择 EDA Tool Settings，出现如图 8-39 所示的窗口。在 Simulation 一栏 Tool Name 中选择 Questa Intel FPGA 下拉选项，Format(s)选择 TestBench 仿真语言 Verilog HDL，然后单击 OK 按钮。

2）创建 TestBench 文件

创建 TestBench 文件有两种常用方式，一是通过 Quartus 软件自动提供生成 TestBench 文件模板，二是手动自行编写 TestBench 文件。

（1）设置自动生成 TestBench 文件的选项。在 Quartus 主窗口中，选择菜单 Assignments>Settings>EDA Tool Settings>Simulation，出现如图 8-40 所示的界面，在 EDA Netlist Writer settings 的 Format for output netlist 中选择 Verilog HDL，Output directory 选择生成 TestBench 文件保存的路径，一般为该工程路径下的 simulation/questa 文件夹，然后单击 OK 按钮。

（2）自动生成 TestBench 文件模板。项目成功编译后，Quartus 可以根据项目顶层文件

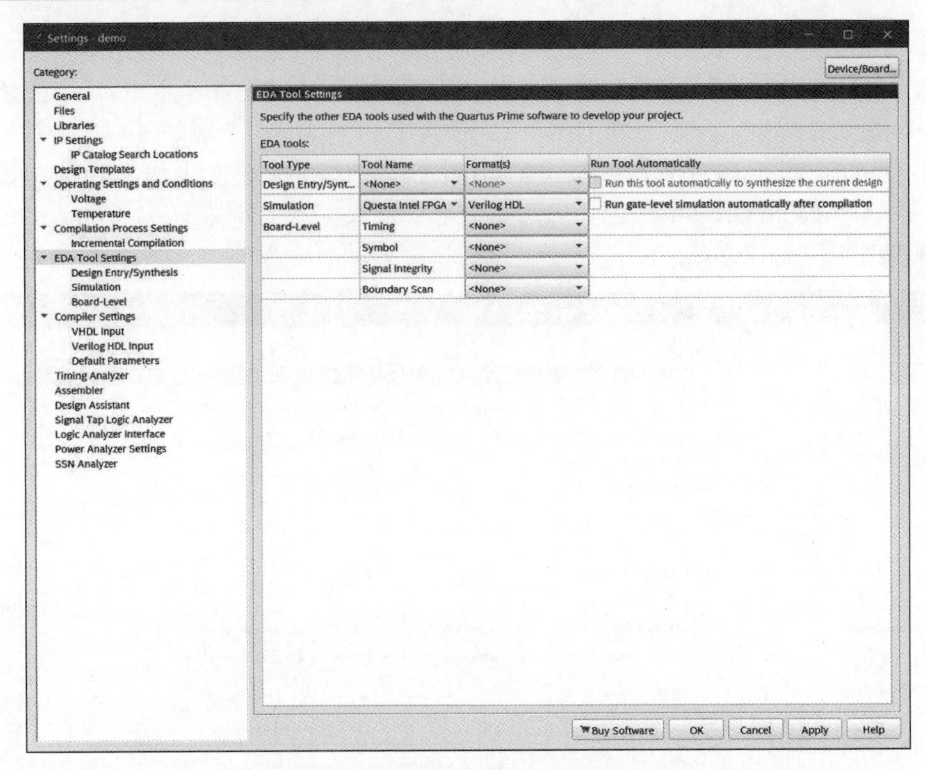

图 8-39　EDA Tool Settings 窗口

Settings - demo
Category:
Device/Board...
General
Files
Libraries
IP Settings
IP Catalog Search Locations
Design Templates
Operating Settings and Conditions
Voltage
Temperature
Compilation Process Settings
Incremental Compilation
EDA Tool Settings
Design Entry/Synthesis
Simulation
Board-Level
Compiler Settings
VHDL Input
Verilog HDL Input
Default Parameters
Timing Analyzer
Assembler
Design Assistant
Signal Tap Logic Analyzer
Logic Analyzer Interface
Power Analyzer Settings
SSN Analyzer
Simulation
Specify options for generating output files for use with other EDA tools.
Tool name: Questa Intel FPGA
Run gate-level simulation automatically after compilation
EDA Netlist Writer settings
Format for output netlist: Verilog HDL
Time scale: 1 ns
Output directory: simulation/questa
Map illegal HDL characters
Enable glitch filtering
Options for Power Estimation
Generate Value Change Dump (VCD) file script
Script Settings...
Design instance name:
More EDA Netlist Writer Settings...
NativeLink settings
None
Compile test bench: HALFADD_TB
Test Benches...
Use script to set up simulation:
Script to compile test bench:
More NativeLink Settings...
Reset
Buy Software
OK
Cancel
Apply
Help

图 8-40　Settings 中的 Simulation 窗口

的设计，自动生成 TestBench 文件模板。在 Quartus 主窗口中，选择菜单 Processing>Start>Start Test Bench Template Writer，如图 8-41 所示。Quartus 执行生成 TestBench 文件的流程，在 Status 中显示执行状态，在 Messages 中显示生成文件的路径和文件名称。

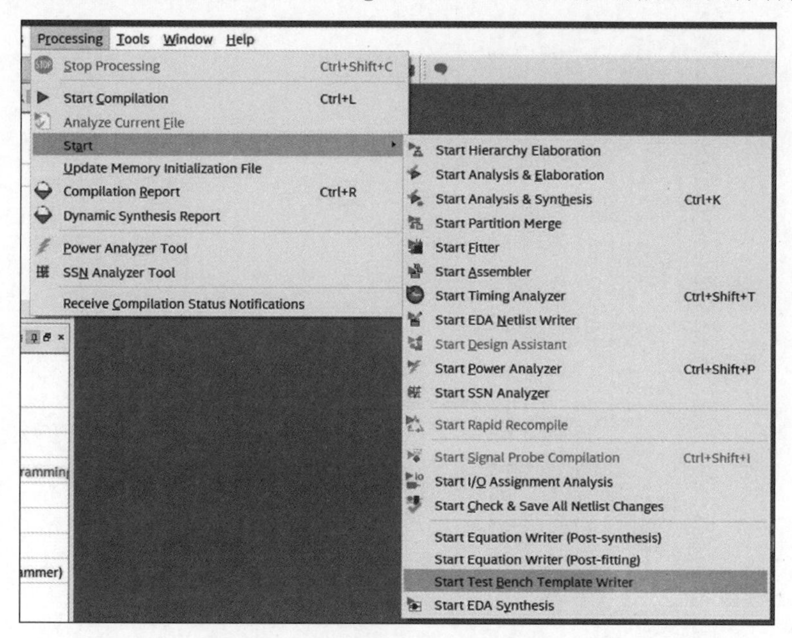

图 8-41　启动生成 TestBench 模板文件

(3) 编辑生成的 TestBench 文件模板。在 Output directory 设置的路径中，打开生成的 TestBench 文件模板(*.vt)，编辑仿真所需要的激励信号。图 8-42 所示为半加器生成的完整的 TestBench 文件，自动生成了端口名及被测试元件的例化。

```
22
23  // Verilog Test Bench template for design : HALFADD
24  //
25  // Simulation tool : Questa Intel FPGA (Verilog)
26  //
27
28  `timescale 1 ns/ 1 ps
29  module HALFADD_vlg_tst();
30  // constants
31  // general purpose registers
32  reg eachvec;
33  // test vector input registers
34  reg A0;
35  reg A1;
36  // wires
37  wire CO;
38  wire SUM;
39
40  // assign statements (if any)
41  HALFADD i1 (
42  // port map - connection between master ports and signals/registers
43      .A0(A0),
44      .A1(A1),
45      .CO(CO),
46      .SUM(SUM)
47  );
48  initial
49  begin
50  // code that executes only once
51  // insert code here --> begin
52
53  // --> end
54  $display("Running testbench");
55  end
56  always
57  // optional sensitivity list
58  // @(event1 or event2 or .... eventn)
59  begin
60  // code executes for every event on sensitivity list
61  // insert code here --> begin
62
63  @eachvec;
64  // --> end
65  end
66  endmodule
```

图 8-42　TestBench 模板文件

设计者需要在 initial 或 always 中补充激励信号的描述,添加了半加器仿真激励信号的 TestBench 文件如图 8-43 所示。

```
23 // Verilog Test Bench template for design : HALFADD
24 //
25 // Simulation tool : Questa Intel FPGA (Verilog)
26 //
27 `timescale 1 ns/ 1 ps
28 module HALFADD_vlg_tst();
29 // constants
30 // general purpose registers
31 //reg eachvec;
32 // test vector input registers
33 reg A0;
34 reg A1;
35 // wires
36 wire CO;
37 wire SUM;
38
39 // assign statements (if any)
40 HALFADD i1 (
41 // port map - connection between master ports and signals/registers
42     .A0(A0),
43     .A1(A1),
44     .CO(CO),
45     .SUM(SUM)
46 );
47 initial
48 begin
49 // code that executes only once
50 // insert code here --> begin
51   A0 = 1'b0; A1=1'b0;
52   #40;
53   A0 = 1'b1; A1=1'b0;
54   #40;
55   A0 = 1'b0; A1=1'b1;
56   #40;
57   A0 = 1'b1; A1=1'b1;
58   #40;
59   A0 = 1'b0; A1=1'b0;
60   #40;
61 // --> end
62 $display("Running testbench");
63 end
64 endmodule
```

图 8-43 添加激励信号的 TestBench 文件

(4) 添加 TestBench 文件并设置仿真参数。在 Quartus 主窗口中,选择菜单 Assignments>Settings>EDA Tool Settings>Simulation,在 NativeLink settings>选择 Compile test bench,单击 Test Benches,弹出如图 8-44 所示的对话框。

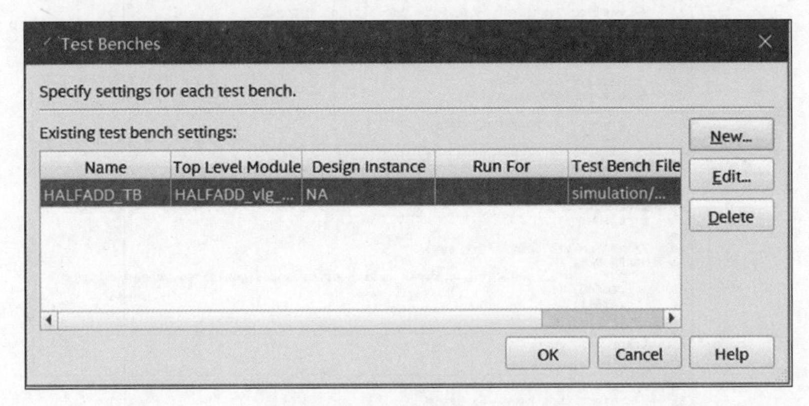

图 8-44 Test Benches 对话框

Test Benches 对话框用来新建、编辑和管理多个 TestBench 文件。单击 New 按钮,进入如图 8-45 所示的 New Test Bench Settings 对话框,在 Test bench name 中输入文件名称,在 Top level module in test bench 中输入 TestBench 文件内部顶层模块名称,在 File name 中选择添加文件(* . vt),完成后单击 OK 按钮就返回了 settings 界面。在 Settings> Simulation>Compile test bench 下拉菜单中选择建好的 TestBench 文件,如图 8-46 所示。

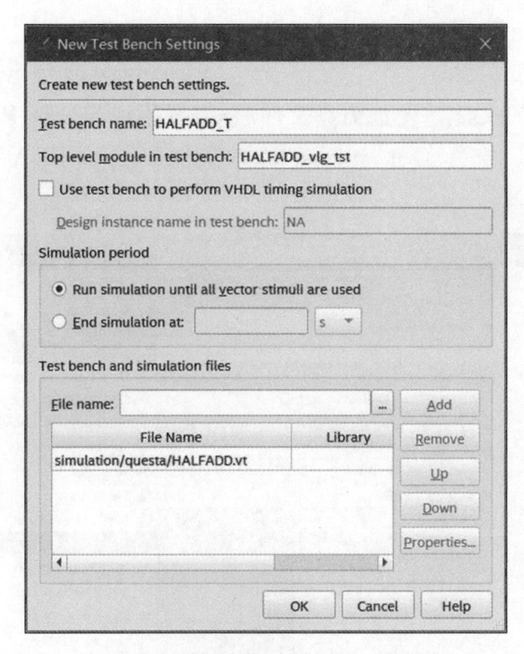

图 8-45　新建 TestBench 对话框

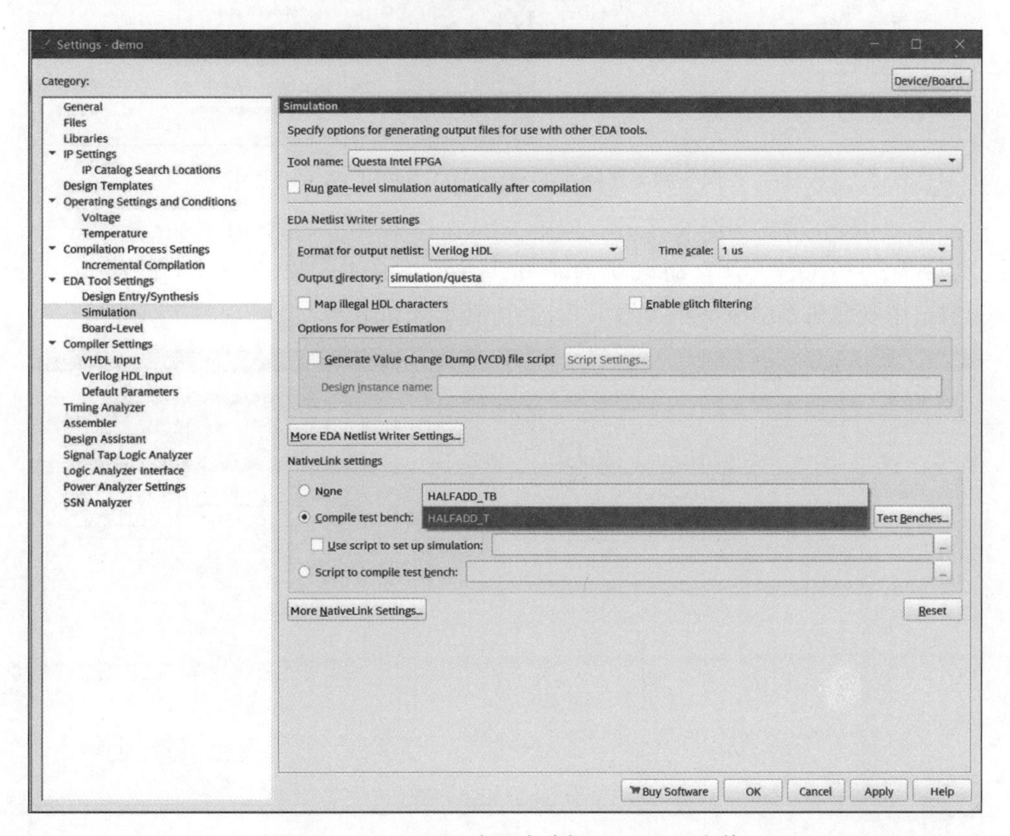

图 8-46　Simulation 窗口中选择 TestBench 文件

3）启动波形仿真

在 Quartus 中调用 Questa 可以进行 RTL 仿真和 Gate Level 仿真。RTL 仿真可以完

成 RTL 设计的逻辑功能仿真，Gate Level 仿真可以完成基于器件时序模型的门级网表综合后的仿真。

(1) 生成用于仿真的文件。设置仿真文件后，需要生成与其他 EDA 工具配合使用的网表文件和仿真输出文件。选择菜单 Processing>Start>Start EDA Netlist Writer，完成文件生成，如图 8-47 所示。

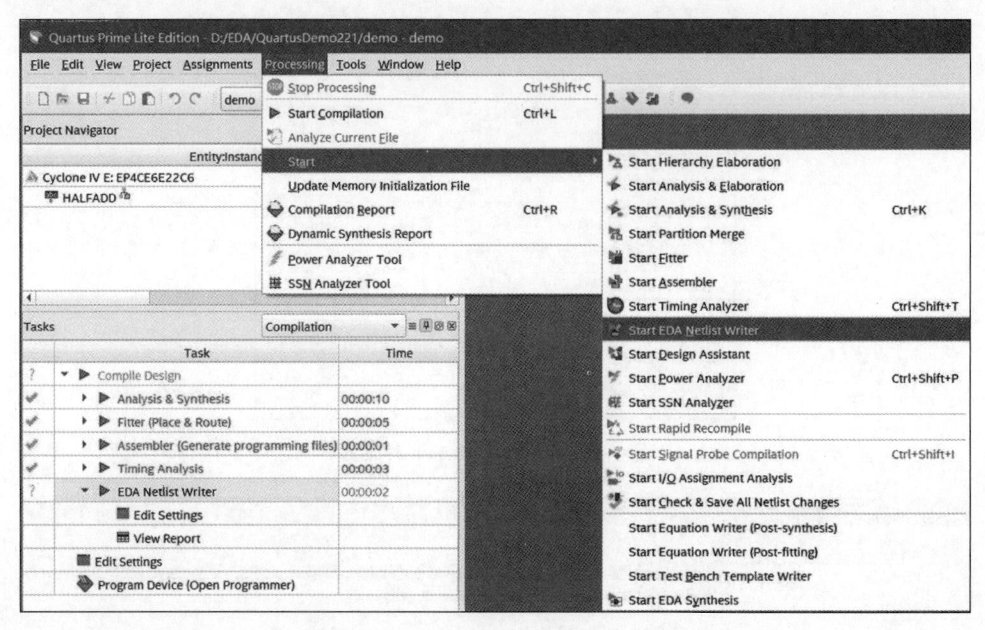

图 8-47 选择菜单 Start EDA Netlist Writer

(2) 启动 RTL 仿真。在 Quartus 主窗口中，选择菜单 Tools>Run Simulation Tool>RTL Simulation。Quartus 自动启动 Questa 软件，并完成 RTL 仿真，可以在 Questa 的 Wave 窗口中观察仿真结果。半加器 RTL 的仿真结果如图 8-48 所示。

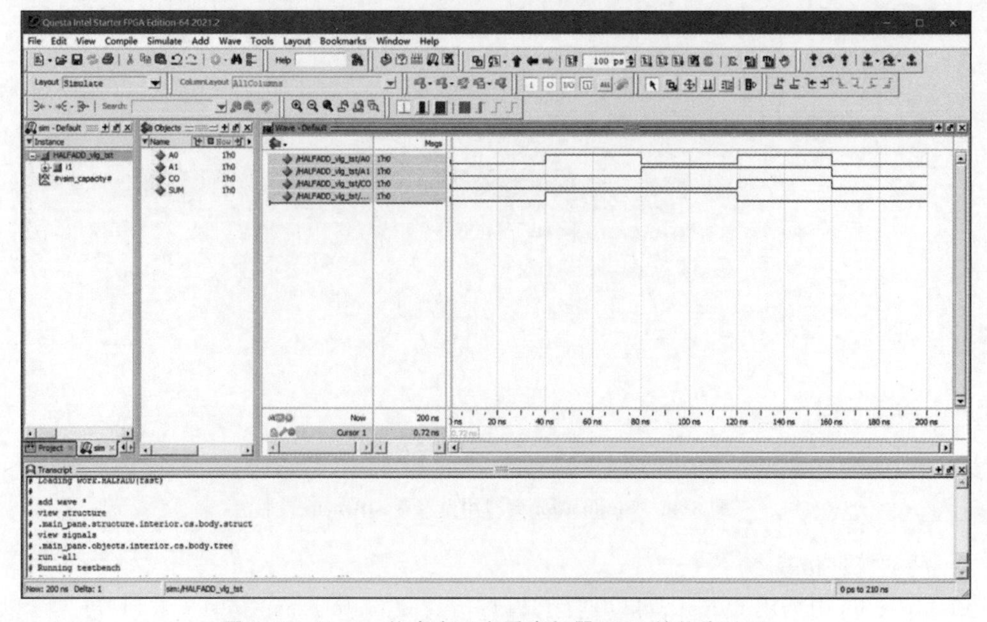

图 8-48 Questa 仿真窗口查看半加器 RTL 的仿真结果

(3) 启动 Gate Level 仿真。在 Quartus 主窗口中,选择菜单 Tools>Run Simulation Tool>Gate Level Simulation,选择 Timing Model 时序仿真模型,其中,"Slow-8 1.2V 85 Model"为"慢速,1.2V 电压,85 摄氏度"的时序模型,如图 8-49 所示。单击 Run 按钮,Quartus 自动启动 Questa 软件,并完成 Gate Level 仿真。在 Questa 的 Wave 窗口中观察仿真结果,可以看到设计的延时特性,半加器 Gate Level 的仿真结果如图 8-50 所示。

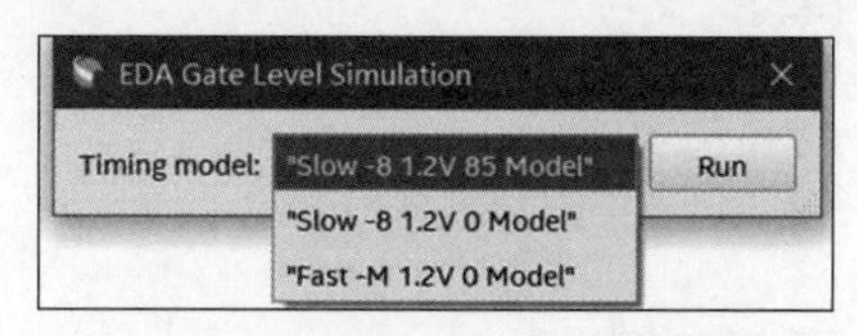

图 8-49 选择 Timing model 窗口

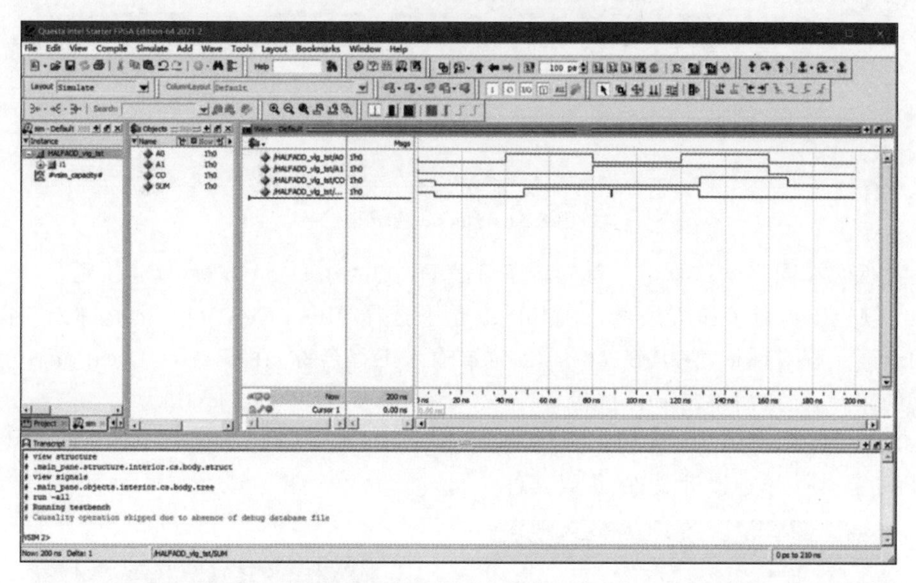

图 8-50 Questa 仿真窗口查看半加器 Gate Level 的仿真结果

8.3.2 单独使用 Questa 进行仿真

本节介绍单独使用 Questa 来完成设计的编译和仿真验证。从 Windows 开始菜单,单击 Questa-Intel FPGA Starter Edition2021.2(Quartus Prime Pro 22.1 std)应用程序,启动后的 Questa 主界面如图 8-51 所示。主界面由标题栏、菜单栏、工具栏、Library 窗口、Project 窗口、Transcript 窗口组成。

使用 Questa 进行新项目的仿真验证主要包括以下基本步骤:

(1) 新建工程;

(2) 新建设计文件、新建 TestBench 文件;

(3) 编译工程;

(4) 仿真。

本节仍以 Verilog HDL 设计的半加器及其 TestBench 为例,介绍 Questa 的使用。

1) 新建工程

在 Questa 中,任何一个需要仿真验证的设计,都必须在工程中完成,并且把工程文件、

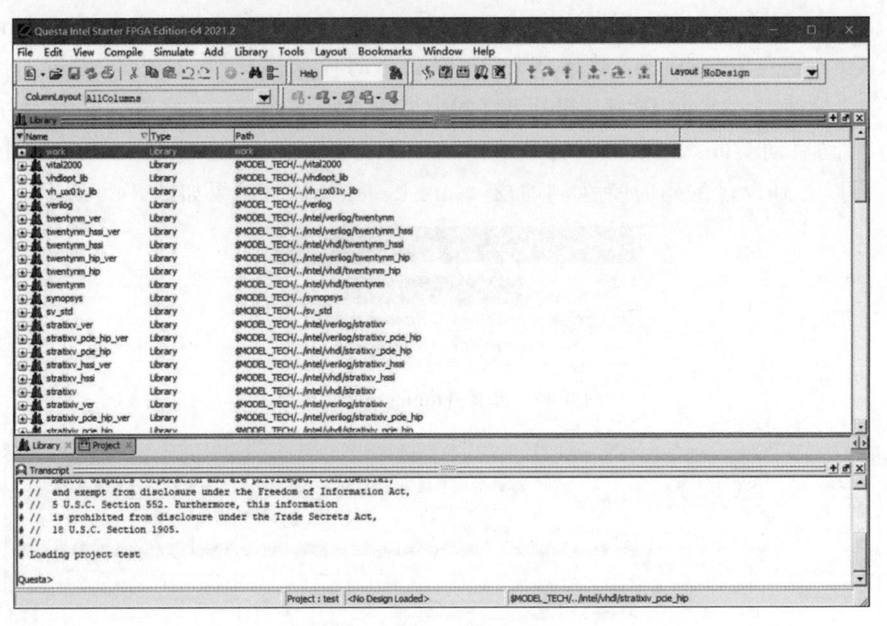

图 8-51 Questa 主界面

设计文件保存在同一个目录下。首先新建目录 D:\QuestaDemo,然后新建工程。

(1) 规定工程目录和工程名。在 File 菜单下选择 File>New>Project,弹出如图 8-52 所示的新建工程对话框,在 Project name 位置输入工程名称,在 Project Location 中选择工程保存的路径,完成后单击 OK 按钮。

(2) 新建或添加文件。新建工程后,会弹出 Add items to the Project 对话框,如图 8-53 所示,用于新建或添加设计文件、仿真文件。

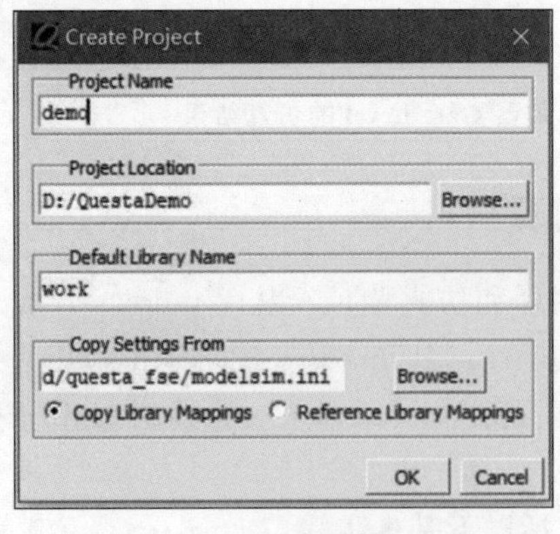

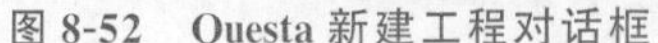
图 8-52 Questa 新建工程对话框

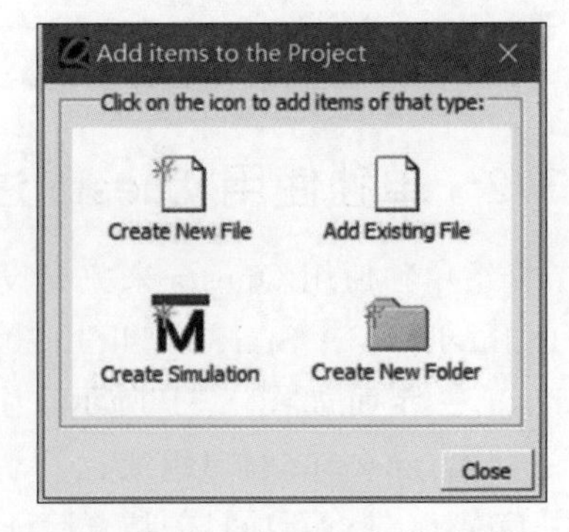

图 8-53 Questa 添加文件对话框

可以先将设计文件和 TestBench 文件复制到工程文件夹中,再添加到工程中,如图 8-54 所示,添加半加器的设计文件 HALFADD. v 和 TestBench 文件 HALFADD. vt。如果还没有设计文件,可以直接单击 Close 按钮,在工程中新建设计文件和测试平台文件。

2) 编译工程

添加设计文件和 TestBench 文件后,选择菜单 Compile>Compile All,对工程中的所有文件进行编译,编译成功后,会在工程窗口的 Status 栏中,显示每个文件的编译结果,呈现绿色对勾表示编译成功，如图 8-55 所示。

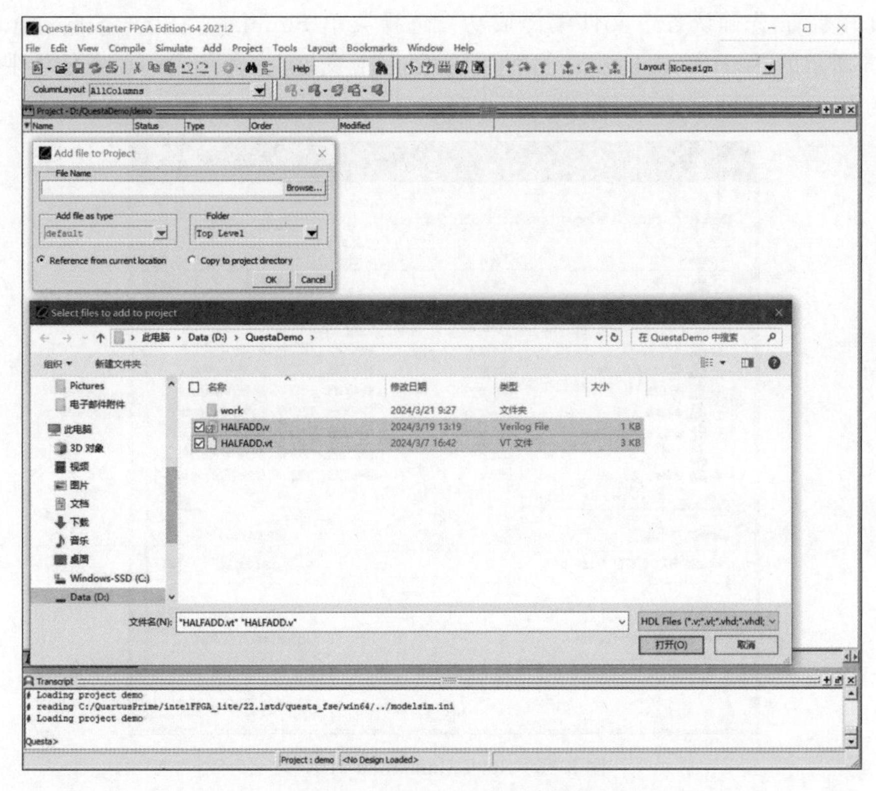

图 8-54　Questa 添加设计文件

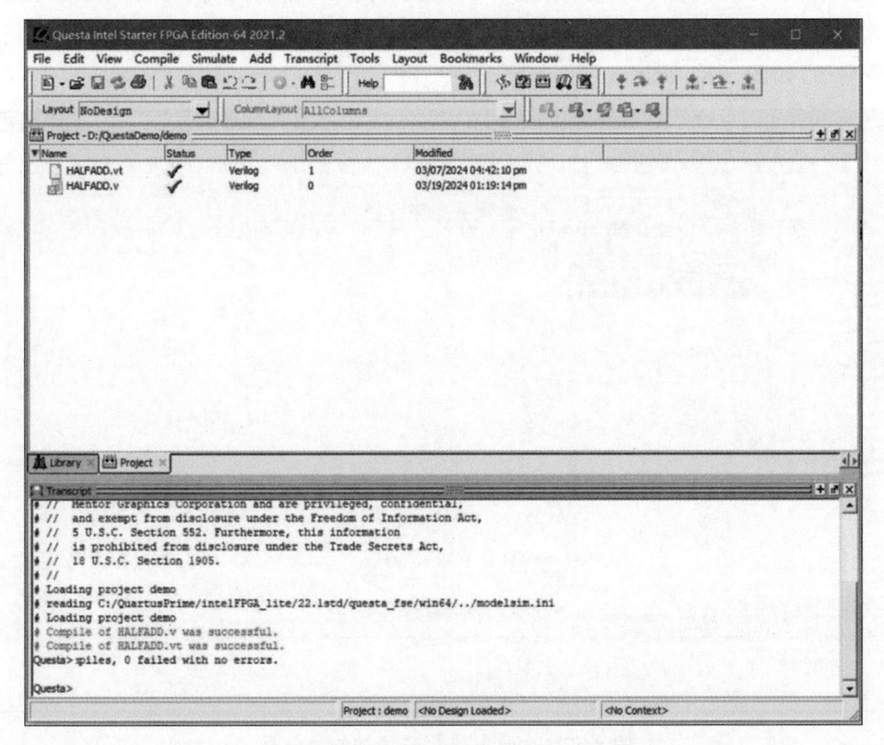

图 8-55　Questa 编译所有文件

3）仿真

仿真开始前，先确认各个文件编译成功。选择菜单 Simulate>Start Simulation，弹出如图 8-56 所示的 Start Simulation 对话框，展开 work 文件夹，选择 TestBench 文件(＊.vt)所对应的 Module，单击 OK 按钮，进入仿真环境。

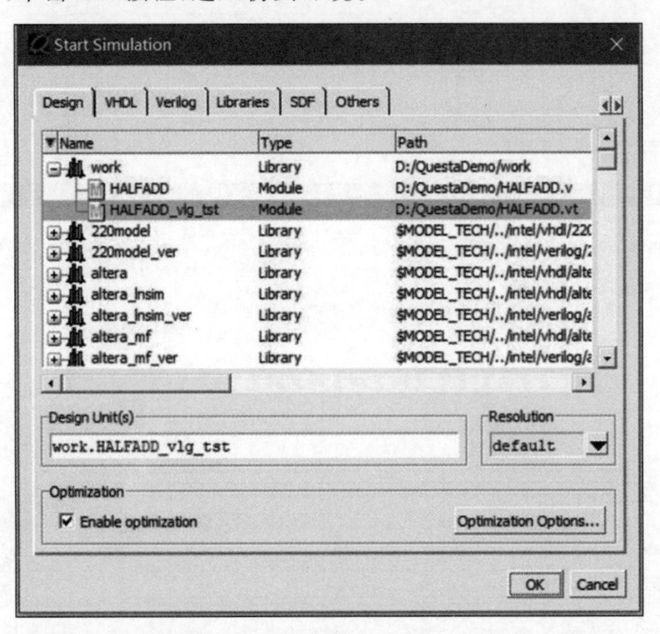

图 8-56　Start Simulation 对话框

在 Start Simulation 仿真环境下，选择 Objects 窗口中的所有信号，半加器的输入输出信号包括 A0、A1、SUM、CO。选择菜单 Add>To Wave>Select Signals，将输入输出信号加入波形窗口，如图 8-57 所示。

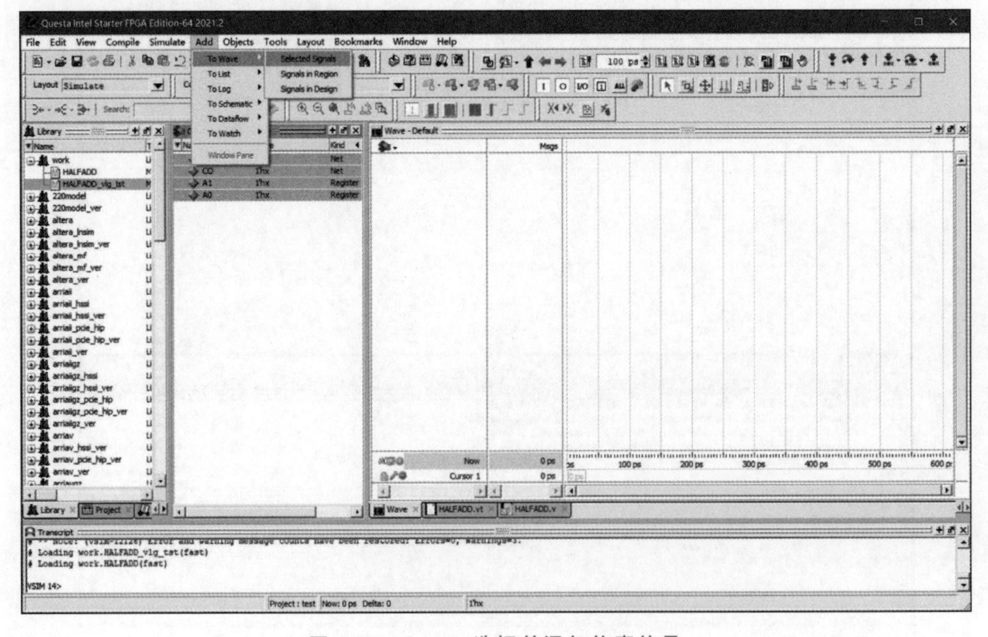

图 8-57　Questa 选择并添加仿真信号

选择菜单 Simulate>Run>Run-All,在 Wave 窗口中显示波形仿真结果。半加器的仿真结果如图 8-58 所示。

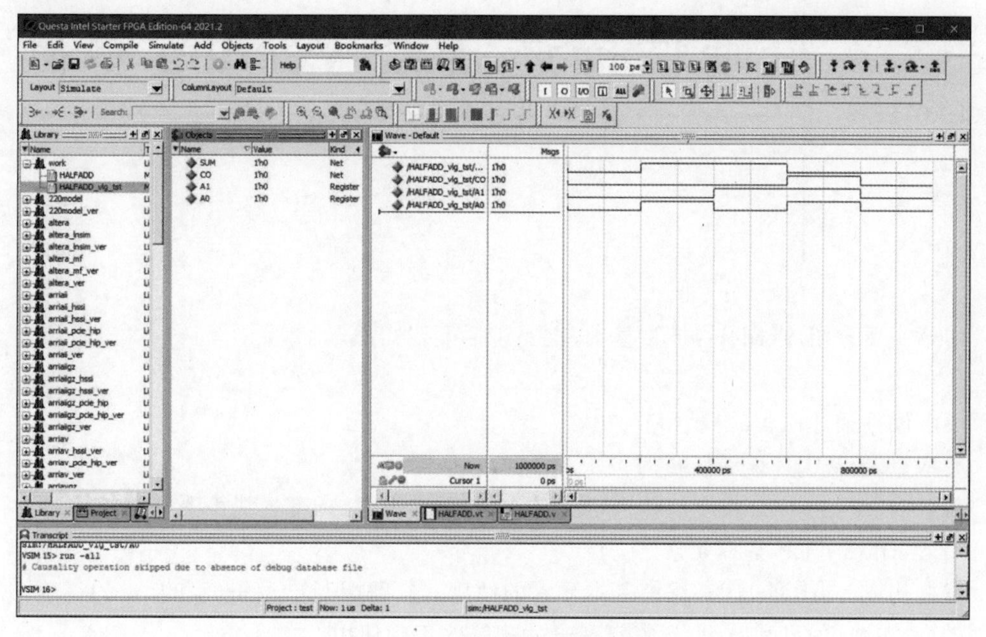

图 8-58 Questa 查看仿真结果

习题

8-1 简述可编程逻辑器件设计流程。

8-2 用图形输入方式设计一个输出高有效的 2-4 译码器,并完成编译和仿真。

8-3 用图形输入方式设计一个模 8 计数器,并完成编译和仿真。

8-4 用文本输入方式设计一个 4-2 优先编码器,并完成编译和仿真。

8-5 用文本输入方式设计一个 4 位移位寄存器,并完成编译和仿真。

第9章 硬件描述语言 Verilog 基础

CHAPTER 9

本章主要介绍 Verilog HDL 基础，主要包括下列知识点。

1）概述

了解硬件描述语言的概念和历史。

2）Verilog HDL 程序的结构

理解 Verilog HDL 程序的结构，理解模块和端口声明、内部连线声明和功能描述等。

3）Verilog HDL 基本元素

掌握构成 Verilog HDL 程序基本元素的使用，包括标识符、逻辑值和常量的正确书写，数据类型、参数、矢量和数组、运算符和表达式等的正确使用。

4）数据流描述

掌握连续赋值语句的使用，掌握用连续赋值语句准确描述组合电路的方法。

5）行为级描述

掌握 always 过程块的使用，理解语句块的概念，掌握阻塞型过程赋值语句和非阻塞型过程赋值语句的使用，掌握用 always 过程块、过程赋值语句和顺序控制语句准确描述电路模块的方法。

6）结构级描述

掌握模块实例化语句和 generate 语句的使用，掌握用实例化语句和 generate 语句准确描述电路结构的方法，掌握 Verilog HDL 内置门级元件的使用。

7）编译预处理语句

理解一些常用的编译预处理语句的使用。

8）写测试平台

掌握常用的用于仿真的语言结构，掌握测试平台的程序结构，掌握测试激励信号产生的方法。

9.1 概述

硬件描述语言（hardware description language，HDL）是用来描述硬件电路的语言，它的主要目的是编写硬件设计文件并建立硬件电路的仿真模型。电子设计自动化（electronic design automation，EDA）工具可以对 HDL 建模的逻辑电路进行综合、仿真，生成电路网表，并根据网表和某种工艺器件，自动生成具体电路。硬件描述语言已成为数字设计主要的描述手段。

早期的数字电路设计主要是手工绘制原理图进行电路设计，这种方法虽然简单易懂，但效率低且容易出错。随着设计规模的不断增大，这种方法已经无法满足设计和验证的需求。20世纪80年代，研究人员开始尝试用语言来描述电路的结构和行为，出现了硬件描述语言。随着计算机技术和数字集成电路的发展，硬件描述语言得到了广泛的应用，出现了许多种，如VHDL、Verilog HDL和AHDL等，其中VHDL和Verilog HDL已成为IEEE标准。

Verilog HDL最初是Gateway Design Automation公司为其模拟仿真器开发的硬件建模语言，由于其模拟仿真器被广泛使用，Verilog HDL作为一种方便且实用的语言逐渐被设计人员所接受。1987年，Synopsys公司开始把Verilog HDL作为综合工具的输入。1989年，Cadence公司收购了Gateway Design Automation公司，随后成立OVI(Open Verilog International)制定Verilog HDL的标准，促进Verilog HDL的发展。1995年，Verilog HDL成为IEEE标准(IEEE1364—1995)；2001年，IEEE发布了IEEE1364—2001标准，增加了一些新特性；2005年，又对2001标准做了一些小的修改，发布了IEEE1364—2005标准。

与VHDL类似，Verilog HDL可以在系统级、算法级、寄存器传输级、门级和开关级等不同层次建立电路模型，描述电路的行为和结构；支持电路从高抽象层次向低抽象层次的综合转换；具有硬件电路的描述和工艺无关，便于理解和移植等特点。

Verilog HDL是在C语言的基础上发展而来的，借鉴了很多C语言的语言结构，因而它的语法结构和C语言有很多相似之处。但是作为一种硬件描述语言，它和C语言有本质区别，C语言的语句都是顺序执行的，而Verilog HDL描述硬件时，硬件模块的工作是并行的。

9.2 Verilog HDL 程序的结构

视频讲解

Verilog HDL程序的基本单元称为模块(module)。一个模块通常用来描述一个电路模块，包括电路模块的端口和功能或内部结构。模块代表了硬件电路实体，可以表示一个晶体管或简单的逻辑门，也可以表示一个复杂的系统，任何设计都必须包含在一个模块中。

模块以关键字module开始，以endmodule结束。模块的书写格式如下：

```
module 模块名
    #(参数声明)          //可选
    (端口声明);
    中间连线信号声明(wire, reg)
    语句(描述模块功能或结构)
        连续赋值语句 assign
        always 过程块
        模块实例化语句
endmodule
```

例如，一个二选一选择器mux2_1，输入为a和b，选择输入为s，输出为f，当s为1时输出a，s为0时输出b，则输出的逻辑函数式为 $f=s \cdot a+s' \cdot b$。用Verilog HDL描述的mux2_1如代码9-1所示。

代码 9-1：

```
module mux2_1(
    input a,
    input b,
    input s,
    output f);                    //模块和端口声明
    //内部连线信号声明
    wire m0, m1;
    //逻辑功能描述
    assign m0 = a & s;            //计算 a 和 s 的逻辑与
    assign m1 = b & ~s;           //计算 b 和 s'的逻辑与
    assign f = m0 | m1;           //计算 m0 和 m1 的逻辑或
endmodule
```

从代码 9-1 的描述可以看出，一个 Verilog HDL 程序主要包括模块和端口声明、内部连线声明和功能描述等几个部分。这个例子中电路功能用逻辑运算符描述。

Verilog HDL 的书写格式比较自由，空格、制表符、换行符都可以作为空白符，在必要的地方加入空白符可以使代码层次清晰，方便阅读。

与 C 语言类似，Verilog HDL 语句以分号结束。注释也与 C 语言类似，单行注释写在"//"之后，多行注释写在"/ * "和" * /"之间，综合时注释自动被忽略。

9.2.1 模块和端口声明

模块和端口声明的格式为

```
module 模块名(端口声明 1, 端口声明 2, …);
```

module 之后的模块名是模块的唯一标识，模块名要符合标识符的书写规则。模块名之后是参数声明和端口声明，参数声明是可选的。模块和端口声明以分号结尾，模块结束的关键字为 endmodule，注意 endmodule 后没有分号。

端口声明说明各端口的模式和数据类型，端口之间用逗号隔开。端口模式有输入(input)、输出(output)和双向(inout)3 种。常用的数据类型有 wire(连线型)和 reg(寄存器型)，如果没有明确说明，综合时默认端口为 wire 类型。端口的声明的格式如下：

```
input   数据类型 端口名 1,
output  数据类型 端口名 2,
inout   数据类型 端口名 3,
```

例如，代码 9-1 中的模块和端口的声明：

```
module mux2_1(
    input  a,
    input  b,
    input  s,
    output f);
```

声明了一个模块 mux2_1，它的端口 a、b、s 是输入端口，是 wire 类型，f 是输出端口，也是 wire 类型。

9.2.2 模块内连线和寄存器

在描述模块时可能会涉及内部的连线信号，需要先声明这些内部连线信号，说明它们的

数据类型,声明的格式为

```
数据类型 信号名;
```

例如,代码 9-1 中

```
wire m0, m1;
```

声明了两个 wire 类型的中间信号 m0 和 m1。

9.2.3 模块功能描述

模块中最重要的部分是模块功能的描述。描述模块的功能有多种方法,可以描述模块的行为,也可以描述模块的电路结构,还可以描述模块的逻辑函数。可以用连续赋值语句 assign 描述逻辑函数式,可以用 always 过程块描述模块的行为,也可以用模块实例化语句描述模块由哪些小模块组成以及如何连接起来。代码 9-1 中使用了 3 条 assign 描述 mux2_1 的逻辑函数

```
assign m0 = a & s;          //计算 m0 的逻辑:a 与 s
assign m1 = b & ~s;         //计算 m1 的逻辑:b 与 s'
assign f = m0 | m1;         //计算 mux2_1 的输出:m0 或 m1
```

这 3 条 assign 语句对应于 3 个逻辑运算模块,它们之间是并行的。第一条 assign 语句描述 a 和 s 进行与运算,输出为 m0,对应于一个与门;第二个 assign 语句描述 b 和 s′进行与运算,输出为 m1,也对应于一个与门;第三条 assign 语句描述 m0 和 m1 进行或运算,输出为输出端口 f。代码 9-1 描述的电路结构如图 9-1 所示。

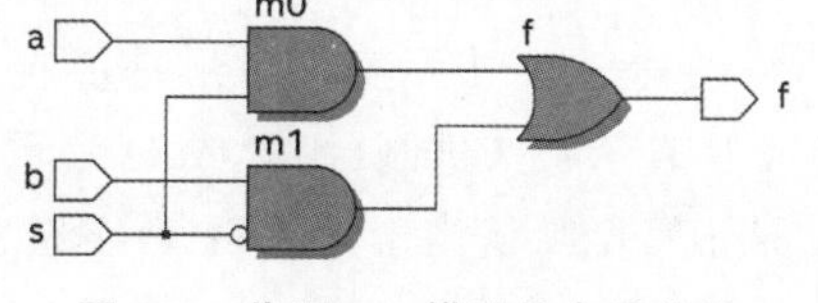

图 9-1 代码 9-1 描述的电路结构

9.3 Verilog HDL 基本元素

9.3.1 标识符

标识符是代码中的对象名,模块名、端口名、中间连线信号名、元件实例名、函数名、任务名等都是标识符。标识符由大小写字母(a~z,A~Z)、数字(0~9)、下画线(_)和美元符号($)组成。

标识符的第一个字符必须是字母或下画线,不能以 $ 开头,不能使用 Verilog HDL 的关键字。以 $ 开头的标识符通常用于系统任务和函数。在 Verilog HDL 中,标识符要区分大小写。

以下标识符是合法标识符:

```
mem_addr
Mem_addr          //mem_addr 和 Mem_addr 是不同的标识符
_rst              //可以以下画线开头
```

以下标识符是不合法的标识符:

```
38_decoder          //不能以数字开头
$bell               //不能以 $ 开头
```

```
cs&en            //不能使用字母、数字、下画线和$以外的符号
module           //不能使用关键字
```

9.3.2 逻辑值

Verilog 有 4 种逻辑值。

0——表示逻辑 0 或条件为“假”。

1——表示逻辑 1 或条件为“真”。

x——表示未知。

z——表示高阻状态。

如果 z 出现在门的输入端或出现在表达式中，效果和未知 x 相同，x 和 z 不区分大小写。Verilog HDL 中的字面常量都是由这 4 种逻辑值构成的。

9.3.3 字面常量

Verilog HDL 中的字面常量有 3 种：整数、实数和字符串，其中整数可以综合，实数和字符串都不可以综合。

整数字面常量的书写格式为

<+/-><位宽>'<进制><数字>

<+/->表示字面常量是正或负；位宽是二进制数的宽度；进制有 4 种：二进制(用 b 或 B 表示)、八进制(用 o 或 O 表示)、十六进制(用 h 或 H 表示)、十进制(用 d 或 D 表示，如果不写则默认为十进制)；数字是基于进制的数字序列。十六进制数中的 a～f 也不区分大小写。

下面是一些合法的整数字面常量：

```
4'b0010          //位宽为4位的二进制数0010
6'o7             //位宽为6位的八进制数7
8'h1z            //位宽为8位的十六进制数1z,即0001_zzzz
5'd23            //位宽为5位的十进制数23
7'hx             //位宽位7位的十六进制数,即xxx_xxxx
8'B0001_1001
```

数字中间允许使用下画线，下画线本身没有意义，但可提高可读性。

下面是一些不合法的整数字面量：

```
4'd-5            //数字前面不能有负号,负号应放在最左边
4' b101          //'和进制b之间不允许有空格
(3+2)'b00111     //位宽不能为表达式
```

在书写字面常量时，如果没有说明位宽，则整数的位宽默认为 32 位；如果位宽比实际二进制数的宽度小，则舍去二进制数的高位；如果位宽比实际二进制数的宽度大，最高位为 0 或 1 时，则在左边补 0，最高位为 z 或 x 时，则在左边补 z 或 x。

视频讲解

9.3.4 数据类型

Verilog 有两组数据类型线网(net)和变量(variable)。这两组数据类型在赋值方式和保存值的方式上都不同，它们也代表了不同的硬件结构。

1) 线网组

线网组中的数据类型表示电路模块之间的物理连接，通常用于连续赋值语句的输出或模块之间的连接信号。线网组的数据类型包括 wire(连线)、wand(线与)、wor(线或)、tri(三态)、triand(有"线与"特性的多重驱动连线)、trior(有"线或"特性的多重驱动连线)、tri0(下拉电阻)、tri1(上拉电阻)、trireg(具有电荷保持作用的连线)、supply0(地，逻辑 0)和 supply1(电源，逻辑 1)，其中 wire、tri、supply0 和 supply1 类型是可综合的。

除 trireg 类型之外的线网类型的信号都不能存储值，因此必须有驱动信号，如果没有驱动信号连接，仿真时显示为高阻，在综合时被综合器优化掉，不会出现在最后产生的电路中。

wire 类型和 tri 类型的功能几乎是相同的，只是不允许多个信号同时驱动 wire 类型的信号；而对 tri 类型的信号来说就有可能是三态驱动。wand 类型和 wor 类型都是用来实现多驱动，wand 类型对驱动进行"线与"操作，wor 类型对驱动进行"线或"操作。

该组中最常用的数据类型就是 wire，正如这个词的意思，它表示一根连线。例如代码 9-1 中的 m1 和 m2 被声明为 wire 类型：

```
wire m0, m1;              //声明两个 1 位的 wire 类型信号 m0 和 m1
wire [7:0] data;          //声明一个 8 位的 wire 类型信号 data
```

tri 类型也是用于连接模块的连线，它和 wire 类型的语法和功能基本一致，Verilog HDL 综合器对两者的处理完全相同，把信号定义为 tri 类型只是为了增加代码的可读性，表示综合后的电路连线具有三态的功能。

2) 变量

变量组中的数据类型是数据存储的抽象，通常用于过程赋值语句的输出。变量 variable 组中有 5 种数据类型 reg、integer、real、time 和 realtime，其中 reg 和 integer 类型可以综合，real、time 和 realtime 数据类型只用于仿真。

最常用的数据类型是寄存器类型 reg，它可以综合生成存储单元。寄存器 reg 类型信号的声明和 wire 类型信号的声明类似：

```
reg dff_q;                //声明 1 位的 reg 类型信号 dff_q
reg [7:0] data            //声明 8 位的 reg 类型信号 data
```

reg 类型的数据通常被认为是无符号数，如果给 reg 类型的信号赋负值，则认为数据为整数，被解释为有符号的补码。

reg 类型的信号并不是一定会综合出触发器或寄存器，综合器会根据具体情况来确定把它映射为寄存器还是连线。

整数也是很常用的数据类型。整数类型的信号是整数寄存器，存储整数值，也可以存储有符号数，通常用来表示循环次数等。整数寄存器的初始值为 x。

整数信号的声明格式为

```
integer 变量名;
```

整数信号的默认宽度为 32 位，但是整数不能作为位向量访问。如在代码中声明了整数 N，N[4]或 N[3:0]都是非法的。要想得到整数中的某些位，可以先把整数赋值给一个 reg 类型的信号，然后再从中选取相应的位。例如：

```
integer N;           //声明了一个整数信号 N
```

```
reg [31:0]  N_1;
reg [3:0]  N_2
...
N_1 = N;
N_2 = N_1[3:0];
```

由于整数的固定位宽为32位,因此在把常数赋值给整数类型的信号时不需要说明位宽,但是对每一个常数都列出位宽是一个好习惯,这样可以清楚地知道每个数据的宽度,也可以清楚地知道运算结果的宽度。例如,可以清楚地说明0和1的宽度:

```
1'b0,   1'b1
```

3) 有符号数和无符号数

Verilog—1995标准只支持一种有符号类型integer,位宽为固定的32位。在Verilog—2001中,有符号类型扩展到了wire和reg类型,用关键字signed来定义有符号数,例如

```
wire signed [15:0]          data;
reg signed [3:0]            count;
```

如果声明reg类型或wire类型的信号时没有清楚地定义为signed,给这样信号的赋值默认就是无符号数。赋给整数类型信号的值都应该看作有符号数,有符号数都用有符号的补码表示。有符号数和无符号数进行相互转换时,位的表示不变,只是对数的解释发生了改变。

视频讲解

9.3.5 参数

Verilog HDL提供了一种向模块内传递信息的结构,即参数。使用参数可以使模块的定义更加灵活,方便模块的重用。参数不能在模块内部修改,因此参数可以看作一个常量。

参数声明的格式为

```
#(parameter     参数名1 = 常量表达式1,
                参数名2 = 常量表达式2,…)
```

参数的默认属性是无符号的整型常数,参数必须在声明的时候赋值,参数可以指定位宽,例如:

```
#(parameter   [3:0] N = 4'b0000)
```

在模块内部还可以声明局部参数,声明局部参数的关键字为localparam,和parameter的声明类似,但是局部参数只能赋值为包含参数的常数表达式。局部参数在元件例化时不能通过参数传递或重新定义参数值语句(defparam)改变参数。下面是一个包含参数和局部参数声明的例子:

```
module generic_fifo
#(parameter  MSB = 3,          //这些参数可以在元件例化时通过传递参数值改变
             LSB = 0,
             DEPTH = 4)
( input [MSB:LSB]in,
  input       clk,
  input       reset,
  input       read,
  input       write,
```

```
    output [MSB:LSB]  out,
    output        full,
    output        empty);
    //这些是局部参数,不能在元件例化时通过传递参数改变
    //它们只会受上面定义的公共参数的影响
    localparam FIFO_MSB = DEPTH * MSB;
    localparam FIFO_LSB = LSB;
    //fifo 的实现
endmodule
```

9.3.6 矢量和数组

1）矢量

矢量主要用于描述总线或多位数据信号，如果在信号声明中没有明确指定位宽，则默认位宽为 1 位，是标量，例如：

```
wire a;     //a 是 wire 类型的标量
```

如果信号的位宽大于 1 位则称为矢量。矢量通过[msb:lsb]指定范围，其中 msb(most significant bit)是最高有效位，lsb(least significant bit)是最低有效位。例如：

```
reg [7:0] data;     //8 位矢量 data,msb 是 data[7],lsb 是 data[0]
wire [1:0] sel;     //2 位矢量 sel,msb 是 sel[1],lsb 是 sel[0]
```

msb 和 lsb 必须是常数或参数，或是任何在编译时就可以确定的常数值，可以是正数、负数或零。这里需要注意 Verilog HDL 在声明信号变量时和 C 语言不同，索引范围在类型 reg 和 wire 后面，而不是信号变量名后面。

一个矢量可以不加索引直接赋值给另一个矢量，也可以通过索引来选择矢量的一部分，例如：

```
reg [7:0] low_8bit, high_8bit, t_8bit;
reg c_msb;
...
//下面的赋值均为过程赋值
c_msb = high_8bit[7];
high_8bit = low_8bit;
low_8bit[3:0] = t_8bit[7:4];
```

2）数组

数组是把一组相同的元素组织在一起形成一个多维对象，数组也是用范围表达式来定义，数组的范围跟在数组名后，而矢量的范围跟在类型后面，例如：

```
reg X[15:0];            //声明了一组 16 个 reg 标量
reg [7:0] Y[5:0]        //声明了一组 6 个 8 位矢量
```

类型 reg 后面的索引范围是每个元素(矢量)的索引范围，在信号名 X 和 Y 后面的索引范围是数组的范围。

数组的每个元素都可以单独赋值，但不能对整个数组或部分数组进行赋值。给数组中的某个元素赋值时需要加上元素的索引。

reg 类型的数组可以用来对存储器建模，数组中的每个元素可以称为一个数据字，通过数组索引可以访问每个数据字。ROM、RAM 和寄存器堆都可以通过这种方式建模，例如：

```
reg [7:0] mem[0:255];        //声明了一个 256 * 8 位的存储器
reg array[7:0][0:255];       //声明了一个二维数组,每个元素是 1 位
```

在声明存储器时,矢量和数组的范围是分开的,但是在使用存储器时,存储器地址紧跟在数组名之后,后面接着跟的是矢量的范围。

```
mem[1][7:4] = 0;         //合法,给 mem 的第二个元素的高 4 位赋值为 0
array[1][0] = 1;         //合法,给 array 数组的[1][0]位置的元素赋值为 1
```

需要注意的是,在一个表达式里同时访问数组的多个地址是非法的,对数组每次只能访问一个地址,例如:

```
mem = 0;          //不合法,不可以给整个数组赋值
array[1] = 1;     //不合法,不可以一次给多个数组元素赋值
```

对整个数组赋值时可以采用循环的方式,每次访问一个地址。

视频讲解

9.3.7 运算符和表达式

和其他编程语言类似,Verilog HDL 也用表达式和语句来实现功能。表达式就是用各种运算符连接形成能计算的运算式,表达式只是表示一个计算,并不能改变什么。语句通常用来对信号变量赋值,能够改变信号变量的值。

Verilog HDL 中的运算符和 C 语言中的运算符很相似,除了按位运算的逻辑运算符、逻辑运算符外,还有算术运算符、关系运算符、相等运算符、缩位运算符、移位运算符、条件运算符和拼接运算符等。

1) 按位运算的逻辑运算符

按位运算的逻辑运算符是把操作数各位逐位做运算,产生相应位的结果。按位运算的逻辑运算符包括:

~　按位取反　　&　按位与　　|　按位或

^　按位异或　　^~或~^　按位同或

其中取反~是单目运算符,其他都是双目运算符。表 9-1~表 9-5 所示是取不同逻辑值时按位逻辑运算的计算结果。

表 9-1　按位与运算

&	**0**	**1**	**x**	**z**
0	0	0	0	0
1	0	1	x	x
x	0	x	x	x
z	0	x	x	x

表 9-2　按位或运算

|	**0**	**1**	**x**	**z**
0	0	1	x	x
1	1	1	1	1
x	x	1	x	x
z	x	1	x	x

表 9-3 按位异或运算

^	0	1	x	z
0	0	1	x	x
1	1	0	x	x
x	x	x	x	x
z	x	x	x	x

表 9-4 按位同或运算

^～	0	1	x	z
0	1	0	x	x
1	0	1	x	x
x	x	x	x	x
z	x	x	x	x

表 9-5 单目取反运算

～	
0	1
1	0
x	x
z	x

对于双目运算符,如果两个操作数的位宽不同,对短操作数在高位补 0 至长操作数的位宽。按位逻辑运算综合时直接映射为逻辑门原语(primitive)。例如代码 9-2 中用连续赋值语句和逻辑运算符描述 1 位全加器。

代码 9-2:

```
module fa(
    input a,
    input b,
    input cin,
    output s,
    output cout);
    assign s = a ^ b ^ cin;
    assign cout = (a&b) | (a&cin) | (b&cin);
endmodule
```

代码 9-2 综合产生的电路如图 9-2 所示。

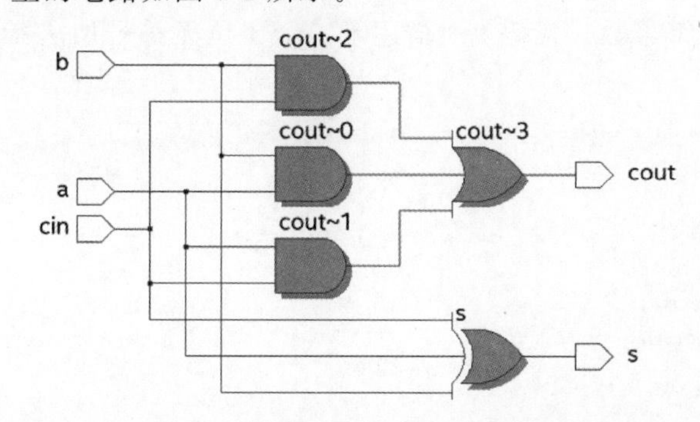

图 9-2 代码 9-2 综合产生的电路

2）逻辑运算符

逻辑运算符包括与(&&)、逻辑或(||)和逻辑非(!)。逻辑与和逻辑或主要用于逻辑关系的连接，运算的结果是1(真)、0(假)，如果结果模糊就是未知 x。逻辑与的优先级大于逻辑或的优先级，它们的优先级都小于关系运算符和相等运算符。和 C 语言中的逻辑运算符类似，在 Verilog HDL 中非零看作"真"，0 看作"假"。

例如，如果 regA 保存的值为整数 28，regB 保存的值为 0，则：

```
regC = regA && regB;        //regC 被置为 0
regD = regA || regB;        //regD 被置为 1
```

逻辑与和逻辑或运算符也可以用于连接关系运算，例如：

```
a < N && b == c || index != 0
```

为了提高可读性，通常建议加括号使优先级更清楚，上面的表达式也可以写为

```
(a < N) && (b == c) && (index != 0)
```

逻辑非运算符把非零或真变为 0 或假，把 0 或假变为 1 或真，对于模糊的值仍然保持为未知 x。逻辑非的使用通常如下：

```
if (!cond)
```

在有些情况下，下面的等效表达可读性会更好一些

```
if (cond == 0)
```

3）算术运算符

算术运算符包括加、减、乘、除、取余和乘方。算术运算符的符号如下：

+	加	−	减
*	乘	/	除
%	取余	**	乘方

加和减运算符是可综合的，可以综合产生加法器和减法器。除、取余和乘方运算符是不可综合的。乘法运算符与综合工具和目标器件有关，例如有些 FPGA 中嵌有乘法器硬核，工具软件支持乘法运算综合为硬件乘法器，但对乘法器的数据宽度会有一些限制。加和减运算符也可以用作单目运算符，例如：−a。

在 Verilog HDL 中，如果一个 reg 类型信号没有清楚地声明为 signed，赋给它的值通常被解释为无符号数。赋给整数类型信号的值被解释为有符号数，用有符号的补码表示。线网类型都被解释为无符号数。代码 9-3 描述了一个 4 位无符号加法器，它的输入输出信号都是线网类型。

代码 9-3：

```
module adder(
    input [3:0] opA,
    input [3:0] opB,
    output [3:0] sum);
    assign sum = opA + opB;
endmodule
```

4）关系运算符

关系运算符有大于(>)、小于(<)、大于或等于(>=)和小于或等于(<=)。关系运算

符比较两个操作数,根据比较结果返回一个真(标量 1)或假(标量 0)的布尔值。如果其中任何一个操作数中包含未知 x 或高阻值,结果就是一个 1 位未知值 x。

如果做关系运算的两个操作数的位宽不同,且其中一个或两个是无符号数,就在低位宽操作数的高位补 0,使两个操作数的位宽相同。如果两个操作数都是有符号数,逻辑运算表达式就解释为两个有符号数的比较。即如果比较两个未定义为 signed 的 reg 或 wire 类型的信号,综合的是无符号关系运算符;如果比较两个整数类型或定义为 signed 的信号变量,综合的就是有符号关系运算符。例如在代码 9-4 中,关系运算符就是比较无符号数。

代码 9-4:

```
module comp_unsigned(
    input   [3:0] a,
    input   [3:0] b,
    output z);
    assign z = a>=b;
endmodule
```

无符号数比较器的仿真波形如图 9-3 所示。

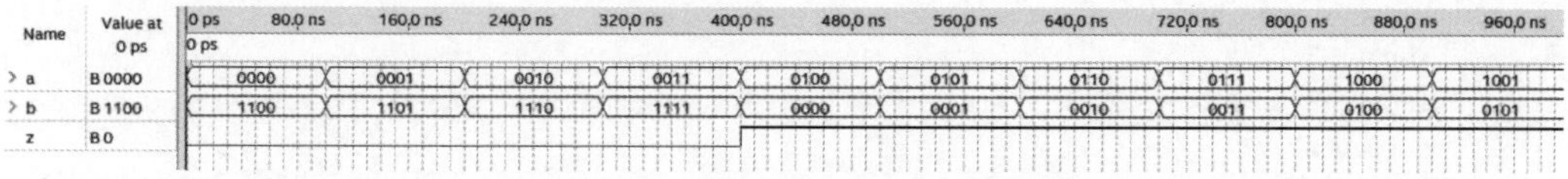

图 9-3 无符号数比较器仿真波形

代码 9-5 中,输入定义为有符号数,关系运算符被解释为有符号数的比较。

代码 9-5:

```
module comp_signed(
    input signed [3:0] a,
    input signed [3:0] b,
    output reg z);
    always @ (a, b)
    begin
        z = a>=b;
    end
endmodule
```

有符号数比较器的仿真波形如图 9-4 所示。

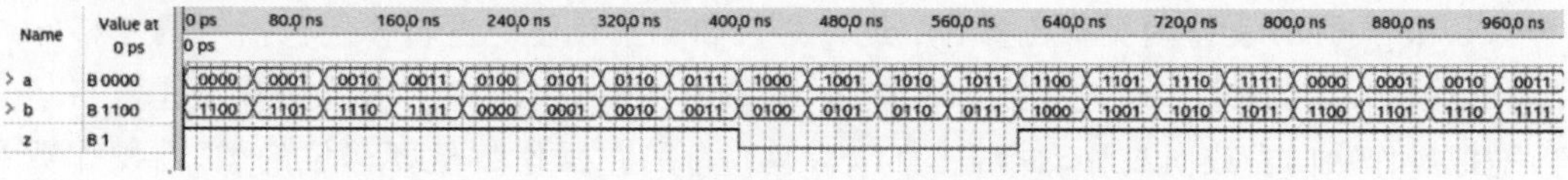

图 9-4 有符号数比较器的仿真波形

所有关系运算符的优先级都相同,关系运算符的优先级低于算术运算符。

5) 相等运算符

相等运算符的定义如表 9-6 所示。

表 9-6 相等运算符定义

a===b(case 相等)	a 等于 b,包括 x 和 z
a!==b(case 不相等)	a 不等于 b,包括 x 和 z
a==b(逻辑相等)	a 等于 b,结果可能是未知
a!=b(逻辑不相等)	a 不等于 b,结果可能是未知

和关系运算符类似,相等运算符也是比较两个操作数,如果比较为真,结果为 1,如果比较为假,结果为 0。如果两个操作数的位宽不等,在高位补 0 使两个操作数位宽相等。

对于逻辑相等和不相等运算符(==和!=),如果操作数中包含有未知 x 或高阻 z,结果就是 1 位的未知值 x。

对于 case 相等和不相等运算符(===和!==),未知 x 和高阻 z 也参与比较,如果两个操作数的每位都匹配,则结果为 1,否则为 0,它们的结果总是确定的。case 相等和不相等运算符常用于 case 语句中的比较。

==和!=是可综合的,它们和关系运算符类似,可以综合出比较器电路。例如代码 9-6 就是用相等运算符来描述无符号数相等比较器。

代码 9-6:

```
module equal_unsigned(
    input [3:0] a,
    input [3:0] b,
    output z);
    assign z = a == b;
endmodule
```

所有相等运算符的优先级都相同,相等运算符的优先级低于关系运算符。

6) 缩位运算符

缩位运算符是一元运算符,有缩位与(&)、缩位与非(~&)、缩位或(|)、缩位或非(~|)、缩位异或(^)和缩位同或(~^),是把操作数逐位做逻辑运算最后形成 1 位的结果。例如:

```
wire [3:0]    x;
wire          y;
assign        y = | x;
```

这条语句等同于下面的语句:

```
assign y = x[0] | x[1] | x[2] | x[3];
```

7) 移位运算符

Verilog HDL 支持两类移位操作: 逻辑移位和算术移位。逻辑移位包括逻辑左移(<<)和逻辑右移(>>),算术移位包括算术左移(<<<)和算术右移(>>>)。移位运算符是双目运算符,是把操作数向左或向右移动指定的位数,运算符的左操作数是要移位的数,右操作数是移位的位数。

左移时,右边空出的位用 0 填充; 右移时,逻辑右移向高位填充 0,算术右移用操作数的最高位(符号位)向高位填充。如果右操作数中含有 x 或 z,移位的结果是未知的。

移位运算符是可综合的,可以综合出移位器电路。右操作数可以是变量,也可以是常数。代码 9-7 就是用移位运算符描述的移位器。

代码 9-7：

```
module ashifter(
    input [3:0] data,
    input [1:0] amount,
    output [3:0] data_shift);
    assign data_shift = data >> amount;
endmodule
```

8）条件运算符

条件运算符是一个三元运算符，它的格式为

条件表达式 1 ? 表达式 2 : 表达式 3

首先判断条件表达式 1 的值，如果为真，则结果为表达式 2 的值，否则为表达式 3 的值。如果表达式 2 和表达式 3 的数据宽度不同，就对短数据宽度的操作数高位补 0，使它们的数据宽度相同。

条件运算符常用来描述数据的选择，例如代码 9-8 就是用条件运算符描述了一个三态缓冲器。

代码 9-8：

```
module tri_bus(
    input [15:0] data,
    input bus_en,
    output [15:0] bus_out);
    assign bus_out = bus_en ? data : 16'bz;
endmodule
```

9）拼接和复制

拼接运算符{}是把几个操作数或操作数的某几位拼接在一起，形成一个更宽的操作数。拼接的格式为

{操作数 1, 操作数 2, …, 操作数 n}

例如 a 为 1，b 为 11100，w 为 10，做如下拼接运算：

```
{a, b[3:0], w, 3'b101}
```

则拼接的结果为 1110010101。

如果拼接同一个操作数多次，可以用一个正数指定重复的次数，这称为复制。复制的格式为

{重复次数{操作数}}

例如：

```
{4{a}}    //等效于{a, a, a, a}
```

复制也可以嵌套在拼接中，例如：

```
{b, {3{a, b}}}    //等效于{b, a, b, a, b, a, b}
```

10）运算符的优先级

运算符有优先级，优先级规定了运算的顺序，优先级高的先计算，优先级低的后计算。例如表达式 a+b >> 1，加法的优先级高，因此会先计算 a+b，然后加法的结果再进行移位操

作。为了使表达式更清楚，常见的做法是加括号，例如表达式 a+(b >> 1)，这样就是先对 b 做移位操作，然后再和 a 做加法运算。运算符的优先级如表 9-7 所示。

表 9-7　运算符的优先级

运　算　符	优　先　级
! ~ + -(一元运算符)	最高
** * / % + -　(二元运算符)	↓
>> << >>> <<<	
< <= > >= == != === !==	
& ^ |	
&& ||	
?:	最低

11）矢量操作数

在逻辑运算中，矢量操作数可以在表达式中直接使用。例如代码 9-9 中，4 位的信号 A、B 和 C 做逻辑运算，结果赋值给 4 位输出 Z，A、B 和 C 可以直接在表达式中使用。

代码 9-9：

```
module vector_logic(
    input [3:0] a,
    input [3:0] b,
    input [3:0] c,
    output [3:0] z);
    assign z = (a&b) | c;
endmodule
```

代码 9-9 综合产生的 RTL 电路如图 9-5 所示，可以看出产生了 4 组相同的逻辑门电路。

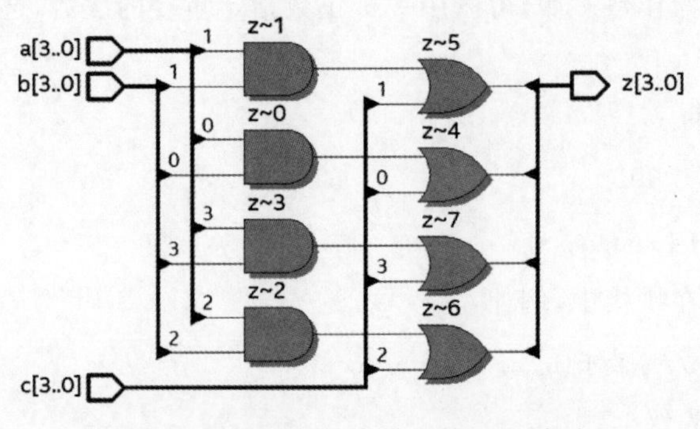

图 9-5　代码 9-9 综合产生的 RTL 电路

也可以选择矢量操作数的部分位来使用，但是部分位的范围必须是常数。例如在代码 9-10 中,选择输入 A 和 C 的部分位拼接形成输出的部分位。

代码 9-10:

```
module part_sel(
      input [3:0] A,
      input [3:0] C,
      output [3:0] Z);
      assign Z = {A[3], C[2:0]};
endmodule
```

代码 9-10 综合产生的 RTL 电路如图 9-6 所示。

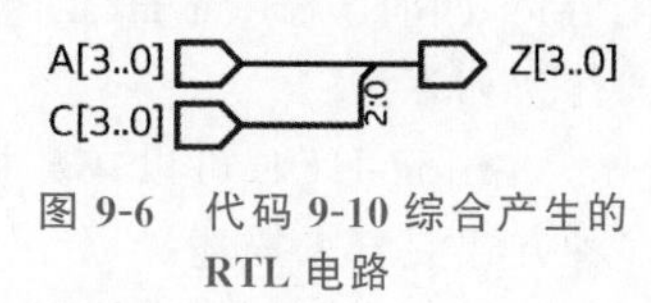

图 9-6　代码 9-10 综合产生的 RTL 电路

9.3.8　操作数的数据宽度

在 Verilog HDL 程序中,表达式中的操作数经常会有数据宽度不同的情况。在 Verilog HDL 中允许操作数的数据宽度不同,数据宽度会依据一些规则进行调整。首先会确定表达式和操作数的最大数据宽度,然后把赋值号右边操作数的数据宽度扩展到最大宽度再计算表达式,把计算结果赋值给赋值号左边的信号,如果赋值号左边信号的位宽比较小,就截掉结果的高位。例如下面的代码片段

```
wire [7:0] a, b;
wire [7:0] sum_8bit;
wire [8:0] sum_9bit;
assign sum_8bit = a + b;
assign sum_9bit = a + b;
```

上面的第一条连续赋值语句中,操作数是 8 位,运算是 8 位加法,结果是 8 位,8 位加法产生的高位进位输出被截断丢弃了。

在第二条连续赋值语句中,8 位的操作数 a 和 b 都被扩展为 9 位,执行的是 9 位加法运算,结果也是 9 位,9 位的结果中包含了加法的进位输出。

也可以用拼接符把进位输出清楚地描述出来

```
assign {cout, sum_8bit} = a + b;
```

在综合实现时,如果有数据位宽不匹配的情况,工具并不会给出警告或错误报告,但是截掉高位尤其是符号位有可能会改变有符号表达式的结果。例如下面的代码片段

```
reg [15:0] A, B, answer;
…
answer = (A + B) >> 1;
```

在上面这条赋值语句中,A 和 B 相加可能会产生进位输出,相加之后进位右移应该把进位输出移入 answer[15]。这条语句可能会工作不正常,因为 A 和 B 的宽度都是 16 位,因此两者相加的中间结果也是 16 位,因此在进行移位之前就已经丢弃了进位输出。

这种情况下解决的方法就是强制(A+B)的结果至少用 17 位表示。例如可以把(A+B)写为(A+B+0),即

```
answer = (A + B + 0) >> 1;
```

因为 0 是整数,在 Verilog HDL 中整数是 32 位宽,在计算加法时就会把操作数都扩展到最大数据宽度——整数的数据宽度进行计算,这条赋值语句就会工作正确。

视频讲解

9.4 数据流描述

硬件的工作特点是并行性，因此 Verilog HDL 提供了并行语言结构来对硬件电路进行建模。Verilog HDL 中的并行语句包括连续赋值语句、过程块语句、模块例化语句和原语例化语句，同时 Verilog HDL 也提供了用于过程内部的顺序语句，用于在过程块中描述电路的行为和算法。

Verilog HDL 可以在数据流、行为级和结构级描述电路。在实际描述电路时通常采用多种方式混合来描述。

数据流方式就是直接描述底层逻辑，而不需要描述电路的结构或行为。用数据流方式描述的基本机制就是使用连续赋值语句，直接给信号线网赋值。数据流描述方式通常用于描述组合逻辑电路。

9.4.1 连续赋值语句

赋值语句是 Verilog HDL 中最基本的语句，是把一个值赋给线网或变量。Verilog HDL 中有两种赋值语句：连续赋值语句和过程赋值语句。连续赋值语句用于赋值给线网，过程赋值语句用于赋值给变量。

连续赋值语句的语句格式为

```
assign 线网名 = 逻辑表达式;
```

连续赋值语句的关键字是 assign，可以驱动一个标量或矢量值到线网类型的信号。只要右边的值发生变化，赋值就会发生，刷新赋值结果。连续赋值语句中可以加时延，例如

```
assign #2 d = a ^ b;
```

这条语句表示 a^b 的运算和赋值给 d 需要 2 个时间单位。如果语句中没有定义时延的值，默认时延为 0。时延仅用于仿真，在综合时延时会被自动忽略。

连续赋值语句提供了一种不需要描述逻辑门连接的组合电路建模的机制，组合逻辑由赋值号右边的表达式产生。对赋值号左边线网信号的赋值是连续的、自动的，只要赋值号右边表达式中操作数的值发生变化，这个过程实际就是模拟组合电路的工作过程。

例如，代码 9-11 用连续赋值语句描述了一个二输入与门。

代码 9-11：

```
module add_gate(
    input a,
    input b,
    output c);
    assign c = a & b;
endmodule
```

代码 9-11 综合产生的 RTL 电路如图 9-7 所示。可以看出，一条连续赋值语句会综合产生一个门电路，因此本质上连续赋值语句之间是并行的，它们出现的顺序无关紧要。

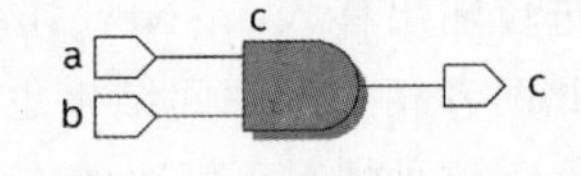

图 9-7　代码 9-11 综合产生的 RTL 电路

9.4.2 用连续赋值语句描述组合逻辑电路

连续赋值语句赋值号左边的目标线网信号可以是标量线网、矢量线网、矢量的部分位选

择或以上各部分的拼接，使用运算符可以实现各种不同的电路。连续赋值语句通常被综合为组合逻辑电路。代码 9-12 是一个数据流方式描述的 4 位加法器。

代码 9-12：

```
module adder_4bit(
    input [3:0] a,
    input [3:0] b,
    input cin,
    output [3:0] s,
    output cout);
    assign {cout, s} = a + b + cin;
endmodule
```

输入 a 和 b 都是 4 位，它们相加的结果可能是 5 位，因此在连续赋值语句的赋值号左边把 cout 和 s 拼接起来，形成 5 位的信号，这样使得输出的最高位赋给 cout，低 4 位赋给 s。

再如设计一个带使能的 2-4 译码器，根据真值表可以写出译码器输出的逻辑函数为

$$D_3 = I_1 \cdot I_0 \cdot \mathrm{EN} \quad D_2 = I_1 \cdot I'_0 \cdot \mathrm{EN}$$

$$D_1 = I'_1 \cdot I_0 \cdot \mathrm{EN} \quad D_0 = I'_1 \cdot I'_0 \cdot \mathrm{EN}$$

可以采用数据流的方式描述这个译码器，带使能的 2-4 译码器的描述如代码 9-13 所示。

代码 9-13：

```
module decode2_4(
    input [1:0] din,
    input en,
    output [3:0] out);
    assign out[0] = ~din[1] & ~din[0] & en;
    assign out[1] = ~din[1] & din[0] & en;
    assign out[2] = din[1] & ~din[0] & en;
    assign out[3] = din[1] & din[0] & en;
endmodule
```

这里使用 4 条连续赋值语句直接描述了 2-4 译码器 4 个输出的逻辑函数式，4 条连续赋值语句之间是并行的。代码 9-13 综合产生的电路如图 9-8 所示。

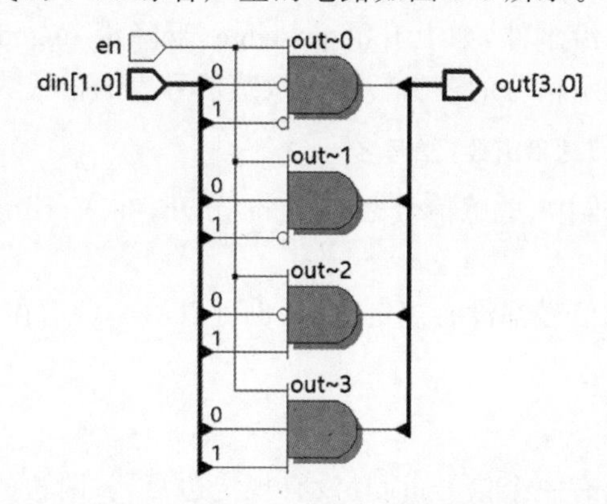

图 9-8 代码 9-13 综合产生的电路

9.5 行为描述

行为描述是仅描述电路的行为或模块的算法，这种描述方式不考虑电路的结构如何，也不考虑电路底层的逻辑运算是什么。在描述比较复杂的电路时，行为级描述提供了强有力的高层次抽象，可以快速地实现电路的描述。

Verilog HDL 提供了过程块语句和过程块内部的顺序语句进行电路行为的描述。过程块语句包括 always 过程块和 initial 过程块，其中 always 过程块是可综合的，initial 过程块仅用于仿真。

一个模块中可以有多个过程块，过程块之间是并行的，用于描述硬件电路固有的并行性。过程块内部是用于描述电路行为或算法的语句，包括过程赋值语句、if 语句、case 语句和循环等用于过程控制的顺序语句。

视频讲解

9.5.1 always 过程块

always 过程块通常用来描述电路的过程行为。一个模块中可以有多个 always 过程块，各个 always 过程块之间是并行的，always 过程块内部是顺序执行的过程语句。

always 过程块的语法结构为

```
always @(敏感信号表)
begin: [顺序语句块名]
    [本地变量声明];
    [顺序语句];
    [顺序语句];
    …
end
```

敏感信号表中是一个信号或事件列表，always 过程块会对这些信号或事件做出响应（对这些信号或事件“敏感”）。当敏感信号表中的信号发生变化或事件发生时，这个电路模块就被启动，过程块内部的过程语句就执行一遍，然后 always 过程块挂起，等待信号再次发生变化或事件再次发生，这实际上就是在模拟电路的工作方式。always 过程块语句和 VHDL 中的进程类似。always 过程块可以看作一个电路子模块。

信号的变化可以是边沿事件，如上升沿 posedge、下降沿 negedge，如果没有规定边沿，敏感信号表中的信号仅表示信号的逻辑转换。敏感信号表的格式为

```
@([边沿函数] 信号名, [边沿函数] 信号名, …)
```

在 Verilog—1995 标准中，敏感信号之间用 or 分开，在 Verilog—2001 标准中，敏感信号之间用逗号分隔开。

如果敏感信号表中的信号都没有规定边沿，也可以用 * 表示在 always 过程块中所有读入的信号，可以写为

```
@(*)
```

如果敏感信号表中只有一个信号，而且没有规定边沿，* 两边的括号也可以省略。

对于组合逻辑，所有的输入信号都是敏感信号。begin 和 end 之间是多条顺序语句，形成一个顺序语句块，可以给这个顺序语句块取一个名字。如果 begin 和 end 之间只有一条

语句，而且没有声明局部变量，那么 begin 和 end 可以省略。

这里用 1 位比较器的描述来说明 always 过程块的使用，如代码 9-14 所示。

代码 9-14：

```
module eq_behave(
    input i0,
    input i1,
    output reg eq);
    reg p0, p1;
    always @ (i0, i1)
    begin
        p0 = ~i0 & ~i1;
        p1 = i0 & i1;
        eq = p0 | p1;
    end
endmodule
```

由于 p0 和 p1 在 always 过程块内赋值，因此都声明为 reg 类型。由于是组合电路，输入 i0 和 i1 都必须放在 always 过程块的敏感信号表中，中间用逗号隔开。当输入 i0 和 i1 中的任何一个发生变化时，always 过程块就被启动，内部的顺序语句就执行一遍。内部的 3 条阻塞型赋值语句顺序执行，在使用 p0 和 p1 之前必须给它们赋值，它们之间的顺序和综合出的电路是有关系的。

时序电路工作方式是在时钟沿到来时对输入数据采样，然后保存入触发器或寄存器中，否则寄存器中保存的值不变。因此在描述时序电路时，敏感信号表中只包含时钟和异步控制信号。代码 9-15 是对带异步复位的 D 触发器的描述，当异步复位 reset 为 1 时，触发器复位为 0。

代码 9-15：

```
module dff_behave(
    input clk,
    input reset,
    input d,
    output reg q);
    always @ (posedge reset, posedge clk)
    begin
        if(reset)
            q <= 1'b0;
        else
            q <= d;
    end
endmodule
```

代码 9-15 敏感信号表中只包含了异步复位信号 reset 和时钟信号，数据输入 d 并不包含在敏感信号表中。D 触发器是在时钟沿到来时才会对输入数据采样，因此采用了上升沿函数 posedge 来描述时钟边沿事件。需要注意的是，由时钟控制的 always 过程块不能包含一个以上的时钟，也不能对电平敏感，因此把异步控制信号写为电平形式是不能被综合的，例如

```
always @ (posedge clk, reset)
```

但是敏感信号表里允许出现多个边沿,下面的写法是可以综合的

```
always @ (negedge clk)
always @ (posedge clk, negedge rst)
```

因此代码 9-15 中的异步复位在敏感信号表中也使用边沿事件来描述。

9.5.2 语句块

语句块是把多条语句组合在一起,使其在格式上看起来像是一条语句。语句块有串行块语句和并行块语句两种,其中串行块语句是可综合的。

串行语句块的格式为

```
begin
    语句 1;
    语句 2;
    …
    语句 n;
end
```

在 begin 和 end 之间的语句是顺序执行的,前面的语句执行完,后面的语句才可以执行;直到最后一条语句执行完才跳出该语句块。例如,代码 9-14 和代码 9-15 中,always 过程块中都是用 begin 和 end 把多条语句包在一起形成一个语句块。下文的分支语句中,如果一个分支中有多条语句,也需要用 begin 和 end 包在一起形成一个语句块。

视频讲解

9.5.3 过程赋值语句

在硬件上,过程赋值语句表示赋值号右边表达式产生的逻辑驱动赋值号左边的变量。连续赋值语句可以看作赋值号右边的组合逻辑连续驱动线网;过程赋值语句则是把值放在变量上,变量保持这个赋值直到下一次对变量的赋值。需要注意的是,过程赋值语句只能出现在过程块内,如 always 过程块和 initial 过程块内部,用于描述行为和算法。过程赋值语句有两种:阻塞型和非阻塞型。

1)阻塞型过程赋值语句

阻塞型过程赋值语句的语法格式为

```
变量名 = 表达式;
```

阻塞型过程赋值语句是把表达式的值立即赋给变量,即变量的值在这条语句之后立刻改变。如果在一个语句块中有多条阻塞型赋值语句,在前面的赋值语句完成前,后面的赋值语句都不能执行,仿佛被阻塞了一样,因此称为阻塞型过程赋值语句。阻塞型赋值和 C 语言中变量的赋值类似。代码 9-16 是一个阻塞型过程赋值的例子。

代码 9-16:

```
module blocking_example(
    input clk,
    input [3:0] preset,
    output reg [3:0] count,
    output reg cnt);
    always @ (posedge clk)
    begin
```

```
        count = preset + 1'b1;                //阻塞型过程赋值
        cnt = count;
    end
endmodule
```

这里阻塞型过程赋值语句描述了一个加法器，这个加法器把 preset 的值加 1，然后把结果给变量 count；然后 count 的值立即赋给变量 cnt。由于时钟沿的作用，最终会产生两个寄存器，其中 cnt 寄存器保存的值就是 preset+1 的值。代码 9-16 综合产生的 RTL 电路如图 9-9 所示。

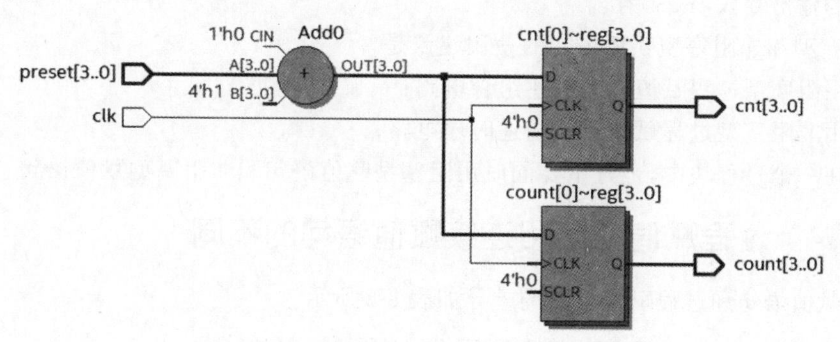

图 9-9　代码 9-16 综合产生的 RTL 电路

2）非阻塞型过程赋值语句

非阻塞型过程赋值语句的语法格式为

变量名 <= 表达式;

非阻塞型过程赋值语句是在整个过程块结束时，把表达式的值赋给变量。如果在 always 过程块中有多条非阻塞型过程赋值语句，赋值号右边表达式的值计算出来后并不立即赋值给赋值号左边的变量，而是启动下一条语句继续执行，前面的赋值语句并不会阻塞后面的赋值语句。因此也可以认为所有非阻塞型过程赋值语句赋值号右边的表达式同时计算，是并行的，在 always 过程块结束时同时赋值给赋值号左边的变量。代码 9-17 是一个非阻塞型过程赋值的例子。

代码 9-17：

```
module nonblocking_example(
    input clk,
        input [3:0] preset,
        output reg [3:0] count,
        output reg cnt);
    always @ (posedge clk)
    begin
        count <= preset + 1'b1;        //非阻塞型过程赋值语句
        cnt <= count;                  //非阻塞型过程赋值语句
    end
endmodule
```

代码 9-17 综合产生的 RTL 电路如图 9-10 所示。

可以看出，代码 9-16 综合产生的电路是两个并行的寄存器，寄存器的输入都是 preset+1 的值；而代码 9-17 中由于 count 和 cnt 都不是立即赋值的，而是在 always 过程块结束时同时赋值，因此综合产生的电路是两个串联的寄存器，preset+1 的值存入寄存器 count，寄存

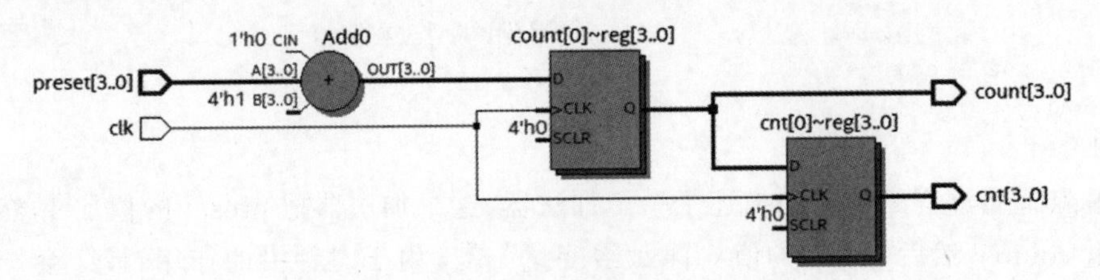

图 9-10 代码 9-17 综合产生的 RTL 电路

器 count 的输出存入 cnt 寄存器。

对阻塞型和非阻塞型赋值语句的使用建议是

(1) 用阻塞型过程赋值语句描述组合电路;

(2) 用非阻塞型过程赋值语句描述时序电路;

(3) 在一个过程块中,最好不要同时用阻塞型赋值语句和非阻塞型赋值语句。

9.5.4 过程赋值语句和连续赋值语句的不同

连续赋值语句和过程赋值语句的差异如表 9-8 所示。

表 9-8 连续赋值语句和过程赋值语句的差异

连续赋值语句	过程赋值语句
有关键字 assign	没有关键字 assign
用“=”赋值	用“=”或“<=”赋值
在一个模块中出现	在 always 过程块和 initial 过程块中出现
是并行执行的	阻塞型赋值语句是顺序执行的,非阻塞型赋值语句可被认为是并行执行的
驱动线网	驱动变量

用连续赋值语句描述的模块,用过程赋值语句也可以描述。例如 mux2_1 可以用连续赋值语句描述,也可以用过程赋值语句描述,下面的两种描述是等效的。

```
//用连续赋值语句描述
module mux2_1(
(   input a,
    input b,
    input s,
    output f);          //输出声明为连线类型
    wire m0, m1;        //中间信号声明为连线类型
    assign m0 = a & s;
    assign m1 = b & ~s;
    assign f = m0 | m1;
endmodule
//用过程赋值语句描述
module mux2_1(
    input a,
    input b,
    input s,
    output reg f);          //输出声明为 reg 类型
    reg  m0, m1;            //中间信号声明为 reg 类型
    always @ (a, b, s)
    begin
        m0 = s & a;
```

```
        m1 = ~s & b;
        f = m0 | m1;
    end
endmodule
```

第一段代码中声明了两个连线信号，用了 3 条连续赋值语句，相当于描述了 2 个与门电路和 1 个或门电路，3 个门电路连接实现了 mux2_1。在第二段代码声明了 2 个 reg 类型信号，使用了 always 过程块和 3 条阻塞型过程赋值语句描述 mux2_1。

9.5.5 if 语句

if 语句是根据条件来决定运算的路径，Verilog HDL 中的 if 语句和 C 语言中的 if 语句很类似。if 语句有 3 种形式。

1）第一种形式

第一种形式的 if 语句的语法格式为

```
if [条件表达式]
    begin
    [顺序语句];
    [顺序语句];
        …
    end
else
    begin
    [顺序语句];
    [顺序语句];
        …
    end
```

这种形式的 if 语句实现了两路分支选择控制，当条件表达式为真时，执行 if 后面的语句，然后结束整个 if 语句；否则，执行 else 后的语句，然后结束整个 if 语句。由于检测条件表达式是检测其值是否为 0，和 C 语言中的写法类似，有些情况下 if 语句的写法也可以简化为

```
if(表达式)
if(表达式 != 0)
```

这种形式的 if 语句的典型用法是用来描述二选一选择器 mux2_1，当选择信号为 1 时选择输入 a，当选择信号为 0 时选择输入 b。用 if 语句描述的 mux2_1 如代码 9-18 所示。

代码 9-18：

```
module mux21_behave(
    input a,
    input b,
    input s,
    output reg q);
    always @ (a, b, s)
    begin
      if(s)
          q = a;
      else
      q = b;
```

```
    end
endmodule
```

2）第二种形式

第二种形式的 if 语句的语法格式为

```
if(条件表达式 1)
    begin
    [顺序语句];
    [顺序语句];
    …
    end
else if(条件表达式 2)
    begin
    [顺序语句];
    [顺序语句];
    …
    end
else if(条件表达式 3)
    begin
    [顺序语句];
    [顺序语句];
    …
    end
else
    begin
    [顺序语句];
    [顺序语句];
    …
    end
```

这种形式的 if 语句有多条选择支路，首先判断条件表达式 1 是否为真，如果为真则执行后面的顺序语句块 1，然后结束 if 语句，如果为假则跳过顺序语句块 1，判断条件表达式 2；如果条件表达式 2 为真，则执行顺序语句块 2，然后结束 if 语句，如果为假则跳过顺序语句块 2，判断条件表达式 3；如果前面的条件都为假，则执行 else 后面的顺序语句块，然后结束 if 语句。可以看出，这种形式的 if 语句的条件是有优先级的，在前面判断的条件优先级高，在后面判断的条件优先级低。

这种形式的 if 语句的典型用法是描述有优先级的编码器。例如描述 4-2 优先编码器，编码器的输入为 4 位输入，输出为 2 位编码和 1 位编码有效标识位，最高位的优先级最高，后面各位的优先级依次降低，如果输入全部为 0，则编码为 00，有效标识位为 0，输入中有有效输入时，有效标识位为 1。4-2 优先编码器的描述如代码 9-19 所示。

代码 9-19：

```
module prio_encoder(
    input [3:0] x,
    output reg [2:0] y);
    always @ (x)
    begin
        if(x[3] == 1'b1)     //也可以写为 if(x[3])
            y = 3'b111;
        else if(x[2] == 1'b1)
```

```
            y = 3'b110;
        else if(x[1] == 1'b1)
            y = 3'b101;
        else if(x[0] == 1'b1)
            y = 3'b100;
        else
            y = 3'b000;
    end
endmodule
```

在代码 9-19 中,4-2 优先编码器的输出设为 3 位,最高位为编码有效标识位,所有的输入都为 0 时,编码有效标识为 0,输出为 000。代码 9-19 综合产生的 RTL 电路如图 9-11 所示。可以看出,综合产生的电路由级联的多路选择器构成,这也意味着电路是有优先级的。

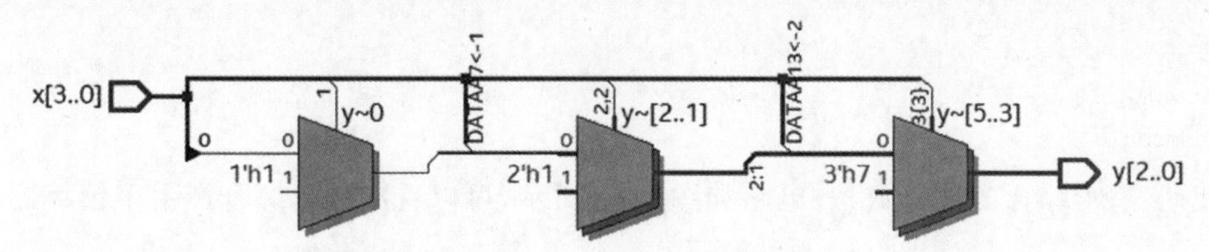

图 9-11 代码 9-19 综合产生的 RTL 电路

3) 第三种形式

第三种形式的 if 语句的语法格式为

```
if(条件表达式)
begin
[顺序语句];
[顺序语句];
…
end
```

这种形式的 if 语句中,如果条件表达式为真,则执行后面的过程语句;如果为假,则直接跳过 if 语句,这意味着输出保持不变,会综合产生锁存器或寄存器。这种形式的 if 语句的典型用法是描述锁存器和触发器。D 锁存器的描述如代码 9-20 所示。

代码 9-20:

```
module d_latch(
    input clk,
    input d,
    output reg q);
    always @ (clk, d)
    begin
        if(clk)
            q = d;
    end
endmodule
```

在代码 9-20 中,如果 clk 为 1,则执行后面的语句,把 d 的值赋给 q;否则直接跳过 if 语句,q 值保持不变。

在描述组合电路时经常会使用 always 过程块和 if 语句,如果一个变量没有在所有的 if 分支中赋值,就会综合产生出锁存器,而这并不是设计人员希望得到的。例如描述带加载和使能控制的递增加法器组合电路，当置位 set 信号有效时把输出置为 111，如果 set 无效且使能 en 有效，则把输入 cnt 加 1，递增加法器的描述如代码 9-21 所示。

代码 9-21：

```
module incr1(
    input en,
    input set,
    input [1:0] cnt,
    output reg [2:0] z);
    always @ (set, en, cnt)
    begin
      if(set)
        z = 3'b111;
      else if(en)
        z = cnt + 1'b1;
    end
endmodule
```

代码 9-21 综合产生的 RTL 电路如图 9-12 所示，可以看出代码综合产生了锁存器。

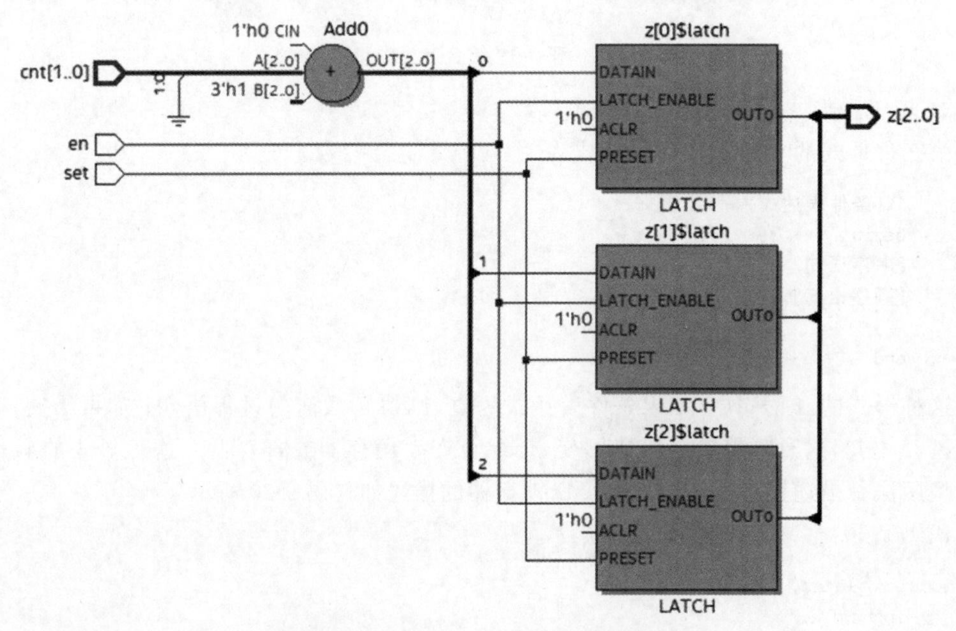

图 9-12　代码 9-21 综合产生的 RTL 电路

这里需要注意的是，if 和 else 之后可以只有一条语句，也可以有多条语句，如果有多条语句，则必须用 begin-end 把语句包起来。

if 语句也可以嵌套，有时在嵌套中 if 语句可能没有 else，这时该如何理解代码呢？如下面的代码：

```
if(index > 0)
    if(rega > regb)
        result = rega;
    else
        result = regb;
```

这段代码中有两个 if 和一个 else，else 和第一个 if 配对与和第二个 if 配对会产生完全不同的结果。

在 Verilog HDL 中，if 和 else 成对的规则是：else 连接到上面第一个没有配对的 if 上，因此这段代码中 else 和第二个 if 配对。这和 C 语言中 if 语句的配对规则类似。

为了清楚地表示出 if 和 else 的配对，可以用 begin-end 包起来，例如上面的代码段可以写为

```
if(index > 0)
    begin
    if(rega > regb)
        result = rega;
    else
        result = regb;
    end
```

这种写法可以清楚地表明 else 和第二个 if 配对。也可以写为

```
if(index > 0)
    begin
    if(rega > regb)
        result = rega;
    end
else
    result = regb;
```

这种写法清楚地表明 else 是和第一个 if 配对。

9.5.6　case 语句

视频讲解

1）基本 case 语句

case 语句是多路条件分支语句。if 语句也可以实现多路分支，相比 if 语句，使用 case 语句实现多分支是没有优先级的，代码结构更清晰。

case 语句的格式如下所示：

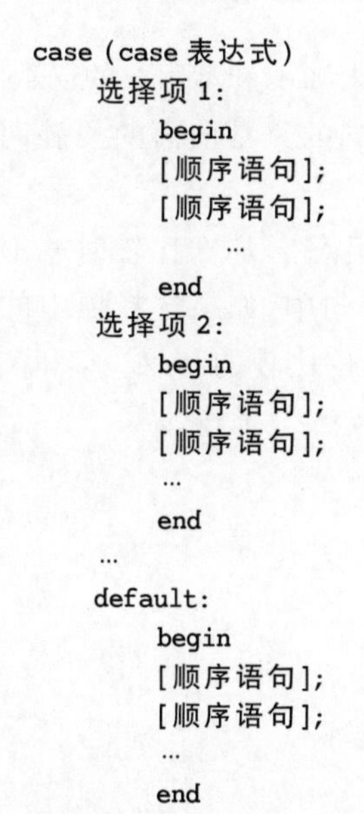

```
case (case 表达式)
    选择项 1:
        begin
        [顺序语句];
        [顺序语句];
            …
        end
    选择项 2:
        begin
        [顺序语句];
        [顺序语句];
        …
        end
    …
    default:
        begin
        [顺序语句];
        [顺序语句];
        …
        end
endcase
```

case语句中的case表达式是关于输入信号的逻辑表达式，选择项可以是常量或变量，可以在一个分支中定义多个选择项，各选择项之间用逗号隔开。在执行时首先计算case表达式的值，然后把表达式的值和各项依次进行比较，如果有选择项和case表达式的值相匹配，就执行其后面的语句，然后结束case语句；如果没有选择项与case表达式相匹配，则执行default后面的语句，然后结束case语句。

case选择项的值必须互不相同。在case表达式和选择项进行比较时，每位都必须相同才算两者匹配，包括0、1、x和z，因此case表达式和所有选择项的数据宽度必须相等。

default项可以有，也可以没有，如果选择项已经列出了case表达式所有可能的取值，default项就可以省略。

case语句的典型用法是描述多路选择器，例如四选一选择器mux4_1的输入为i0、i1、i2和i3，输入选择信号为sel，输出为f，当sel为00时选择i0，sel为01时选择i1，sel为10时选择i2，sel为11时选择i3。mux4_1的描述如代码9-22所示。

代码9-22：

```
module mux4_1(
    input i0, i1, i2, i3,
    input [1:0] sel,
    output reg f);
    always @ (i0, i1, i2, i3, sel)
    begin
        case(sel)
            2'b00: f = i0;
            2'b01: f = i1;
            2'b10: f = i2;
            2'b11: f = i3;
        endcase
    end
endmodule
```

2）casez和casex

除基本case语句外，Verilog HDL中还提供了两种用于处理未知x和高阻z的case语句：casez和casex。这两种语句的使用和基本case语句相同，不同的只是前面的关键词是casez和casex。

在casez语句中，如果case表达式或选择项中的某些位是高阻态z，那么比较时就不需要考虑这些位，而只关注其他位比较的结果。类似地，在casex语句中，如果选择项中的某些位是未知x，那么在比较时就不需要考虑这些位，而只关注其他位比较的结果。x和z也可以用“?”标识。例如，代码9-19描述的优先编码器也可以用代码9-23描述。

代码9-23：

```
module prio_encoder_casex(
    input [3:0] data_in,
    output reg [2:0] code);
    always @ *
    begin
        casex(data_in)
            4'b1???: code = 3'b111;
            4'b01??: code = 3'b110;
```

```
            4'b001?: code = 3'b101;
            4'b0001: code = 3'b100;
            4'b0000: code = 3'b000;
        endcase
    end
endmodule
```

在 case 语句中,选择项可能没有包含 case 表达式所有可能的值,还有些选择项的值可能匹配不止一次。例如下面的代码段

```
reg [2:0] s;
…
casez(s)
    3'b111: y = 1'b1;
    3'b1??: y = 1'b0;
    3'b000: y = 1'b1;
endcase
```

在这段代码中,选择项 3′b111 被匹配了两次,y 输出不同的值。对于这种情况,执行的是第一次匹配的选择项后的语句,即 y 的值为 1′b1。

这段代码的另一个问题是选择项没有覆盖 case 表达式所有可能的值,没有列出 3′b001、3′b010、3′b011,当 s 是这些值时,y 会保持原来的值不变,在综合时会产生一个锁存器。

当 case 表达式的所有可能值都列出在选择项中时,称为完整的 case 语句(full case),综合出的电路是组合电路;当选择项没有覆盖 case 表达式所有可能的值时,称为非完整的 case 语句,综合出的电路会包含锁存器。

用 case 语句描述组合电路时必须使用完整的 case 语句,通常会加 default 选择项来覆盖没有被描述的其他情况。另一种做法是在 always 过程块的开始就设置输出的默认值。例如代码 9-24 描述的电路。

代码 9-24:

```
module toggle(
    input [1:0] q,
    output reg [1:0] next_q);
    always @ (q)
    begin
        next_q = 2'b01;
        case(q)
            2'b01: next_q = 2'b10;
            2'b10: next_q = 2'b01;
        endcase
    end
endmodule
```

虽然在 case 语句的选择项并没有覆盖 q 所有可能的值,但是在 always 过程块的开始就给输出 next_q 赋了初值 2′b01,即 next_q 的默认值是 2′b01,因此综合产生的电路中并没有锁存器。

9.5.7 循环语句

视频讲解

Verilog HDL 中有 4 种循环语句,即 while、for、repeat 和 forever,这些循环语句的语法

和C语言中循环语句的语法非常类似。所有的循环语句都只能出现在always过程块和initial过程块内部。

大部分综合工具支持for循环语句。在综合for循环语句时，通常是把循环展开成顺序语句，然后再综合成电路，因此要使for循环语句能够被综合，循环次数必须是常量。

for循环语句的格式为

```
for(初始值; 条件表达式; 循环变量步进)
    过程语句;
```

和C语言类似，for循环语句包含初始条件、循环结束条件和循环变量改变的过程语句3个部分，初始条件和循环变量改变都放在for语句内，不需要单独处理。

循环语句常用于描述重复执行相同操作的情况，例如奇偶校验码的产生。代码9-25描述了一个4位数据偶校验码的产生电路。

代码9-25：

```
module even_parity(
    input [3:0] data,
    output [4:0] y);
    reg p;
    always @ *
    begin
        integer i;
        p = 1'b0;
        for(i = 0; i < 4; i = i + 1)
        begin
            p = p ^ data[i];
        end
    end
    assign y = {p, data};
endmodule
```

9.6 结构描述

复杂数字电路通常都由简单模块构成，设计人员可以先设计出简单模块，然后根据电路结构把简单模块连接在一起构成复杂电路。

Verilog HDL支持层次化、结构化的设计，提供了模块实例化语句和内置的门级元件。通过模块实例化语句可以在上层电路中引用底层的简单模块，连接简单模块形成上层电路。这种方式实际上就是用代码描述电路结构图。

视频讲解

9.6.1 模块实例化语句

模块实例化语句的格式为

```
模块名 实例名(端口关联);
```

模块名是设计的底层模块的名字，实例名是在上层设计中用于唯一标识这个模块的名字，相当于电路图中的元件编号，端口关联用于指定底层模块端口和上层设计中信号的连接关系。端口关联有位置关联和名字关联两种方式。

位置关联是上层模块引用底层模块时，上层模块的信号和底层模块端口按照位置对应关联。例如先设计一个异或门 myxor，然后用这个异或门构成一个 1 位全加器，异或门和 1 位全加器的描述如代码 9-26 所示。

代码 9-26：

```
module myxor(
    input a, b,
    output y);
    assign y = a ^ b;
endmodule
//用模块 myxor 构成 1 位全加器 fa
module fa(
    input x,
    input y,
    input cin,
    output sum,
    output cout);
    wire t;
    myxor u1(x, y, t);              //引用模块 myxor,实例名为 u1
    myxor u2(t, cin, sum);          //引用模块 myxor,实例名为 u2
    assign cout = (x&y) | (x&cin) | (y&cin);
endmodule
```

代码 9-26 综合产生的 RTL 电路如图 9-13 所示。

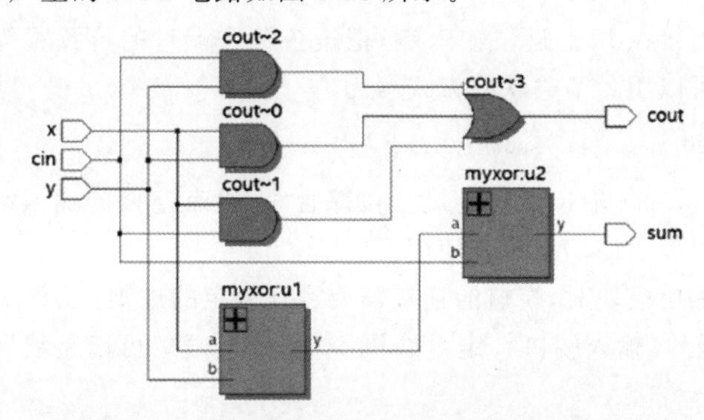

图 9-13 代码 9-26 综合产生的 RTL 电路

代码 9-26 中的全加器模块 fa 使用了两个异或模块 myxor，上层模块 fa 的信号和底层模块 myxor 的端口是通过位置关联的，即上层模块信号按照端口的排列次序来对应关联的。例如

```
myxor u1(x, y, t);
```

连接在 myxor 模块端口的是上层模块的端口 x、y 和中间信号 t，按照 myxor 模块端口的排列次序，x 连接在了 myxor 的 a 端口上，y 连接在了 myxor 的 b 端口上，t 连接在了 myxor 的 y 端口上。从图 9-13 也可以清楚地看出上层模块 fa 的信号和底层模块 myxor 端口的连接关系。

对于端口比较少的模块，这种连接比较方便。但对端口比较多的模块，这种关联方式的可读性就会比较差，这时使用名字关联就显得更清楚。

名字关联是在上层模块引用底层模块时，把底层模块的端口和上层模块的信号逐一对

应。例如,代码 9-26 中 fa 模块也可以描述为

```
module fa(
    input x,
    input y,
    input cin,
    output sum,
    output cout);
    wire t;
    myxor u1(.a(x), .b(y), .y(t));
    myxor u2(.a(t), .b(cin), .y(sum));
    assign cout = (x&y) | (x&cin) | (y&cin);
endmodule
```

使用名字关联时,带“.”的名字是底层模块的端口名,后面括号中的名字是上层模块中连接到这个端口的信号名,端口之间用逗号隔开。例如.a(x)中,a 是 myxor 的一个端口的名字,括号中的 x 是上层模块 fa 的端口 x,.a(x)表示 fa 的端口 x 连接到了 myxor 的 a 端口上。名字关联时端口名可以不按底层模块定义时的顺序排列。

在 Verilog HDL 中,端口关联时允许某些端口不连接,让不连接的端口位置为空,或是让端口后的括号内为空即可,例如引用一个全加器 fa,用这个全加器做 a 和 b 相加,这时没有进位输入信号,可以写为

```
fa u1(a, b, , sum, cout);
```

这时没有信号连接在 fa 的进位输入端,把进位输入端口的位置置为空,仍然用逗号分隔开。这条语句也可以用名字关联的方式写为

```
fa u1(.x(a), .y(b), .cin(), .sum(s), .cout(c_out));
```

其中的.cin()表示 cin 端口没有连接。在综合时,没有连接的输入端口被设置为高阻,没有连接的输出端口表示该端口没有使用。

上层模块引用底层模块时,端口的连接需要遵守一定的规则:

(1) 对于底层模块,输入端口一定是线网类型,输出端口可以是线网类型,也可以是寄存器类型;

(2) 底层模块被上层模块引用实例化时,连接底层模块输入端口的信号可以是线网类型,也可以是寄存器类型;连接底层模块输出端口的信号必须是线网类型;如果底层模块的端口是双向端口,连接这个双向端口的信号也必须是线网类型的。

底层模块也可以设计为参数化模块,当上层模块引用底层模块时,可以给参数传递参数值。参数传递的格式为

```
模块名 #(参数值) 实例名(端口关联);
```

例如首先设计一个参数化的寄存器,然后用寄存器构成一个移位寄存器,参数化寄存器和移位寄存器的描述如代码 9-27 所示。

代码 9-27:

```
module register
#(parameter N = 8)
(   input clk,
    input [(N-1):0] d,
```

```
    output reg [(N-1):0] q);
    always @ (posedge clk)
        q <= d;
endmodule

module shift_reg
#(parameter width = 16)
(   input clk,
    input [(width-1):0] d,
    output [(width-1):0] q);
    wire [(width-1):0] q1, q2, q3;
    register #(width) u1(clk, d, q1);
    register #(width) u2(clk, q1, q2);
    register #(width) u3(clk, q2, q3);
    register #(width) u4(clk, q3, q);
endmodule
```

代码 9-27 中 shift_reg 综合产生的 RTL 电路如图 9-14 所示。

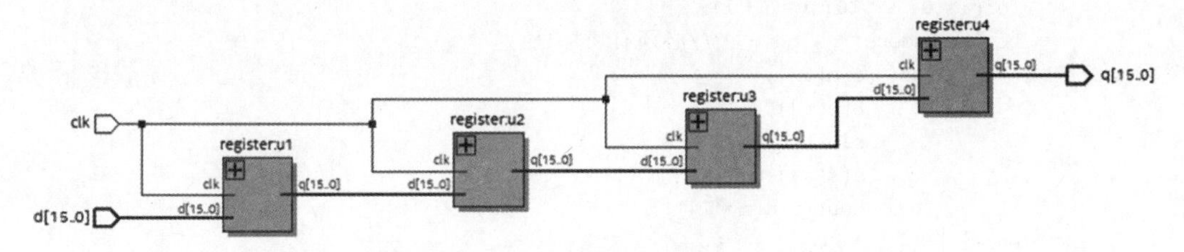

图 9-14 代码 9-27 综合产生的 RTL 电路

9.6.2 generate 语句

当用子模块构成结构规则的电路时，如移位寄存器、串行进位加法器等，使用模块实例化语句会比较烦琐，16 位加法器需要用 16 条模块实例化语句来描述。Verilog—2001 借鉴了 VHDL 的一些语法特性，支持 generate 语句来描述产生规则的电路结构。

和 VHDL 语言类似，Verilog HDL 中的 generate 语句也有两种模式，循环模式 generate 和条件模式 generate。

1）循环模式 generate 语句

循环模式 generate 语句允许使用 for 循环多次实例化子模块。使用 for 循环时需要使用循环变量，循环变量用 genvar 声明。循环变量可以在 generate 语句内部声明，也可以在 generate 语句外声明，循环变量只能用于 generate 循环。

循环模式 generate 语句的格式为

```
generate
    for(循环变量初始化; 循环条件; 循环变量改变)
    begin: 块标号
        并行语句;
        并行语句;
        …
    end
endgenerate
```

这里块标号不可以省略，在 begin-end 之间的必须是并行语句，如连续赋值语句、always

过程块或模块实例化语句。

例如，用代码 9-2 描述的 1 位全加器 fa 来连接构成一个 16 位进位传播加法器，这是一个规则连接的结构，因此可以用循环模式的 generate 语句来描述。16 位进位传播加法器的描述如代码 9-28 所示。

代码 9-28：

```
module adder_16bit(
    input [15:0] a,
    input [15:0] b,
    input cin,
    output [15:0] s,
    output cout);
    wire [16:0] t_c;                //声明中间信号
    assign t_c[0] = cin;
    genvar i;                       //genvar 声明循环变量 i
    generate
        for(i = 0; i < 16; i = i + 1)
        begin: adders               //必须有块标号
            fa fas( .a(a[i]),
                    .b(b[i]),
                    .cin(t_c[i]),
                    .s(s[i]),
                    .cout(t_c[i + 1]));
        end
    endgenerate
    assign cout = t_c[16];
endmodule
```

代码中声明了一个 17 位的中间进位信号，各位全加器通过进位信号相连。

2）条件模式 generate 语句

条件模式 generate 包括 if-generate 和 case-generate，通常用于基于条件表达式选择一个生成块，把它实例化到模块中，例如代码 9-29 描述的加法器。

代码 9-29：

```
module adders
#(parameter width = 4)
(   input [width - 1:0] a,
    input [width - 1:0] b,
    input cin,
    output [width - 1:0] s,
    output cout);
    generate
        if(width < 8)
        begin: adder                                //块标号为 adder
            adder_4bit u1(a, b, cin, s, cout);      //元件标号为 u1
        end
        else
        begin: adder                                //和上面的块标号相同
            adder_16bit u1(a, b, cin, s, cout);     //元件标号相同
        end
    endgenerate
endmodule
```

和循环模式 generate 语句类似，if-generate 的语句块中也是并行语句。因为只能选择一个语句块来产生电路，因此不同分支中语句块的标号和元件标号都是一样的。

case-generate 语句和 if-generate 语句的使用类似，代码 9-29 描述的加法器也可以用 case-generate 描述，如代码 9-30 所示。

代码 9-30：

```
module adders_gcase
#(parameter width = 4)
(    input [width-1:0] a,
     input [width-1:0] b,
     input cin,
     output [width-1:0] s,
     output cout);

     generate
          case(width)
               1:
               begin: adder
                    fa u1(a, b, cin, s, cout);
               end
               4:
               begin: adder
                    adder_4bit u1(a, b, cin, s, cout);
               end
               default
               begin: adder
                    adder_16bit u1(a, b, cin, s, cout);
               end
          endcase
     endgenerate
endmodule
```

9.6.3　Verilog HDL 的内置门级元件

Verilog HDL 预定义了基本逻辑门，称为门级原语（primitives）。使用门级原语，设计人员可以实例化内置的逻辑门，按传统的方法用逻辑门来搭建电路。内置逻辑门的实例化和模块的实例化几乎完全一样，只不过这些逻辑门都是内置的，设计人员不需要自己定义，直接引用即可。

Verilog HDL 中内置了 26 个基本元件，其中 14 个是逻辑门，12 个是开关级元件。逻辑门元件分为多输入门、多输出门和三态门。

1）多输入门

Verilog HDL 内置的多输入逻辑门有与门（and）、与非门（nand）、或门（or）、或非门（nor）、异或门（xor）和同或门（xnor）。这些门可以有多个输入，但只有一个输出。多输入门实例化的格式为

逻辑门名 [实例名](输出,输入 1,输入 2,…,输入 n);

在实例化多输入门时，端口关联的第一个端口必须是输出，后面的端口是输入。例如

```
and u1(out, in1, in2, in3);      //引用一个三输入与门,u1 可以省略
```

```
xor u2(out, in1, in2);          //引用一个二输入异或门,u2 可以省略
```

2）多输出门

Verilog HDL 内置的多输出门有缓冲器(buf)和非门(not)。这两个门可以有多个输出,但只有一个输入。多输出门实例化的格式为

逻辑门名 [实例名](输出 1,输出 2, …,输出 n,输入);

在实例化多输出门时,端口关联的最后一个端口必须是输入,其余的端口为输出。例如

```
buf u1(out1,out2,out3,in);          //引用一个三输出的缓冲器,u1 可以省略
not u2(out1,out2,in);               //引用一个二输出的非门,u2 可以省略
```

3）三态门

Verilog HDL 内置的三态门有 bufif1、bufif0、notif1、notif0。其中 bufif1 和 bufif0 是缓冲器三态门,notif1 和 notif0 是反相器三态门。bufif1 是当控制信号为 1 时,传递数据,当控制信号为 0 时,输出为高阻；bufif0 是当控制信号为 0 时传递数据,当控制信号为 1 时输出为高阻。notif1 是当控制信号为 1 时,输出输入的反相信号,当控制信号为 0 时输出为高阻；notif0 是当控制信号为 0 时,输出输入的反相信号,当控制信号为 1 时输出为高阻。

三态门实例化的格式为

三态门名 [实例名](输出,输入,控制信号);

在实例化三态门时,端口关联的最后一个端口是控制信号,倒数第二个端口是输入信号,其余的端口为输出。例如

```
bufif1 u1(out, in, en);          //引用一个缓冲三态门,u1 可以省略
notif0 u2(out, in, ctrl);        //引用一个反相器三态门,u2 可以省略
```

9.7 编译预处理语句

和 C 语言中的预处理语句类似,Verilog HDL 也提供了编译预处理语句。Verilog HDL 编译系统先对这些特殊的语句进行“预处理”,然后再把预处理的结果和代码一起进行编译。

编译预处理语句以反引号“`”开头,因为不是 Verilog 中对硬件电路的描述语句,因此结尾不加分号。常用的编译预处理语句包括宏定义(`define)、文件包含(`include)和条件编译(`ifdef-`else-`endif)等。

9.7.1 宏定义

宏定义和 C 语言中的＃define 类似,也是用一个宏名(标识符)来代表一个复杂的名字或字符串。采用宏定义可以提高代码的可读性,也便于修改。宏定义的格式为

`define 宏名 字符串

例如

```
`define WIDTH 8
```

这条宏定义语句是用 WIDTH 代替数字 8,采用这种宏定义后,后面程序中的 8 都可以

用 WIDTH 来表示。例如

```
wire [`WIDTH - 1:0] data;
```

需要注意的是，在引用已定义的宏名时，必须在宏名前加上反引号`，表示这是一个宏名。在编译预处理时把宏名都用字符串代替。例如代码 9-31 描述的 4 位多路选择器，数据宽度可以用宏名来定义。

代码 9-31：

```
`define WIDTH 4
module mux_4bit
(    input [`WIDTH - 1:0] a,
     input [`WIDTH - 1:0] b,
     input sel,
     output reg [`WIDTH - 1:0] out);
     always @ (a, b, sel)
     begin
         if(sel)
             out = a;
         else
             out = b;
     end
endmodule
```

这里数据宽度用宏名定义，和参数 parameter 类似，如果要实现 8 位多路选择器只需要把宏定义中的 4 改为 8 即可。但是和 parameter 不同的是，当其他模块引用这个多路选择器时不能修改宏定义的内容。

宏定义和 parameter 都可以实现参数化的模块，但如果使用宏定义来定义内部参数，和 C 语言类似，宏名就会进入全局名字空间，从而妨碍重用这些参数的名字。因此宏定义通常只用于定义系统内的全局常量，而不用于定义模块内的局部常量。如果要设计可配置、可移植、实例化时参数可以改变的模块，参数应使用 parameter 来定义。

使用宏定义也可以完成类似简单函数的功能。例如，代码 9-32 描述的模块中，用宏名定义一个简单的运算。

代码 9-32：

```
`define SUM a + b
`define WIDTH 4
module adder_def(
     input [`WIDTH - 1:0] a,
     input [`WIDTH - 1:0] b,
     input cin,
     output [`WIDTH - 1:0] s);
     assign s = `SUM + cin;
endmodule
```

这里用宏名 SUM 表示一个表达式 a＋b，在预编译时会把代码中的 SUM 都用 a＋b 代替。需要注意的是，在替换过程中不会做语法检查，仅仅是把宏名替换为宏名的内容。

代码 9-31 和代码 9-32 中宏名都是在程序的最开始定义的，实际上宏定义也可以出现在程序的其他地方，宏名的作用域是从宏定义开始直到程序结束。

9.7.2 条件编译

一般情况下,Verilog HDL 的代码都需要进行编译,但有时根据需要只对一部分代码进行编译,这就是条件编译。条件编译语句可以指定仅对一部分代码进行编译。条件编译语句的格式为

```
`ifdef 宏名
    代码段 1
`else
    代码段 2
`endif
```

如果宏名已经被定义了就编译代码段 1,代码段 2 被忽略；否则就忽略代码段 1,编译代码段 2。宏名指的是前面已用`define 定义过的标识符。条件编译语句中也可以没有`else。例如代码 9-33 中使用了条件编译,可以根据需要使设计编译产生不同的电路。

代码 9-33：

```
`define add
module arith(
    input [3:0] a,
    input [3:0] b,
    output [3:0] out);
    `ifdef add
        assign out = a + b;
    `else
        assign out = a - b;
    `endif
endmodule
```

9.7.3 文件包含

文件包含语句可以在编译时把指定文件的内容插入编译的文件中。Verilog HDL 中没有提供用于结构和功能共享的共享库,如果需要把某些共享的代码直接插入模块中,可以使用文件包含语句。

文件包含语句可以用来包含全局定义、任务和模块,例如可以把宏定义、任务和函数等写在一个单独的文件中,然后使用文件包含语句把它们包含在其他文件中,供其他模块使用。文件包含语句的格式为

```
`include "文件名"
```

一条文件包含语句只能指定一个被包含的文件,文件包含语句可以出现在程序的任何地方。

9.8 写测试平台(testbench)

在设计并完成电路描述后,需要验证设计的电路是否完成期望的功能。很多 EDA 工具会提供波形仿真工具,编辑输入激励的波形,仿真产生输出波形。这种方式对较小的设计简单易用,但对于规模比较大的设计,这种验证方式不太适用。

Verilog HDL 除了提供可综合的语法结构，还提供了用于仿真验证的语法结构。当完成一个设计的描述、综合之后，这个设计称为待测设计(design under test，DUT)。待测设计需要验证功能是否正确，方法就是产生激励信号施加在设计上，通过检查输出来验证。写测试平台(testbench)是围绕待测设计用 Verilog HDL 编写的代码，为待测设计提供测试输入激励，调用待测模块，并施加激励。

9.8.1 系统任务和编译指令

1) 系统任务

Verilog HDL 提供了一些标准的系统任务(函数)，用于显示和监视线网动态值、暂停和结束仿真等。系统任务的形式为 $ <关键字>。

常用的系统任务如下：

(1) $ stop。

$ stop 用于暂停仿真。它可以使仿真进入一种交互模式，当设计人员想要暂停仿真检查信号的值时，可以使用这个系统函数。

(2) $ finish。

$ finish 用于结束仿真。

(3) $ display。

$ display 用于显示变量、字符串和表达式。$ display 的使用格式为

```
$ display(v1, v2, v3, …);
```

$ display 的格式类似于 C 语言中的 printf，括号内部的 v1，v2，…可以是双引号括起来的字符串，也可以是变量名和信号名，用户也可以规定字符串或变量格式。例如

```
$ display( $ time,"count =  % b", cnt_out);
```

常见的%b 表示用二进制表示变量，%d 表示用十进制表示变量，%h 表示用十六进制表示变量。在 $ display 中还有一个常见的元素是 $ time，会显示出当前的仿真时刻。

(4) $ monitor。

$ monitor 用于监视信号值的动态变化。$ monitor 的使用格式为

```
$ monitor(v1, v2, v3, …);
```

括号内部的 v1，v2，…可以是双引号括起来的字符串，也可以是变量名和信号名，其格式和 $ display 相同。$ monitor 系统任务对括号中的信号或变量不断进行监视，如果其中的一个发生了变化，就显示所有参数的数值。

$ monitor 系统任务在整个仿真过程中都有效，因此在测试平台中只需要调用一次。如果调用了多次 $ monitor，则只有最后一次的调用有效。

(5) 随机函数 $ random。

$ random 系统函数可以产生随机数，每次调用这个函数都可以产生一个 32 位的有符号随机整数。例如：

```
#5 d =  $ random;
```

2) 编译指令

编译指令(`timescale)用于定义时间单位和精度。Verilog HDL 中的延迟都是用单位

时间数表示,这条指令可以把时间单位和实际时间关联起来。编译指令的使用格式为

```
`timescale time_unit/time_precision
```

其中 time_unit 和 time_precision 的值由 1、10、100 和 s、ms、us、ns、ps、fs 等单位组成。例如

```
`timescale 10ns/1ns
```

表示延迟的时间单位为 10ns,精度为 1ns。

`timescale 放在模块声明的外部,它会影响其后所有的延时值。例如编译指令如上面的指令所示,则

```
#20 a = 1'b0;
```

表示在 200ns(20×10ns)延时后 a 被赋值为 0。

```
#10.523 a = 1'b1;
```

表示在 105.23ns 延时后 a 被赋值为 1,因为时间的精度为 1ns,因此这个数字在仿真时被近似为 105ns。

9.8.2 用于仿真的基本语句

1) 延时控制

Verilog HDL 为行为语句提供了延时控制方式,程序执行时会暂停等待延时量个时间单位,然后再继续往下执行。延时控制的标识符是"#",使用格式是#延时量,延时量指的是以时间单位计量的延时,可以是常数、变量或表达式。延时控制有 3 种方式:语句前延时、语句内延时和单独延时。

语句前延时是延时的定义位置在语句前,和语句一起构成一条语句,例如

```
#5 a = 0;
```

当仿真执行到这条语句时,并不立即执行后面的语句,而是会等待 5 个时间单位,然后才执行赋值语句,把 0 赋值给 a。

语句内延时是延时定义的位置在语句内,结果是把赋值的过程分成了两部分。例如

```
a <=  #5 c&d
```

当仿真执行到这条语句时,先计算 c&d 的值,然后等待 5 个时间单位后再把计算出的值赋值给 a。

单独延时是只有延时量,后面没有语句。例如:

```
#5;
```

当仿真执行到这条语句时,不做任何操作,就是等待 5 个时间单位后结束这条语句。

2) 过程块语句

Verilog HDL 提供了两条过程块语句 always 过程块和 initial 过程块,其中 always 过程块是可综合的,也可以用于仿真;initial 过程块是不可综合的,只用于仿真,过程块之间是并行的,所有的过程块都是在 0 时刻同时启动。

initial 过程块只执行一次,主要用于仿真中信号的初始化或产生测试激励信号。initial 过程块的格式为

```
initial
begin
    过程赋值语句 1;
    过程赋值语句 2;
        …
    end
```

initial 过程块没有触发条件，如果过程块内部有多条语句，需要用 begin-end 包起来，如果只有一条语句，则 begin-end 可以省略。例如

```
reg a, b;
initial
begin
    a = 1'b0; b = 1'b0;
    #5 a = 1'b1;
    #5 b = 1'b1;
    #5 a = 1'b0;
    #5 b = 1'b0;
end
```

在上文的例子中，a 和 b 首先都初始化为 0，经过 5 个时间单位，a 变为 1，然后再经过 5 个时间单位，b 变为 1，即 b 保持 10 个时间单位为 0，然后变为 1；然后再经过 5 个时间单位，a 变为 0；然后再经过 5 个时间单位，b 变为 0。

always 过程块是反复执行的，由敏感信号启动。如果 always 过程块没有敏感信号，这意味着 always 块是一个无限循环，直到遇到 $finish 或 $stop 才会停止。在仿真时，通常使用没有敏感信号的 always 过程块来产生时钟信号。例如

```
reg clk;
initial
    clk = 1'b0
always
    #20 clk = ~clk;
```

上文这段代码首先声明了 reg 类型的信号 clk，然后用 initial 过程块初始化 clk 为 0，再使用 always 过程块使 clk 信号每隔 20 个时间单位翻转一次，产生一个周期为 40 个时间单位的时钟信号。需要注意的是，按照此方法产生时钟信号时，需要首先给 clk 赋初值，否则信号的默认值为 z，翻转之后仍然是 z，最终产生的时钟信号一直都是未知的。

9.8.3 测试平台的结构

测试平台的结构如图 9-15 所示。测试平台可以看作一个模块，测试平台中产生激励信号，然后把激励信号加到待测模块并收集待测模块的输出，通过对比产生的输出信号和期望的输出信号来判断待测模块是否工作正确。

待测模块的测试平台的代码结构如下：

```
module test_bench();
    reg 模块输入激励信号;
    wire 模块输出信号;
    待测模块实例化;
    输入激励信号产生;
    监测输出信号并和期望的输出信号比较;
endmodule
```

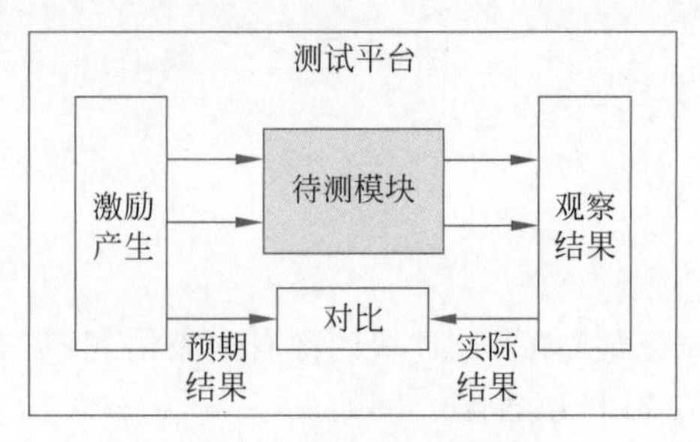

图 9-15 测试平台的结构

测试平台没有输入和输出端口,通过将待测模块在测试平台中实例化,把产生的测试激励加到待测模块的端口。

测试平台中有两种信号,一种是待测模块的输入激励信号,一种是待测模块产生的输出信号。待测模块的输入激励信号是 reg 类型,待测模块的输出信号是 wire 类型。

输入激励信号通常用 initial 和 always 过程块来产生。各过程块在仿真起始时刻并行执行。

当仿真运行时,可以把某些时刻某些重要的线网信号或寄存器信号显示在屏幕上,以方便调试。最常见的是用 $ display 和 $ monitor 命令来显示和监视信号。

9.8.4 激励信号波形的产生

常见的激励信号可以分为两类,一类是不断重复的波形,如时钟信号；另一类是一组指定确定值的波形。

1) 时钟信号

时钟信号是周期性重复的信号,可以用 initial 和 always 过程块来产生,例如下面的代码可以产生周期为 20 个时间单位的时钟信号。

```
reg clk;
initial
    clk = 1'b0;
always
    #10 clk = ~clk;
```

时钟信号也可以直接用 always 过程块来产生,例如

```
reg clk;
always
begin
    #10 clk = 1'b0;
    #10 clk = 1'b1;
end
```

因为直接指定了 0 和 1 的值,不需要用 initial 块来指定 clk 的初始值,但是在最初的 10 个时间单位,clk 的值为未知。这种方式也可以产生占空比不是 50%的时钟信号。

时钟信号也可以用 initial 过程块和 forever 循环语句来产生,例如

```
reg clk;
initial
begin
```

```
    clk = 0;
    forever
        #10 clk = ~clk;
end
```

forever 语句是一条循环语句，它的使用格式为

```
forever
    过程语句;
```

表示它之后的语句永远循环重复执行下去。上面的例子中首先对 clk 赋初值为 0，之后每隔 10 个时间单位 clk 翻转一次。

类似地，时钟信号也可以用 initial 过程块和 repeat 循环语句产生，例如

```
reg clk;
initial
begin
    clk = 0;
    repeat(10)
    begin
        #5 clk = 1'b1;
        #10 clk = 1'b0;
    end
end
```

repeat 也是一条循环语句，它的使用格式为

```
repeat(循环次数)
    过程语句;
```

表示过程语句被执行循环次数次。如果循环次数表达式的值不确定，则循环次数按 0 计。上面的代码产生 10 个时钟脉冲。

2）产生一次性的特定序列

产生一次性确定值序列最常见的方法是使用 initial 过程块来产生，例如

```
reg a;
initial
begin
    a = 1'b0;
    #5 a = 1'b1
    #5 a = 1'b0;
    #5 a = 1'b1;
    #5;
end
```

initial 过程块只执行一次，initial 过程块内使用的是阻塞型过程赋值语句，是顺序执行的，因此每条语句前的延时信息都是相对于前一延时的相对延时。

产生信号 a 的波形也可以用 initial 和非阻塞型过程赋值语句，例如

```
reg a;
initial
begin
    a <= 1'b0;
    #5 a <= 1'b1
    #10 a <= 1'b0;
```

```
    #15 a <= 1'b1;
end
```

上面的代码在 initial 过程块内使用了非阻塞型过程赋值语句，各语句之间可以看作并行的，因此要产生如图 9-16 所示的波形，各语句前的延时必须是绝对延时。

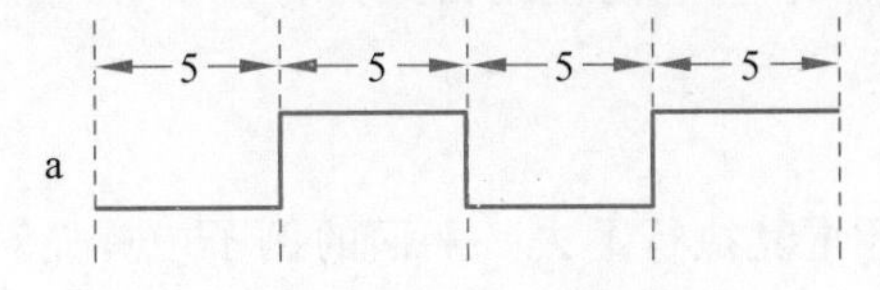

图 9-16　使用 initial 过程块产生的波形

当需要产生多个信号，且信号之间的时序关系比较敏感时，用 initial 过程块来产生信号比较方便，例如

```
reg a, b, c;
initial
begin
    a = 1'b0;
    b = 1'b0;
    c = 1'b0;
    #10;
    a = 1'b1;
    #10;
    b = 1'b1;
    #10;
    c = 1'b1;
    #10;
end
```

也可以使用循环语句来产生信号序列，例如

```
reg [3:0] data;
integer i;
initial
begin
    for(i = 0; i < 16; i = i + 1)
        #10 data = ($random) % 16;
end
```

3）产生重复的信号序列

有时需要重复产生一个值序列，这时可以使用 always 过程块来产生，例如

```
reg a;
always
begin
    a = 1'b0;
    #5 a = 1'b1
    #5;
end
```

因为 always 块是反复执行的，这段代码就会重复产生图 9-16 所示的序列。

也可以用循环计数的方式产生重复的信号序列，例如

```
reg [3:0] data = 4'b0;
```

```
always
    #10 data = data + 1'b1;
```

9.8.5 测试平台实例

1）组合逻辑电路测试平台实例

这里以 mux4_1 为例来说明组合逻辑电路测试平台的写法。代码 9-34 是一个 mux4_1 的描述，代码 9-35 是 mux4_1 的测试平台。

代码 9-34：

```
module mux4_1(
    input [3:0] i,
    input [1:0] sel,
    output reg f);
    always @ (i, sel)
    begin
        case(sel)
            2'b00: f = i[0];
            2'b01: f = i[1];
            2'b10: f = i[2];
            2'b11: f = i[3];
        endcase
    end
endmodule
```

代码 9-35：

```
`timescale 1ns/1ns
module mux41_tb();
    reg [3:0] i;
    reg [1:0] sel;
    wire f;
//实例化 mux4_1
    mux4_1 mux41_dut1(i, sel, f);
//初始化激励信号 i 和 sel
    initial
    begin
        i = 4'b0;
        sel = 2'b0;
    end
//产生激励信号 i
    always
        #10 i = i + 1'b1;
//产生激励信号 sel
    always
        #10 sel = sel + 1'b1;
endmodule
```

在代码 9-35 中，首先定义了时间单位为 1ns 和时间精度为 1ns，因此后面信号变化的单位都是 1ns。

测试平台也是一个模块，通常测试平台的名字用待测模块名加测试样文字命名，表示是该待测模块的测试平台，测试平台模块没有端口列表。

在测试平台模块名后声明了测试激励信号和连接模块输出的信号。测试激励信号和输出信号名字可以和模块端口的名字完全一样，这样在模块实例化时可以很方便地书写。模块的输入激励信号都定义为 reg 类型，模块的输出信号定义为 wire 类型。

然后是 3 个并行模块用于模块实例化和激励信号产生。在 mux4_1 模块的实例化中，把激励信号 i 和 sel 分别加到 mux4_1 的输入端 i 和 sel 上，把信号 f 连接到模块的输出端 f 上。

这里用了一个 initial 过程块来初始化激励信号 i 和 sel。用了两个 always 过程块来产生 i 和 sel 信号。

2）时序电路测试平台实例

以带异步复位的 D 触发器为例来说明时序电路测试平台的写法。代码 9-36 是 D 触发器的描述，代码 9-37 是其测试平台。

代码 9-36：

```
module d_ff(
    input clk,
    input rst,
    input d,
    output reg q);
    always @ (posedge clk, posedge rst)
    begin
        if(rst)
            q <= 1'b0;
        else
            q <= d;
    end
endmodule
```

代码 9-37：

```
`timescale 1ns/1ns
module test_dff();
    reg clk, rst, d;
    wire q;
    localparam period = 10;
    d_ff dff_dut(clk, rst, d, q);
    initial
        clk = 1'b0;
    always
        #(period/2) clk = ~clk;
    initial
    begin
        rst = 1'b1;
        forever
        #10 rst = 1'b0;
    end
    initial
    begin
        d = 1'b0;
        #10 d = 1'b1;
        #10 d = 1'b0;
        #10 d = 1'b1;
```

```
        #10 d = 1'b0;
        #10;
    end
    always @ (posedge clk, posedge rst)
    begin
        $display("at time %t, clk = %b, rst = %b, d = %b, q = %b",
$time, clk, rst, d, q);
    end
endmodule
```

代码 9-37 使用本地参数 period 定义时钟的周期，在产生时钟 clk 时，先用 initial 块初始化 clk 为 0，用 always 块产生 clk 信号。在产生复位 rst 信号时，首先初始化 rst 为 0，持续 10ns 后，用 forever 循环使 rst 在后面的时间都为 0。

同时使用了一个 always 过程块，同步显示待测模块的各输入输出信号。

习题

9-1 用 Verilog HDL 描述一个 1 位全加器，全加器的输入为 a、b 和 cin，求和输出为 s，进位输出为 cout，要求用连续赋值语句和逻辑运算符描述，并在 EDA 工具上综合和仿真验证。

9-2 用 Verilog HDL 描述一个 1 位全加器，全加器的输入为 a、b 和 cin，求和输出为和 s，进位输出 cout，要求用过程块语句和 case 语句按照真值表在行为级描述；用过程块语句和 if 语句按照真值表在行为级描述；比较两种描述在 EDA 工具上综合产生的电路和硬件开销。

9-3 用 Verilog HDL 描述一个 2 位无符号比较器，比较器的输入为 a[1:0]和 b[1:0]，输出为大于输出 a_gt_b、小于输出 a_lt_b 和等于输出 a_eq_b，要求用连续赋值语句和逻辑运算符描述，并在 EDA 工具上综合和仿真验证；用连续赋值语句和关系运算符描述，并在 EDA 工具上综合和仿真验证。

9-4 电路结构如图 9-17 所示，要求用 Verilog HDL 在行为级描述，每个过程块对应于一个子模块。

9-5 电路结构如图 9-18 所示，要求用 Verilog HDL 在行为级，用一个过程块描述。

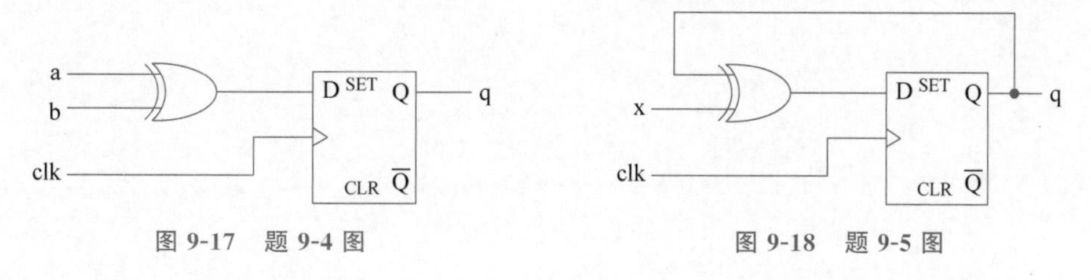

图 9-17 题 9-4 图　　图 9-18 题 9-5 图

9-6 电路结构如图 9-19 所示，要求用 Verilog HDL 描述其中的各子模块，并在 EDA 工具上综合验证；使用描述的各子模块在结构级描述电路结构，并在 EDA 工具上综合验证。

9-7 用 Verilog HDL 描述一个偶校验位生成电路，输入为 8 位数据 data[7:0]，输出为偶校验位 p，要求用连续赋值语句和逻辑运算符描述；用过程块和循环语句描述；在 EDA

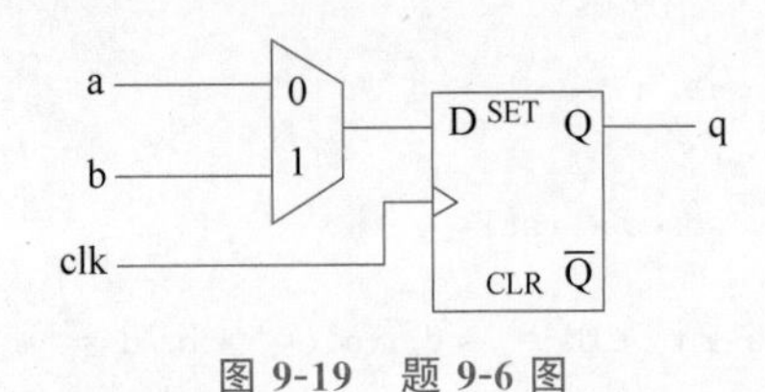

图 9-19　题 9-6 图

工具上综合两种描述并仿真验证。

9-8　用 Verilog HDL 描述一个带异步复位的 4 位寄存器，输入为时钟 clk、复位信号 rst、输入数据信号 d[3:0]，输出为 q[3:0]，rst 信号低有效，要求在行为级描述，并在 EDA 工具上综合和仿真验证。

9-9　用 Verilog HDL 描述一个深度为 4 的移位寄存器，输入为时钟 clk、复位信号 rst、串行输入数据 sin[3:0]，输出为串行输出 sout[3:0]，rst 信号低有效，要求使用习题 9-8 描述的 4 位寄存器在结构级用模块实例化语句描述；使用习题 9-8 描述的 4 位寄存器在结构级用 generate 语句描述。

9-10　为习题 9-5 中的电路写一个测试平台。

9-11　为习题 9-9 中的移位寄存器写一个测试平台。

第10章 用 Verilog HDL 描述数字电路模块

CHAPTER 10

硬件描述语言是现代数字设计的重要手段，设计过程中一个重要的步骤就是用硬件描述语言准确描述出设计的电路结构。

本章主要介绍用 Verilog HDL 准确描述数字电路模块的方法，主要包括下列知识点。

1）组合逻辑电路描述

掌握用数据流、行为和结构描述方式准确描述常用组合逻辑电路模块的方法，包括多路选择器、译码器、移位器和加法器等，理解用并行语句描述电路中子模块的方法。

2）时序电路描述

掌握用 always 过程块和过程赋值语句及串行控制语句准确描述时序电路的方法，掌握用并行的过程块和连续赋值语句分别描述寄存器和组合逻辑的方法，理解用参数描述参数化模块的方法。

3）状态机描述

掌握用多个 always 过程块准确描述状态机的方法，理解带定时的状态机描述方法。

10.1 组合逻辑电路描述

组合逻辑电路可以直接用逻辑运算符和连续赋值语句在门级描述，也可以用 always 过程块在行为级描述，还可以用模块实例化语句在结构级描述。

10.1.1 多路选择器

视频讲解

多路选择器是最常用的数字电路基本模块，对于最基本的 mux2_1 选择器，可以用逻辑运算符直接描述逻辑函数式，例如代码 10-1 描述的 mux2_1 选择器。

代码 10-1：

```
module mux21_dataflow(
    input a,
    input b,
    input sel,
    output f);
    assign f = sel&a | ～sel&b;
endmodule
```

对于多路选择器也可以直接用过程块描述其行为，如代码 10-2 所示。

代码 10-2：

```
module mux21_behave(
    input a,
    input b,
    input sel,
    output reg f);
    always @ ( * )
    begin
        if(sel)
            f = a;
        else
            f = b;
    end
endmodule
```

和数据流方式描述不同的是，由于输出 f 在 always 过程块中赋值，因此需要声明为 reg 类型。而在代码 10-1 中，f 默认为连线 wire 类型。

行为级描述的 1 位 mux2_1 选择器可以很方便地改写为多位的选择器，只需要把输入和输出声明为矢量即可。也可以用参数定义数据宽度，把 mux2_1 选择器描述为通用的选择器，如代码 10-3 所示。

代码 10-3：

```
module mux21_uni
#(parameter width = 4)
(   input [width-1:0] a,
    input [width-1:0] b,
    input sel,
    output reg [width-1:0] f);
    always @ ( * )
    begin
        if(sel)
            f = a;
        else
            f = b;
    end
endmodule
```

类似的方式可以描述 mux4_1 或 mux8_1 等选择器。代码 10-4 用 always 过程块和 if 语句描述了 mux4_1 选择器。

代码 10-4：

```
module mux41_if(
    input [3:0] a,
    input [3:0] b,
    input [3:0] c,
    input [3:0] d,
    input [1:0] sel,
    output reg [3:0] f);
    always @ ( * )
    begin
        if(sel == 2'b00)
            f = a;
        else if(sel == 2'b01)
```

```
            f = b;
        else if(sel == 2'b10)
            f = c;
        else
            f = d;
    end
endmodule
```

代码 10-4 综合产生的 mux4_1 电路如图 10-1 所示，可以看出，电路是由几个 mux2_1 级联而成，即选择是有优先级的，这是由于 if 语句的条件判断是有优先级的，最先判断的条件优先级最高。

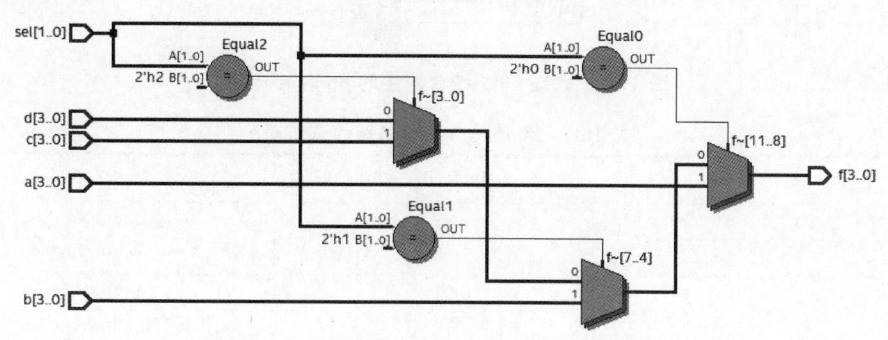

图 10-1 代码 10-4 综合产生的 mux4_1 电路

mux4_1 选择器也可以用 case 语句来描述，如代码 10-5 所示。

代码 10-5：

```
module mux41_case(
    input [3:0] a,
    input [3:0] b,
    input [3:0] c,
    input [3:0] d,
    input [1:0] sel,
    output reg [3:0] f);
    always @ ( * )
    begin
        case(sel)
            2'b00: f = a;
            2'b01: f = b;
            2'b10: f = c;
            2'b11: f = d;
        endcase
    end
endmodule
```

代码 10-5 综合产生的 mux4_1 电路如图 10-2 所示。可以看出，各路选择是没有优先级的。

10.1.2 译码器

1）二进制译码器

二进制译码器通常有 m 个输入，n 个输出，$2^m=n$。带使能的 3-8 译码器的真值表如表 10-1 所示，输入为 in[2:0]，使能为 en，输出为译码输出 d[7:0]，en 为 1 时译码器正常工作，en 为 0 时输出都无效为 0。

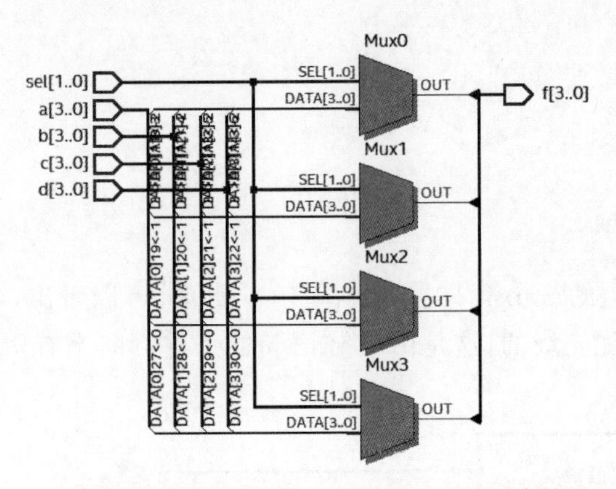

图 10-2 代码 10-5 综合产生的 mux4_1 电路

表 10-1 带使能 3-8 译码器的真值表

en	in[2:0]	d[7:0]
0	xxx	00000000
1	000	00000001
1	001	00000010
1	010	00000100
1	011	00001000
1	100	00010000
1	101	00100000
1	110	01000000
1	111	10000000

可以以数据流的方式描述直接译码器输出的逻辑函数式，这样需要 8 条 assign 语句，如代码 10-6 所示。

代码 10-6：

```
module decode38_dataflow(
    input en,
    input [2:0] in,
    output [7:0] d);
    assign d[0] = en & ~in[2] & ~in[1] & ~in[0];
    assign d[1] = en & ~in[2] & ~in[1] & in[0];
    assign d[2] = en & ~in[2] & in[1] & ~in[0];
    assign d[3] = en & ~in[2] & in[1] & in[0];
    assign d[4] = en & in[2] & ~in[1] & ~in[0];
    assign d[5] = en & in[2] & ~in[1] & in[0];
    assign d[6] = en & in[2] & in[1] & ~in[0];
    assign d[7] = en & in[2] & in[1] & in[0];
endmodule
```

当译码器比较大时，输出会比较多，输出逻辑函数会复杂，以数据流的方式表述就显得比较烦琐而且容易出错。通常只是以数据流的方式描述电路中简单的黏合逻辑，因此更常见的是根据真值表直接描述 3-8 译码器的功能或行为，如代码 10-7 所示。

代码 10-7：

```
module decode38_behave(
```

```
    input en,
    input [2:0] in,
    output reg [7:0] d);
    wire [3:0] t;
    assign t = {en, in};
    always @ ( * )
    begin
        case(t)
            4'b1000: d = 8'b00000001;
            4'b1001: d = 8'b00000010;
            4'b1010: d = 8'b00000100;
            4'b1011: d = 8'b00001000;
            4'b1100: d = 8'b00010000;
            4'b1101: d = 8'b00100000;
            4'b1110: d = 8'b01000000;
            4'b1111: d = 8'b10000000;
            default: d = 8'b00000000;
        endcase
    end
endmodule
```

这里定义了一个 4 位中间信号 t，把使能 en 和输入 in 拼接为 4 位信号赋值给 t，用 always 过程块和 case 语句描述译码器的行为。

这个带使能的 3-8 译码器也可以用 if 和 case 嵌套的方式描述，如代码 10-8 所示。

代码 10-8：

```
module decode38_behave1(
    input en,
    input [2:0] in,
    output reg [7:0] d);
    always @ ( * )
    begin
        if(en)
        begin
            case(in)
                3'b000: d = 8'b00000001;
                3'b001: d = 8'b00000010;
                3'b010: d = 8'b00000100;
                3'b011: d = 8'b00001000;
                3'b100: d = 8'b00010000;
                3'b101: d = 8'b00100000;
                3'b110: d = 8'b01000000;
                3'b111: d = 8'b10000000;
            endcase
        end
        else
        begin
            d = 8'b00000000;
        end
    end
endmodule
```

2) 7 段数码管显示译码器

7 段数码管通过点亮不同段，可以显示出不同的数字。LED 段标识和组合显示的数字如图 10-3 所示。当要把 4 位的 BCD 码显示在 7 段数码管上时，需要对 BCD 码进行译码，使数码管相应的段亮，从而显示出 BCD 码表示的数，7 段数码管显示译码器通常也称为 4-7 译码器。

图 10-3　7 段数码管显示

7 段数码管有共阴和共阳两种连接方式，共阴连接时译码器输出为高时数码管亮，输出为低时数码管灭，共阳连接方式则相反。代码 10-9 描述了一个共阴连接的 4-7 译码器，输入为 4 位的 BCD 码输入，输出为 7 位数码管驱动信号，显示数字 0～9，当数字大于 9 时显示 E。

代码 10-9：

```
module seg47(
    input [3:0] bcd,
    output reg [6:0] abcdefg);
    always @ ( * )
    begin
        case(bcd)
            4'b0000: abcdefg = 7'b1111110;
            4'b0001: abcdefg = 7'b0110000;
            4'b0010: abcdefg = 7'b1101101;
            4'b0011: abcdefg = 7'b1111001;
            4'b0100: abcdefg = 7'b0110011;
            4'b0101: abcdefg = 7'b1011011;
            4'b0110: abcdefg = 7'b1011111;
            4'b0111: abcdefg = 7'b1110000;
            4'b1000: abcdefg = 7'b1111111;
            4’b1001: abcdefg = 7’b1111011;
            default: abcdefg = 7'b1001111;
        endcase
    end
endmodule
```

10.1.3　移位器

移位器是常见的运算电路，用于把数据进行指定数量和指定方向的移位，可以进行算术移位，也可以逻辑移位。移位器通常用于算术逻辑运算单元中，可以在单周期移位多位。

表 10-2 是一个移位器的功能表，输入为 8 位数据 d 和 1 位移位方向控制信号 dir，当 dir 为 1 时向右移位，dir 为 0 时向左移位，移入的数据为 0。移位器的描述如代码 10-10 所示。

表 10-2　移位器功能表

dir	功　能	示　例
0	左移	$d_6d_5d_4d_3d_2d_1d_00$
1	右移	$0d_7d_6d_5d_4d_3d_2d_1$

代码 10-10：

```
module shifter(
```

```
    input [7:0] d,
    input dir,
    output reg [7:0] d_out);
    always @ ( * )
    begin
        if(dir)
            d_out = {1'b0, d[7:1]};
        else
            d_out = {d[6:0], 1'b0};
    end
endmodule
```

用 Verilog HDL 描述移位非常简单，只需要用拼接运算符就可以实现。需要注意的是，当拼接 0 或 1 时需要规定数的宽度。在此基础上还可以进一步描述移位多位的移位器。

移位器也可以用移位运算符来描述，代码 10-10 中的 always 过程块也可以描述为

```
always @ ( * )
begin
    if(dir)
        d_out = d >> 1;
    else
        d_out = d << 1;
end
```

很多时候要求移位器的方向和移位量都可以控制，相比使用拼接运算符，描述移位量可控的移位器使用移位运算符更方便。代码 10-11 是一个 8 位可进行多位移位的移位器。

代码 10-11：

```
module shifter_n(
    input [7:0] d,
    input dir,
    input [2:0] amt,
    output reg [7:0] d_out);
    always @ ( * )
    begin
        if(dir)
            d_out = d >> amt;
        else
            d_out = d << amt;
    end
endmodule
```

10.1.4 加法器

提前进位加法器不等待低位的进位输出，而是改变计算方法，把每位加法的进位分为进位产生 g 和进位传播 p 两部分

$$p_i = a_i \oplus b_i$$

$$g_i = a_i \cdot b_i$$

每位的进位输出都可以表示为

$$c_i = g_i + p_i c_i$$

每位产生和可以表示为

$$s_i = p_i \oplus c_i$$

对于 4 位加法器,根据上面的公式,各位的进位输出就可以写为

$$c_1 = g_0 + p_0 c_0$$
$$c_2 = g_1 + p_1 c_1 = g_1 + g_0 p_1 + p_1 p_0 c_0$$
$$c_3 = g_2 + p_2 c_2 = g_2 + g_1 p_2 + g_0 p_1 p_2 + p_2 p_1 p_0 c_0$$
$$c_4 = g_3 + p_3 c_3 = g_3 + g_2 p_3 + g_1 p_2 p_3 + g_0 p_1 p_2 p_3 + p_3 p_2 p_1 p_0 c_0$$

当数据较宽时,高位的进位逻辑比较复杂。因此对于大数据宽度的加法,通常把数据分为每 4 位一组,则第一个 4 位组的进位输出可以表示为

$$c_4 = G_0 + P_0 c_0$$

其中,

$$G_0 = g_3 + g_2 p_3 + g_1 p_2 p_3 + g_0 p_1 p_2 p_3$$
$$P_0 = p_3 p_2 p_1 p_0$$

G_0 可以看作第一个 4 位组的"组进位产生"信号,P_0 可以看作第一个 4 位组的"组进位传播"信号。相应地,各 4 位组的"组进位产生"信号和"组进位传播"信号可以表示为

$$G_i = g_{i+3} + g_{i+2} p_{i+3} + g_{i+1} p_{i+2} p_{i+3} + g_i p_{i+1} p_{i+2} p_{i+3}$$
$$P_i = p_i p_{i+1} p_{i+2} p_{i+3}$$

由此可以推出各 4 位组的进位输出为

$$c_4 = G_0 + P_0 c_0$$
$$c_8 = G_1 + G_0 P_1 + P_1 P_0 c_0$$
$$c_{12} = G_2 + G_1 P_2 + G_0 P_1 P_2 + P_2 P_1 P_0 c_0$$
$$c_{16} = G_3 + G_2 P_3 + G_1 P_3 P_2 + G_0 P_1 P_2 P_3 + P_3 P_2 P_1 P_0 c_0$$

可以看出,4 位组内进位输出的表示和 4 位组的进位输出的表示是相同的,因此可以把进位计算逻辑设计为一个提前进位 CLA 模块,用 CLA 模块构成的 16 位提前进位加法器的结构如图 10-4 所示。

用 Verilog HDL 描述 16 位提前进位加法器时,可以按照电路结构描述各个模块,然后用这些小模块构成整个加法器。

首先描述各位进位产生和传播信号的产生电路模块 pg,如代码 10-12 所示。

代码 10-12:

```
module pg(
    input a,
    input b,
    output p,
    output g);
    assign p = a ^ b;
    assign g = a & b;
endmodule
```

根据各位的 p 和 g 信号,可以计算出每个 4 位组内各位的进位输出,把这个提前进位逻辑设计为 bit_cla 模块,bit_cla 模块的描述如代码 10-13 所示。

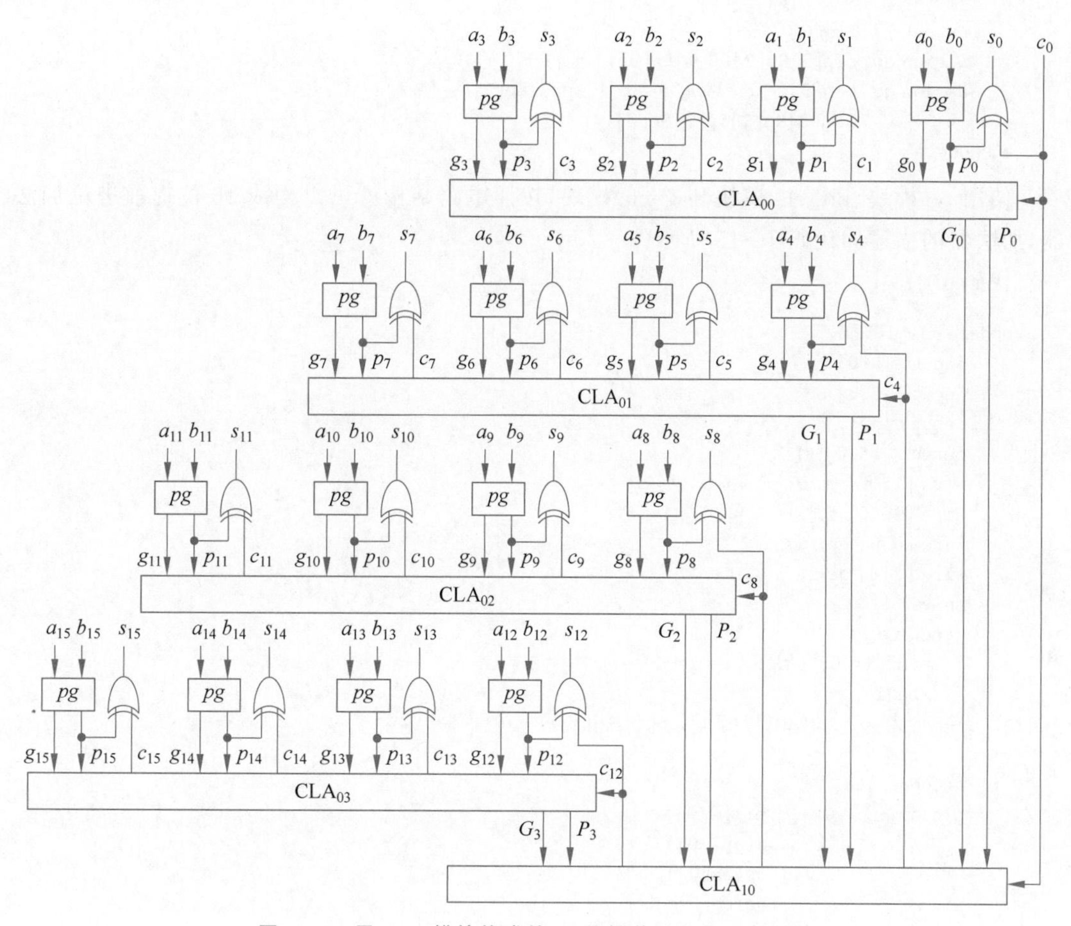

图 10-4　用 CLA 模块构成的 16 位提前进位加法器结构

代码 10-13：

```
module bit_cla(
    input [3:0] p,
    input [3:0] g,
    input cin,
    output [3:0] cout);
    assign cout[0] = cin;
    assign cout[1] = g[0] | p[0]&cin;
    assign cout[2] = g[1] | g[0]&p[1] | p[1]&p[0]&cin;
    assign cout[3] = g[2] | g[1]&p[2] | g[0]&p[1]&p[2] |
                     p[2]&p[1]&p[0]&cin;
endmodule
```

这里把计算“组进位产生”gg 信号和“组进位传播”gp 信号的逻辑设计为 g_cla 模块，g_cla 模块的描述如代码 10-14 所示。

代码 10-14：

```
module g_cla(
    input [3:0] p,
    input [3:0] g,
    output [3:0] gp,
```

```
    output [3:0] gg);
    assign gp = p[3]&p[2]&p[1]&p[0];
    assign gg = g[3] | g[2]&p[3] | g[1]&p[2]&p[3] |
                g[0]&p[1]&p[2]&p[3];
endmodule
```

使用 pg 模块、bit_cla 模块和 g_cla 模块，按照电路结构就可以构成 16 位提前进位加法器，加法器的描述如代码 10-15 所示。

代码 10-15：

```
module cla_16bit(
    input [15:0] a,
    input [15:0] b,
    input cin,
    output [15:0] s);
    wire [15:0] p, g;
    wire [15:0] c;
    wire [3:0] gp, gg;
    wire [3:0] gc;
    genvar i;
    generate
        for(i = 0; i < 16; i = i + 1)
        begin: pgs
            pg pgu(a[i], b[i], p[i], g[i]);
        end
    endgenerate
    g_cla gcla3_0(   .p(p[3:0]),
                     .g(g[3:0]),
                     .gp(gp[0]),
                     .gg(gg[0]));
    g_cla gcla7_4(   .p(p[7:4]),
                     .g(g[7:4]),
                     .gp(gp[1]),
                     .gg(gg[1]));
    g_cla gcla11_8(  .p(p[11:8]),
                     .g(g[11:8]),
                     .gp(gp[2]),
                     .gg(gg[2]));
    g_cla gcla15_12(  .p(p[15:12]),
                     .g(g[15:12]),
                     .gp(gp[3]),
                     .gg(gg[3]));
    bit_cla cla_00(  .p(gp),
                     .g(gg),
                     .cin(cin),
                     .cout(gc));
    bit_cla cla_0(  .p(p[3:0]),
                     .g(g[3:0]),
                     .cin(gc[0]),
                     .cout(c[3:0]));
    bit_cla cla_1(  .p(p[7:4]),
                     .g(g[7:4]),
                     .cin(gc[1]),
                     .cout(c[7:4]));
```

```
    bit_cla cla_2(  .p(p[11:8]),
                    .g(g[11:8]),
                    .cin(gc[2]),
                    .cout(c[11:8]));
    bit_cla cla_3(  .p(p[15:12]),
                    .g(g[15:12]),
                    .cin(gc[3]),
                    .cout(c[15:12]));
    assign s = p^c;
endmodule
```

10.2 时序电路描述

和组合逻辑电路不同，时序电路中包含存储单元触发器或寄存器，因此在描述时序电路时需要描述这些存储单元。用 Verilog HDL 描述时序电路时可以单独描述寄存器，然后实例化寄存器模块，也可以直接用代码隐含产生寄存器。

10.2.1 锁存器、触发器和寄存器

视频讲解

1）锁存器

锁存器是电平触发的存储单元。在用 Verilog HDL 描述锁存器时，通常使用 always 过程块，使用没有 else 的 if 语句，综合产生锁存器。

例如 D 锁存器，当 clk 电平有效为 1 时，输入数据 d 可以传递到输出 q；当电平无效为 0 时，输出保持之前的值。D 锁存器的描述如代码 10-16 所示。

代码 10-16：

```
module d_latch(
    input clk,
    input d,
    output reg q);
    always @ (clk, d)
    begin
        if(clk)
            q = d;
    end
endmodule
```

这里使用了 always 过程块，clk 和 d 都是敏感信号，当 clk 为 1 时，把 d 赋值给 q，否则就结束 if 语句，这意味着 q 保持原来的值不变。

2）触发器

触发器是边沿触发的存储单元，当有效时钟沿（上升沿或下降沿）到来时对输入数据采样，把采样数据保存到输出 q。用 Verilog HDL 描述触发器时，需要把时钟边沿事件的描述写入敏感信号表中，时钟边沿事件通常用函数 posedge（上升沿）或 negedge（下降沿）来描述，书写格式为

```
posedge 信号
```

或

negedge 信号

代码 10-17 描述了一个 D 触发器，当时钟 clk 的上升沿到来时，输入数据 d 保存入触发器的输出 q，否则 q 保持不变。

代码 10-17：

```
module d_ff(
    input clk,
    input d,
    output reg q);
    always @ (posedge clk)
    begin
        q <= d;
    end
endmodule
```

这里把时钟边沿事件 posedge clk 写在敏感信号表里，表示 always 过程块只有在时钟上升沿到来时才启动，执行 always 块内部的语句，把 d 赋值给 q。数据输入 d 没有写入敏感信号表，和 D 触发器的行为是一致的，只有时钟沿到来时才对数据 d 采样，其他时间数据 d 的变化并不会引起输出 q 的变化。这里变量赋值使用非阻塞的过程赋值语句。

对于带异步控制信号的触发器，当异步信号有效时，触发器立即复位或置位。在描述带异步控制的触发器时，异步控制信号也需要写入敏感信号表里。

代码 10-18 描述了一个带异步复位 reset 的 D 触发器，当 reset 有效为 1 时，不管时钟沿是否到来，触发器的输出 q 都复位为 0.

代码 10-18：

```
module dff_rst(
    input clk,
    input reset,
    input d,
    output reg q);
    always @ (posedge clk, posedge reset)
    begin
        if(reset)
            q <= 1'b0;
        else
            q <= d;
    end
endmodule
```

需要注意的是，需要把异步复位信号的边沿事件 posedge reset 写入敏感信号表。

对于带同步控制信号的触发器，只有时钟沿到来时同步信号有效才会影响到输出，因此在描述带同步控制的触发器时，同步控制信号不放入敏感信号表里。

代码 10-19 描述了一个带异步复位 reset 和同步使能 en 的 D 触发器，当异步复位有效为 1 时，触发器复位为 0；否则，在时钟上升沿到来时如果使能 en 有效为 1，则对输入数据 d 采样存入输出 q，否则 q 保持不变。

代码 10-19：

```
module dff_rst_en(
    input clk,
```

```
        input reset,
        input en,
        input d,
        output reg q);
        always @ (posedge clk, posedge reset)
        begin
            if(reset)
                q <= 1'b0;
            else if(en)
                q <= d;
        end
endmodule
```

这里敏感信号表里只有时钟 clk 和异步复位 reset 的边沿事件，没有同步使能 en 和数据输入 d。在 always 过程块内部，异步复位信号的优先级最高，只要 reset 信号有效，触发器立即复位，因此 if 语句首先判断异步信号 reset 是否有效，然后再判断同步信号 en 是否有效，在 else if 之后没有 else 分支，隐含当 en 无效时输出 q 保持不变。

3）寄存器

寄存器通常由 D 触发器构成，n 个 D 触发器共用时钟和控制信号就构成了 n 位寄存器。因此触发器的描述很容易就可以转化为寄存器的描述。

代码 10-20 描述了一个带异步复位、同步使能的 8 位寄存器，当异步复位 reset 有效为 1 时，寄存器输出 q 被复位为全 0；否则，当时钟上升沿到来时，如果同步使能 en 有效为 1，则对输入数据采样保存到输出 q，否则输出 q 保持不变。

代码 10-20：

```
module reg_rst_en(
        input clk,
        input reset,
        input en,
        input [7:0] d,
        output reg [7:0] q);
        always @ (posedge clk, posedge reset)
        begin
            if(reset)
                q <= 8'b0;
            else if(en)
                q <= d;
        end
endmodule
```

可以看出，代码 10-20 描述的寄存器和代码 10-19 描述的触发器非常类似，不同的只是输入和输出数据的宽度不同。因此可以把寄存器写为参数化的模块，当需要不同宽度的寄存器时，改变参数即可。参数化通用寄存器的描述如代码 10-21 所示。

代码 10-21：

```
module reg_uni
#(parameter width = 8)
(       input clk,
        input reset,
        input en,
```

```
    input [width-1:0] d,
    output reg [width-1:0] q);
    always @ (posedge clk, posedge reset)
    begin
        if(reset)
            q <= 0;
        else if(en)
            q <= d;
    end
endmodule
```

视频讲解

10.2.2 移位寄存器

1）基本移位寄存器

移位寄存器是把多个 D 触发器串联起来，数据每个时钟周期向左或向右移一位。代码 10-22 描述了一个 4 位移位寄存器，移位寄存器的输入为时钟 clk、串行数据输入 din，输出为串行输出 dout。

代码 10-22：

```
module shift_reg_4bit(
    input clk,
    input rst,
    input din,
    output reg dout);
    reg [2:0] q;
    always @ (posedge clk, posedge rst)
    begin
        if(rst)
        begin
          q <= 3'b0;
          dout <= 1'b0;
        end
        else
        begin
          q[0] <= din;
          q[1] <= q[0];
          q[2] <= q[1];
          dout <= q[2];
        end
    end
endmodule
```

这里声明了 3 位的中间变量信号 q，用于描述中间的触发器。在 always 过程块中，用 4 条过程赋值语句来描述触发器的输出连接后面触发器的输入。

对于寄存器来说，寄存器的数据输入就是寄存器下个时钟周期的状态(次态)，当有效时钟沿到来时，把次态值传递给寄存器的输出(当前状态)。因此，在描述移位寄存器时，也可以把寄存器和寄存器的次态分开描述。例如代码 10-22 描述的移位寄存器也可以描述为代码 10-23。

代码 10-23：

```
module shift_reg_4bit1(
```

```
    input clk,
    input rst,
    input din,
    output dout);
    reg [3:0] q;
    wire [3:0] next_q;
    always @ (posedge clk, posedge rst)
    begin
        if(rst)
            q <= 4'b0;
        else
            q <= next_q;
    end
    assign next_q = {q[2:0], din};
    assign dout = q[3];
endmodule
```

这里声明了 reg 类型的 4 位信号变量 q,用来表示各寄存器的输出；声明了 wire 类型的 4 位线网信号 next_q,用来表示各寄存器的输入,也即各寄存器的次态。用 always 过程块描述寄存器,用一条连续赋值语句描述各寄存器的次态,并用一条连续赋值语句把高位寄存器的输出连接到输出 dout。

这种把寄存器和次态逻辑分开描述的方式不需要在 always 过程块内对各寄存器逐一赋值,因此很容易把移位寄存器描述为参数化模块,当移位寄存器的深度发生变化时,改变参数即可。代码 10-24 是一个参数化移位寄存器的描述,其中移位寄存器的深度由参数表示。

代码 10-24：

```
module shift_reg_uni
#(parameter depth = 4)
(   input clk,
    input rst,
    input din,
    output dout);
    reg [depth-1:0] q;
    wire [depth-1:0] next_q;
    always @ (posedge clk, posedge rst)
    begin
        if(rst)
            q <= 0;
        else
            q <= next_q;
    end
    assign next_q = {q[depth-2:0], din};
    assign dout = q[depth-1];
endmodule
```

移位寄存器是一个很规则的结构,触发器依次连接,因此上面的移位寄存器也可以用循环语句来描述,如代码 10-25 所示。

代码 10-25：

```
module shift_reg_for(
    input clk,
    input rst,
```

```
    input din,
    output dout);
    reg [3:0] q;
    integer i;
    always @ (posedge clk, posedge rst)
    begin
        if(rst)
            q <= 4'b0;
        else
        begin
            q[0] <= din;
            for(i = 0; i < 3; i = i + 1)
                q[i + 1] <= q[i];
        end
    end
    assign dout = q[3];
endmodule
```

这种用循环语句描述的移位寄存器也可以很容易地描述为参数化的模块，如代码 10-26 所示。

代码 10-26：

```
module shift_reg_for_uni
#(parameter depth = 4)
(   input clk,
    input rst,
    input din,
    output dout);
    reg [depth - 1:0] q;
    integer i;
    always @ (posedge clk, posedge rst)
    begin
        if(rst)
            q <= 0;
        else
        begin
            q[0] <= din;
            for(i = 0; i < depth - 1; i = i + 1)
                q[i + 1] <= q[i];
        end
    end
    assign dout = q[depth - 1];
endmodule
```

2）双向移位寄存器

双向移位寄存器可以在方向控制信号的控制下向左或向右移位。代码 10-27 描述了一个带置位的双向移位寄存器，寄存器的输入为时钟 clk、方向控制信号 dir、加载控制 load、加载输入数据 d[3:0]、左串行输入数据 dl 和右串行输入数据 dr，输出为寄存器的并行输出 q。当时钟上升沿到来时，如果 load 有效为 1，则把数据 d 加载入寄存器；否则，如果 dir 为 1，则向左移位，如果 dir 为 0 则向右移位。带置位的双向移位寄存器的功能如表 10-3 所示。

代码 10-27：

```
module shift_bidir(
    input clk,
    input rst,
```

```
    input load,
    input dir,
    input dl,
    input dr,
    input [3:0] d,
    output [3:0] q);
    reg [3:0] qt;
    always @ (posedge clk, posedge rst)
    begin
        if(rst)
            qt <= 4'b0;
        else
        begin
            if(load)
                qt <= d;
            else
            begin
                if(dir)
                    qt <= {dr, qt[3:1]};
                else
                    qt <= {qt[2:0], dl};
            end
        end
    end
    assign q = qt;
endmodule
```

表 10-3 带置位的双向移位寄存器的功能

clk	控制输入		触发器输出			
	load	dir	Q_3^*	Q_2^*	Q_1^*	Q_0^*
↑	1	X	D_3	D_2	D_1	D_0
↑	0	0	Q_2	Q_1	Q_0	DL
↑	0	1	DR	Q_3	Q_2	Q_1
其他	X	X	Q_3	Q_2	Q_1	Q_0

10.2.3 计数器

视频讲解

1）基本计数器

数字电路中基本计数器由寄存器和加 1 电路构成，寄存器的次态为当前计数器值加 1 的输出，当时钟沿到来时，次态值传递到寄存器输出，计数值增加 1。基本计数器的结构如图 10-5 所示。

因此用 Verilog HDL 描述基本计数器时，最直接的方法就是使用算术运算符，直接描述计数器的行为。模 16 计数器的描述如代码 10-28 所示。

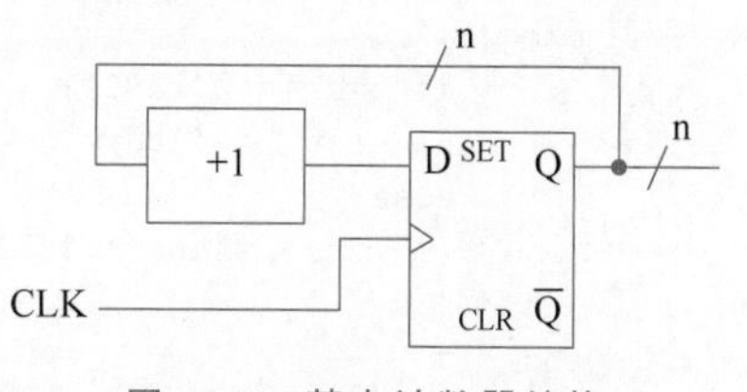

图 10-5 基本计数器结构

代码 10-28：

```
module counter16(
    input clk,
    input rst,
    output reg [3:0] cnt);
    always @ (posedge clk, posedge rst)
```

```
    begin
        if(rst)
            cnt <= 4'b0;
        else
            cnt <= cnt + 1'b1;
    end
endmodule
```

根据计数器的结构,也可以把计数器中的寄存器和次态逻辑分开描述。模 16 计数器也可以用代码 10-29 描述。

代码 10-29:

```
module counter16_1(
    input clk,
    input rst,
    output reg [3:0] cnt);
    wire [3:0] next_cnt;
    always @ (posedge clk, posedge rst)
    begin
        if(rst)
            cnt <= 4'b0;
        else
            cnt <= next_cnt;
    end
    assign next_cnt = cnt + 1'b1;
endmodule
```

这里用 always 过程块来描述寄存器,声明了一个 4 位连线信号 next_cnt 来表示次态逻辑的输出,用一条连续赋值语句来描述次态逻辑。

2) 模 M 计数器

相应地,也可以用行为方式描述模 M 计数器,每当时钟沿到来时,计数值增 1,当计数到 M−1 时,计数值归 0。模 10 计数器的描述如代码 10-30 所示。

代码 10-30:

```
module counter10(
    input clk,
    input rst,
    output reg [3:0] cnt);
    always @ (posedge clk, posedge rst)
    begin
      if(rst)
          cnt <= 4'b0;
      else
      begin
          if(cnt == 4'b1001)
              cnt <= 4'b0;
          else
              cnt <= cnt + 1'b1;
      end
    end
endmodule
```

类似地,描述模 M 计数器也可以把寄存器和次态逻辑分开描述,这种风格描述的模 10 计数器如代码 10-31 所示。

代码 10-31：

```
module counter10_1(
    input clk,
    input rst,
    output reg [3:0] cnt);
    wire [3:0] next_cnt;
    always @ (posedge clk, posedge rst)
    begin
        if(rst)
            cnt <= 4'b0;
        else
            cnt <= next_cnt;
    end
    assign next_cnt = (cnt == 4'b1001) ? 4'b0000 : cnt + 1'b1;
endmodule
```

用这种方式很容易把计数器描述为参数化模块，当计数模值发生变化时，只需要修改参数即可。参数化的模 M 计数器的描述如代码 10-32 所示。

代码 10-32：

```
module counter_uni
#(parameter N = 4,
          M = 10)
(   input clk,
    input rst,
    output reg [N-1:0] cnt,
    output cout);
    wire [N-1:0] next_cnt;
    always @ (posedge clk, posedge rst)
    begin
        if(rst)
            cnt <= 0;
        else
            cnt <= next_cnt;
    end
    assign next_cnt = (cnt == M-1)? 0: cnt + 1'b1;
    assign cout = (cnt == M-1)? 1'b1: 1'b0;
endmodule
```

这里定义了 2 个参数 N 和 M，N 为计数值的数据宽度，M 为计数器的模值。声明了 1 个 wire 类型的中间信号 next_cnt，表示计数器次态逻辑的输出，数据的宽度都可以用参数 N 来表示。次态逻辑用一条连续赋值语句来描述，用条件运算符来判断计数值是否为 M－1，如果为 M－1，则次态值归 0，否则次态值加 1。输出 cout 用同样的方法描述。

3）双向计数器

双向计数器可以在方向控制信号的控制下递增计数或递减计数。代码 10-33 所示是一个双向模 7 计数器的描述，方向控制信号 dir 为 0 时递增计数，dir 为 1 时递减计数。

代码 10-33：

```
module counter7_bidir(
    input clk,
    input rst,
```

```
    input dir,
    output reg [2:0] cnt);
    always @ (posedge clk, posedge rst)
    begin
        if(rst)
            cnt <= 3'b0;
        else
        begin
            if(dir)
            begin
                if(cnt == 3'b110)
                    cnt <= 0;
                else
                    cnt <= cnt + 1'b1;
            end
            else
            begin
                if(cnt == 3'b000)
                    cnt <= 3'b110;
                else
                    cnt <= cnt - 1'b1;
            end
        end
    end
endmodule
```

双向计数器的电路结构如图 10-6 所示，描述模 7 双向计数器也可以像前面的模 M 计数器一样，把寄存器和次态逻辑分开描述，如代码 10-34 所示。

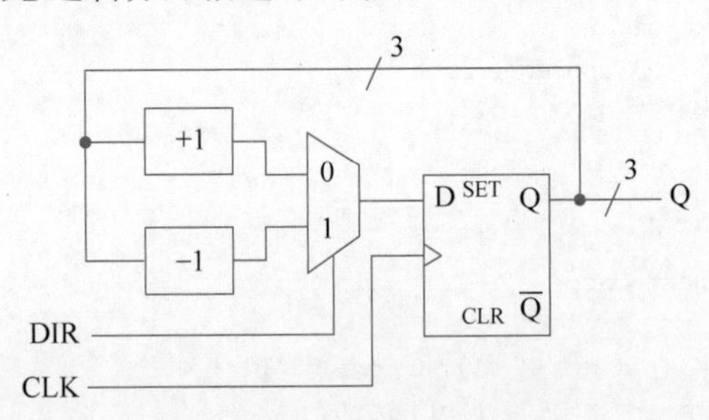

图 10-6 双向计数器电路结构

代码 10-34：

```
module counter7_bidir1(
    input clk,
    input rst,
    input dir,
    output reg [2:0] cnt);
wire [2:0] next_cnt, incr_cnt, decr_cnt;
    always @ (posedge clk, posedge rst)
    begin
        if(rst)
            cnt <= 3'b0;
        else
            cnt <= next_cnt;
    end
```

```
    assign incr_cnt = (cnt == 3'b110)? 3'b0: cnt + 1'b1;
    assign decr_cnt = (cnt == 3'b000)? 3'b110: cnt - 1'b1;
    assign next_cnt = (dir == 1'b0)? incr_cnt: decr_cnt;
endmodule
```

10.2.4　分频器

分频器通常用计数器来实现，当分频比为M时，使用模M计数器，每计M个时钟脉冲就输出一个脉冲信号，从而实现M分频。

分频器的描述和计数器很类似，可以分为计数器模块和计数值的译码逻辑的描述。可以用always过程块描述计数器，计数值的译码逻辑可以用连续赋值语句描述，也可以用always过程块描述，分频器不需要输出计数值。代码10-35是一个10分频器的描述。

代码10-35：

```
module fdiv10(
    input clk,
    input rst,
    output fdiv_out);
    reg [3:0] q;
    always @ (posedge clk, negedge rst)
    begin
        if(!rst)
            q <= 4'b0;
        else
        begin
            if(q == 9)
                q <= 0;
            else
                q <= q + 1'b1;
        end
    end
    assign fdiv_out = (q == 9)? 1'b1: 1'b0;
endmodule
```

代码10-35中，用always块描述从0计数到9的计数器；每当计到9时就输出一个脉冲，这个脉冲的频率就是时钟频率的1/10，对计数值译码用连续赋值语句和条件运算符描述。

分频比也可以定义为参数，当分频比变化时只改变参数即可。代码10-36是用参数定义分频比的模10分频器的描述。

代码10-36：

```
module fdiv10_1(
    input clk,
    input rst,
    output fdiv_out);
    localparam M = 10;
    reg [3:0] q;
    always @ (posedge clk, negedge rst)
    begin
        if(!rst)
            q <= 4'b0;
```

```
        else
        begin
            if(q == M-1)
                q <= 0;
            else
                q <= q + 1'b1;
        end
    end
    assign fdiv_out = (q == M-1)? 1'b1: 1'b0;
endmodule
```

进一步可以把内部寄存器的宽度也声明为参数，把分频器描述为参数化的模块。参数化分频器的描述如代码10-37所示。

代码10-37：

```
module fdiv_uni
#(parameter N = 20,
            M = 500000)     //用参数声明寄存器宽度和分频比
(   input clk,
    input rst,
    output fdiv_out);
    reg [N-1:0] q;
    always @ (posedge clk, negedge rst)
    begin
        if(!rst)
            q <= 0;
        else
        begin
            if(q == M-1)
                q <= 0;
            else
                q <= q + 1'b1;
        end
    end
    assign fdiv_out = (q == M-1)? 1'b1: 1'b0;
endmodule
```

分频输出都是每计数M个时钟脉冲输出一个脉冲，如果需要调整输出的相位和占空比时，只要修改输出的译码逻辑即可。例如一个9分频器，从0计数到8，每计9个时钟脉冲输出一个脉冲，输出脉冲在每计到第6和第7个时钟时出现。9分频器的描述如代码10-38所示。

代码10-38：

```
module fdiv9(
    input clk,
    input rst,
    output reg fdiv_out);
    reg [3:0] q;
    always @ (posedge clk, negedge rst)
    begin
        if(!rst)
            q <= 4'b0;
        else
```

```
        begin
            if(q == 8)
                q <= 0;
            else
                q <= q + 1'b1;
        end
    end
    always @ ( * )
    begin
        case(q)
            4'b0110: fdiv_out = 1'b1;
            4'b0111: fdiv_out = 1'b1;
            default: fdiv_out = 1'b0;
        endcase
    end
endmodule
```

这里用了一个 always 过程块和 case 语句来描述输出的译码逻辑，在计到第 6 和第 7 个时钟周期输出为 1，因此和前面描述分频器代码不同的是，输出 fdiv_out 需要声明为 reg 类型。9 分频器的仿真波形如图 10-7 所示。

图 10-7　9 分频器仿真波形

10.2.5　序列信号发生器

序列信号发生器也可以用计数器实现，序列的长度就是计数器的模值，然后对计数值进行译码，获得要求的序列。和分频器很类似，用计数器实现的序列发生器也是由计数器和输出译码器构成，因此序列信号发生器的描述和分频器的描述也很类似。

例如要产生一个 1100110 的序列，序列的长度为 7，就可以用模 7 计数器来产生这个序列。1100110 序列信号发生器的描述如代码 10-39 所示。

代码 10-39：

```
module seq_gen(
    input clk,
    input rst,
    output reg seq_out);
    reg [2:0] q;
    always @ (posedge clk, negedge rst)
    begin
        if(!rst)
            q <= 3'b0;
        else
        begin
            if(q == 6)
                q <= 3'b0;
            else
                q <= q + 1'b1;
```

```
        end
    end
    always @ ( * )
    begin
        case(q)
            3'b000: seq_out = 1'b1;
            3'b001: seq_out = 1'b1;
            3'b010: seq_out = 1'b0;
            3'b011: seq_out = 1'b0;
            3'b100: seq_out = 1'b1;
            3'b101: seq_out = 1'b1;
            3'b110: seq_out = 1'b0;
            default: seq_out = 1'b0;
        endcase
    end
endmodule
```

这里用了两个 always 过程块描述构成序列信号发生器的两个子模块，第一个过程块描述计数器，第二个过程块用 case 语句描述计数值的译码逻辑。

10.3 状态机描述

用 D 触发器构成的状态机的结构如图 10-8 所示，包括寄存器、次态逻辑和输出逻辑 3 部分。寄存器的输出称为当前状态；次态逻辑的输出，即寄存器的输入，称为次态。次态逻辑是组合逻辑电路，它的输入是当前状态和外部输入，即次态由外部输入和当前状态决定。输出逻辑也是组合逻辑电路，它的输入是当前状态和外部输入，如果输出逻辑的输入仅是当前状态则称为 Moore 机，如果输出逻辑的输入也包括外部输入则称为 Mealy 机。

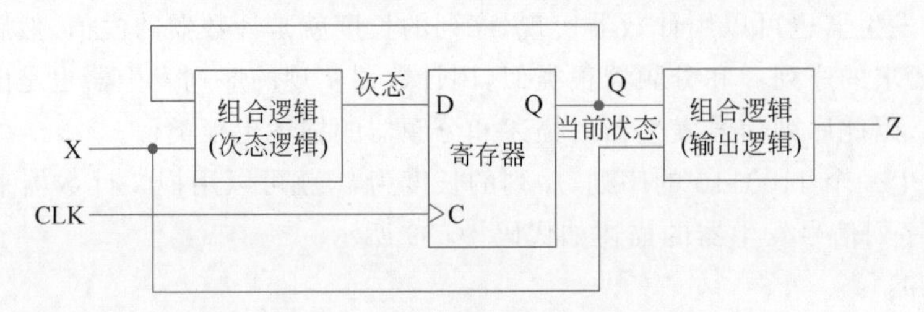

图 10-8 D 触发器构成的状态机结构

状态机通常使用状态转换图来描述，表示状态之间如何转换。在实现状态机时，需要对状态进行编码，然后计算出次态和输出的逻辑函数式，最终得到状态机的逻辑电路图。

在用 Verilog HDL 描述状态机时，需要定义状态，描述构成状态机的几个模块。状态通常用参数定义，也可以用本地参数定义。例如状态可以定义为

```
#(parameter S0 = 2'b00, S1 = 2'b01, S2 = 2'b10, S3 = 2'b11)
```

上面的状态也可以用本地参数定义为

```
localparam [1:0] S0 = 2'b00, S1 = 2'b01, S2 = 2'b10, S3 = 2'b11;
```

状态机中的模块可以分别用过程块来描述，因此最常见的描述方式是用 2 个或 3 个过程块来分别描述寄存器、次态逻辑和输出逻辑。因此用 Verilog HDL 描述状态机相对简

单，使用过程块可以直接根据状态转换图描述次态逻辑和输出逻辑的行为。

10.3.1 序列信号发生器

序列信号发生器也可以用状态机实现。例如描述一个用状态机实现0011的序列信号发生器，实现这个序列信号发生器需要4个状态，分别标识为ST0、ST1、ST2和ST3，在4个状态下分别输出0、0、1、1。序列信号发生器的状态转换图如图10-9所示。

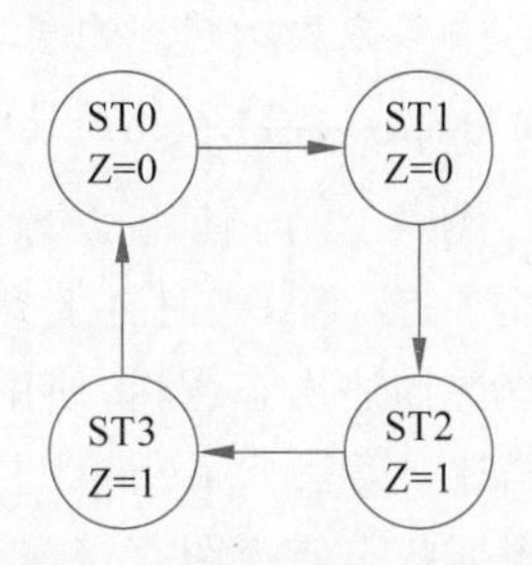

图10-9 序列信号发生器的状态转换图

状态机的描述如代码10-40所示。

代码10-40：

```
module seq_sm
#(parameter ST0 = 2'b00,
            ST1 = 2'b01,
            ST2 = 2'b10,
            ST3 = 2'b11)
(   input clk,
    input rst,
    output reg seq_out);
    reg [1:0] q;              //寄存器的输出,当前状态
    reg [1:0] next_q;         //次态逻辑的输出,次态
    always @ (posedge clk, negedge rst)
    begin
        if(!rst)
            q <= 2'b0;
        else
            q <= next_q;
    end
    always @ (q)
    begin
        case(q)
            ST0: next_q = ST1;
            ST1: next_q = ST2;
            ST2: next_q = ST3;
            ST3: next_q = ST0;
        endcase
    end
    always @ (q)
    begin
        case(q)
            ST0: seq_out = 1'b0;
            ST1: seq_out = 1'b0;
            ST2: seq_out = 1'b1;
            ST3: seq_out = 1'b1;
        endcase
    end
endmodule
```

代码10-40首先声明了4个参数，用参数来表示4个状态，参数的值就是状态的编码，要改变状态的编码只需改变参数的值即可。例如4个状态的编码可以采样格雷码，这时参

数的声明可以修改为

```
#(parameter ST0 = 2'b00, ST1 = 2'b01, ST2 = 2'b11, ST3 = 2'b10)
```

用参数表示状态也可以写为

```
#(parameter [1:0] ST0 = 0, ST1 = 1, ST2 = 2, ST3 = 3)
```

代码 10-40 使用了 3 个 always 过程块来描述状态机的电路结构，第一个 always 过程块描述了寄存器，当时钟上升沿到来时次态传递给当前状态（寄存器的输出）；第二个 always 过程块描述次态逻辑，使用 case 语句对状态的转换做行为级描述，可以根据状态转换图直接描述；第三个 always 过程块描述输出逻辑，同样使用 case 语句描述状态的译码行为，可以根据状态转换图直接描述在不同条件下的输出。3 个模块间通过定义的中间信号寄存器输出 q（当前态）和次态逻辑输出 next_q（次态）连接。

由于都是用当前态 q 来产生输出，描述次态逻辑的 always 过程块和描述输出逻辑的 always 过程块可以合在一起，用一个过程块来描述次态逻辑和输出逻辑，描述为

```
always @ (q)
begin
    case(q)
    ST0: begin
        next_q = ST1;
        seq_out = 1'b0;
        end
    ST1: begin
        next_q = ST2;
        seq_out = 1'b0;
        end
    ST2: begin
        next_q = ST3;
        seq_out = 1'b1;
        end
    ST3: begin
        next_q = ST0;
        seq_out = 1'b1;
        end
    endcase
end
```

视频讲解

10.3.2 序列检测器

状态机也可以实现序列信号检测。例如检测一个 1101 的序列，输入为串行信号 x，当检测到输入为这个序列时使输出 z 为 1，否则输出 z 为 0。按照状态机设计方法，可以得到如图 10-10 所示的 Moore 机 1101 序列检测器的状态转换图。

Moore 机 1101 序列检测器的描述如代码 10-41 所示。

代码 10-41：

```
module seq_check(
    input clk,
    input rst,
    input x,
    output z);
```

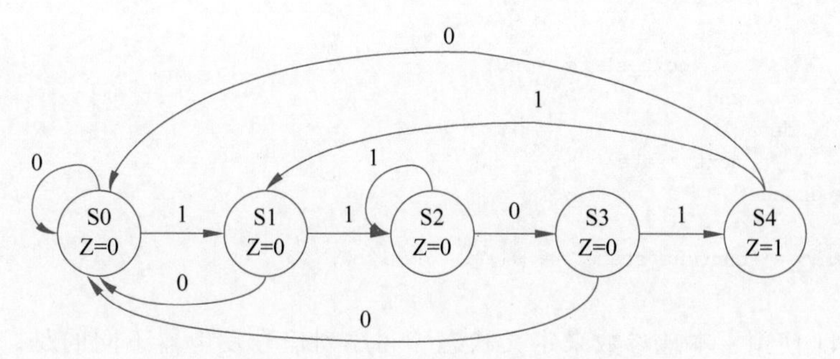

图 10-10　Moore 机 1101 序列检测器状态转换图

```
localparam [2:0]  s0 = 3'b000,
                  s1 = 3'b001,
                  s2 = 3'b010,
                  s3 = 3'b011,
                  s4 = 3'b100;

reg [2:0] current_state, next_state;
always @ (posedge clk, negedge rst)
begin
    if(!rst)
        current_state <=  s0;
    else
        current_state <=  next_state;
end
always @ (current_state, x)
begin
  case(current_state)
      s0: begin
          if(x)
              next_state = s1;
          else
              next_state = s0;
          end
      s1: begin
          if(x)
              next_state = s2;
          else
              next_state = s0;
          end
      s2: begin
          if(!x)
              next_state = s3;
          else
              next_state = s2;
          end
      s3: begin
          if(x)
              next_state = s4;
          else
              next_state = s0;
          end
      s4: begin
          if(x)
              next_state = s1;
```

```
                else
                    next_state = s0;
                end
            default:
                next_state = s0;
        endcase
    end
    assign z = (current_state == s4)? 1'b1: 1'b0;
endmodule
```

代码 10-41 使用了本地参数来定义状态。和序列信号发生器不同的是,序列检测器的次态逻辑不仅和当前态有关,还和输入有关,描述次态逻辑的过程块内用 case 和 if 语句嵌套来描述。输出逻辑用一条连续赋值语句和条件运算符来描述。

需要注意的是,1101 序列检测器有 5 个状态,当用二进制数编码时必然会有没有使用的编码组合,因此在描述次态逻辑时需要用 default 来覆盖其他无效状态,通常这种情况下,次态都转入初始状态。

1101 序列检测也可以用 Mealy 机实现,Mealy 机实现的 1101 序列检测器的状态转换图如图 10-11 所示。

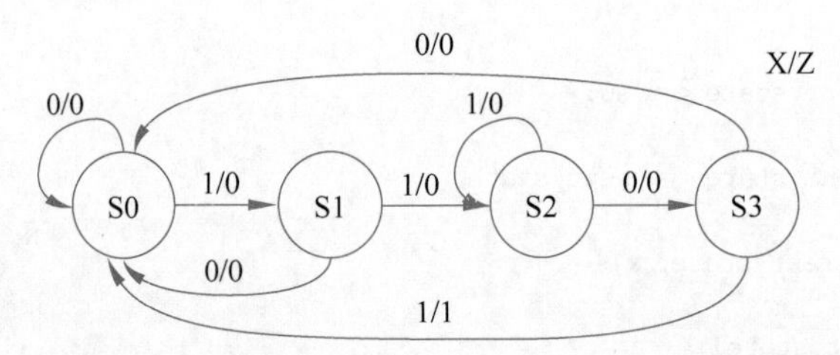

图 10-11　Mealy 机实现的 1101 序列检测器状态转换图

Mealy 机 1101 序列检测器的描述如代码 10-42 所示。

代码 10-42:

```
module seq_check_mealy
#(parameter s0 = 3'b000,
            s1 = 3'b001,
            s2 = 3'b010,
            s3 = 3'b011,
            s4 = 3'b100)
(   input clk,
    input rst,
    input x,
    output reg z);
    reg [2:0] current_state, next_state;
    always @ (posedge clk, negedge rst)
    begin
        if(!rst)
            current_state <= s0;
        else
            current_state <= next_state;
    end
    always @ ( * )
    begin
        z = 1'b0;
        case(current_state)
```

```
                s0: begin
                    if(x)
                        next_state = s1;
                    else
                        next_state = s0;
                    end
                s1: begin
                    if(x)
                        next_state = s2;
                    else
                        next_state = s0;
                    end
                s2: begin
                    if(!x)
                        next_state = s3;
                    else
                        next_state = s2;
                    end
                s3: begin
                    if(x) begin
                        next_state = s0;
                        z = 1'b1;
                        end
                    else
                        next_state = s0;
                    end
            endcase
        end
endmodule
```

在描述 Mealy 机序列检测器时用了两个过程块，由于次态和输出都和当前态和输入有关，因此次态逻辑和输出逻辑用一个过程块描述。在描述次态逻辑和输出逻辑的过程块中，可以首先默认输出 z 为 0，然后在检测到完整序列时使 z 为 1；也可以在每一种情况都给输出 z 赋值。

10.3.3 交通灯控制器

交通灯控制器是一个典型的状态机电路，但和前面的基本状态机不同的是，交通灯控制器通常还有定时信息。例如设计一个交叉路口交通灯的控制器，主路和支路各设一组红绿黄灯和时间显示。主路允许通行时绿灯亮，支路红灯亮；支路允许通行时绿灯亮，主路红灯亮；主路和支路交替允许通行，主路的通行时间为 45s，支路的通行时间为 25s，在绿灯变红灯之前是黄灯，持续时间为 5s。除此之外，交通灯的工作状态如表 10-4 所示。

表 10-4 交通灯的工作状态

状　态	主　路	支　路	时　间
MG_BR	绿灯	红灯	45s
MY_BR	黄灯	红灯	5s
MR_BG	红灯	绿灯	25s
MR_BY	红灯	黄灯	5s

交通灯控制器的输入为：时钟 clk，异步复位 rst，假设时钟的工作频率为 1Hz；输出为：主路的交通灯信号红、绿、黄，支路的交通灯信号红、绿、黄，计时输出 count。

由交通灯的工作状态可以画出交通灯控制器的状态转换图，如图10-12所示。交通灯控制器包含4个状态，当达到持续时间时状态发生转换。在不同状态下，需要向计数器加载不同的时间数据，然后进行递减计数，当计数器计到0时状态发生转换。因此，交通灯控制器不仅是状态机，还包含递减计数器电路。

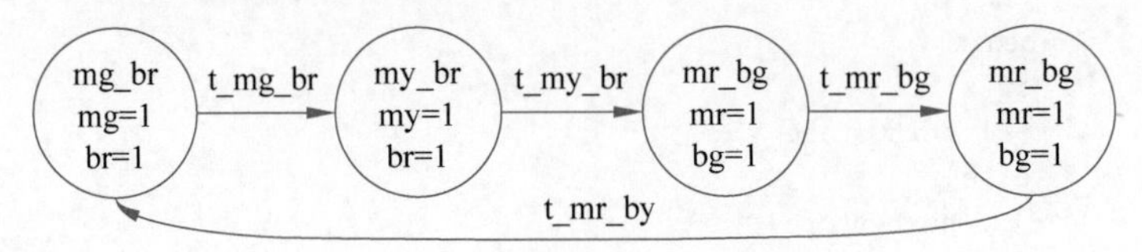

图10-12　交通灯控制器的状态转换图

交通灯控制器的描述如代码10-43所示。

代码10-43：

```
module traffic
#(parameter t_mg_br = 6'd45,
            t_my_br = 6'd5,
            t_mr_bg = 6'd25,
            t_mr_by = 6'd5)          //用参数定义各状态的通行时间
(   input clk,
    input rst,
    output reg [2:0] m_light,        //主路灯输出,从高位到低位为红、绿、黄
    output reg [2:0] b_light,        //支路灯输出,从高位到低位为红、绿、黄
    output reg [5:0] count);         //计时输出
    //用本地参数定义各状态
    Localparam mg_br = 2'b00,
               my_br = 2'b01,
               mr_bg = 2'b10,
               mr_by = 2'b11;
    reg [1:0] current_state, next_state;
    reg [5:0] count_next;            //计数器的次态
    wire [5:0] count_minus;
    wire time_out;
    wire mg_br_done, my_br_done, mr_bg_done, mr_by_done;
    assign time_out = (count == 0);
    assign mg_br_done = time_out;
    assign my_br_done = time_out;
    assign mr_bg_done = time_out;
    assign mr_by_done = time_out;
    assign count_minus = count - 1'b1;
    always @ (posedge clk, negedge rst)
    begin
        if(!rst)
            current_state <= mg_br;
        else
            current_state <= next_state;
    end
    always @ ( * )
    begin
        case(current_state)
            mg_br: begin
                m_light = 3'b010;
```

```
        b_light = 3'b100;
        if(mg_br_done)
        begin
            next_state = my_br;
            count_next = t_my_br;
        end
        else
        begin
            next_state = mg_br;
            count_next = count_minus;
        end
        end
    my_br: begin
        m_light = 3'b001;
        b_light = 3'b100;
        if(my_br_done)
        begin
            next_state = mr_bg;
            count_next = t_mr_bg;
        end
        else
        begin
            next_state = my_br;
            count_next = count_minus;
        end
        end
    mr_bg: begin
        m_light = 3'b100;
        b_light = 3'b010;
        if(mr_bg_done)
        begin
            next_state = mr_by;
            count_next = t_mr_by;
        end
        else
        begin
            next_state = mr_bg;
            count_next = count_minus;
        end
        end
    mr_by: begin
        m_light = 3'b100;
        b_light = 3'b001;
        if(mr_by_done)
        begin
            next_state = mg_br;
            count_next = t_mg_br;
        end
        else
        begin
            next_state = mr_by;
            count_next = count_minus;
        end
        end
```

```
            endcase
        end
        always @ (posedge clk, negedge rst)
        begin
            if(!rst)
                count = 6'b0;
            else
                count = count_next;
        end
    endmodule
```

为简单起见,计时器没有用 BCD 计数器,使用了 6 位二进制计数器。代码 10-43 用了两个过程块分别描述状态寄存器和计数器寄存器,用了一个过程块描述状态机和计数器的次态逻辑。

习题

10-1 用 Verilog HDL 描述图 10-13 所示的电路并综合仿真。要求用连续赋值语句描述;用过程块语句描述;写该电路的 testbench。

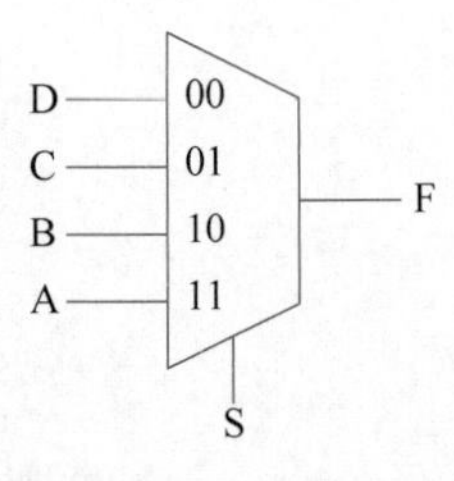

图 10-13 题 10-1 图

10-2 用 Verilog HDL 设计描述一个 ALU 电路并综合仿真。电路的输入为:两个 8 位数据输入 d1 和 d2,2 位功能选择输入 sel,输出为 8 位输出 dout,ALU 的功能如表 10-5 所示。要求用过程块语句描述电路;写该电路的 testbench。

表 10-5 ALU 功能

sel	功 能
00	加法 dout=d1+d2
01	减法 dout=d1−d2
10	左移一位 dout=d1≪1
11	右移一位 dout=d1≫1

10-3 用 Verilog HDL 描述一个 32 位进位传播加法器并综合仿真,要求描述基本模块;用基本模块构成 32 位进位传播加法器;写 32 位进位传播加法器的 testbench。

10-4 设计一个 32 位提前进位加法器,要求描述基本模块;用基本模块构成 32 位提前进位加法器;写 32 位进位传播加法器的 testbench,并综合仿真。

10-5 用 Verilog HDL 描述 8-3 优先编码器,编码器的输入为:数据输入 din[7:0],输出为:编码输出 c[2:0],有效标识 v,当输入为全 0 时,有效标识 v 为 0,否则 v 为 1。要求用过程块和 if 语句描述;用过程块和 case 语句描述;写编码器的 testbench,并综合仿真。

10-6 用 Verilog HDL 描述一个 8 位寄存器并综合仿真。寄存器的输入为:时钟 clk,低有效的异步复位输入 rst,数据输入 din[7:0],使能控制 en,输出为:数据输出 q[7:0]。寄存器的功能如表 10-6 所示。要求用一个过程块描述寄存器;把寄存器和寄存器的次态逻辑分开描述;写寄存器的 testbench。

表 10-6　8 位寄存器功能表

输　入			触发器输出
clk	rst	en	q^*
x	0	x	00000000
↑	1	1	din
↑	1	0	q
其他	1	x	q

10-7　用 Verilog HDL 描述一个模 8 计数器并综合仿真，输入为：时钟 clk，低有效的异步复位 rst，高有效的同步使能 en，输出为：3 位计数输出 cnt。当同步使能 en 有效时，计数器可以正常计数，当 en 无效时，计数输出不变。要求用一个过程块描述计数器；把计数器和次态逻辑分开描述；写计数器的 testbench。

10-8　用 Verilog HDL 描述一个模 60 的 BCD 计数器并综合仿真. 输入为：时钟 clk，低有效的异步复位 rst，高有效的同步使能 en，输出为：4 位高位计数输出 cnth，4 位低位计数输出 cntl。当同步使能 en 有效时，计数器可以正常计数，当 en 无效时，计数输出不变。要求描述计数器；写计数器的 testbench。

10-9　用 Verilog HDL 描述一个序列信号发生器，信号波形如图 10-14 所示。要求用计数器的方式设计并描述；用状态机的方式设计并描述；写序列信号发生器的 testbench，并综合仿真。

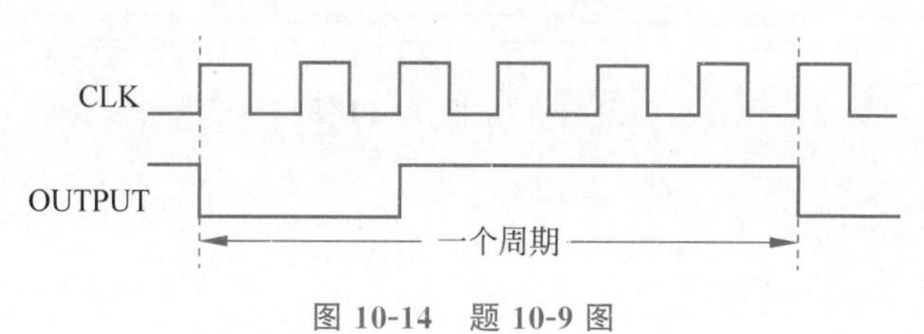

图 10-14　题 10-9 图

10-10　用 Verilog HDL 描述图 10-15 所示的电路，写该电路的 testbench，并综合仿真。

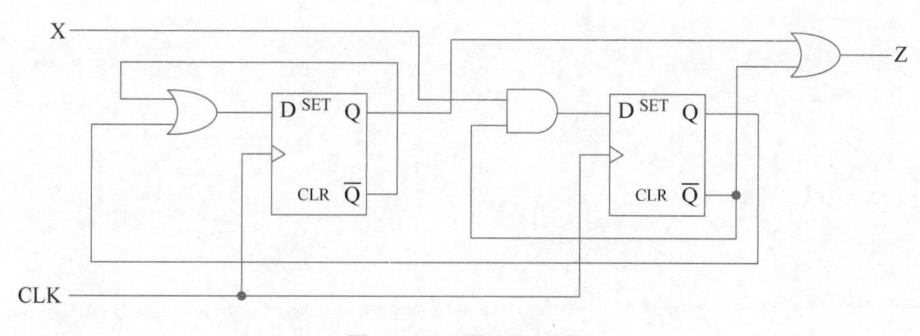

图 10-15　题 10-10 图

10-11　用 Verilog HDL 描述某状态机，状态机的状态转换图如图 10-16 所示，要求状态用自然二进制码编码来描述；状态用独热编码来描述；写该电路的 testbench，并综合仿真。

10-12　设计并用 Verilog HDL 描述一个 11010 的序列检测器，输入为：时钟 clk，串行输入 x，输出为 z，当检测到 11010 序列时输出 z 为 1。要求设计为 Moore 型检测器并描述；

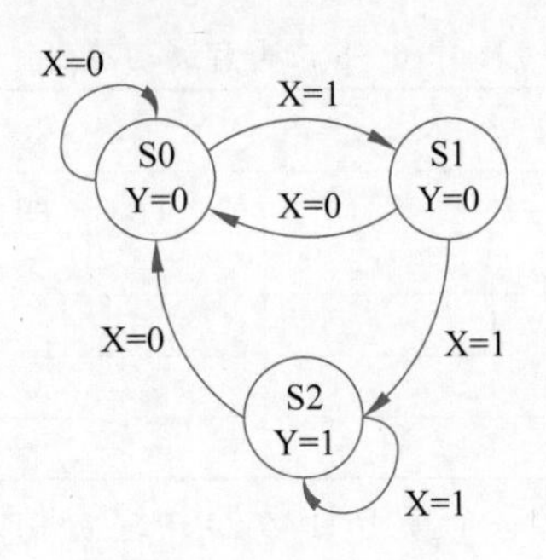

图 10-16 题 10-11 图

设计为 Mealy 型检测器并描述；写序列检测器的 testbench，并综合仿真。

10-13 设计并用 Verilog HDL 描述一个时序电路，电路的输入为：时钟信号 clk、串行输入 x1 和 x2，输出为 z。如果连续 4 个时钟周期 x1 和 x2 都相等，则 z 输出一个 1，否则 z 为 0。要求描述该电路；写该电路的 testbench，并综合仿真。

10-14 用 Verilog HDL 描述一个 8 分频电路并综合仿真。输入为：时钟 clk，输出为 f0、f1 和 f2，分频器的波形如图 10-17 所示。

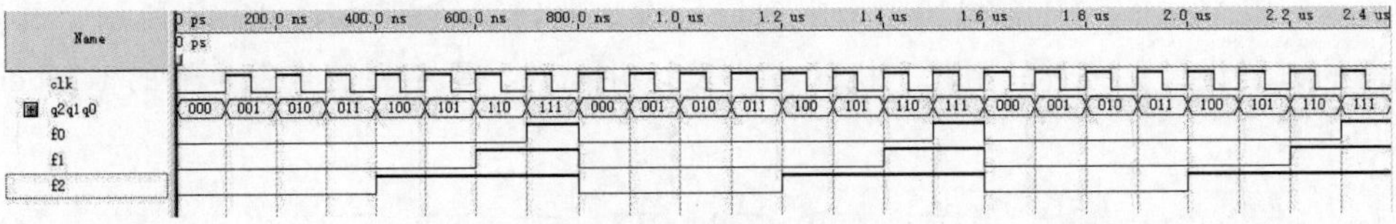

图 10-17 题 10-14 图

第11章 寄存器传输级设计

CHAPTER 11

数字设计可以分为不同的抽象层次，抽象层次越高，构成设计的模块越复杂；抽象层次越低，构成设计的模块越简单，数字设计的抽象层次从低到高可以依次分为晶体管级设计、逻辑级设计、寄存器传输级（register transfer level，RTL）设计、IP 核级设计，如图 11-1 所示。

用晶体管连接构成门电路或其他模块的设计称为晶体管级设计。用基本门和基本存储单元构成组合逻辑电路和时序逻辑电路的设计称为逻辑级设计。在设计比较复杂的数字系统时，设计模块通常是寄存器和其他复杂模块，数据经过复杂运算模块在寄存器间传输，这种设计称为寄存器传输级设计。当进行片上系统设计时，设计模块通常是复杂模块 IP 核，用 IP 核搭建一个复杂系统，称为 IP 核级设计。

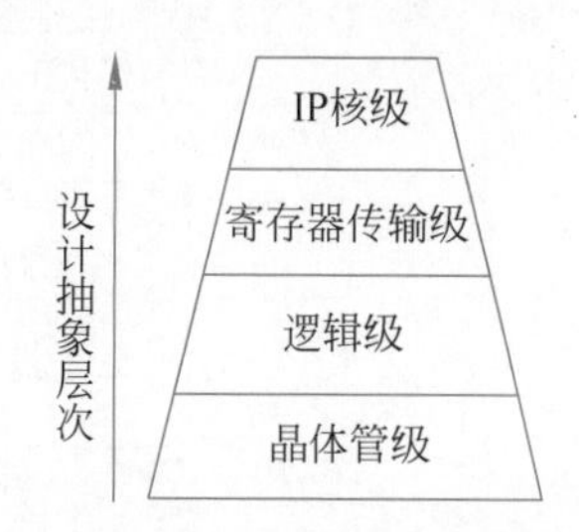

图 11-1 数字设计的抽象层次

随着设计工具的不断进步，设计的抽象层次也在不断提高，复杂的系统往往需要在更高抽象层次设计，使用更复杂的设计模块来提高设计效率。

本章主要介绍寄存器传输级设计方法，主要包括下列知识点。

1）寄存器传输级设计的特点

理解 RTL 设计的电路结构，理解数据通路和控制通路的结构和作用，掌握 RT 运算和其对应的电路结构，掌握从 RT 运算得到基本数据通路的方法。

2）RTL 设计方法

理解 RTL 设计方法的步骤，掌握从算法到 ASM 图的方法，掌握从 ASM 图到 ASMD 图的方法，掌握从 ASMD 图到 FSMD 图的方法。

3）设计举例

理解乘法器从算法到 ASM 图、ASMD 图和 FSMD 图的设计过程，理解乘法器算法和结构的优化方法，掌握准确描述乘法器电路结构的方法。

11.1 寄存器传输级设计的特点

视频讲解

要实现某个特定的任务，首先会把实现这个任务的运算步骤逐步描述出来，这就是算法。算法通常用某种语言的代码表示实现任务的顺序运算过程，其中计算出的中间结果用变量来保存。如果用硬件来实现算法，也需要类似的硬件模块来顺序执行运算和保存运算的中间结果，寄存器传输级(RTL)设计可以实现这一目标。

11.1.1 RTL 设计的电路结构

RTL 设计具有以下特点：

(1) 使用寄存器来保存运算的中间结果；

(2) 用数据通路来实现特定的寄存器传输(register transfer，RT)运算；

(3) 用控制通路来规定寄存器传输运算的顺序。

RTL 设计的电路结构如图 11-2 所示。

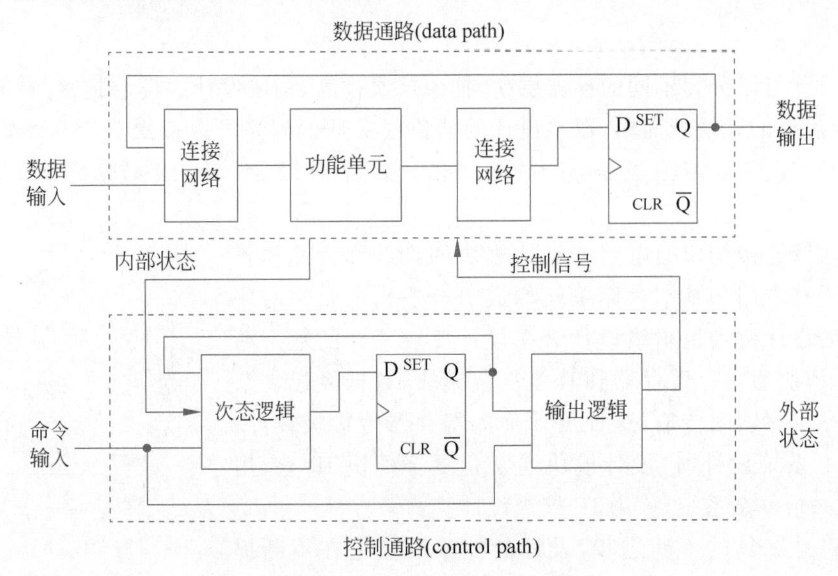

图 11-2 RTL 设计的电路结构

数据通路用来执行数据处理和数值计算，实现特定的 RT 运算。数据通路主要由功能单元、寄存器和连接网络构成。功能单元(组合逻辑电路)完成算法中需要完成的运算，寄存器保存中间的运算结果，连接网络(多路选择器)根据不同的情况选择不同的数据输入和运算结果。

控制通路用来规定在什么时间执行什么 RT 运算。由于状态机状态的转换通常都是按时钟转换，而数据通路中 RT 运算的结果也是在每个时钟沿到来时更新，因此可以把某个特定的 RT 运算归到某一个或几个状态中；并且状态机可以强制按照某一特定顺序来完成一系列的动作，在不同的条件下会转入不同的状态，从而改变执行运算的顺序，这可以用来实现算法描述的各种分支结构，因此可以用状态机来实现控制通路。

11.1.2 RT 运算和数据通路

RT 运算规定了保存在寄存器中数据的运算和传输。RT 运算通常表示为

$$R_{dest} \leftarrow f(R_{SRC1}, R_{SRC2}, \cdots)$$

其中，R_{dest} 表示目的寄存器，R_{SRC1}，R_{SRC2}，…表示源寄存器，f 表示所做的运算。该表达式表示把源寄存器 R_{SRC1}，R_{SRC2}，…中保存的数据做运算后存入目的寄存器 R_{dest}。运算 f 用组合逻辑实现，运算的结果在下个时钟沿到来时存入目标寄存器。

例如，R1←R1+1 表示把寄存器 R1 中保存的值加 1 后送到寄存器 R1 的输入端，则下一个时钟沿到来时，R1 中保存的值递增 1。这个 RT 运算对应的电路结构如图 11-3 所示。

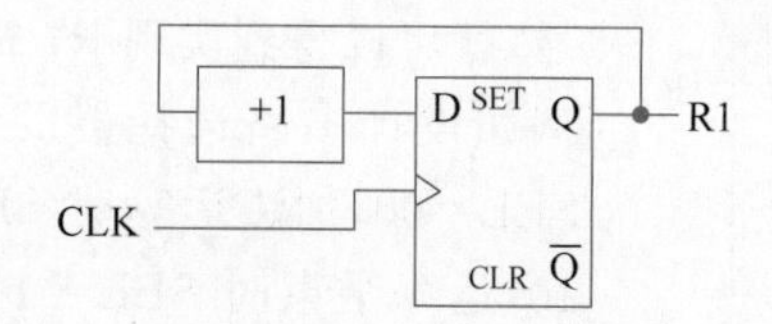

图 11-3　RT 运算 R1←R1+1 对应的电路结构

常见的 RT 运算及其对应的电路结构如图 11-4 所示。

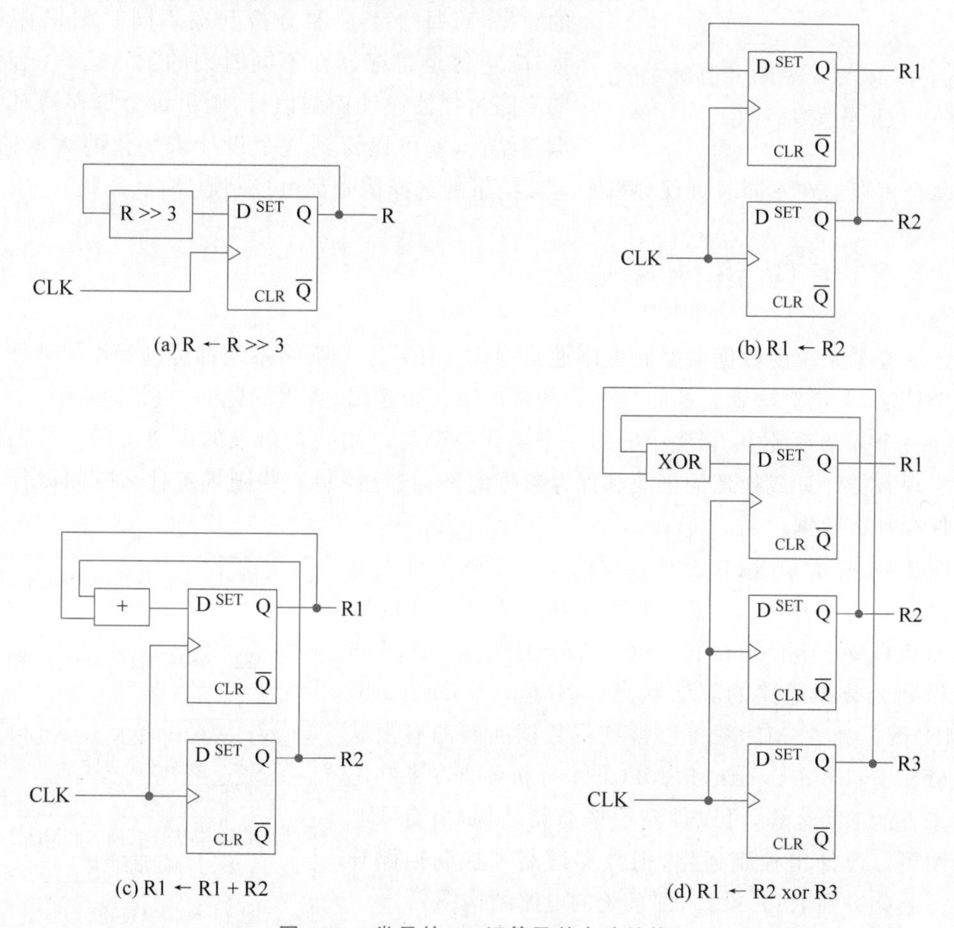

图 11-4　常见的 RT 运算及其电路结构

通常算法中会有很多运算步骤，寄存器在不同时刻需要保存不同的数据。例如寄存器 R1，在系统上电初始化时被置为 0；当执行加法时，保存和 R2 相加的和；在做递增运算时，把 R1 中的数据加 1 后再保存入 R1；当运算结束时，R1 中保存的数据不变，即把寄存器 R1 中的数据反馈再保存入 R1。由此可以列出寄存器 R1 在不同时刻的 RT 运算。

(1) 初始化：R1←0。

(2) 加法运算时：R1←R1+R2。

(3) 递增运算时：R1←R1+1。

(4) 运算结束时：R1←R1。

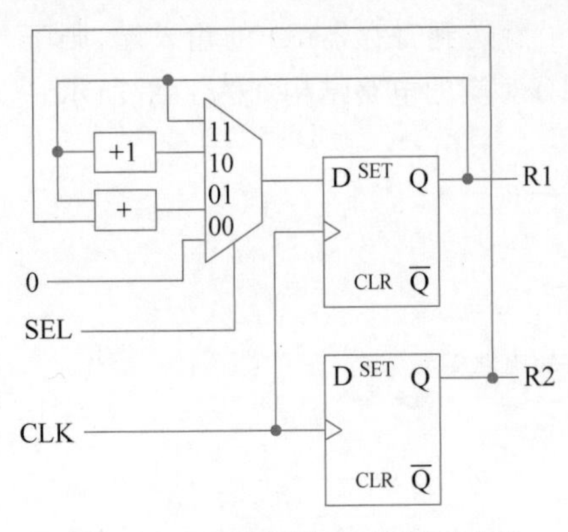

图 11-5 R1 寄存器 RT 运算对应的电路结构

由于 R1 寄存器中保存的数据具有多种可能性，用多路选择器来选择不同的数据，设计合适的选择信号，就可以得到实现 R1 寄存器 RT 运算的电路结构。例如设计多路选择器的控制信号为 SEL，初始化时 SEL＝00，加法运算时 SEL＝01，递增运算时 SEL＝10，运算结束时 SEL＝11，可以得到实现 R1 寄存器 RT 运算的电路结构，如图 11-5 所示。

一个数字设计中往往有多个寄存器来保存不同的数据，对每个寄存器分析其在不同时刻保存的数据，确定每个寄存器在不同时刻的 RT 运算，给相应的多路选择器设计控制信号，画出每个寄存器对应的电路结构，就可以得到这个设计未优化的数据通路。选择每个寄存器在不同时刻保存哪个运算结果的选择信号都由控制通路(状态机)产生。

11.2 RTL 设计方法

一个复杂系统由数据通路和控制通路构成。任何一个数字系统都可以看作用硬件实现了一个算法，一个算法就是执行一个任务或解决一个逻辑、算术问题的一系列步骤。

在一个复杂系统中，算法中的每一个子任务都可以用一个单独的模块实现。数据通路包含实现数据计算或处理的模块和保存数据的寄存器，控制通路则规定什么时间做什么处理和保存什么数据。

图 11-6 所示是 RTL 设计过程的 4 个步骤。首先可以用高级语言描述算法，然后把算法转换为高层次的算法状态机(algorithm state machine，ASM)图；由 ASM 图可以得到带数据通路的算法状态(ASM with datapath，ASMD)图；由 ASMD 图可以得到带数据通路的有限状态机(FSM with datapath，FSMD)图；分析各寄存器在不同状态下的 RT 运算，可以得到数据通路结构，由有限状态机图可以设计出控制通路，把数据通路和控制通路连接在一起就得到 RTL 设计，即系统的电路结构图。

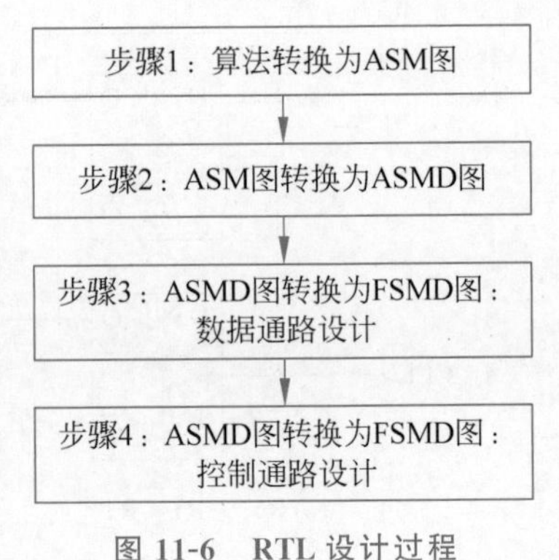

图 11-6 RTL 设计过程

11.2.1 从算法到 ASM 图

当设计一个实现复杂算法的数字系统时，首先可以用软件语言描述算法，即描述数字系统的行为。描述算法可以使用 C 或其他软件语言，然后把软件语言描述的算法转换为高层次的算法状态机(ASM)图，由 ASM 图再得到 RTL 设计。

ASM 图是另一种表示有限状态机 FSM 的方法，它可以和状态转换图一样表示出状态机的信息，但表达能力更强。对于比较复杂的算法，逻辑函数式、真值表和状态图往往难以表达出它的行为；有限状态机(FSM)通常只有单位的输入和输出，状态机中能够存储的只有它本身的状态，无法处理多位输入数据和中间数据的本地存储；而且状态机只能进行逻辑运算，无法进行多位的算术运算。因此对于复杂算法，很多时候用 ASM 图来表示它的行为。

ASM 图和软件设计中的流程图类似。流程图以顺序的方式来描述算法的过程步骤和分支路径，不会考虑时序关系；而 ASM 图以时间顺序来描述一系列事件，不仅描述事件，还描述事件之间的时序关系。如 6.7 节介绍，ASM 图由状态框、决定框和条件输出框 3 种基本单元组成，如图 11-7 所示。

状态框是一个矩形框，有一个入口，一个出口，代表有限状态机中的一个状态。矩形内通常会列出进入这个状态要做的操作或输出信号的值，这通常对应于软件语言中的数据暂存或变量赋值。在状态框中列出的输出信号赋值只和这个状态有关，对应于状态机中的 Moore 输出。赋值语句对应的 ASM 图如图 11-8 所示。

图 11-7 ASM 图基本单元　　图 11-8 赋值语句对应的 ASM 图

决定框是一个菱形框，在菱形内写分支条件和不同情况下的路径。这对应于软件语言中的 IF-THEN-ELSE 条件语句。

条件输出框是一个圆角的矩形，有一个入口，一个出口。条件输出框只放在决定框的分支路径上，框内通常列出输出信号的值。

决定框和条件输出框代表状态转换和 Mealy 输出。条件输出框中的赋值是 Mealy 赋值，即在某个状态期间，在输入满足某种条件时，输出会根据输入发生变化。决定框和条件输出框通常属于某一个状态框，并且不会和其他状态框共享。IF-THEN-ELSE 语句对应的 ASM 图如图 11-9 所示。

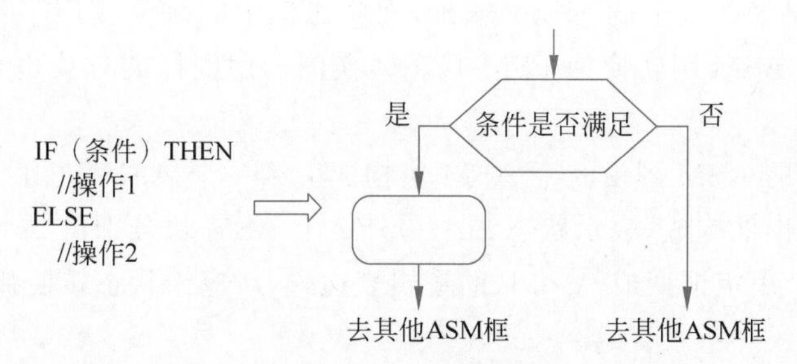

图 11-9 IF-THEN-ELSE 语句对应的 ASM 图

ASM 图中没有循环结构，可以把软件语言中的循环语句转换为条件语句和跳转语句来实现，当循环条件满足时则跳转回循环内部语句执行，当条件不满足时，继续向下执行，对应的 ASM 图如图 11-10 所示。

使用这几种常用的对应模板，大部分 C 或其他软件语言描述的算法都可以转换为 ASM 图，进而在 RTL 级设计出实现这一算法的数字电路。

ASM 图由一个或多个 ASM 块构成。一个 ASM 块由一个状态框或一个状态框加上决定框和条件输出框构成。一个 ASM 块对应于 FSM 状态转换图中的一个状态以及表示状态转换的弧线。图 11-11 所示是一个典型的 ASM 块。

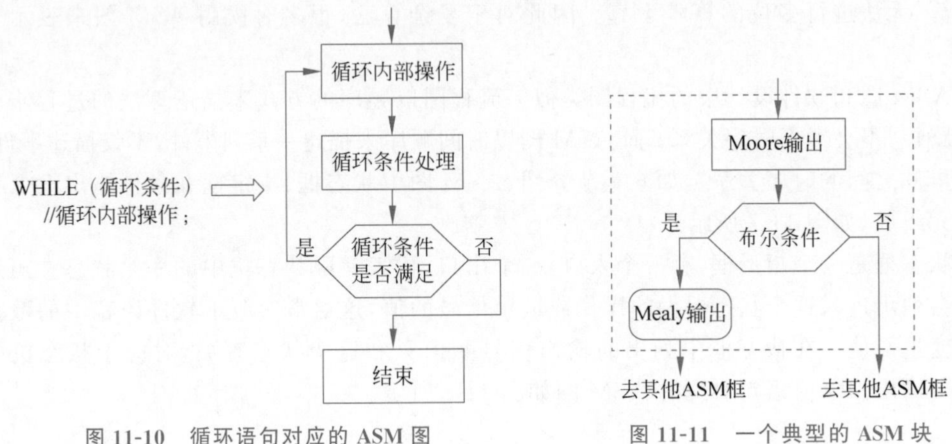

图 11-10 循环语句对应的 ASM 图

图 11-11 一个典型的 ASM 块

11.2.2 从 ASM 图到 ASMD 图

1）ASM 图和 FSM 状态转换图

ASM 图是 FSM 状态转换图的另一种表示方法，因此 ASM 图可以得到状态机 FSM 的状态转换图，由 FSM 状态转换图也可以得到 ASM 图。图 11-12 所示是 3 个 ASM 图和状态转换图相互转换的例子。

图 11-12(a)中的 ASM 图很简单，由 2 个状态框构成，没有分支。每个状态框表示一个状态，对应的状态转换图和 ASM 图几乎一样。

图 11-12(b)中的 ASM 图由 2 个状态框、1 个决定框和 1 个条件输出框构成。一个状态框、决定框和条件输出框构成一个 ASM 块，表示一个状态 S0；另外一个状态框构成另一个 ASM 块，表示状态 S1；决定框中的条件对应于状态转换弧线上的条件；条件输出框中的赋值 Z<=1 对应于转换弧线上的 Mealy 输出，而状态框中的赋值 Y1<=1 则对应于 Moore 输出。由此可以把 ASM 图转换为 FSM 状态转换图。用同样的方式也可以把状态转换图转换为 ASM 图。

图 11-12(c)中的 ASM 图由 3 个 ASM 块构成。第一个 ASM 块由 1 个状态框、2 个决定框和 1 个条件输出框构成，表示状态 S0；另外 2 个 ASM 块分别由 2 个状态框构成，表示状态 S1 和 S2；2 个决定框变成 A 和 B 的逻辑表达式，对应于状态转换弧线上的转换条件。

2）ASMD 图

RT 运算是按时钟一步步来执行的，它的时序和状态机 FSM 的状态转换类似，因此用状态机 FSM 来控制算法中 RT 运算的执行顺序是一个很自然的选择。

当在 ASM 图中加入 RT 运算时，得到 ASMD 图。RT 运算可以放在状态框，也可以放在条件输出框。

图 11-13(a)所示是一个 ASMD 图的一段，包括 4 个状态框，即对应于 4 个状态 S0、S1、S2 和 S3。在 S1 状态中规定了 RT 运算 R1←R1+R2，同时在 S1 状态给输出 Y 赋值为 1。对于 RT 运算 R1←R1+R2，R1+R2 产生的结果是下一个时钟沿到来时 R1 的值，当下一个时钟沿到来时，状态从 S1 转换为 S2，R1 的值被更新。即在状态框 S1 中，R1 的值不更新，R1 的值在状态从 S1 到 S2 转换期间更新，在 S2 状态得到稳定的 R1 的新值。更准确地说，

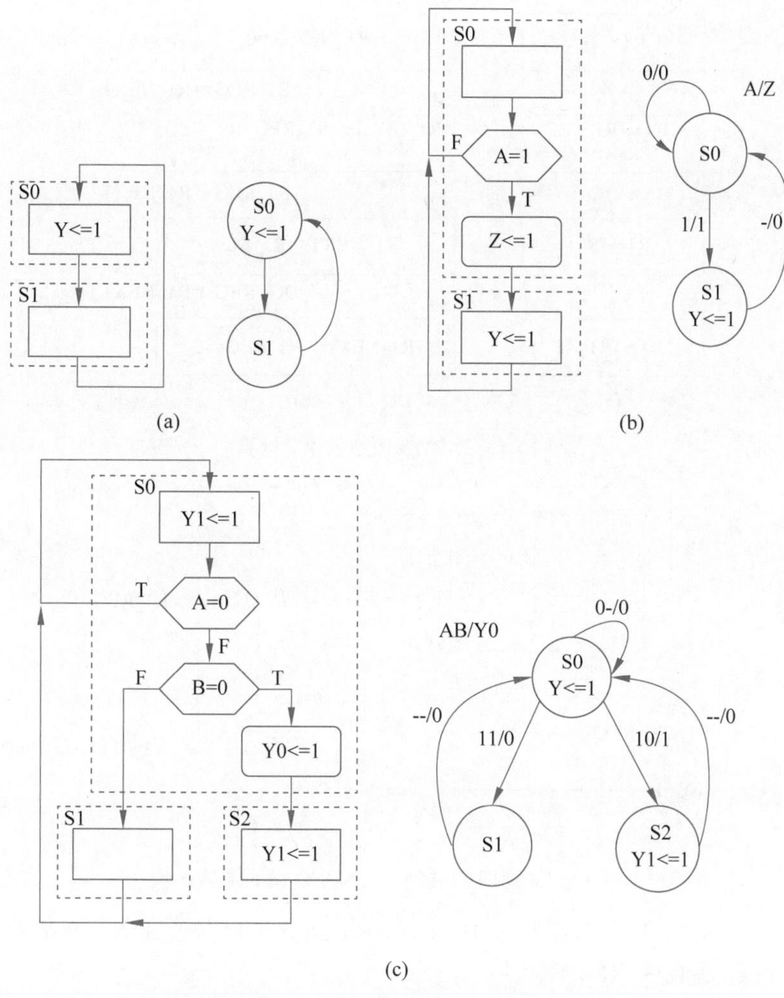

图 11-12　ASM 图和状态转换图相互转换的例子

在 S1 状态计算的是 R1 寄存器的次态值，R1 寄存器的值在状态转换时更新。其他状态框中的 RT 运算的工作方式和 S1 状态中的类似，各寄存器的更新如图 11-13(b)所示。输出信号 Y 在 S1 状态时为 1。

这段 ASMD 图中包含了一个目的寄存器 R1，R1 中保存的值有以下几种：

(1) 状态 S0 时：初始化为 0；

(2) 状态 S1 时：寄存器 R1 和寄存器 R2 中保存的值的和；

(3) 状态 S2 时：保持不变；

(4) 状态 S3 时：寄存器 R1 中保存的值左移 3 位。

实现寄存器 R1 的 RT 运算时，可以用多路选择器选择次态值送到寄存器 R1 的输入端，用状态机(FSM)的当前态作为多路选择器的控制信号来选择正确的值。实现这段 ASMD 图的电路结构如图 11-14 所示。

把 RT 运算放在状态框时，寄存器在一个时刻只能有一种可能的次态值。当把 RT 运算放在条件输出框时，在同一时刻寄存器可以有多种可能的次态值，这也意味着需要更多多路选择器。

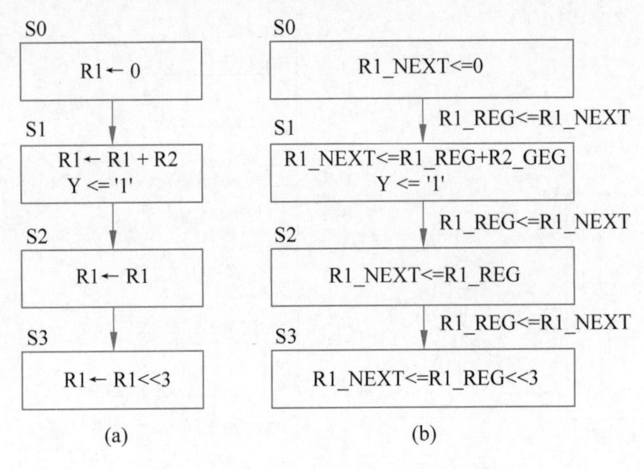

图 11-13　ASMD 图中的 RT 运算

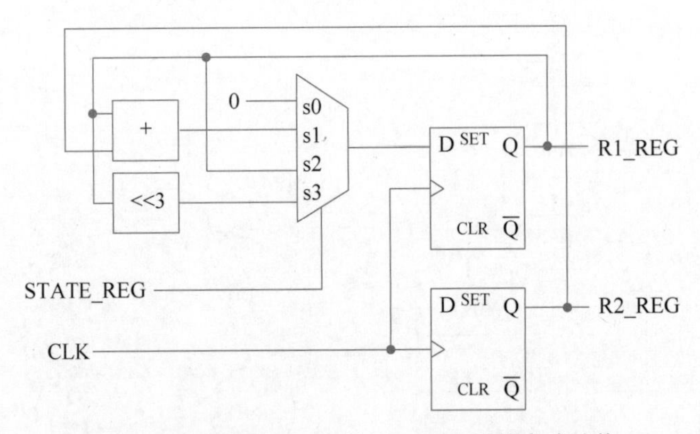

图 11-14　实现图 11-13 所示 ASMD 图的电路结构

在图 11-15 所示的 ASMD 图片段中，R2 的 RT 运算是根据条件 A＞B 是否成立来决定是 R2←R2＋A 还是 R2←R2＋B。

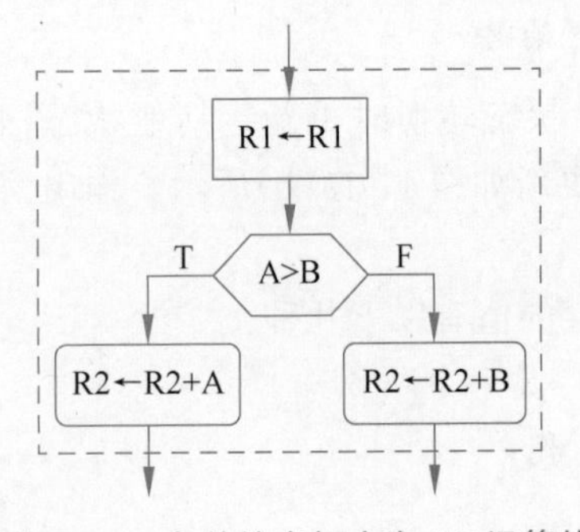

图 11-15　条件输出框中有 RT 运算的 ASMD 图片段

类似地，需要用多路选择器把次态值 R2＋A 或 R2＋B 送到寄存器 R2 的输入端，用 A＞B 比较器的输出作为控制信号选择正确的值。实现这一 ASMD 图的电路结构如图 11-16 所示。

ASMD 图和流程图很类似，不同的是 ASMD 图中的 RT 运算是受时钟控制的，寄存器中保存的值的更新在退出当前 ASM 块时（即在状态发生转换时）发生，因此当决定框中有寄存器时，这种延时会引发错误。例如在图 11-17 所示的 ASM 块中，在状态框中 N 寄存器保存的值减 1，然后在决定框中判断 N 是否为 0。由于在下一个时钟周期 N 寄存器保存的值才是减 1 后的值，因此在比较时用的还是 N 的旧值。如果使用 N 作为循环变量，就会多做一次循环，引发最终结果错误。一种解决方法是在决定框中不使用寄存器当前态值，而是使用组合逻辑的输出（次态），例如寄存器的次态值 N_NEXT 来判断，如图 11-17(b)所示。

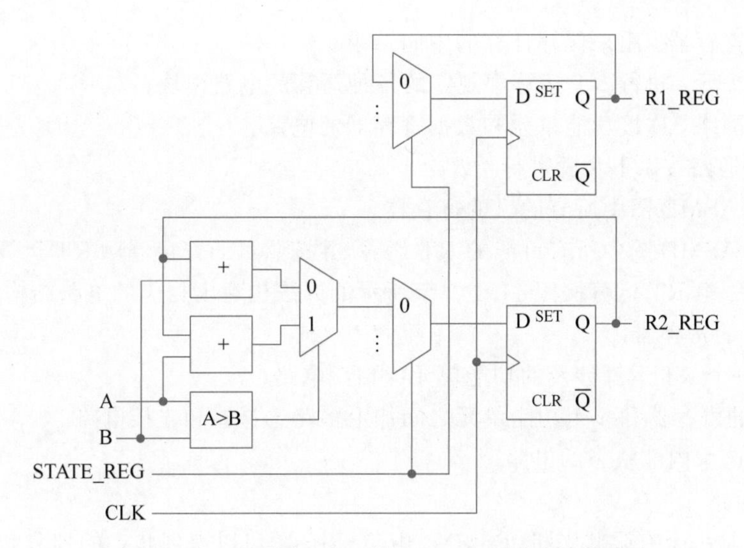

图 11-16　实现图 11-15 所示 ASMD 图的电路结构

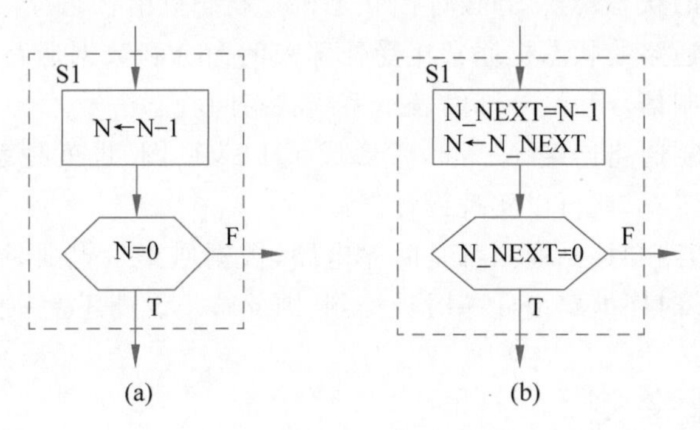

图 11-17　决定框中带有寄存器时的影响

11.2.3　从 ASMD 图到 FSMD 图

构建出 ASMD 图后可以得到关于设计更详细的信息，例如状态的划分和状态之间的转换、涉及的寄存器以及各寄存器的 RT 运算等。由此可以把系统划分为数据通路和控制通路，得到带数据通路的有限状态机(FSM with Datapath，FSMD)图，并进一步细化各基本模块的电路结构。

FSMD 图分为数据通路和控制通路两部分，数据通路实现所有寄存器的 RT 运算，根据控制信号在不同的时刻做不同的 RT 运算。控制通路是一个状态机 FSM，在不同时刻产生相应的控制信号给数据通路，来控制各寄存器的 RT 运算。FSMD 图的结构如图 11-18 所示。

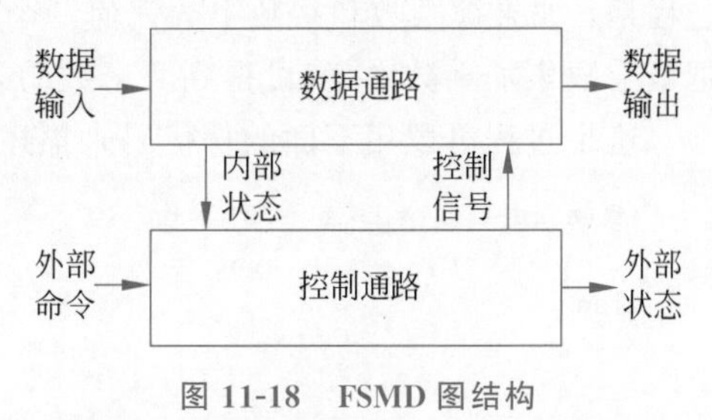

图 11-18　FSMD 图结构

1）数据通路

数据通路主要做数据处理和数值计算。输入数据流入数据通路，结果流出数据通路，输入和输出通常都是多位数据。数据通路从控制通路接收控制信号，并向控制通路提供内部状态信号。数据通路由以下几个部分构成：

(1) 数据寄存器：用来保存计算的中间结果；

(2) 功能单元：执行 RT 运算中规定的各种运算的电路模块；

(3) 连接网络：连接功能单元和数据寄存器的电路。

构建数据通路按以下步骤进行：

(1) 列出 ASMD 图中所有的目的寄存器。

(2) 列出 ASMD 图中所有可能的 RT 运算，并按照目的寄存器对 RT 运算进行分组。

(3) 对每一组 RT 运算按照 11.1.2 节所示的方法构建出相应的电路结构：

i) 构建目的寄存器；

ii) 构建每个 RT 运算涉及的功能单元(组合)电路；

iii) 在目的寄存器和多个功能单元之间加上多路选择器和连接电路。

(4) 加上产生内部状态的电路。

2) 控制通路

控制通路是一个有限状态机(FSM)。由 ASMD 图可以得到状态的划分和状态的转换，由此可以得到状态机的状态转换图，设计出状态机。状态机由状态寄存器、次态逻辑和输出逻辑构成。作为控制通路的状态机通常接受外部来的命令和数据通路来的内部状态信号，产生给数据通路的控制信号和给外部的表示系统状态的状态信号。

把数据通路和控制通路连接在一起，就形成了 FSMD 图，也就是系统结构设计图。利用不同的设计手段和工具，就可以实现设计。

可以看出，数据通路和控制通路都是时序电路，数据通路是规则时序电路，控制通路是随机时序电路，这两个时序电路由同一时钟控制，因此整个设计还是一个同步电路。

视频讲解

11.3 设计举例

11.3.1 重复累加型乘法器

有很多种方法可以实现乘法，一种简单的算法就是重复累加。例如 8×6，就可以用 8+8+8+8+8+8 来实现，这个方法并不是一个很有效率的方法，但它是一个简单的方法。

1) 从算法到 ASM 图

乘法器的输入为被乘数 a_in 和乘数 b_in，输出为乘积 p_out。重复累加型乘法运算的过程是：如果被乘数和乘数中的任何一个为 0，乘积即为 0；如果被乘数和乘数都不为 0，则把被乘数累加乘数次，就可得到两个数的乘积。

这个过程可以用下面的伪代码来描述：

```
if (a_in = 0 or b_in = 0) then{
    p = 0;}
else{
    a = a_in;
    n = b_in;
    p = 0;
    while(n != 0){
        p = p + a;
        n = n - 1;}}
p_out = p;
```

按照11.2.1节所述的方法，可以把这一伪代码描述的算法转换为如图11-19所示的ASM图。

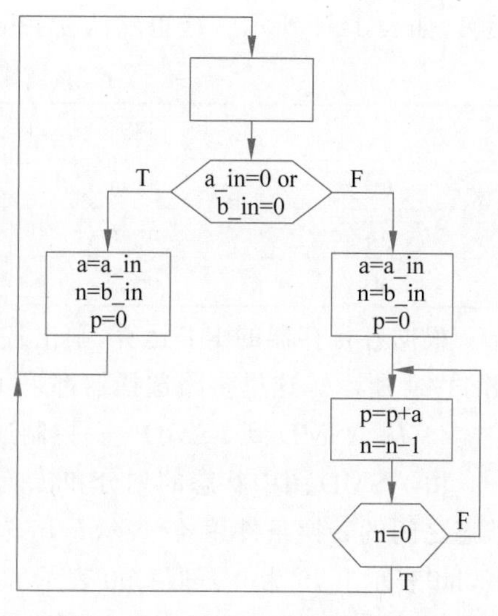

图11-19　重复累加型乘法算法的ASM图

2）从ASM图到ASMD图

用硬件实现一个算法时，需要定义输入、输出信号，包括信号的数据宽度。设计的电路可能是一个大系统的一部分，因此还需要有连接其他部分的接口信号。为了方便对电路的控制，除数据信号外，通常还会定义一些控制信号和对外的状态信号。这里定义乘法器的输入为

a_in，b_in：被乘数和乘数输入，为8位无符号数；

start：启动命令输入，当start有效时乘法器开始运算；

clk：系统时钟；

reset：系统异步复位。

乘法器的输出为

p_out：乘积输出，为16位无符号数；

ready：外部状态信号，当ready有效时表示乘法器空闲，已准备好接收新的输入数据；也可以表示上一次的计算已经完成，可以读取运算结果。

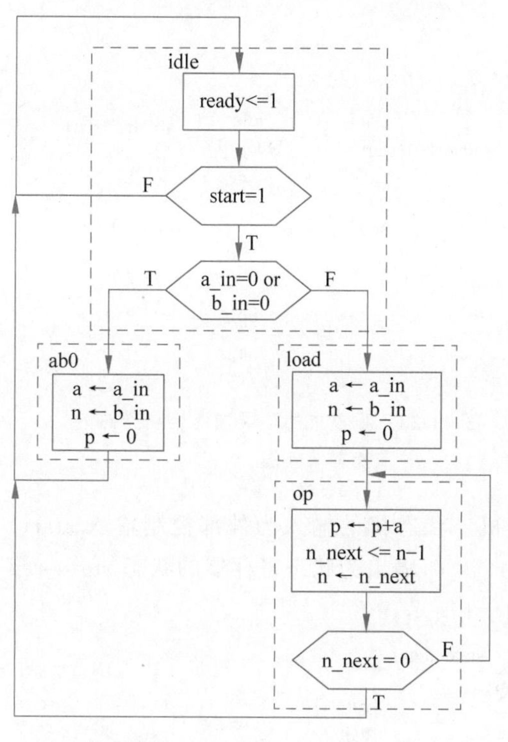

图11-20　重复累加型乘法算法的ASMD图

在用硬件实现乘法时，用寄存器a、n和p来模拟算法中的3个变量，把ASM图中的变量赋值变为寄存器的RT运算，再加上控制信号，ASM图就变为了ASMD图，如图11-20所示。

3）从ASMD到FSMD——数据通路的构建

可以看出，ASMD图可以划分为4个状态。idle状态表示电路当前空闲，这时输出状态信号ready='1'；如果外部控制信号start无效，电路依然处于空闲状态，如果start有效，则开始乘法运算；然后判断输入数据中的某一个是否为0，如果为0，则进入ab0状态，否则进入load状态。在ab0状态，使输入数据加载到寄存器a和n，使乘积为0。在load状态，把数据加载入寄存器a和n中，并把寄存器p初始化为0。在op状态进行迭代运算，迭代b_in次，每次迭代时p累加a，计数值n减1，直到计数值为0。

在ASMD图中共有3个目的寄存器：a、n和p，列出ASMD中每个目的寄存器的RT

运算,如表 11-1 所示。这里默认在 idle 状态 3 个寄存器保存的值不变。

表 11-1 重复累加型乘法器各寄存器的 RT 运算

	idle	ab0	load	op
a	a←a	a←a_in	a←a_in	a←a
n	n←n	n←b_in	n←b_in	n←n−1
p	p←p	p←0	p←0	p←p+a

根据各寄存器的 RT 运算,画出各寄存器相应的电路结构,就得到基本的数据通路,如图 11-21 所示。这里多路选择器都采用状态寄存器的输出作为选择控制信号。

4) 从 ASMD 到 FSMD——控制通路的构建

由 ASMD 图中状态的划分和转换,可以画出控制通路的状态转换图,如图 11-22 所示。状态之间的转换条件用 a0 表示 a_in 为 0 是真,a0′表示 a_in 为 0 是假;b0 表示 b_in 为 0 是真,b0′表示 b_in 为 0 是假;n0 表示 n 为 0 是真,n0′表示 n 为 0 是假;start 表示 start 为 1,start′表示 start 为 0。

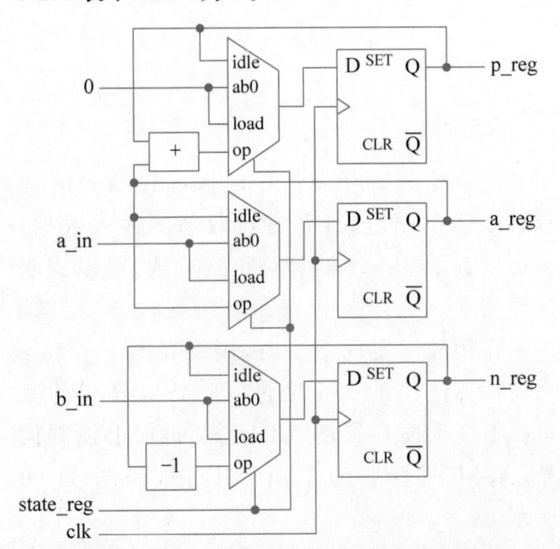

图 11-21 重复累加型乘法器的基本数据通路

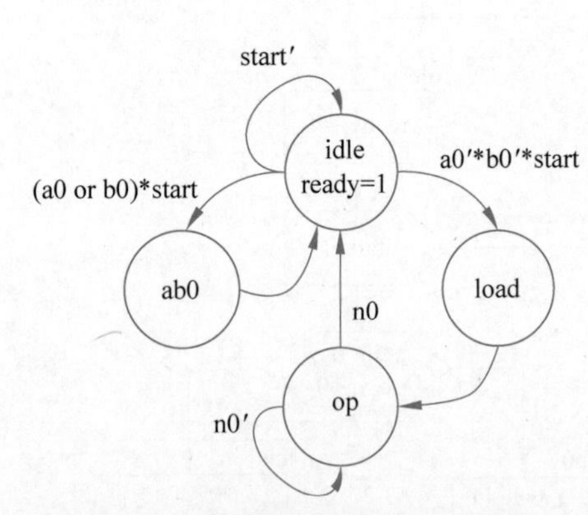

图 11-22 重复累加型乘法器控制通路的状态转换图

根据状态转换图,可以设计出控制通路状态机。状态机的输入为外部控制输入 start、来自数据通路的内部状态信号 a_is_0、b_is_0 和 n_is_0,输出为状态寄存器的状态 state_reg 和外部状态信号 ready。控制通路的结构如图 11-23 所示。

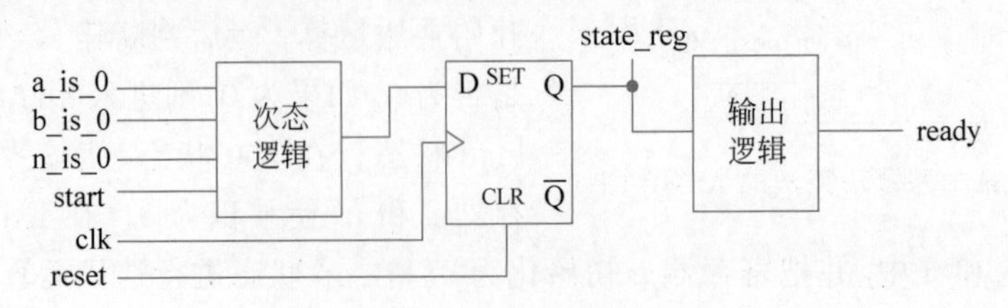

图 11-23 控制通路的结构

5）FSMD 图

在基本数据通路上增加内部状态的产生电路，即判断 a_in 是否为 0、b_in 是否为 0 和 n 是否为 0 的电路，形成了完整的数据通路。把数据通路和控制通路连接在一起，构成了如图 11-24 所示的 FSMD 图。

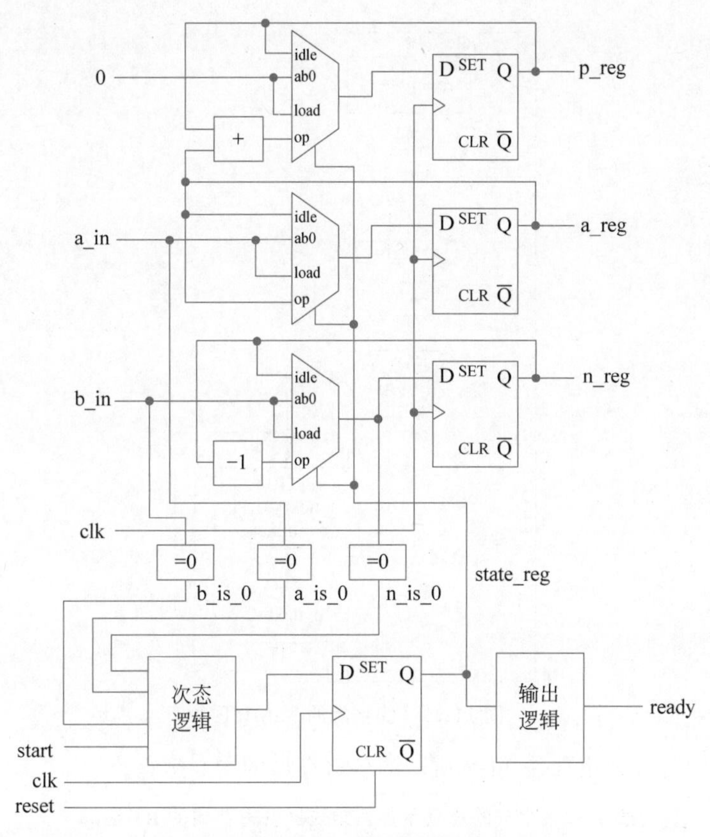

图 11-24 重复累加型乘法器的 FSMD 图

6）重复累加型乘法器的 Verilog HDL 描述

根据 FSMD 图，可以对设计进行 Verilog HDL 描述。描述重复累加型乘法器的代码 11-1 可扫描“配套资源”二维码下载。

11.3.2 改进的重复累加型乘法器

从图 11-20 的 ASMD 图中可以看出，当 start 有效时，a_in 和 b_in 在 ab0 状态和 load 状态被加载到寄存器 a 和 n 中。寄存器值的更新并不在列出 RT 运算的状态进行，而是在向下一个状态转换时更新，得到稳定的值是在下一个状态。因此，当在 idle 状态检测 start 信号有效时，实际对 a_in 和 b_in 的采样保存发生在退出 ab0 和 load 状态时，这意味着数据 a_in 和 b_in 必须要连续两个时钟周期放在数据输入端口保持稳定，这相当于增加了人为的时序约束。更好的设计可以是在一个时钟沿采样 start、a_in 和 b_in。

另外，可以看到在 ab0 状态和 load 状态 3 个寄存器的 RT 运算是相同的，因此可以把原来 ab0 和 load 状态中的 RT 运算放在 idle 状态的条件输出框中。这样做的好处是，在一个状态中寄存器可以有多个可能的次态值，当 start 无效时，寄存器 a、n 和 p 可以保持原来的值,当 start 有效时,输入数据加载入寄存器 a 和 n,并初始化寄存器 p 为 0;然后判断输入数据中的任意一个是否为 0,如果输入数据都不为 0 则进入运算 op 状态,如果有输入为 0 则仍然返回 idle 状态。这样输入数据就不必连续两个时钟周期保持稳定,同时状态数缩减到两个。优化后的 ASMD 图如图 11-25 所示。

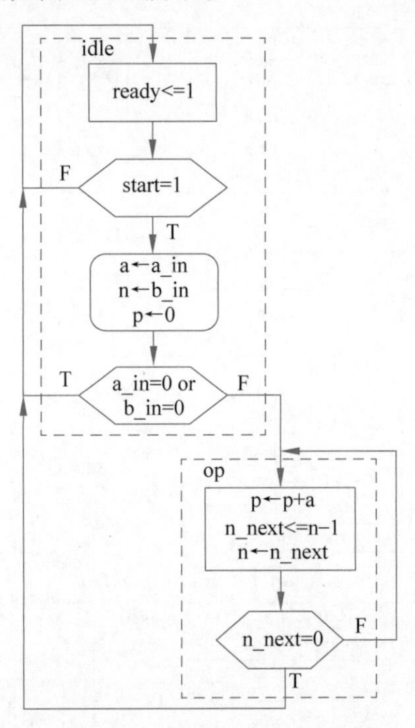

图 11-25　优化后的 ASMD 图

由 ASMD 图可以列出如表 11-2 所示的各寄存器的 RT 运算。

表 11-2　改进的重复累加型乘法器各寄存器的 RT 运算

	idle		op
	start=0	start=1	
a	a←a	a←a_in	a←a
n	n←n	n←b_in	n←n−1
p	p←p	p←0	p←p+a

根据各寄存器的 RT 运算,可以得到如图 11-26 所示的数据通路。

由 ASMD 图中的状态划分和状态转换,可以画出控制通路的状态转换图,如图 11-27 所示。

由状态转换图可以设计出控制通路状态机。这里直接用 a_in、b_in 和 n_next 作为状态机的输入,控制状态的转换;输出状态寄存器的状态作为给数据通路的控制信号,输出外部状态信号 ready。描述改进的重复累加型乘法器的代码 11-2 可扫描"配套资源"二维码下载。

重复累加型乘法器完成一次乘法需要迭代乘数次。例如乘数为 15,就需要迭代 15 次,每次经过一个 op 状态。因此对于 n 位无符号数相乘,最坏的情况就是乘数的所有位都是 1,这时重复累加型乘法器需要 2^n+1 个时钟周期才能完成相乘;改进型的重复累加型乘法器需要 2^n 个时钟周期;最好的情况是乘数或被乘数中有一个是 0,这时只需要 2 个时钟周期就可以完成相乘。改进的重复累加型乘法器只有两个状态,它的电路更简单。

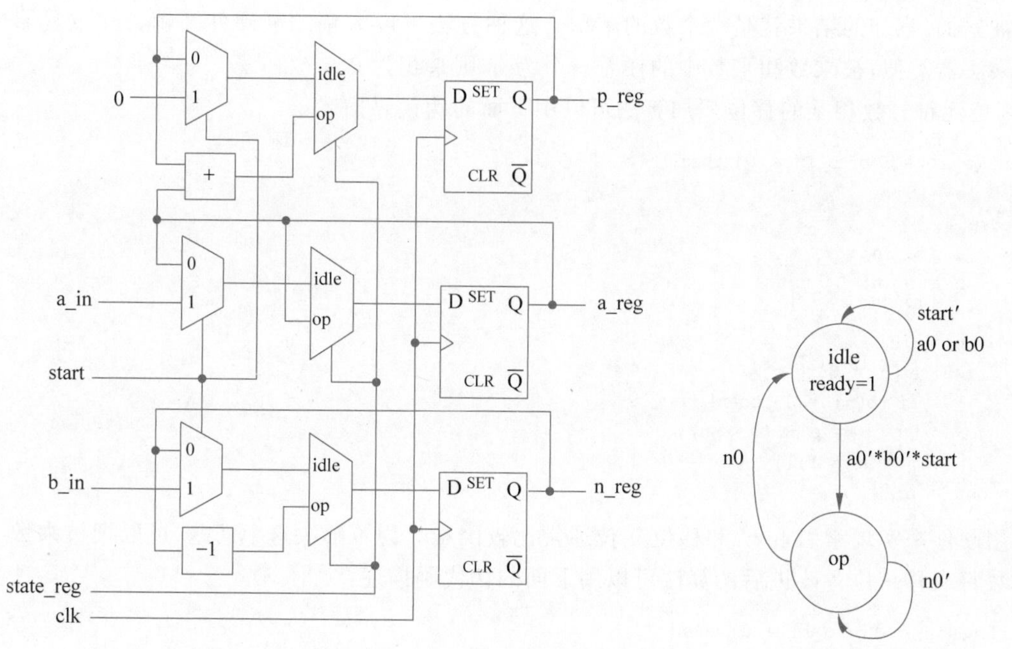

图 11-26　改进的重复累加型乘法器的数据通路

图 11-27　改进的重复累加型乘法器控制通路的状态转换图

11.3.3　移位累加型乘法器

1）从算法到 ASM 图

两个无符号二进制数相乘也可以像十进制数相乘那样列竖式，从乘数的最低有效位开始，如果乘数位是 1，乘数位和被乘数相乘的部分积就是被乘数；如果乘数位是 0，乘数位和被乘数相乘的部分积是 0。每个部分积都比前一个部分积左移 1 位，这也反映出乘数每位的权重不同。当乘数的所有位都和被乘数相乘后，把所有的部分积相加就得到两个数的乘积。图 11-28 所示是两个 4 位无符号数相乘的例子。

				1	0	1	0	被乘数
				1	1	0	1	乘数
				1	0	1	0	第一个部分积
			0	0	0	0		第二个部分积
		1	0	1	0			第三个部分积
	1	0	1	0				第四个部分积
1	0	0	0	0	0	1	0	乘积

图 11-28　两个 4 位无符号数相乘

这种算法可以直接映射为硬件结构，但这样做硬件开销比较大。对于 n 位无符号数乘法器，需要两个 n 位寄存器来保存被乘数和乘数，n 个 n 位寄存器来保存部分积，$n-1$ 个 n 位加法器来实现部分积相加，一个 $2n$ 位寄存器来保存乘积。

这个算法也可以修改为部分积移位累加。从乘数的最低有效位开始，逐位确定部分积，当确定了一个部分积后就把这个部分积累加到一个寄存器，直到乘数最高有效位产生的部分积被累加,累加的结果就是两个数的乘积。这种方法可以大幅缩减硬件开销。和重复累加型乘法器类似,被乘数和乘数中的任意一个为0,则乘积为0。

8位无符号数相乘的移位累加算法可以用下面的伪代码描述:

```
if (a_in = 0 or b_in = 0) then{
    p = 0;}
else{
    a = a_in;
    b = b_in;
    n = 0;
    p = 0;
    while (n != 8) {
        if (b(n) = 1) then{
            p = p + (a << n)}
        n = n + 1;}}
p_out = p;
```

用硬件来实现索引 b(n)和移位 n 位通常比较困难。为了解决这个问题,可以把被乘数和乘数每次移一位。改进后的算法可以用下面的伪代码描述:

```
if (a_in = 0 or b_in = 0) then{
    p = 0;}
else{
    a = a_in;
    b = b_in;
    n = 8;
    p = 0;
    while (n != 0) {
        if (b(0) = 1) then{
            p = p + a}
        a = a << 1;
        b = b >> 1;
        n = n - 1;}}
p_out = p;
```

这里用了4个变量,a保存被乘数,b保存乘数,n 跟踪移位的次数,p保存累加的部分积。由算法可以得到如图11-29所示的ASM图。

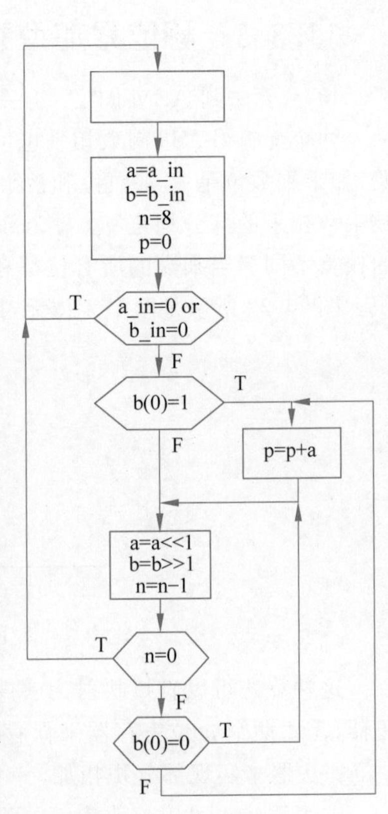

图 11-29 移位累加型乘法算法的ASM图

2) ASMD图

移位累加型乘法器端口的定义和重复累加型乘法器相同。

用寄存器a、b、n和p来模拟算法中的4个变量,把ASM图中的变量赋值变为寄存器的RT运算,再加上控制信号,ASM图就变为了ASMD图,如图11-30(a)所示。和改进的重复累加型乘法器的设计类似,也可以把数据的加载放在条件输出框中,这样idle状态和load状态就可以合并为一个状态,不需要在两个时钟周期分别采样a_in、b_in和start信号。改进的ASMD图如图11-30(b)所示。

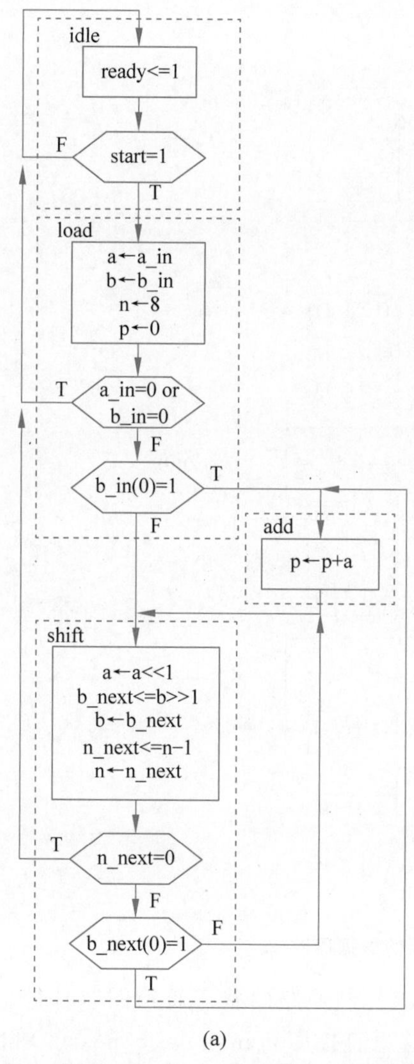

(a)

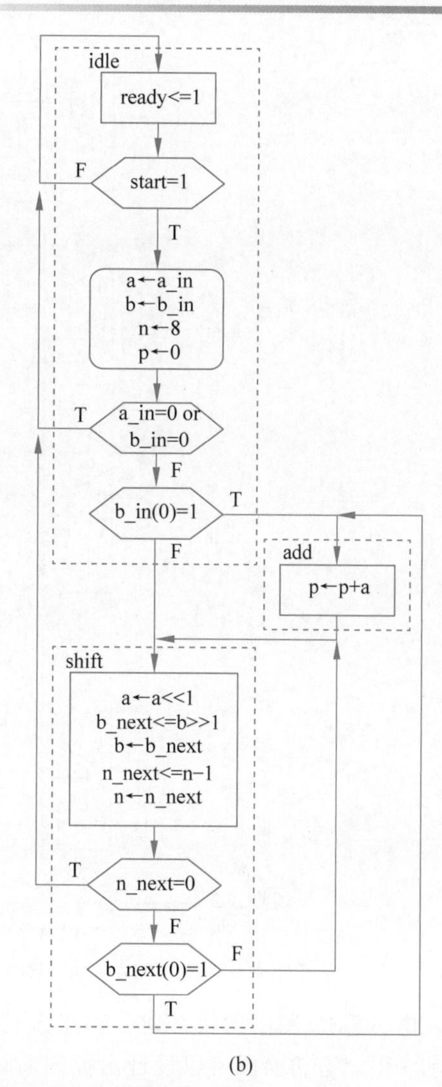

(b)

图 11-30 移位累加型乘法算法的 ASMD 图

3）FSMD 图

由图 11-30(b)所示的 ASMD 图可以列出如表 11-3 所示的移位累加型乘法器各寄存器的 RT 运算。

表 11-3 移位累加型乘法器各寄存器的 RT 运算

	idle		add	shift
	start＝0	start＝1		
a	a←a	a←a_in	a←a	a←a≪1
b	b←b	b←b_in	b←b	b←b≫1
n	n←n	n←8	n←n	n←n－1
p	p←p	p←0	p←p＋a	p←p

根据各寄存器的 RT 运算，可以得到如图 11-31 所示的数据通路。为了方便计算，把寄存器 a 的宽度设定为 16 位，和寄存器 p 的宽度一致。数据通路中多路选择器依然使用状态寄存器的状态作为选择控制信号。

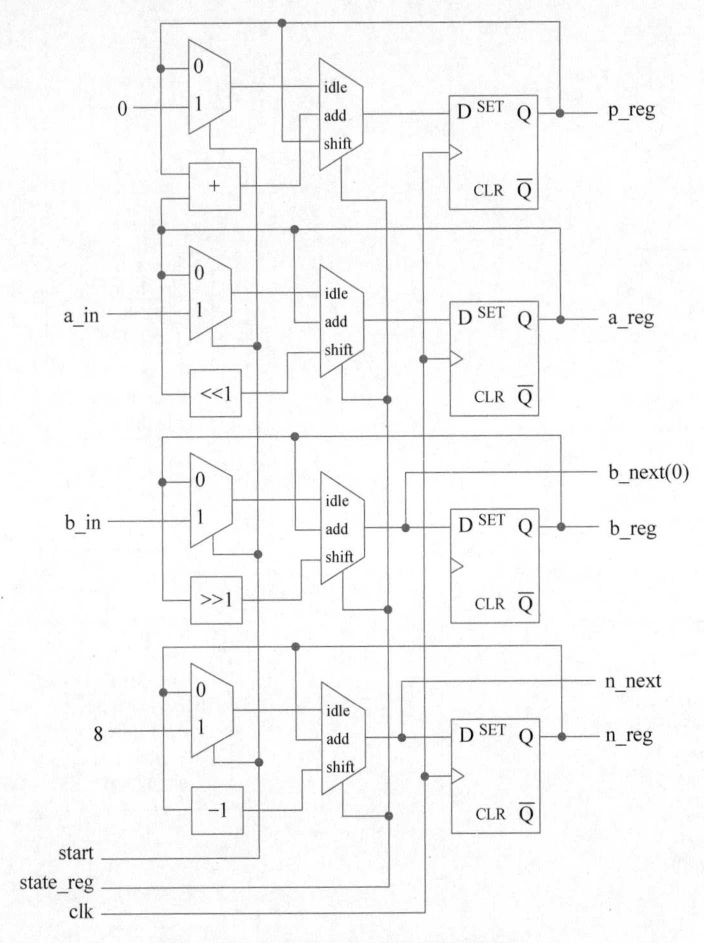

图 11-31 移位累加型乘法器的数据通路

由 ASMD 图中的状态划分和状态转换，可以画出控制通路的状态转换图，如图 11-32 所示。由状态转换图可以设计出控制通路状态机。这里直接用 a_in、b_in、b_next(0)和 n_next 作为状态机的输入，控制状态的转换。输出状态寄存器的状态作为给数据通路的控制信号，输出给外部的状态信号 ready。

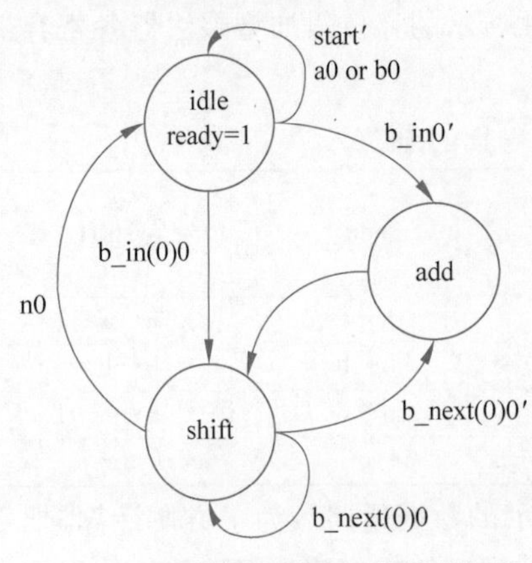

图 11-32 移位累加型乘法器控制通路的状态转换图

描述移位累加型乘法器的代码 11-3 可扫描“配套资源”二维码下载。

移位累加型乘法器完成一次乘法需要迭代乘数的数据宽度次，例如乘数为 8 位，就需要迭代 8 次。每次迭代如果乘数位为 1，则需要经过 add 和 shift 两个状态，如果乘数位为 0，则只需要经过 shift 一个状态。因此对于 n 位无符号数相乘，最坏的情况就是乘数的所有位都是 1，这时需要 $2n+1$ 个时钟周期才能完成相乘；最好的情况是乘数或被乘数中有一个是 0（所有位都是 0），这时只需要 1 个时钟周期就可以完成相乘。相比重复累加型乘法器完成一次乘法最多需要 2^n 个周期，移位累加型乘法器完成一次乘法所用的时间要少得多。

11.3.4 改进的移位累加型乘法器

从图 11-31 所示的移位累加型乘法器的数据通路可以看出，在 shift 状态下寄存器 a 和寄存器 b 的功能单元是一个 1 位移位器，而固定移位量的移位器并不需要逻辑电路来实现。另外，从表 11-3 也可以看出，在 add 和 shift 状态下的 RT 运算是相互独立的。因此可以把 add 和 shift 状态合并为一个状态，把累加运算放在条件输出框中，这样每次迭代只需要一个时钟周期，完成一次乘法只需要 $n+1$ 个时钟周期。改进后的 ASMD 图如图 11-33 所示。

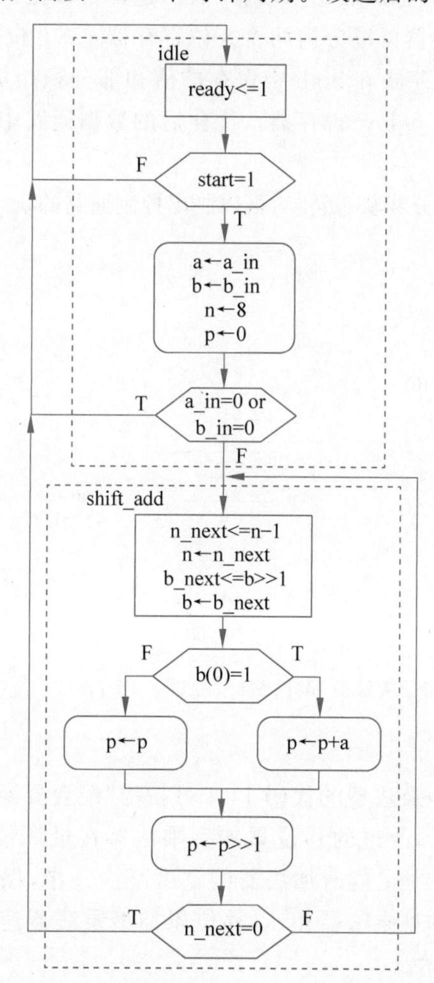

图 11-33 改进的移位累加型乘法器 ASMD 图

由 ASMD 图可以得到如表 11-4 所示的各寄存器的 RT 运算。

表 11-4 改进的移位累加型乘法器各寄存器的 RT 运算

	idle		shift_add	
	start＝0	**start＝1**	**b(0)＝1**	**b(0)＝0**
a	a←a	a←a_in	a←a	a←a
b	b←b	b←b_in	b←b≫1	b←b≫1

续表

	idle		shift_add	
	start=0	**start=1**	**b(0)=1**	**b(0)=0**
n	n←n	n←8	n←n−1	n←n−1
p	p←p	p←0	p←p+a	p←p

对数据通路电路也可以进行优化。8 位数相乘需要 16 位寄存器来保存乘积，而部分积累加时最低位是不变的，只需要累加高位。因此部分积的累加可以不用 16 位加法器，而使用 9 位加法器，在每次迭代后把加法结果右移一位，这样可以把加法器的宽度降低一半。相应地，保存乘积的 16 位寄存器可以分为两个 8 位寄存器：高 8 位寄存器 p_high 和低 8 位寄存器 p_low。每次迭代时寄存器 p_high 中保存的值和部分积相加，得到的结果右移一位存入 p_high 中，移出的位移入 p_low 寄存器。优化后的数据通路中 p 寄存器和 b 寄存器相关的电路如图 11-34 所示。

由 ASMD 图中的状态划分和状态转换，可以画出控制通路的状态转换图，如图 11-35 所示。

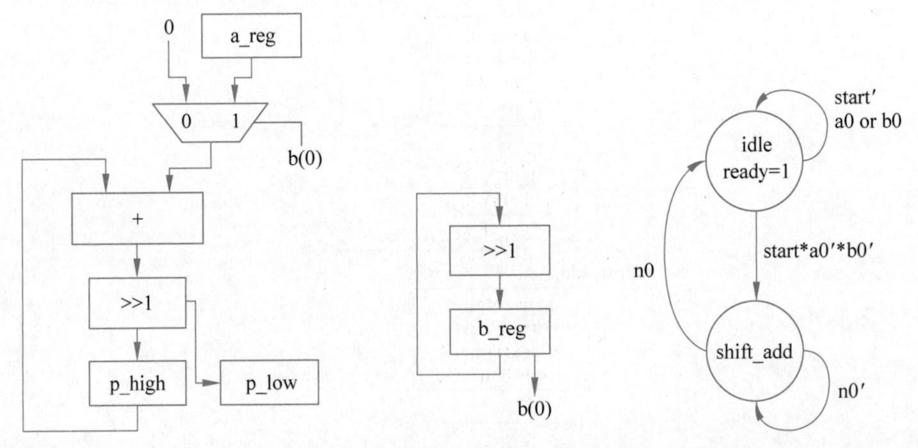

图 11-34　改进的移位累加型乘法器部分数据通路

图 11-35　改进的移位累加型乘法器控制通路状态转换图

描述改进的移位累加型乘法器的代码 11-4 可扫描“配套资源”二维码下载。

相比移位累加型乘法器，改进的移位累加型乘法器在最坏情况下只需要 $n+1$ 个时钟周期就可以完成一次 n 位乘法；同时加法器的宽度减少一半，保存被乘数的寄存器的宽度也减少了一半。和重复累加型乘法器相比，移位累加型乘法器速度提高了很多。几种乘法器的性能比较如表 11-5 所示。

表 11-5　几种乘法器性能比较

乘法器结构	最坏情况下完成乘法所用时钟周期数	功能单元	寄存器数量
重复累加型	2^n+1	$2n$ 位加法器 n 位减法器	$4n$ 位寄存器
改进的重复累加型	2^n	$2n$ 位加法器 n 位减法器	$4n$ 位寄存器

续表

乘法器结构	最坏情况下完成乘法所用时钟周期数	功能单元	寄存器数量
移位累加型	$2n+1$	$2n$ 位加法器 $(\log_2 n+1)$位减法器	$(5n+\log_2 n+1)$位寄存器
改进的移位累加型	$n+1$	$(n+1)$位加法器 $(\log_2 n+1)$位减法器	$(4n+\log_2 n+1)$位寄存器

习题

11-1 寄存器 R 的 RT 运算如表 11-6 所示，其中 S1 和 S0 是模式选择信号，试画出实现这一 RT 运算的电路结构。

表 11-6 寄存器 R 的 RT 运算

S1S0	RT 运算	S1S0	RT 运算
00	R←R	10	R←D（并行加载数据）
01	R←NOT(R)	11	R←0

11-2 寄存器 R0、R1、R2 和 R3 的输出通过多路选择器连接到寄存器 R4 的输入，寄存器 R4 的 RT 运算如下：C0：R4←R0；C1：R4←R1；C2：R4←R2；C3：R4←R3。试画出实现上述 RT 运算的电路结构。（注：C0、C1、C2 和 C3 是控制量，且 4 个控制量互斥。）

11-3 ASMD 图如图 11-36 所示，要求根据 ASMD 图画出数据通路；根据 ASMD 图画出状态转换图；电路输入为时钟 CLK 和外部输入 START，输出为 F1(8 位)、状态信息 READY 和任务完成标识 DONE，写出描述电路的 VHDL 代码，并综合仿真。

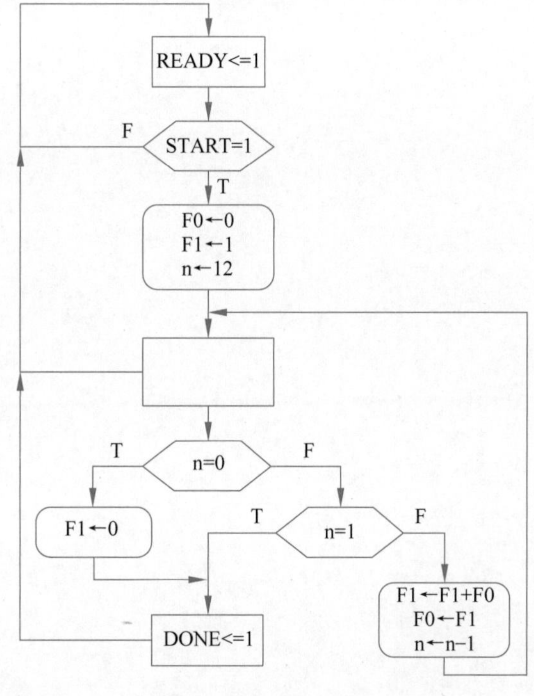

图 11-36 题 11-3 图

11-4　设计一个计1计数器。输入为时钟CLK和串行输入X,在32个时钟周期内计输入为1的时钟周期数,输出为5位计数值COUNT。要求画出ASM图；画出ASMD图；写出描述电路的Verilog HDL代码,并综合仿真。

11-5　用RTL设计方法设计一个按键去抖电路,去抖的工作原理如下：当检测到第一个跳变边沿后,输出由0变为1,然后等待一小段时间(至少15ms),输出再变为0。要求画出ASM图；画出ASMD图；写出描述电路的Verilog HDL代码,并综合仿真。

第 12 章 一个简单的可编程处理器

CHAPTER 12

复杂数字系统中通常都会包含一个或多个处理器核，处理器可以运行程序来实现要求的功能。本章主要介绍一个简单 RISC 处理器核的结构和设计，主要包括下列知识点。

1）概述

理解专用处理器和可编程处理器的特点，理解 RISC 处理器的特点。

2）可编程 RISC 处理器基本结构

理解 RISC 处理器数据通路和控制通路的结构。

3）设计一个简单的 RISC 处理器

理解 RISC 处理器指令集的格式和编码，理解机器码和汇编语言的概念；理解 RISC 处理器数据通路和控制通路的设计方法；理解用硬件描述语言描述处理器核的方法。

4）指令集扩展的 RISC 处理器

理解指令集扩展后数据通路和控制通路的相应扩展方法。

5）处理器的进一步扩展和改进

了解处理器进一步扩展和改进的方法。

12.1 概述

视频讲解

12.1.1 专用处理器和可编程处理器

数字电路可以处理单个任务，如第 11 章设计的乘法器等，这种电路只能执行单一的任务，也称为专用处理器。单一任务的专用处理器因为针对某一特定任务，因此可针对任务进行优化，达到运算速度快，功耗小的目的。另外一种数字电路称为可编程处理器，也称为中央处理器(central processing unit，CPU)，它把要处理的任务分解为一条条指令，保存在存储器中，逐条执行这些指令完成处理任务，而不是设计特定的电路。保存在存储器中处理任务的指令就是所谓的程序。

可编程处理器的好处是可以大批量地制造，对处理器编程就可以做几乎任何事情。大批量制造可以降低处理器的成本，使得器件价格比较低。

CPU 是计算机系统的核心。计算机系统主要包括 CPU 和存储器，指令和处理的数据存放在存储器中，CPU 从存储器中读取指令，并完成指令规定的操作。在执行指令的过程中，可能会从存储器中读取数据，对数据进行处理，再把数据存储回存储器中。计算机系统的基本结构如图 12-1 所示，数据和指令可以放在同一存储器中，这种结构称为冯·诺依曼结构；数据和指令也可以放在不同的存储器中，用不同的总线传输，这种结构称为哈佛结构。

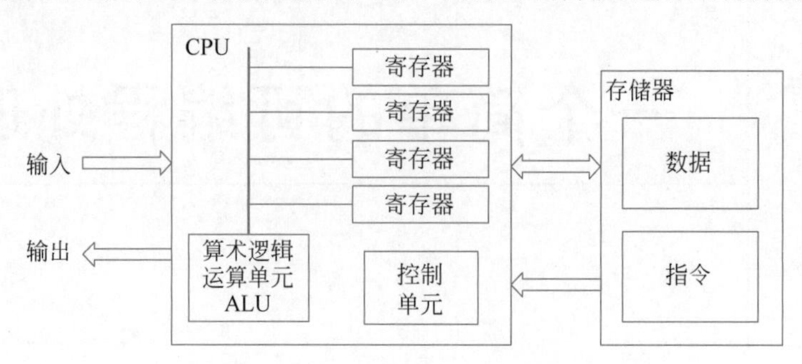

图 12-1　计算机系统的基本结构

12.1.2　RISC处理器和CISC处理器

在计算机系统中，要完成的任务通常被分解为一条条指令，处理器通过逐条执行这些指令来完成任务。计算机中有很多种指令，各种指令组合就可以完成复杂的运算。处理器所能执行的指令的集合就是处理器的指令集。

当指令执行时，数据可以从处理器内部的寄存器中取得，也可以从数据存储器中取得，运算的结果可以返回寄存器，也可以存回数据存储器。在处理器上执行的指令都是二进制码，也称为机器码(machine code)，机器码的不同字段规定了指令的不同信息，例如指令完成的操作、数据所在的寄存器和数据的寻址模式(表示数据在存储器中存储位置的方法)等，这种指令机器码编码的格式、寄存器集以及寻址方式共同构成了指令集体系结构(instruction set architecture，ISA)。

早期的处理器指令集往往都包含功能很强大、能够执行复杂运算的指令，并有各种复杂的寻址方式，这种处理器称为复杂指令集计算机(complex instruction set computer，CISC)处理器。这种复杂的指令结构使得处理器的运算单元和控制单元都很复杂。Intel公司的x86处理器和Motorola公司的68000/68020处理器都是CISC处理器。

复杂的指令由于要进行复杂的操作，实际上会降低系统的工作速度。对CISC指令集的测试表明，功能复杂的指令使用频度比较低，而比较简单的指令使用频度更高，因此在20世纪80年代出现了更紧凑、性能更高的精简指令集计算机(reduced instruction set computer，RISC)处理器。MIPS公司的MIPS处理器、IBM公司的PowerPC处理器和ARM公司处理器都是RISC处理器。

RISC处理器具有以下特点。

(1) 统一的指令长度：所有指令的长度都是一样的，如都是32位或16位；而CISC指令的长度是不一致的，从1字节到4字节不等；

(2) 指令的格式少：指令格式少，指令的编码尽可能一致，以简化指令译码；

(3) 寻址模式少：大部分RISC处理器只支持1～2种存储器寻址模式，通常用寄存器和一个偏移量来表示要访问的存储器地址；

(4) 使用大量寄存器：RISC处理器内部有大量通用寄存器，所有算术逻辑运算的操作数都从寄存器取得，计算结果也存回寄存器。访问寄存器的速度要远比访问存储器快，这样可以避免频繁访问存储器使得处理器性能下降；

（5）Load/Store 结构：在 RISC 处理器中，各种运算指令不使用存储器操作数，即不访问存储器，能够访问存储器的只有 Load 指令和 Store 指令。Load 指令把数据从存储器中取来放入寄存器中，运算指令从寄存器中读取操作数进行运算，将结果再存回寄存器，Store 指令把数据从寄存器存入存储器。

RISC 处理器的指令比较简单，完成一项任务相比 CISC 处理器需要更多指令。但由于 RISC 处理器都是简单指令，数据通路简单，因此总体上 RISC 处理器的处理速度要比 CISC 快。本章的主要内容是介绍一个简单的 RISC 处理器的设计。

12.2 可编程 RISC 处理器基本结构

视频讲解

相比专用处理器只能完成某一特定任务，可编程处理器可以通过程序完成各种任务。但从另一个角度看，可编程处理器也可以看作一个专用处理器，它只完成一个特定的任务：执行程序指令。因此可编程处理器的设计和专用处理器一样，分为数据通路和控制通路。

12.2.1 数据通路结构

执行某个任务通常就是把输入数据经过某种处理转化为输出数据。整个过程就是读取输入数据，对这些数据进行各种运算，产生新的数据，把这些新的数据写入输出，这种转换就在处理器的数据通路中进行。

在计算机系统中，输入和输出数据通常都放在数据存储器中。RISC 处理器是 Load/Store 结构，数据先从数据存储器中读入寄存器内，功能单元从寄存器中读取操作数进行运算，运算结果再存回寄存器，是寄存器—寄存器结构，最后产生的输出数据再从寄存器保存到数据存储器。

寄存器用来保存数据，典型宽度为 16 位和 32 位。RISC 处理器内部的通用寄存器集合在一起称为寄存器堆(register file，RF)。寄存器堆通常有多个读端口，有一个写端口，用来保存运算过程中产生的临时数据，寄存器堆中的寄存器通常命名为 R0、R1、R2、…。功能单元用来对数据进行运算处理，典型的是算术逻辑运算单元(arithmetic logic unit，ALU)。

RISC 处理器的指令通常会有很多条，但最基本的操作是以下 3 种。

（1）Load 操作：把数据从数据存储器读取到寄存器堆的寄存器中；

（2）ALU 操作：对两个从寄存器堆来的数据进行运算，把运算结果写回寄存器堆。运算可以是任何 ALU 支持的运算，典型的 ALU 运算包括加、减等算术运算和与、或等逻辑运算；

（3）Store 操作：把寄存器堆中的数据写入数据存储器中。

因此 RISC 处理器数据通路的基本结构如图 12-2 所示，包括数据存储器、寄存器堆、多路选择器和算术逻辑运算单元。

RISC 处理器在执行每条指令时都需要对数据存储器、多路选择器、寄存器堆和算术逻辑运算单元进行控制，相应的控制信号都由控制通路产生。

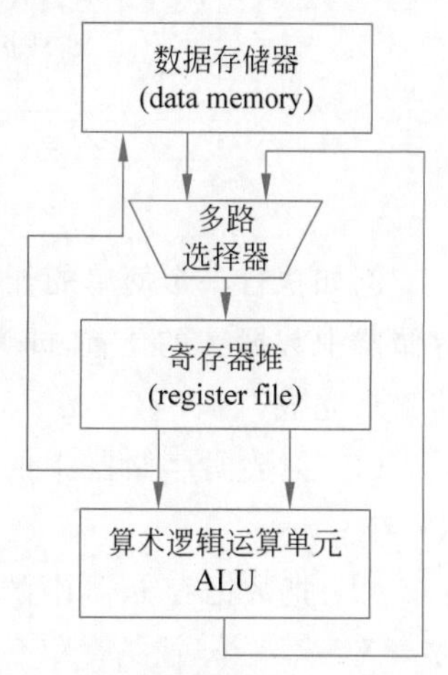

图 12-2 RISC 处理器数据通路的基本结构

12.2.2 控制通路结构

在计算机系统中,任务通常被分解为指令来实现,这就是程序。程序保存在指令存储器中,当执行程序时把指令从指令存储器中逐条取出,对指令进行译码,然后执行指令。因此一条指令的执行可以分为3个阶段:取指、译码和执行。为执行一段程序,控制单元需要反复执行这3个阶段。

(1) 取指(fetch):控制单元把当前指令读取到被称为指令寄存器(instruction register,IR)的本地寄存器。当前指令在指令存储器中的地址保存在被称为程序计数器(program counter,PC)的寄存器中。

(2) 译码(decode):控制单元分析(译码)这条指令要求做什么操作或运算。

(3) 执行(execution):控制通路产生相应的控制信号来控制数据通路执行指令要求的操作。

控制通路的基本结构如图12-3所示,包括程序计数器、指令存储器、指令寄存器和控制单元。

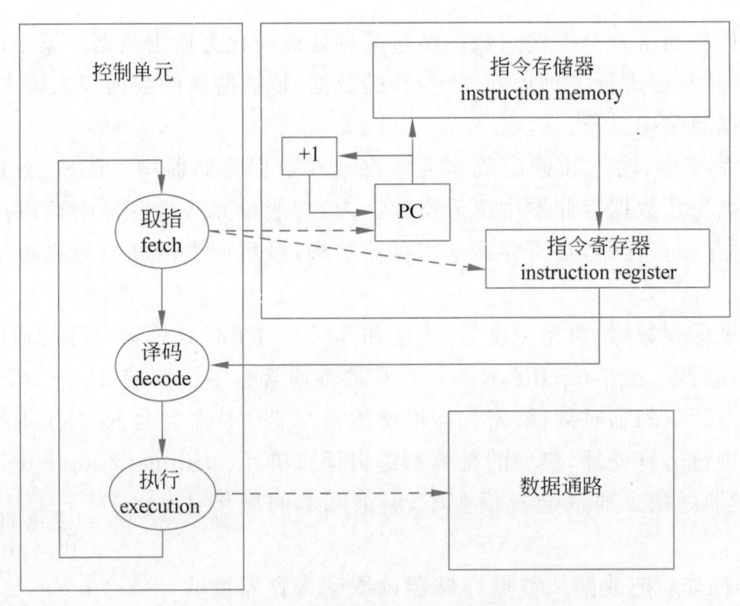

图12-3 RISC处理器控制通路基本结构

例如执行一个简单的任务,把数据存储器中的数据X和数据Y相加,把结果写入数据存储器中数据Z的位置,即计算Z = X+Y。在RISC处理器中,这个任务可以分解为以下步骤来完成:

(1) 把数据存储器中的数据X加载到寄存器堆中的寄存器R0,这个操作可以记为R0=X;

(2) 把数据存储器中的数据Y加载到寄存器堆中的寄存器R1,这个操作可以记为R1=Y;

(3) 把寄存器R0和R1中的数据相加,结果保存到寄存器堆中的寄存器R3,这个操作可以记为 R3＝R0＋R1；

(4) 把寄存器 R3 中的数据保存入数据存储器中数据 Z 的位置，这个操作可以记为 Z＝R3。

根据这 4 个步骤就可以写出相应的 4 条指令组成的程序：

R0＝X

R1＝Y

R3＝R0＋R1

Z＝R3

程序指令通常按顺序存放在指令存储器中，PC 可以用一个向上计数器来实现从一条指令向下一条指令推进，所以它被称为程序计数器。假设处理器从 PC＝0 开始，第一条指令存放在指令存储器的 0 位置，后面的指令依次存放在指令存储器的 1、2、3 位置。

执行第一条指令需要取指、译码和执行 3 个阶段。首先以 PC 作为地址从指令存储器的 0 位置取出(fetch)第一条指令，存入指令寄存器(IR)；然后控制单元对指令进行译码(decode)，分析这条指令所要做的操作；最后执行(execution)指令的操作，从数据存储器中读出变量 X 的值，存入寄存器 R0 中。

后面的 3 条指令以类似的方式运行，控制通路反复执行取指、译码、执行 3 个步骤。可以看出，控制通路中的控制单元是一个状态机 FSM，产生控制信号来控制各部分的工作。

图 12-4 是这段简单程序在处理器中执行的示意图。

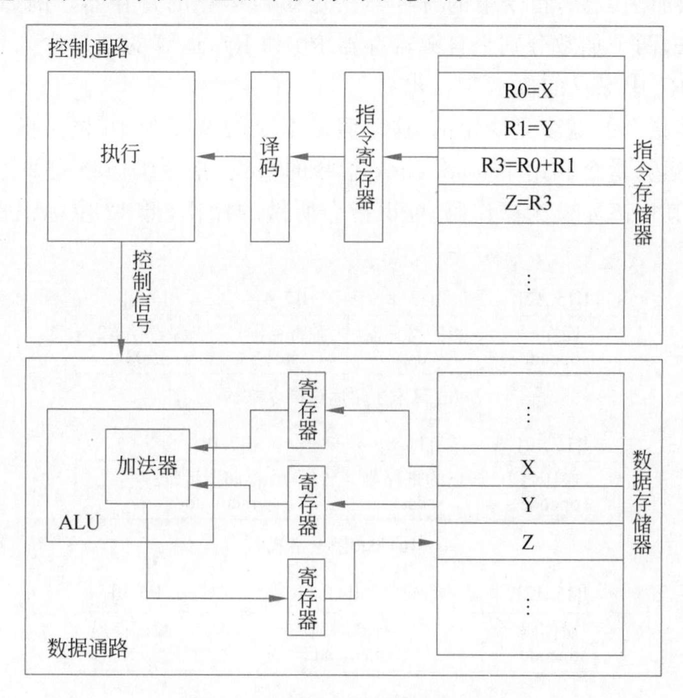

图 12-4　简单程序执行的示意图

视频讲解

12.3 设计一个简单的 RISC 处理器

本节从最简单的情况开始,设计一个简单的只有 3 条指令的 RISC 处理器。处理器在执行程序时,一条指令执行完再执行下一条指令。

12.3.1 指令集

设计处理器首先需要设计它的指令集,设计指令如何编码和执行。设计指令集时需要决定有多少条指令、有哪些指令、指令的宽度是多少、指令的字段如何划分和编码等。

这里采用哈佛结构,数据存储器和指令存储器分开,数据和程序不在同一存储空间,采用单独的总线访问数据存储器和指令存储器。此处定义了一个简单的只有 3 条指令的指令集,指令格式采用常见的格式,3 条指令如下:

(1) LDR　目的寄存器 dst,源存储单元地址 mem_addr

(2) STR　源寄存器 src,目的存储单元地址 mem_addr

(3) ADD　目的寄存器 dst,源寄存器 src1,源寄存器 src2

LDR 指令是把数据从存储器加载到寄存器中。例如指令 LDR R0, &20H 是把地址为 20H 的存储单元中的数据拷贝到寄存器 R0 中。

STR 指令是把数据从寄存器传送到存储器中。例如指令 STR R2, &50H 是把寄存器 R2 中的数据保存入地址为 50H 的存储单元中。

ADD 指令做加法运算,指令中的寄存器指定参与运算的寄存器。例如指令 ADD R2, R0, R1 是做加法,两个加数分别来自源寄存器 R0 和 R1,运算的结果送入目的寄存器 R2,源寄存器 R0 和 R1 中保存的值不变。

RISC 处理器指令的宽度是固定的,这里假定指令的宽度为 16 位。指令的编码格式分为用于算术逻辑运算指令和用于 load/store 指令的格式,指令编码格式如图 12-5 所示。每条指令 16 位宽,其中高 4 位为操作码,标识指令所做的操作,低 12 位标识寄存器地址和数据存储器的地址。

I[15..12]	I[11..8]	I[7..4]	I[3..0]
操作码 opcode	目的寄存器 dst	源寄存器1 src1	源寄存器2 src2

(a) 算术逻辑运算指令格式

I[15..12]	I[11..8]	I[7..0]
操作码 opcode	目的寄存器 dst	存储器地址 mem_addr

(b) load指令格式

I[15..12]	I[11..4]	I[3..0]
操作码 opcode	存储器地址 mem_addr	源寄存器 src

(c) store指令格式

图 12-5　三指令 RISC 处理器指令编码格式

对于算术逻辑运算指令,I[11..8]4 位字段规定目的寄存器的地址,即存放运算结果的寄存器地址；I[7..4]和I[3..0]这两个4位字段分别规定两个源寄存器的地址。寄存器的地址都是4位，即寄存器堆中最多可以有16个寄存器。

对于load指令，I[11..8]4位字段规定目的寄存器地址，I[7..0]8位字段规定存储器的地址。

对于store指令，I[3..0]4位字段规定源寄存器地址，I[11..4]8位字段规定存储器的地址。

为简单起见，load/store指令都采用直接寻址的方式，直接使用指令中的字段作为存储器的地址。

3条指令的操作码分别编码为

(1) LDR指令：0001

(2) STR指令：0010

(3) ADD指令：0011

利用这个指令集，计算Z=X+Y可以用这3条指令写出如表12-1所示的程序：

表12-1 Z=X+Y计算程序

程序地址	程序(汇编程序)	编码(机器码)
0	LDR R0，&20H	0001 0000 00100000
1	LDR R1，&21H	0001 0001 00100001
2	ADD R3，R0，R1	0011 0011 0000 0001
3	STR R3，&22H	0010 00100010 0011

程序的指令在指令存储器中以二进制0、1编码的形式存在，这种以0和1表示的程序就是机器码。读写这种程序对于人来说是一件很困难的事，人很难理解这种形式的程序，在编写程序时也很容易发生错误。因此早期的程序员发明了一个称为汇编器的工具来帮助写程序，程序员可以用助记符来编写程序，汇编器可以自动把用助记符编写的程序翻译成机器码。以助记符编写的程序，如LDR R0，&20H等，就称为汇编程序。

12.3.2 数据通路设计

设计数据通路时，首先观察每种指令执行时所需要的模块，然后用这些模块为每条指令构建数据通路，同时确定各模块对应的控制信号。

假定处理器的数据宽度为16位，因此各模块中数据的宽度都是16位。

1) 寄存器堆

算术逻辑运算指令需要从两个源寄存器中读出数据，然后对这两个数据进行运算，再把运算的结果写回一个目的寄存器。

处理器中的通用寄存器都在被称为寄存器堆的模块中。寄存器堆中包含16个16位通用寄存器，寄存器的序号为R0～R15，可以通过指定寄存器的序号(地址)来对寄存器堆中的寄存器进行读写。

算术逻辑运算指令涉及3个寄存器，需要从寄存器堆读出2个数据、写入1个数据。寄存器堆有2个读端口和1个写端口，因此有2个读地址rf_rd_addr1和rf_rd_addr2，有1个写地址rf_we_addr和写使能信号rf_we，可以同时读出2个数据，并且在读写地址不冲突时同时进行读和写。

寄存器堆总是可以根据读地址进行读操作,但写操作由写使能信号控制。当时钟沿到来时,只有写使能有效才可以对寄存器堆进行写操作。

2) 算术逻辑运算单元

由于指令集中只有一条加法指令,因此算术逻辑运算单元就是一个16位加法器,对从寄存器堆中取出的数据做加法运算。

3) 数据存储器

在load/store指令中,需要把指定存储器地址中的数据读出,然后写入指定寄存器中;或把指定寄存器中的数据读出,然后写入指定的存储器地址中。因此需要用到寄存器堆和数据存储器。

数据存储器有1个地址输入和1个写数据输入,有1个读数据输出;有1个写控制信号mem_we和1个读控制信号mem_oe,读写控制信号都是独立的,但在同一时刻只能进行读或写操作。因为指令中数据存储器的地址为8位,为简单起见,数据存储器的尺寸设定为256×16位。

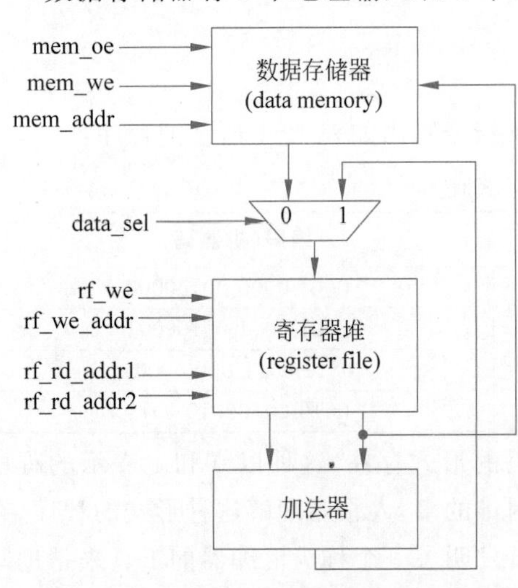

图12-6 三指令RISC处理器数据通路

4) 多路选择器

当执行算术逻辑运算指令时,写入寄存器堆的是ALU的运算结果;当执行store指令时,写入寄存器堆的是从数据存储器取出的数据。因此可以用多路选择器选择写入寄存器堆的数据,控制信号为data_sel。

根据对指令的分析,可以构建出如图12-6所示的数据通路。

12.3.3 控制通路设计

数据通路中的控制信号都由控制单元根据指令的操作码来产生。

控制通路的主要组成部分是控制单元(状态机)。执行指令需要经过复位、取指、译码和执行4个步骤。不同的指令在执行时需要完成不同的操作。

1) 复位

状态机从复位状态开始工作,一旦复位信号有效,状态机就初始化控制信号和相关寄存器。

(1) 程序计数器:使PC值置为程序起始地址;

(2) 指令寄存器:使指令寄存器清零;

(3) 初始化各控制信号;

(4) 把要执行的程序加载入指令存储器中。

2) 取指

(1) 从指令存储器读出指令,送入指令寄存器;

(2) PC加1。

3）译码

根据指令寄存器的高4位（操作码）决定下一个时钟周期转入LDR指令、STR指令和ADD指令中的哪条执行。

4）执行

不同的指令执行时有相似的地方，例如STR指令和ADD指令都需要读出寄存器中的数据。完成指令的执行，不同的指令需要做不同的操作。执行一条指令的步骤和需要完成的操作可以用图12-7所示的流程图表示。

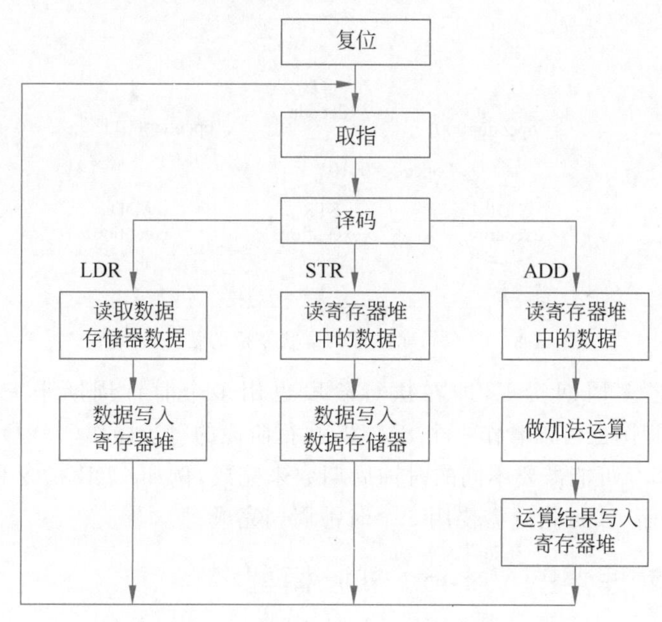

图12-7 执行指令的步骤和需要的操作

（1）LDR指令：把数据存储器的地址置为指令寄存器的低8位（IR[7..0]），使数据存储器的读使能有效，使多路选择器的控制信号data_sel为0，选择数据存储器的输出；把寄存器堆的写地址置为IR[11..8]，使寄存器的写使能有效，把数据存储器中读出的数据加载到相应的寄存器中。

（2）STR指令：和LDR指令类似，把数据存储器的地址置为指令寄存器的中间8位（IR[11..4]），使数据存储器的写使能有效；把寄存器堆的读地址2（rf_rd_addr2）置为IR[3..0]，把寄存器堆中读出的数据写入数据存储器。

（3）ADD指令：把寄存器堆的两个读地址分别置为指令寄存器的src1和src2字段（IR[7..4]和IR[3..0]），读出的数据进行加法操作；使多路选择器的控制信号data_sel为1，选择加法器的输出；把寄存器堆的写地址置为指令寄存器的dst字段（IR[11..8]），使寄存器堆的写使能有效，把加法运算结果写入目的寄存器。

指令的执行可以有不同的实现方法。最直接的方法是单周期实现，即在一个时钟周期内完成一条指令的取指、译码和执行。这种方法效率比较低，时钟周期对所有的指令都是等长的，时钟周期取决于执行最慢的指令，虽然每个时钟周期完成一条指令，但总体性能并不见得好，因此在现代处理器设计中很少使用这种方法。

另一种方法是固定周期实现，即每个阶段用一个时钟周期完成，这样完成每条指令需要

3 个时钟周期。由图 12-7 所示的流程图可以得到实现这一方案控制状态机的状态转换图，如图 12-8 所示。

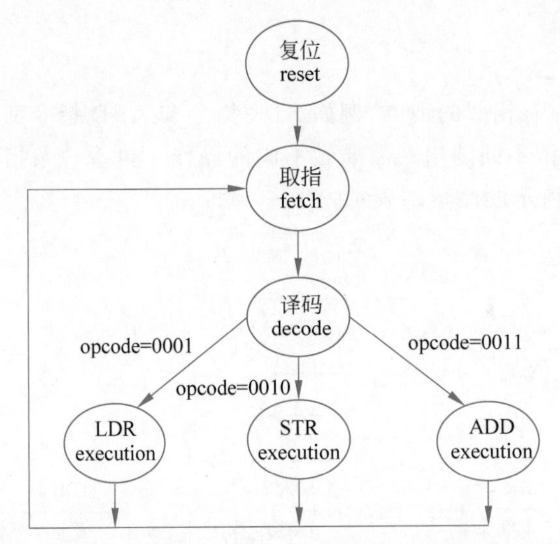

图 12-8 固定周期执行方案状态机的状态转换图

第三种方法是多周期实现，即在执行阶段也用多个时钟周期来完成指令的执行。图 12-7 所示的流程图也可以看作一个 SM 图，执行阶段的每步操作(方框)用一个时钟周期来完成。不同的指令可能需要不同的时钟周期数来完成，例如 LDR 指令和 STR 指令需要用 4 个时钟周期，而 ADD 指令需要用 5 个时钟周期完成。

12.3.4 处理器的 Verilog HDL 模型

用 Verilog HDL 描述固定周期实现的三指令 RISC 处理器，处理器的 Verilog HDL 模型如图 12-9 所示。指令存储器、数据存储器和寄存器堆都描述为单独的模块，处理器中包含了数据通路、控制通路、指令存储器、数据存储器和寄存器堆。

为简单起见，指令存储器为 256×16 位的存储器，数据存储器为 256×16 位的存储器。和图 12-7 所示的步骤稍有不同，本模型在译码阶段从寄存器堆取操作数。

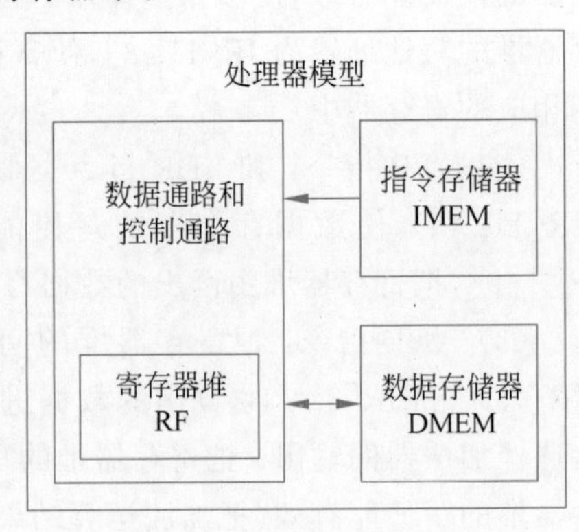

图 12-9 处理器的 Verilog HDL 模型

1) 寄存器堆

寄存器堆中有 16 个 16 位寄存器，有 2 个读地址端口 RF_RD_ADDR1 和 RF_RD_ADDR2，2 个读数据端口 RF_RD_DATA1 和 RF_RD_DATA2，1 个写地址端口 RF_WR_ADDR，1 个写数据端口 RF_WR_DATA，1 个写使能端口 RF_WE 和时钟信号。寄存器堆的描述如代码 12-1 所示。

代码 12-1：

```
module reg_file(
    input clk,
```

```
    input rst,
    input [3:0] rf_rd_addr1,
    input [3:0] rf_rd_addr2,
    input rf_we,
    input [3:0] rf_wr_addr,
    input [15:0] rf_wr_data,
    output [15:0] rf_rd_data1,
    output [15:0] rf_rd_data2);
    reg [15:0] r_file[15:0];
    always @ (posedge clk, negedge rst)
    begin
        if(!rst)
        begin
            integer i;
            for(i = 0; i < 16; i = i + 1)
                r_file[i] = 16'b0;
        end
        else
        begin
            if(rf_we)
                r_file[rf_wr_addr] <= rf_wr_data;
        end
    end
    assign rf_rd_data1 = r_file[rf_rd_addr1];
    assign rf_rd_data2 = r_file[rf_rd_addr2];
endmodule
```

2）指令存储器

指令存储器的容量为 256×16 位，指令存储器模型类似于 ROM。简单的指令存储器模型的描述如代码 12-2 所示。

代码 12-2：

```
module imemory(
    input cs;
    input [7:0] addr;
    output reg [15:0] data);
    reg [15:0] rom[255:0];
    always @ ( * )
    begin
        if(cs)
            data = rom[addr];
        else
            data = 16'bz;
    end
endmodule
```

3）数据存储器

数据存储器容量为 256×16 位，数据存储器模型类似于 SRAM。简单的数据存储器模型的描述如代码 12-3 所示。

代码 12-3：

```
module dmemory(
    input clk,
```

```
    input cs,
    input we,
    input [7:0] addr;
    input [15:0] data_in;
    output reg [15:0] data_out);
    reg [15:0] ram[255:0];
    always @ (posedge clk)
    begin
      if(cs == 1'b1 && we == 1'b1)
          ram[addr] <= data_in;
    end
    always @ ( * )
    begin
      if(cs == 1'b1 && we == 1'b0)
          data_out = ram[addr];
      else
          data_out = 16'bz;
    end
endmodule
```

4）处理器

处理器模块中包含指令存储器、数据存储器、寄存器堆模块、数据通路和控制单元模块。处理器采用了固定周期实现方案，指令执行的每个阶段占用一个时钟周期。

描述三指令处理器的代码 12-4 可扫描"配套资源"二维码下载。处理器模型中的信号说明如下：

```
clk:时钟
rst:复位
pc:程序计数器
pc_en:程序计数器使能
imem_cs:指令存储器片选
instr:从指令存储器中读出的指令
dmem_cs:数据存储器片选
dmem_we:数据存储器写使能
dmem_addr:数据存储器地址
dmem_data:数据存储器读出数据
dmem_data_reg:数据存储器读出数据寄存器
ir:指令寄存器
ir_en:指令寄存器使能
opcode:指令中的操作码
src1_addr:源寄存器地址 1
src2_addr:源寄存器地址 2
src1、src2:从寄存器中读出的两个操作数
dst_addr:目的寄存器地址
rf_we:寄存器堆写使能
rf_wr_data:寄存器堆写数据
add_out:加法运算结果
ld_mem_addr:数据存储器读地址
st_mem_addr:数据存储器写地址
```

12.4 指令集扩展的 RISC 处理器

12.4.1 指令集扩展

3 条指令只能完成加法操作，对指令集进行扩展，增加跳转类指令、3 条算术逻辑运算指

令和常数加载指令，使之能完成更复杂的任务。跳转类指令和常数加载指令的编码格式如图 12-10 所示。

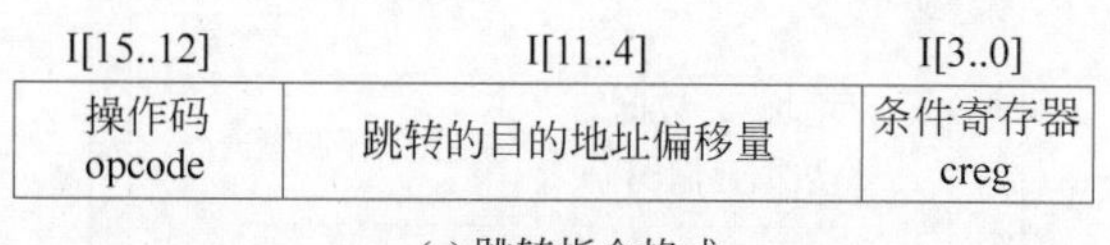

(a) 跳转指令格式

I[15..12]	I[11..8]	I[7..0]
操作码 opcode	目的寄存器 dst	常数

(b) 常数加载指令格式

图 12-10　跳转指令和常数加载指令编码格式

对于跳转指令，I[3..0]4 位字段规定条件操作数存放的寄存器地址，I[11..4]8 位字段规定当条件满足时要跳转到的指令存储器地址偏移量，即判断条件寄存器中存放的数据是否满足条件，如果满足则跳转到程序存储器目的地址，目的地址是当前 PC＋地址偏移量。8 位地址偏移量为二进制补码，因此 PC 可以向前跳转 127 条，向后跳转 128 条指令。

对于常数加载指令，I[11..8]4 位字段规定加载进来的数据所存放的目的寄存器地址，I[7..0]8 位字段规定要加载的常数。

扩展后的指令集如表 12-2 所示。

表 12-2　扩展后的指令集

	指　　令	操　作　码	指令的操作
load/store 指令	LDR dst,addr	0001	RF[dst]=DMEM[addr]
	STR src,addr	0010	DMEM[addr]=RF[src]
	LDC dst,const	1110	RF[dst]=const
算术逻辑运算指令	ADD dst,src1,src2	0011	RF[dst]=RF[src1]+RF[src2]
	SUB dst,src1,src2	0100	RF[dst]=RF[src1]−RF[src2]
	AND dst,src1,src2	0111	RF[dst]=RF[src1] AND RF[src2]
	OR dst,src1,src2	1000	RF[dst]=RF[src1] OR RF[src2]
跳转指令	JPEZ creg,offset	1001	If RF[creg]=0 then PC=PC+offset

12.4.2　数据通路

扩展的指令集包含了 LDR 指令、LDC 指令、STR 指令，算术逻辑运算指令 ADD、SUB、AND、OR 和跳转指令 JPEZ。在数据通路中需要增加能够完成指令功能的单元，修改数据通路，并增加相应的控制信号，就可以实现指令集扩展的处理器数据通路。

采用多周期实现方案，把指令的执行分解为多个步骤，每步占用一个时钟周期。一个功能单元在一条指令的执行过程中可以使用多次，只要在不同的时钟周期使用即可。为简单起见，数据和指令存放在不同的存储器单元。图 12-11 所示是扩展数据通路的基本结构。

1）算术逻辑运算单元

算术逻辑运算类指令包括 ADD、SUB、AND 和 OR，这些运算都需要在 ALU 中计算。另外，分支指令需要比较条件寄存器中保存的数据是否为 0，这也需要在 ALU 中完成。表 12-3 中列出了需要在 ALU 中完成的操作，ALU 需要扩展来实现这些功能。

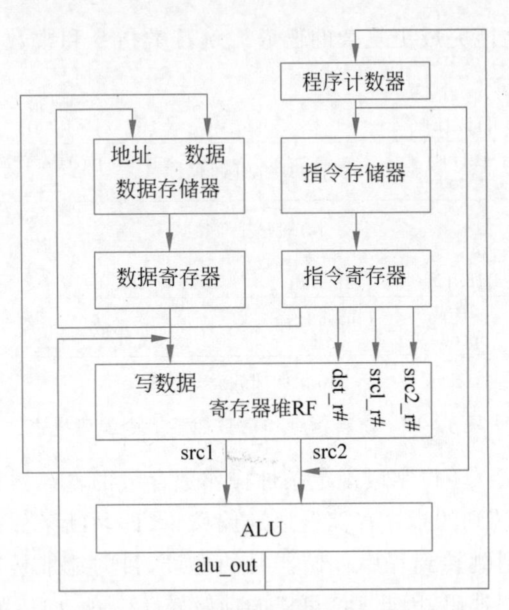

图 12-11 扩展数据通路的基本结构

相比三指令处理器，指令集扩展后 ALU 需要实现加法、减法、AND、OR 和比较运算。由于 ALU 中执行多种算术逻辑运算指令，因此还需要增加相应的控制信号。

表 12-3 在 ALU 中完成的操作

指 令	操 作 码	ALU 操作
ADD	0011	加
SUB	0100	减
AND	0111	与
OR	1000	或
JPEZ	1001	比较

ALU 为多个功能共享，意味着 ALU 需要接收多种可能的输入，因此还需要增加多路选择器。

2）寄存器堆

由于增加了常数加载指令，寄存器堆的写数据也需要增加多路选择器。

3）程序计数器(PC)

为了支持跳转指令，需要对程序计数器进行修改并增加控制。增加跳转指令后，PC 有两种可能。

(1) 正常执行程序时：PC＋1；

(2) 跳转指令时：PC＋地址偏移量。

对于跳转指令，只有指定的条件寄存器中的数据等于 0 时，ALU 计算出的新指令存储器地址才会写入 PC。

12.4.3 控制通路

根据扩展的指令集，对图 12-7 所示的指令执行步骤进行扩展，得到如图 12-12 所示的指令执行步骤。

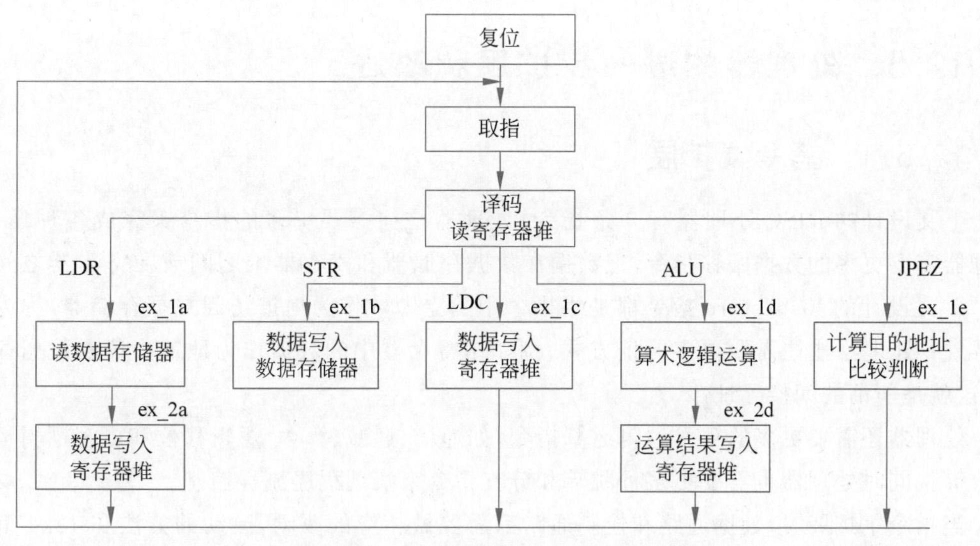

图 12-12　扩展指令集的指令执行步骤

同样，指令执行的流程图可以看作一个 SM 图，每个步骤占用一个时钟周期，进而该图也可以看作控制单元的状态转换图。分析在每个步骤需要做的操作，可以设计不同状态下各模块需要的控制信号。

1）取指

把 PC 的值作为地址送给指令存储器，读取指令，存入指令寄存器，同时准备新的 PC 值。在正常情况下，将 PC 加 1；当执行跳转指令时，将 ALU 计算出的目的地址作为新的 PC 值。为实现这一步，需要控制信号来选择正确的 PC 值。

2）译码和读寄存器堆

译码一方面确定要执行的指令，另一方面也可以确定寄存器堆的读地址，读取寄存器堆中的数据。由于指令的格式很规整，在译码阶段可以很方便地读取寄存器堆的数据，这样做的好处是可以减少指令执行的时钟周期数。从图 12-12 可以看出，执行 STR 指令需要 3 个时钟周期，执行 ALU 指令需要 4 个时钟周期，如果不在译码阶段读寄存器堆，执行这些指令需要多一个时钟周期。

3）执行阶段 1：访问存储器和 ALU 计算

(1) 对于 load/store 指令，在这一阶段使存储器的读或写使能信号有效，访问存储器。

(2) 对于 LDC 指令，使寄存器堆的写使能有效，把常数写入寄存器堆。

(3) 对于 ALU 指令，产生控制信号，控制 ALU 对从寄存器堆读出的操作数做相应的算术逻辑运算。

(4) 对于跳转指令，ALU 对从寄存器堆中读出的数据做 0 比较，来决定是否跳转，同时 ALU 计算跳转的目的地址。

4）执行阶段 2：数据写入寄存器堆

(1) 对于 LDR 指令，使寄存器堆写使能有效，把数据存储器中取出的数据写入寄存器堆。

(2) 对于 ALU 指令，使寄存器堆写使能有效，把 ALU 的运算结果写入寄存器堆。

根据对指令执行各个阶段操作的分析，可以设计出不同状态下各模块的控制信号。

12.5 处理器的进一步扩展和改进

12.5.1 指令集扩展

上文设计的 RISC 处理器有 8 条指令,处理器往往需要更多的指令来完成各种任务。处理器需要更多的数据搬移指令,把数据在数据存储器和寄存器堆之间或在寄存器之间搬移。上文设计的 load/store 指令都是用指令中的立即数作为地址访问数据存储器,称为直接寻址;处理器往往需要更多寻址方式,例如用寄存器中的数据作为地址去读取数据存储器,这就是所谓的间接寻址。

处理器还需要更多的算术逻辑运算指令,如递增、递减、算术/逻辑移位和更多逻辑运算指令等。同时处理器也需要更多种跳转和分支指令来实现程序流程控制。

当指令集扩展时,数据通路和控制通路都需要做相应的改动,改动的方法和 12.4 节介绍的方法类似。

12.5.2 性能改进

在固定周期或多周期实现的 RISC 处理器中,指令的执行都是串行的,即执行完一条指令后才取出下一条指令执行,这种方式效率比较低。指令的执行可以采用流水线方式,让多条指令在时间上重叠并行,以提高处理器的性能。

指令的执行可以分为几个阶段,每个阶段由相应的单元来完成。可以把各个阶段看成流水线段,则指令的执行就形成了一条指令流水线。例如可以把指令的执行分为取指、译码、取操作数、执行、写回几个阶段。进入流水线的指令,在一个阶段的操作完成后进入下个阶段,这时下一条指令可以进入上个阶段执行。这样,前一条指令的第 $i+1$ 步可以和后一条指令的第 i 步同时进行,当流水线填满时,有 5 条指令同时执行。如果执行 4 条指令,只需要 8 个时钟周期就可以完成;如果执行的指令串很长,则填满流水线的时间可以忽略,近似于每个时钟周期完成一条指令。执行指令的 5 段流水线如图 12-13 所示。

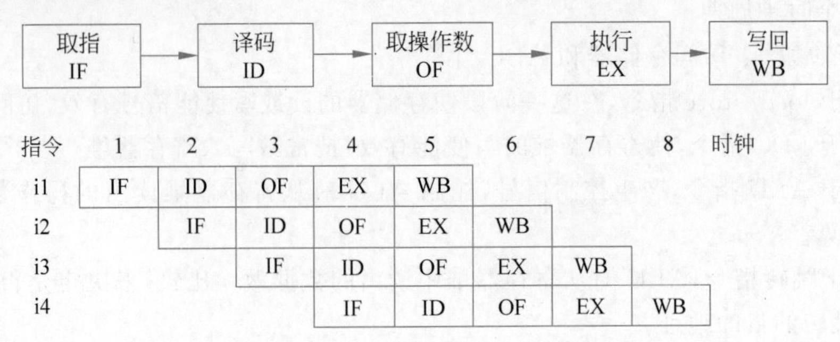

图 12-13 执行指令的 5 段流水线

用流水线实现时,处理器的数据通路和控制通路都需要改动,具体的改动方法可参见相关书籍资料。

习题

12-1　用多周期方式实现12.3节的三指令处理器，指令执行步骤如图12-7所示，用Verilog HDL语言描述设计，并仿真验证。

12-2　用固定周期方式实现12.4节的扩展指令集的处理器，用Verilog HDL语言描述设计，并仿真验证。

12-3　用多周期方式实现12.4节的扩展指令集的处理器，用Verilog HDL语言描述设计，并仿真验证。

第13章 模数和数模转换

CHAPTER 13

本章主要介绍模数转换和数模转换的基本原理和性能指标，几种常见的ADC和DAC的结构和工作原理，主要包括下列知识点。

1）概述

理解模数和数模转换的基本概念。

2）模数转换

理解模数转换的基本原理，理解模数转换器的主要性能指标。

3）常见的ADC结构

理解几种常见的ADC的结构和工作原理。

4）数模转换

理解数模转换的基本原理，理解数模转换器的主要性能指标。

5）常见的DAC结构

理解权电阻型和倒T型电阻网络的结构和工作原理。

13.1 概述

电路和信号可以分为模拟和数字两类。模拟信号在时间和幅度上都是连续的，而数字信号在时间和幅度上都是离散的。处理模拟信号的电路称为模拟电路，处理数字信号的电路称为数字电路。

身边的各种物理量通常都是连续变化的模拟量，例如声、光、热、位置、重量、速度等，在电路中都可以用电压或电流来表示，这种电压或电流是对物理量的一个比拟，这就是模拟信号。早期电子设备都是把物理量用传感器转换为模拟信号，然后用模拟电路对信号进行处理。

物理量也可以用二进制数表示，即用一串0和1来表示，这就是数字信号。要把表示物理量的模拟信号和数字电路中的数字信号相互转换，就需要用模数转换器（analog-to-digital converter，ADC）和数模转换器（digital-to-analog converter，DAC）。

使用数字信号有一系列优点，因此数字系统广泛应用于各个领域。一个典型的电子系统结构通常如图13-1所示，外部输入都是模拟信号，模拟信号经过模数转换变为数字信号，送入数字系统进行处理，处理结果经数模转换再变为模拟信号。

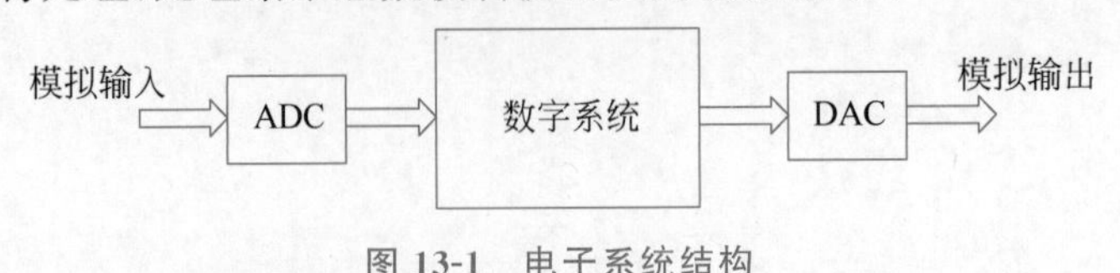

图13-1 电子系统结构

13.2 模数转换

13.2.1 模数转换基本原理

模数转换器的输入是模拟量，输出是一个和模拟量大小成一定比例关系的数字量。模数转换通常包括采样、保持、量化和编码 4 个步骤。

1) 采样保持

模拟信号在时间和幅度上都是连续的，转换为数字信号意味着在时间和幅度上都变为离散的。采样是对模拟信号在时间上按一定时间间隔抽样取值，即在时间上离散化。为了便于后续的量化和编码，采样得到的样值在模数转换期间应保持不变，直到下一次采样。采样保持电路的原理如图 13-2 所示。

在采样保持电路中，开关受采样脉冲 $S(t)$ 控制。当 $S(t)=1$ 时，开关闭合，对电容充电，输出信号与输入信号相同，$v_o(t)=v_i(t)$，完成采样过程。当 $S(t)=0$ 时，开关断开，由于运算放大器构成的电压跟随器的高输入阻抗，可以阻止电容放电，从而维持输出信号不变，直到下一次采样。这样就把连续输入的信号变成了阶梯状的信号，如图 13-3 所示。

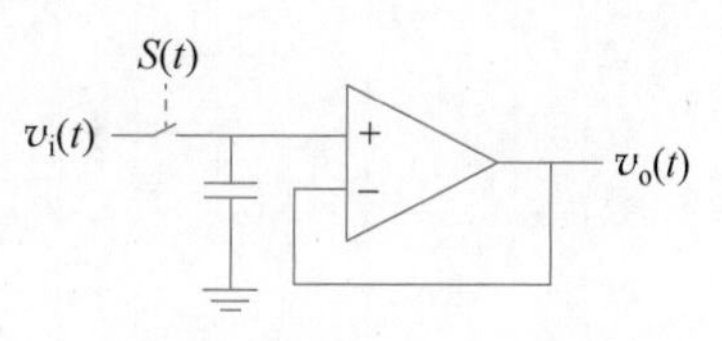

图 13-2　采样保持电路原理图

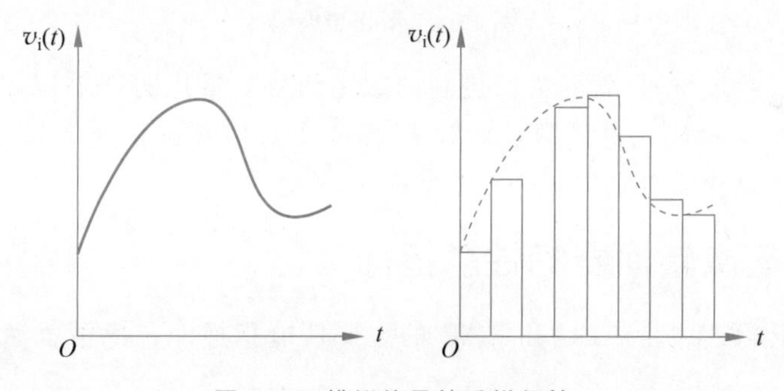

图 13-3　模拟信号的采样保持

根据采样定理，为了能从采样信号恢复出原被采样信号，采样频率 f_s 必须满足

$$f_s \geqslant 2f_{imax}$$

f_{imax} 为输入模拟信号的最高频率，AD 转换时的采样频率必须高于 $2f_{imax}$。由于实际的采样脉冲不是冲激函数，而是有一定宽度的脉冲函数，因此采样频率会更高，通常是输入模拟信号最高频率的 3～5 倍。

2) 量化和编码

采样保持把模拟信号在时间上离散化，幅度上仍然是连续的。而数字信号不仅在时间上是离散的，在幅度上也是离散的。数字量只能表示有限个值，因此需要对幅度进行量化。如果模数转换的位数为 n，则可以把电压范围划分为 2^n 级阶梯电压区间，然后根据采样保持信号所处的电压区间，按照舍零取整或四舍五入的原则赋予它最近的阶梯电压值，这样采样信号就变成了离散化的阶梯电压刻度值，这个过程称为量化。最小的量化阶梯称为量化

单位 ΔV。采样量化后,信号幅度取值就变成了量化单位 ΔV 的整数倍。

在图 13-4(a)中,对采样后的信号进行了 8 级量化。$0\sim\Delta V$ 的幅度量化为 0,$\Delta V\sim 2\Delta V$ 的幅度量化为 1,……,$6\Delta V\sim 7\Delta V$ 的幅度量化为 6,$7\Delta V\sim 8\Delta V$ 的幅度量化为 7。显然,实际电平和量化电平之间有一个差值,这个差值称为量化误差。

量化误差是一种固有的误差,无法消除。图 13-4(a)所示的量化是一种只舍不入的量化,这种量化方式的最大量化误差为 ΔV。为了减小量化误差,可以采用图 13-4(b)所示的四舍五入的量化方式,这种方式的量化误差有正有负,最大量化误差为$\frac{1}{2}\Delta V$。

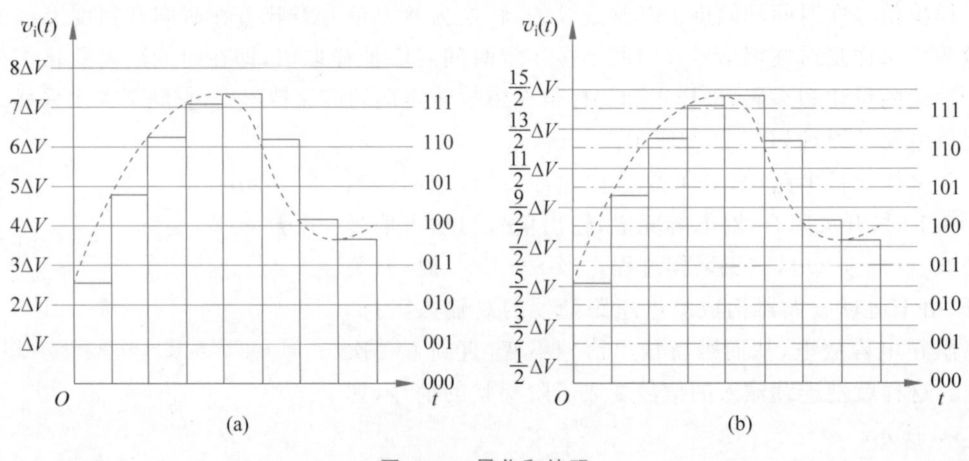

图 13-4 量化和编码

量化后的信号经过编码,就变为二进制的数字信号。量化的结果是 2^n 个量化阶梯,则编码时就对应于至少 n 位二进制数。例如图 13-4 中对信号进行 8 级量化,编码输出就是 3 位数字信号,8 级量化值分别编码为 000、001、…、111。

13.2.2 模数转换器的性能指标

转换精度和转换速度是 ADC 和 DAC 的主要性能指标。转换精度通常用分辨率和转换误差来描述。

1) 分辨率

分辨力指输出的数字二进制码的最低有效位从 0 变为 1 时所对应的模拟输入量的变化量,可以用来衡量模数转换的精细程度。从前文对量化过程的描述可知,分辨力就是量化单位 ΔV。

分辨率是相对分辨力。一个 n 位的模数转换器,设电压的最大变化范围为 $V_{\max}$,在量化时把 $V_{\max}$ 分成 2^n 层,则它的分辨力为 $\Delta V=V_{\max}/2^n$,这是模数转换器能区分出输入信号的最小差异。分辨率 R_{ADC} 为

$$R_{\text{ADC}}=\frac{\Delta V}{V_{\max}}=\frac{1}{2^n}$$

工程上常用输出数字量的位数来表示分辨率,位数越多,分辨率越高。

2) 转换误差

转换误差反映了实际转换结果与理想量化值之间的差异,往往是由元件的误差和非理

想性造成的，如参考电源的误差、内置数模转换器的误差、积分器的非理想性等。除此之外，模数转换还存在量化误差，根据量化方式的不同，量化误差为 ΔV 或 $\frac{1}{2}\Delta V$。模数转换器数字输出的位数越高，量化误差越小。

3）转换速度

转换速度用转换时间来表示，定义为从输入模拟信号加在模数转换器的输入端到输出端获得稳定的二进制码所需要的时间。转换速度和ADC的转换方案有关，不同的方案转换速度差别很大。在常见的方案中，并行比较型ADC速度最快，以并行比较型为基本模块组成的流水线型ADC速度也比较快，逐次比较型ADC速度又次之，双积分型ADC和Σ-Δ型ADC速度最慢。一般来说，转换速度和电路成本是一对矛盾。

13.3 常见的ADC结构

13.3.1 并行比较型ADC

图13-5所示是一个3位并行比较型ADC的电路结构，它由电阻分压网络、电压比较器、数据缓冲器和优先编码器构成。

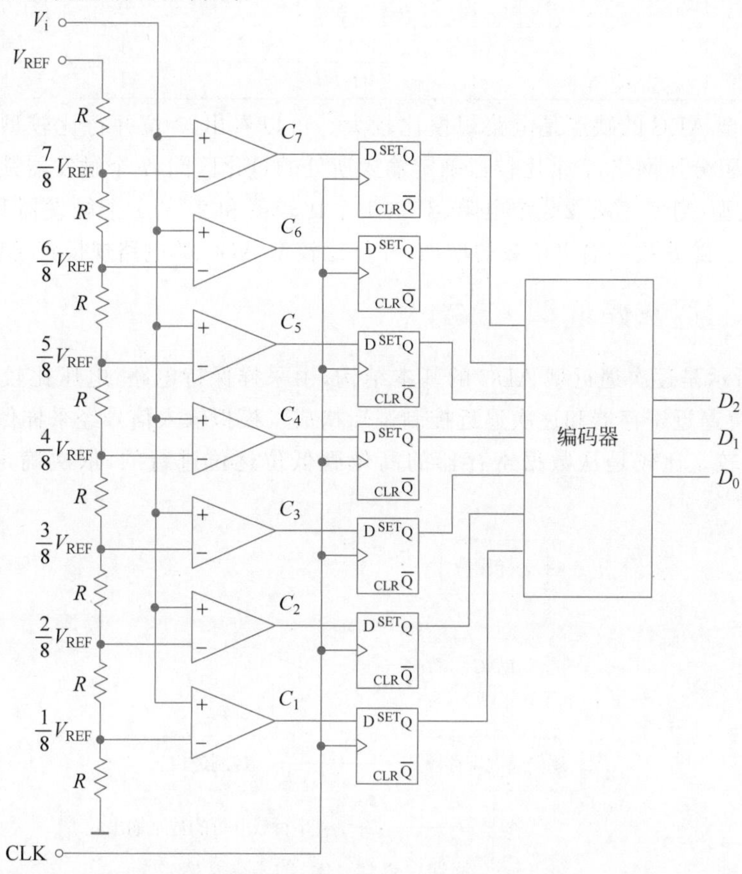

图13-5 3位并行比较型ADC的电路结构

V_{REF} 为参考电压,8 个电阻 R 构成电阻分压网络,把参考电压分压为$\frac{1}{8}V_{REF}\sim\frac{7}{8}V_{REF}$的 7 个量化电平,量化单位 $\Delta V=\frac{V_{REF}}{8}$。

7 个比较器构成了电压比较器。V_i 为输入待转换的模拟信号,$V_i<V_{REF}$。把分压网络输出的 7 个量化电压分别接 7 个比较器的反相端,同时把输入信号接 7 个比较器的同相端。当同相端的输入大于反相端的输入时,比较器输出为 1,否则输出为 0。

7 个 D 触发器构成数据缓冲器,当时钟沿到来时,锁存比较器的输出。对触发器的输出进行编码,就可以得到 3 位数字信号输出。设比较器的输出为 C_1、C_2、C_3、C_4、C_5、C_6、C_7,编码器的编码输出为 $D_2D_1D_0$,则编码输出和输入模拟电压的关系如表 13-1 所示。

表 13-1 编码输出和输入模拟电压的关系

输入范围	C_1	C_2	C_3	C_4	C_5	C_6	C_7	$D_2D_1D_0$
$[0,\Delta V)$	0	0	0	0	0	0	0	000
$[\Delta V,2\Delta V)$	1	0	0	0	0	0	0	001
$[2\Delta V,3\Delta V)$	1	1	0	0	0	0	0	010
$[3\Delta V,4\Delta V)$	1	1	1	0	0	0	0	011
$[4\Delta V,5\Delta V)$	1	1	1	1	0	0	0	100
$[5\Delta V,6\Delta V)$	1	1	1	1	1	0	0	101
$[6\Delta V,7\Delta V)$	1	1	1	1	1	1	0	110
$[7\Delta V,8\Delta V)$	1	1	1	1	1	1	1	111

并行比较型 ADC 的缺点是电路规模比较大。可以看出,3 位并行比较型 ADC 需要 8 个电阻构成电阻分压网络,7 个比较器确定输入所处的量化区间,7 个触发器锁存比较结果。10 位并行比较型 ADC 需要 2^{10} 个电阻、$2^{10}-1$ 个比较器和 $2^{10}-1$ 个触发器和 1 个规模比较大的编码器。随着数字输出位数的增加,并行比较型 ADC 的电路规模将急剧增大。

13.3.2 逐次逼近型 ADC

图 13-6 所示是逐次逼近型 ADC 的基本结构,由采样保持电路、电压比较器、数模转换器(DAC)、逐位逼近寄存器和逐次逼近控制逻辑构成。模拟输入信号经采样保持后与 DAC 的输出进行比较。比较是从数据寄存器的高位到低位逐位进行的,依次确定各位是 1 还是 0。

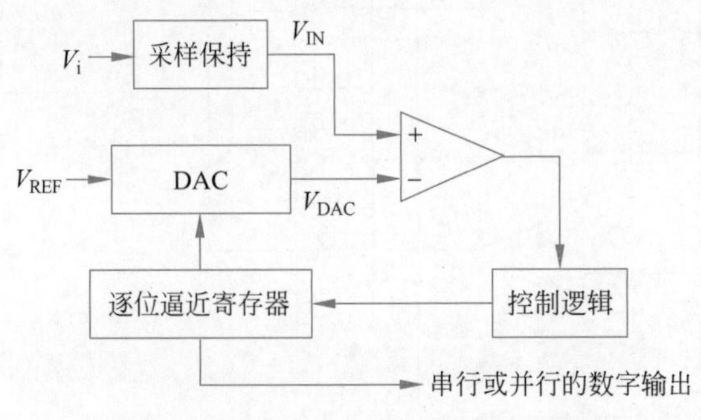

图 13-6 逐次逼近型 ADC 的基本结构

假设参考电压为$V_{REF}=8V$,输入模拟信号V_i的电压范围为0～8V。假设一个经采样保持后的信号$V_{IN}=4.2V$,要把这个模拟信号转换为3位数字信号。转换开始前,首先把逐位逼近寄存器置0;开始转换后,控制逻辑把逐位逼近寄存器的最高位B_2置为1,这时逐位逼近寄存器里的数字是100;经DAC转换为模拟信号是$V_{DAC}=\frac{1}{2}V_{REF}=4V$,它把输入电压的范围分成了[0V,4V)和[4V,8V)两个区间。把输入信号V_{IN}和V_{DAC}进行比较,如果$V_{IN}>V_{DAC}$,则输入处于上半区间,比较器输出高电平,B_2为1;否则,输入处于下半区间,比较器输出低电平,B_2为0。$V_{IN}=4.2V>4V$,可以判断B_2为1。

然后把次高位B_1置为1,这时逐次逼近寄存器中的值是110。经过数模转换后的模拟信号为$V_{DAC}=\frac{1}{2}V_{REF}+\frac{1}{4}V_{REF}=6V$,它把输入电压的范围分为了[4V,6V)和[6V,8V)两个区间。按同样的方法进行比较,$V_{IN}=4.2V<6V$,可以确定次高位B_1为0。

最后把最低位B_0置为1,这时逐次逼近寄存器中的值是101。经过数模转换后的模拟信号为$V_{DAC}=\frac{1}{2}V_{REF}+\frac{1}{8}V_{REF}=5V$,它把输入电压的范围分为了[4V,5V)和[5V,6V)两个区间。按同样的方法进行比较,$V_{IN}=4.2V<5V$,可以确定最低位B_0为0。这时逐次逼近寄存器中的值为100,这就是转换的最后结果。转换结果可以串行或并行输出,就完成了一次模数转换。

逐次逼近型ADC的转换是分步进行的,第一次比较的阈值电压是$\frac{1}{2}V_{REF}$,以后每次比较的阈值电压都由前一次的结果决定,直到确定最低位的值。n位模数转换至少需要$n+1$个时钟周期,位数越长,所需要的转换时间也越长,因此逐次逼近型ADC的速度低于并行比较型ADC。逐次逼近型ADC的数字输出位数越长,转换结果越精确。逐次逼近型ADC也是速度比较快、转换精度比较高的ADC。

13.3.3　Σ-Δ型ADC

Σ-Δ方法经常用来实现高位数的ADC,是用高速、低位数(通常是1位)的DAC来实现高位数(如10位或更高)的ADC,它的主要思想是用速度来换取位数。

Σ-Δ型ADC由Σ-Δ转换器和数字滤波器构成,如图13-7所示。Σ-Δ转换器用比需要的采样频率高得多的频率对模拟信号进行采样。如果输入模拟信号的最大频率为f_b,根据采样定理,最小采样频率是输入信号最大频率的2倍$2f_b$。在Σ-Δ转换器中,采样频率比最小采样频率高得多,实际采样频率和最小采样频率之间的比值称为过采样率OSR。后级的数字滤波器再把采样率降到最小采样率$2f_b$。

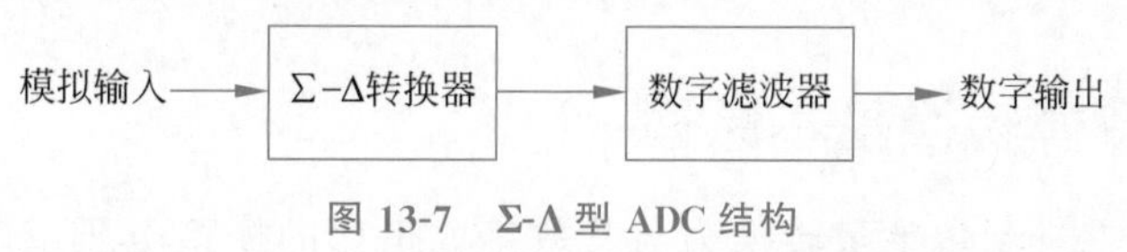

图13-7　Σ-Δ型ADC结构

Σ-Δ转换器的基本结构如图13-8所示。积分器对输入信号和反馈信号的差值进行积分,输出送到1位量化器(一个比较器和触发器),得到1位输出。量化器的输出就是期望的输出,这个输出通过一个1位DAC反馈给输入。

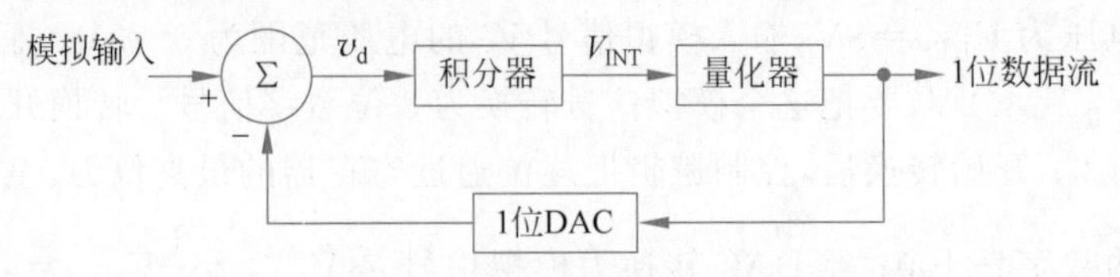

图 13-8 Σ-Δ 转换器的基本结构

假设量化器的门限电平是 0.5V,当积分器的输出 $V_{INT}>0.5V$ 时,比较器输出为 1,积分器的输出 $V_{INT}<0.5V$ 时,比较器输出为 0。当 DAC 输入为 1 时,输出为 1V,输入为 0 时,输出为 0V。假设输入信号为一个恒定电压$\frac{1}{7}$V,积分器的初始输出为 0。当积分器的输出大于或等于 0.5V,将有一个 1V 的反馈到输入做差值,积分器把差值和前次的信号相加;当积分器的输出小于 0.5V 时,反馈到输入的信号为 0,积分器输入和前次的信号相加。积分器每个时钟周期的输出依次为 0、$\frac{1}{7}$V、$\frac{2}{7}$V、$\frac{3}{7}$V、$\frac{4}{7}$V、$-\frac{2}{7}$V、$-\frac{1}{7}$V、0V、$\frac{1}{7}$V、$\frac{2}{7}$V、$\frac{3}{7}$V、$\frac{4}{7}$V、$-\frac{2}{7}$V、$-\frac{1}{7}$V、…。相应地,量化器的输出为 0000100000010000001000000100000…。可以看出,每 7 个输出中有一个 1,其平均值接近$\frac{1}{7}$,Σ-Δ 型模数转换器用数据流中 1 所占的比例来表示输入模拟量的大小。

量化器输出的 1 位数据流经过后面的数字滤波器降采样,每隔 M 个时钟周期得到 1 个输出,其平均输出值接近输入信号电平。例如上面的例子,如果 $M=32$,输出中将包含 4 个 1 或 5 个 1,平均输出为$\frac{4}{32}$或$\frac{5}{32}$,接近$\frac{1}{7}$。如果 M 的值很大(高位数),结果就会很精确。例如 10 位的 Σ-Δ 型 ADC 的 M 为 1024。

每 M 个时钟周期把量化器输出的数据转换为一个能够反映模拟输入大小的并行数字量,一种把串行数据流变为并行输出数字量的方法是用计数周期为 M 的计数器来计数据流中 1 的个数,每 M 个时钟周期中计得的 1 的个数就是数字输出。

在 Σ-Δ 型 ADC 中,分辨率随过采样率的提高而提高,Σ-Δ 型 ADC 可以达到很高的分辨率(如 24 位)。高过采样率可以获得高分辨率,但高过采样率也意味着速度的下降,Σ-Δ 型 ADC 是以速度换取分辨率。

Σ-Δ 型 ADC 的缺点是需要很高的过采样率,但这点对低频(如音频)信号不是问题,因此 Σ-Δ 型 ADC 常用于低频信号的模数转换。

13.4 数模转换

13.4.1 数模转换基本原理

数模转换是把二进制数字量转换为与其数字成正比的模拟电压或电流。因此 n 位数模转换器是把 n 位二进制数所对应的 2^n 个输入数据,转换成为与其数值成正比的 2^n 个模拟电压或电流输出。

设 DAC 的输入是 n 位二进制数 D,输出是模拟电压 v_o,则

$$v_o = \Delta V \times \sum_{i=0}^{n-1} D_i \times 2^i$$

其中，ΔV 是数字量的最低有效位从 0 变为 1 时输出模拟量的变化量。ΔV 也称为 DAC 的分辨力，n 位 DAC 的分辨力为

$$\Delta V = \frac{v_{omax}}{2^n - 1}$$

v_{omax} 为 DAC 所能输出的最大模拟电压。

例如 4 位 DAC 的输入为 4 位二进制数，输入的范围为 0～(2^4-1)，如果分辨力为 0.5V，则输出模拟电压范围为 0～7.5V。4 位 DAC 的数字输入和输出模拟电压的对应关系如表 13-2 所示。

表 13-2　4 位 DAC 的数字输入和输出模拟电压的对应关系

输入十进制数	输入二进制数	输出模拟电压/V
0	0000	0
1	0001	0.5
2	0010	1.0
3	0011	1.5
4	0100	2.0
5	0101	2.5
6	0110	3.0
7	0111	3.5
8	1000	4.0
9	1001	4.5
10	1010	5.0
11	1011	5.5
12	1100	6.0
13	1101	6.5
14	1110	7.0
15	1111	7.5

把输入的二进制数作为横坐标，把模拟输出作为纵坐标，可以得到如图 13-9 所示的 DAC 的转换特性。转换特性由一系列离散的点组成，把这些离散的点连接起来形成的线称为理想转换参考线。很显然，理想转换参考线是一条直线，其斜率为 ΔV。而实际上由于电路中各种因素的影响，例如参考电压的波动、运算放大器的零点漂移、模拟开关的导通电阻和导通压降以及电阻网络中电阻阻值的偏差等，使得转换特性并不是一条理想的直线。

实际上，DAC 输出的是数字序列的模拟电压，是如图 13-10 所示的阶梯状的信号。要想得到平滑的模拟信号，还需要通过低通滤波器对信号进行平滑。

13.4.2　数模转换器的性能指标

1）分辨率

DAC 的分辨力是相邻两组二进制代码对应的模拟输出电压之差，反映输出电压的最小变化量。n 位 DAC 的分辨力为

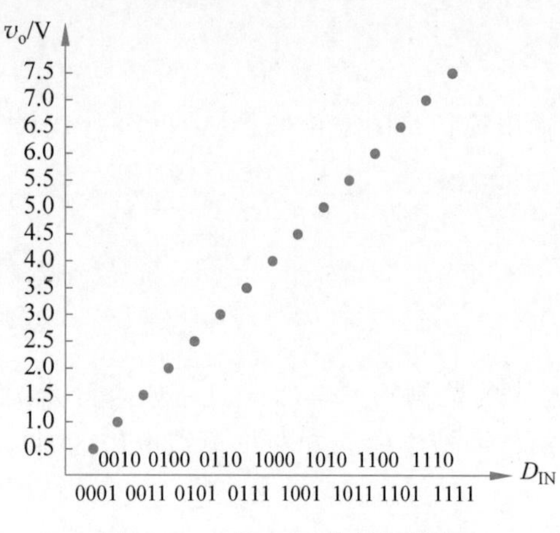

图 13-9 4 位 DAC 的转换特性

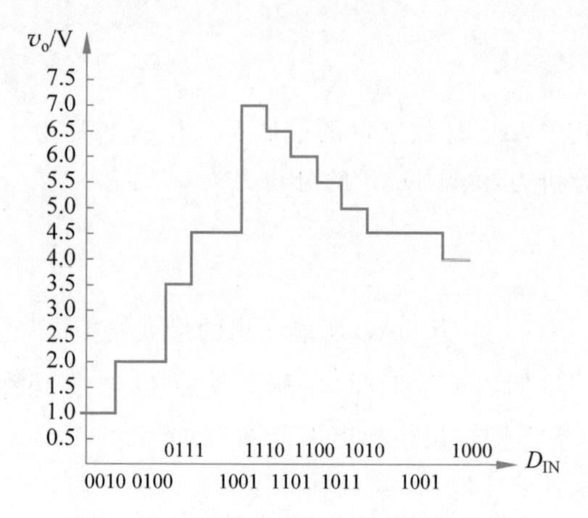

图 13-10 模数转换输出的阶梯状信号

$$\Delta V = \frac{v_{\text{omax}}}{2^n - 1} = \frac{V_{\text{REF}}}{2^n}$$

分辨力可以通过改变参考电压 V_{REF} 来改变，从而获得不同的输出电压动态范围。DAC 的满量程输出就是输入数字信号为全 1 时的输出，因此

$$v_{\text{omax}} = \Delta V \times (2^n - 1)$$

分辨率用来衡量数模转换的精细程度，反映输出模拟电压可以分辨的最大等级数。n 位 DAC 最多能输出 $0\sim(2^n-1)$个不同等级的电压值，因此 DAC 的分辨率可以表示为

$$R_{\text{DAC}} = \frac{1}{2^n - 1}$$

DAC 的分辨率与分辨力和位数 n 有关，n 越大，DAC 的分辨能力越强。

2）转换误差

转换误差通常用 DAC 实际输出模拟电压值与理论输出差值的最大值 ε_{max} 表示。通常要求最大误差 ε_{max} 必须小于分辨力 ΔV 的一半，即

$$\varepsilon_{\text{max}} < \frac{1}{2}\Delta V$$

即小于最低有效位对应的模拟电压的一半，因此有时也把转换误差表示为$\frac{1}{2}$LSB。转换误差也可以用最大误差和满量程输出电压之比的百分数表示。

3）转换速度

DAC 的转换速度通常用稳定输出电压的建立时间来衡量。稳定输出电压的建立时间定义为从输入数字量加在 DAC 的输入端到输出端得到稳定输出值所需要的时间。建立时间和 DAC 电路本身有关，也和输入数字量的跳变有关，通常用从全 0 跳变到全 1 的数字输入时，输出电压达到稳态值$\pm\frac{1}{2}$LSB 时所需要的时间来衡量。

13.5 常见的 DAC 结构

由于输入来自数字域，每个时钟周期一个样本，因此和 ADC 不同，DAC 不需要采样和

保持。DAC 通常包含一个数字接口和一个转换电路，常见的转换电路有权电阻型转换电路和 R-$2R$ 倒 T 型电阻网络转换电路。

13.5.1　权电阻型 DAC

图 13-11 所示是一个 4 位权电阻型 DAC 的原理图。它由一个权电阻网络、4 个模拟开关和 1 个运算放大器构成的求和电路组成。权电阻网络中的电阻分别为 2^3R、2^2R、2^1R 和 2^0R。4 个模拟开关受输入数字量的控制，当 $D_i=1$ 时，开关接 V_{REF}，有支路电流流向求和放大器；当 $D_i=0$ 时，开关接地，支路电流为 0。

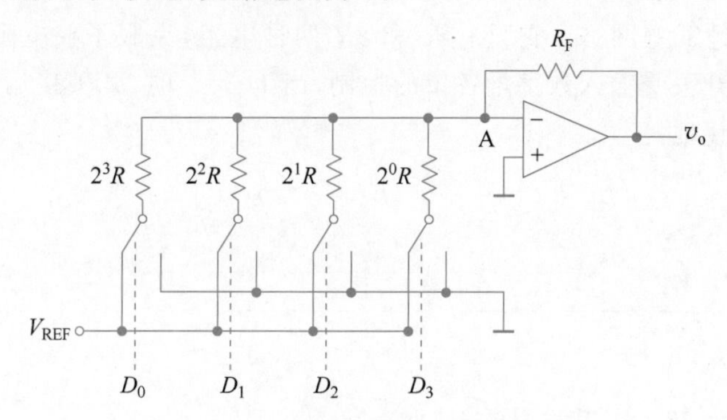

图 13-11　4 位权电阻型 DAC 原理图

求和电路是一个由运算放大器构成的负反馈放大器，图中 A 点为虚地，电位为 0。因此流经每个电阻支路的电流为

$$I_i=D_i\times\frac{V_{\mathrm{REF}}}{2^{3-i}R}=\frac{V_{\mathrm{REF}}}{2^3R}\times D_i\times 2^i$$

所有电阻支路产生的总电流为

$$I=\sum I_i=\frac{V_{\mathrm{REF}}}{2^3R}(D_3\times 2^3+D_2\times 2^2+D_1\times 2^1+D_0\times 2^0)$$

在输出端产生的电压为

$$v_{\mathrm{o}}=-IR_{\mathrm{F}}=-\frac{R_{\mathrm{F}}\times V_{\mathrm{REF}}}{2^3R}(D_3\times 2^3+D_2\times 2^2+D_1\times 2^1+D_0\times 2^0)$$

当 $R_{\mathrm{F}}=\frac{1}{2}R$ 时

$$v_{\mathrm{o}}=-\frac{V_{\mathrm{REF}}}{2^4}(D_3\times 2^3+D_2\times 2^2+D_1\times 2^1+D_0\times 2^0)$$

对于 n 位权电阻型数模转换电路，输出电压为

$$v_{\mathrm{o}}=-\frac{V_{\mathrm{REF}}}{2^n}(D_{n-1}\times 2^{n-1}+\cdots+D_1\times 2^1+D_0\times 2^0)$$

上式表明，输出模拟电压正比于输入的数字量。当输入数字量为全 0 时，输出为 0；当输入数字量为全 1 时，输出 $v_{\mathrm{o}}=-\frac{2^n-1}{2^n}V_{\mathrm{REF}}$，即输出的变化范围为 $0\sim-\frac{2^n-1}{2^n}V_{\mathrm{REF}}$。要想得到正的输出电压，可以使 V_{REF} 为负，或在后面加一级反相放大器。

权电阻型 DAC 的优点是电路结构比较简单,使用的电阻也比较少。缺点是各电阻值以 2 的幂次递增,当输入数字量的位数较长时,最小电阻和最大电阻之间相差 2^{n-1} 倍。要想在很宽的阻值范围保证每个电阻值都很精确是很困难的,也不利于集成电路的制作。另外,各位的电阻值和二进制位成反比,高位权电阻的误差对输出电流的影响比低位权电阻大得多,对高位权电阻的精度和稳定度要求都很高。因此在实际中很少使用权电阻型电路。

13.5.2 *R*-2*R* 倒 T 型电阻网络 DAC

图 13-12 所示是 4 位 R-2R 倒 T 型电阻网络 DAC 电路原理图。它的形状如同倒着的 T 字,因此被称为倒 T 型网络。它只有 R 和 $2R$ 两种电阻,克服了权电阻网络电阻范围宽的缺点。4 个模拟开关受输入数字量各位的控制,当 $D_i=1$ 时,开关接运放反相端(虚地);当 $D_i=0$ 时,开关接地。

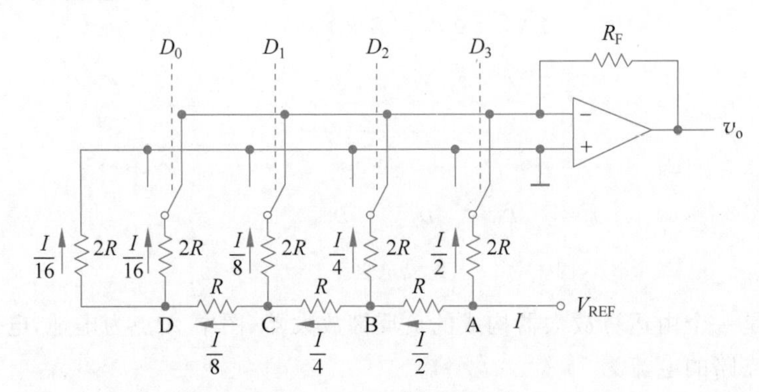

图 13-12 4 位 **R-2R** 倒 T 型电阻网络 DAC 原理图

和权电阻型 DAC 电路不同,模拟开关在数字位为 1 和为 0 时都接地,因此流入每个 $2R$ 支路的电流是不变的。

从 A、B、C、D 任一节点向左看的等效电阻都是 $2R$,因此分支电流总是流入节点电流的 $\frac{1}{2}$。从 V_{REF} 向左看的等效电阻为 R,因此从参考电源流入 A 节点的电流为 $I=\frac{V_{REF}}{\mathrm{R}}$,各支路的电流依次为 $\frac{I}{2}$、$\frac{I}{4}$、$\frac{I}{8}$、$\frac{I}{16}$。

R-2R 倒 T 型电阻网络是一种权电流方案。可以看出,每个支路的电流和二进制数位的权重成正比,通过开关把权电流汇集到求和放大器,得到模拟量输出。$D_i=0$ 时,控制开关使相应的支路接地(运放的同相端);$D_i=1$ 时,相应的支路接运算放大器的反相端,因此各支路的总电流为

$$I_\Sigma=\frac{I}{2}\times D_3+\frac{I}{4}\times D_2+\frac{I}{8}\times D_1+\frac{I}{16}\times D_0$$

当反馈电阻 $R_F=R$ 时,则输出电压为

$$v_o=-RI_\Sigma=-\frac{V_{REF}}{2^4}(D_3\times 2^3+D_2\times 2^2+D_1\times 2^1+D_0\times 2^0)$$

对于 n 位倒 T 型电阻网络 DAC,输出电压为

$$v_o=-\frac{V_{REF}}{2^n}(D_{n-1}\times 2^{n-1}+\cdots+D_1\times 2^1+D_0\times 2^0)$$

倒T型电阻网络DAC的优点是只有两种电阻，便于集成；而且支路电流不变，不需要电流建立时间，因此具有较快的转换速度。

习题

13-1　一个12位ADC，其输入满量程$V_{in}=10V$，试计算其分辨率。

13-2　要对某模拟信号进行模数转换，信号的范围为0～5V，要达到$\Delta V=1mV$，试确定ADC的位数和参考电压V_{REF}；根据计算出的位数和参考电压，计算实际分辨率。

13-3　12位逐次逼近型ADC，如果工作频率为1MHz，试计算完成一次模数转换至少需要多长时间。

13-4　DAC电路如图13-11所示，$V_{REF}=5V$，试求其ΔV和最大输出电压V_{omax}；如果输入数据$D_3D_2D_1D_0=1010$，试求输出电压。

13-5　要对某数字信号进行数模转换，要求最大输出电压$V_{omax}=5V$，$\Delta V=1mV$，试确定能满足这一要求的DAC的位数和参考电压。

参 考 文 献

[1] 阎石,王红. 数字电子技术基础[M]. 6 版. 北京：高等教育出版社,2016.
[2] 白静. 数字电路与逻辑设计[M]. 西安：西安电子科技大学出版社,2009.
[3] 刘真,蔡懿慈,毕才术. 数字逻辑与计算机设计基础[M]. 北京：高等教育出版社,2003.
[4] 黄正瑾. 计算机结构与逻辑设计[M]. 北京：高等教育出版社,2011.
[5] KATZ R H. 现代逻辑设计[M]. 罗嵘,等译. 北京：电子工业出版社,2006.
[6] JOHN F. WAKERLY. 数字设计：原理与实践[M]. 林生,葛红,金京林,等译. 北京：机械工业出版社,2019.
[7] VICTOR P. NELSON,等. 数字逻辑电路分析与设计(英文版)[M]. 北京：电子工业出版社,2020.
[8] WILLIAM J. DALLY. 数字设计：系统方法[M]. 韩德强,译. 北京：机械工业出版社,2017.
[9] STEPHEN BROWN. 数字逻辑基础与 Verilog 设计[M]. 吴建辉,黄成,等译. 北京：机械工业出版社,2016.
[10] DAVID MONEY HARRIS,SARAH L. HARRIS. 数字设计和计算机体系结构[M]. 陈俊颖,等译. 北京：机械工业出版社,2016.
[11] JAN M. RABAEY. 数字集成电路——电路、系统与设计[M]. 周润德,译. 2 版. 北京：电子工业出版社,2010.
[12] 黄丽亚,杨恒新,朱莉娟,等. 数字电路与系统设计[M]. 北京：人民邮电出版社,2015.
[13] 孙万蓉. 数字电路与系统设计[M]. 北京：高等教育出版社,2015.
[14] 丁志杰,赵宏图,梁淼. 数字电路与系统设计[M]. 北京：电子工业出版社,2014.
[15] 李文渊. 数字电路与系统[M]. 北京：高等教育出版社,2017.
[16] 李景宏,王永军. 数字逻辑与数字系统[M]. 5 版. 北京：电子工业出版社,2017.
[17] KISHORE MISHRA. Verilog 高级数字系统设计技术与实例分析[M]. 乔庐峰,尹廷辉,于倩,等译. 北京：电子工业出版社,2018.
[18] ALAN CLEMENTS. 计算机组成原理[M]. 沈立,王苏峰,肖晓强,译. 北京：机械工业出版社,2017.
[19] M. MORRIS MANO,CHARLES R. KIME. 逻辑与计算机设计基础[M]. 邝继顺,译. 4 版. 北京：机械工业出版社,2012.
[20] DAVID A PATTERSON,JOHN L HENNESSY. 计算机组成与设计：硬件/软件接口[M]. 王党辉,康继昌,安建峰,译. 5 版. 北京：机械工业出版社,2015.
[21] SAMIR PALNITKAR. Verilog HDL 数字设计与综合[M]. 夏宇闻,胡燕祥,刁岚松,译. 2 版. 北京：电子工业出版社,2012.
[22] 夏宇闻,韩彬. Verilog 数字系统设计教程[M]. 3 版. 北京：北京航空航天大学出版社,2015.
[23] 徐向民. VHDL 数字系统设计[M]. 北京：电子工业出版社,2015.
[24] M. Morris. Mano,Michael D. Ciletti. 数字设计-Verilog HDL、VHDL 和 SystemVerilog 实现[M]. 尹廷辉,薛红,倪雪,译. 6 版. 北京：电子工业出版社,2022.
[25] ENOCH O. HWANG. 数字系统设计(Verilog&VHDL 版)[M]. 阎波,朱晓章,姚毅,译. 2 版. 北京：电子工业出版社,2018.
[26] MICHAEL D. CILETTI. Verilog HDL 高级数字设计[M]. 李广军,林水生,阎波,译. 2 版. 北京：电子工业出版社,2014.
[27] STEPHEN BROWN,ZVONKO VRANESIC. 数字逻辑基础与 Verilog 设计[M]. 吴建辉,黄成,译. 3 版. 北京：机械工业出版社,2016.
[28] JOHN WILLIAMS. Verilog 数字 VLSI 设计教程[M]. 李林,陈亦欧,郭志勇,译. 北京：电子工业出版社,2010.
[29] 刘福奇. Verilog HDL 设计与实战[M]. 北京：北京航空航天大学出版社,2012.

[30] 王忠礼,王秀琴,夏洪洋. Verilog HDL 数字系统设计入门与应用实例[M]. 北京：清华大学出版社,2019.

[31] 王建民. Verilog HDL 数字系统设计原理与实践[M]. 北京：机械工业出版社,2017.

[32] 于斌,黄海. Verilog HDL 数字系统设计及仿真[M]. 北京：电子工业出版社,2018.

[33] 康磊,张燕燕. Verilog HDL 数字系统设计——原理实例及仿真[M]. 西安：西安电子科技大学出版社,2012.

[34] 罗杰,谭力,刘文超,等. Verilog HDL 与 FPGA 数字系统设计 [M]. 北京：机械工业出版社,2015.

[35] IEEE Standard Verilog Hardware Description Language. IEEE Computer Society,2001.

[36] Quartus Prime Introduction Using Verilog Designs-For Quartus Prime 18. 0[EB/OL]. [2018. 6]. https://www. intel. cn/content/www/cn/zh/support/programmable/support-resources/design-software/user-guides. html.